Kirche als Helferin in der Not

Glaubenskommunikation
Reihe
zeitzeichen
Band 37

Begründet von:
Günter Jerger (†), Albert Biesinger, Thomas Schreijäck, Werner Tzscheetzsch

Herausgegeben von:
Dr. theol. Albert Biesinger
Professor em. für Religionspädagogik, Kerygmatik und Kirchliche Erwachsenenbildung, Tübingen

Dr. theol. Dr. phil. Klaus Kießling
Professor für Religionspädagogik, Katechetik und Didaktik sowie für Pastoralpsychologie und Spiritualität, Frankfurt a. M.

Dr. theol. Thomas Schreijäck
Professor für Pastoraltheologie, Religionspädagogik und Kerygmatik, Frankfurt a. M.

Jürgen Christopher Reck

Kirche als Helferin in der Not

Theologie und Praxis der Notfallseelsorge in der zivilen Luftfahrt

Matthias Grünewald Verlag

VERLAGSGRUPPE PATMOS

PATMOS
ESCHBACH
GRÜNEWALD
THORBECKE
SCHWABEN

Die Verlagsgruppe
mit Sinn für das Leben

Für die Schwabenverlag AG ist Nachhaltigkeit ein wichtiger Maßstab ihres Handelns. Wir achten daher auf den Einsatz umweltschonender Ressourcen und Materialien.

Bibliografische Information der Deutschen Nationalbibliothek
Die Deutsche Nationalbibliothek verzeichnet diese Publikation in der Deutschen Nationalbibliografie; detaillierte bibliografische Daten sind im Internet über http://dnb.d-nb.de abrufbar.

Dissertation, Goethe-Universität, Frankfurt a.M. 2014

www.gruenewaldverlag.de

Umschlaggestaltung: Finken & Bumiller, Stuttgart
Umschlagabbildung: © simone.zander / photocase.de
Druck: CPI – buchbücher.de, Birkach
Hergestellt in Deutschland
ISBN 978-3-7867-3054-5

Inhalt

Vorwort

Seit über dreizehn Jahren engagiere ich mich als ehrenamtlicher Mitarbeiter bei der Katholischen Flughafenseelsorge von Frankfurt am Main. Die unterschiedlichen zwischenmenschlichen Begegnungen zu freudigen und leidvollen Anlässen sowie eine intensive geistliche Begleitung der Flughafenseelsorger und die regelmäßige Teilnahme an der Feier der Hl. Messe, haben einen entscheidenden Beitrag dazu geleistet, dass ich mich entschieden habe, das Wesen der Katholischen Kirche noch näher kennen zu lernen und das Studium der Katholischen Theologie aufzunehmen.

Zum Abschluss meines Theologiestudiums beschäftigte ich mich in Form meiner Diplomarbeit *Menschen unterwegs, mobile Pastoral. Pastoraltheologische Bedeutung der Katholischen Flughafenseelsorge am Beispiel ihrer konkreten Gestalt in Frankfurt am Main* wissenschaftlich mit dem pastoralen Feld der Flughafenseelsorge. Bei der Suche nach einem geeigneten Titel für meine Diplomarbeit inspirierte mich der Name des römischen Dikasteriums: Päpstlicher Rat der Seelsorge für die Migration und Menschen unterwegs. Die Diplomarbeit erfasste erstmalig im deutschsprachigen Raum die Aufgaben einer Flughafenseelsorge am Beispiel in Frankfurt am Main und sollte Hinweise für eine Optimierung in den jeweiligen Aufgabengebieten aufzeigen. Aufbauend auf den Ergebnissen meiner Diplomarbeit, beschäftigte ich mich in einem weiteren Schritt in Form meiner Dissertation mit dem spezifischen Aufgabenfeld der Notfallseelsorge. Ziel ist es, erstmals ein verbindliches Handlungskonzept für eine Notfallseelsorge in der zivilen Luftfahrt, bezogen auf den Rhein-Main-Airport, zu erstellen.

Die vorliegende Arbeit **Kirche als Helferin in der Not– Theologie und Praxis von Notfallseelsorge in der zivilen Luftfahrt** versucht, Vorstellungen, Erwartungen und Anforderungen seitens der Fluggäste und Mitarbeiter/innen eines zivilen Großflughafens empirisch zu untersuchen.

Das Symbol der Notfallseelsorge ist das Sternenkreuz auf rotem Kreis vor blauem Hintergrund.[1]

Ich möchte an dieser Stelle einen besonderen Dank aussprechen. Mein erster Dank gilt den Moderatoren dieser Dissertation, Herrn Prof. Dr. Thomas Schreijäck sowie Herrn Prof. Dr. Dr. Klaus Kießling, für die intensive fachliche Betreuung während der gesamten Zeit. Ebenfalls möchte ich herzlich den Mitgliedern des Stiftungsvorstandes und Beirates der Erich-Becker-Stiftung für die Förderung meiner Arbeit danken.

[1] Vgl. WIETERSHEIM von, 2012.

Ein besonderer Dank geht an die Menschen, die mir in Gesprächen fachliche Unterstützung gegeben haben und damit wichtige Impulse ermöglichten, namentlich: Frau Pfarrerin Ulrike Johanns, Leiterin der evangelischen Flughafenseelsorge in Frankfurt; Frau Patricia Heindörfer-Papst, Leiterin Special Assistance Team der Fraport AG; Herrn Peter Schmitz, Vorstand Operations der Fraport AG; Herrn Pater Rolf Fuchs SAC, ehemaliger katholischer Flughafenpfarrer und priesterlicher Leiter der Katholischen Flughafenseelsorge Frankfurt/Main; Herrn Pater Walter Maader SAC, Katholischer Flughafenpfarrer i.R.; Herrn Pater Dr. Aloyse Essono SAC, Kaplan in der Flughafenseelsorge von Frankfurt; Herrn Stefan Schohe, Nationaldirektor der Ausländerseelsorge der Deutschen Bischofskonferenz; sowie Herrn Dr. Johannes Keppeler. Durch ihre Beiträge halfen sie mir, die Außenwirkung das Wesen von Notfallseelsorge im Kontext der zivilen Luftfahrt besser zu verstehen und vertiefte Erkenntnisse für die Erstellung eines Handlungskonzeptes herauszuarbeiten. Weiterhin bedanke ich mich bei meiner Mutter Johanna, meinem Vater Georg, meiner Großmutter Rosemarie und bei allen meinen Freunden und Kollegen, die mich auf dem Weg des Studiums und der Promotion begleitet haben. Ihnen und euch gilt mein herzlichster Dank für eure Bemühungen.

Frankfurt am Main, den 24.07.2014 *Jürgen Christopher Reck*

1 Einführung

1.1 Ausgangspunkt und Problemstellung

3. Juni 1998. Der ICE 884 Wilhelm Konrad Röntgen entgleist mit 200 Stundenkilometern auf der Strecke zwischen Hannover und Hamburg in der niedersächsischen Gemeinde Eschede. 101 Menschen sterben, 88 werden schwer verletzt, dazu kommen zahlreiche leicht Verletzte. Viele Todesopfer sind verstümmelt und müssen mühsam identifiziert werden. 1.200 Helferinnen und Helfer unterschiedlichster Professionen tun in kürzester Zeit ihr Möglichstes, um Menschenleben zu retten, Verletzte medizinisch sofort zu versorgen und schwer traumatisierte und unter Schock stehende Menschen aufzufangen und ihnen und ihren Angehörigen kompetent beizustehen.[1] Eine wesentliche und sehr bedrückende Aufgabe besteht schließlich darin, die zahlreichen Toten zu bergen. In der Stunde der Not sind Ersthelfer/innen mit grellen Warnwesten dabei, die den meisten Bundesbürgern bis dahin vermutlich eher unbekannt sind: Notfallseelsorgerinnen und Notfallseelsorger beider christlicher Konfessionen.

In den Jahren danach erschüttern weitere große Katastrophen nicht nur die betroffenen Länder, sondern auch die weltweite Öffentlichkeit, und der Begriff der Notfallseelsorge taucht zunehmend in den Medien auf: der Flugzeugabsturz im Ozean vor der Dominikanischen Republik 1996[2], der verheerende Tsunami in Südostasien im Jahr 2004, der Flugzeugabsturz der Air France im Atlantik 2009, die Panik bei der *Love-Parade* 2010 in *Duisburg*, der gewaltige Tsunami in Japan mit der sich anschließenden Reaktorkatastrophe in Fukushima 2011, die Havarie des Kreuzfahrtschiffes Costa Concordia vor der italienischen Küste 2011. Sie alle hinterlassen zahlreiche Todesopfer, Verletzte, Traumatisierte und Angehörige, die vom Verlust und den Verletzungen ihrer Nächsten unmittelbar betroffen sind. Dazu kommen Amokläufe wie in Erfurt 2002 und Winnenden 2009, um nur einige zu nennen, die mit zahlreichen toten, verletzten und traumatisierten Schüler/innen und Lehrkräften als Großkatastrophen im kollektiven Gedächtnis haften, und bei denen Polizei, Rettungs- und Sanitätsdienste wie Notfallseelsorger/innen Hand in Hand arbeiten. Letztere werden auch gerufen, wenn Einzelne tödlich oder schwer verletzt im Verkehr verunglücken, sich das Leben nehmen oder Angehörige zu benachrichtigen und zu betreuen sind. Nach den Unglücksfällen werden darüber hinaus zahlreiche Gottes-

---

[1] Vgl. WIETERSHEIM von, 1999.

[2] Vgl. UNIVERSITY OF BIELEFELD - Faculty of technology, 1999.

dienste abgehalten, die von Hinterbliebenen, Betroffenen und Politikern besucht werden, um das Unfassbare zu verarbeiten.[3]

Insbesondere die Katastrophen des letzten Jahrzehnts in Südostasien, Japan, im Atlantik und Italien ziehen den Blick auf einen Bereich der Seelsorge, der nur wenigen Menschen bekannt ist: (Deutsche) Überlebende von fernen Katastrophen aus dem Ausland kommen zunächst meist am Frankfurter Flughafen an, da dieser das zentrale Drehkreuz (engl. ‚hub') des zivilen Luftverkehrs in Deutschland darstellt.[4] Der Hub-Flughafen Frankfurt/Main ist eine besondere Form des internationalen Verkehrsflughafens, „von dem eine oder mehrere Fluggesellschaften ein integriertes Servicenetzwerk zu einer Vielzahl von verschiedenen Destinationen mit einer hohen Frequenz von Verbindungen anbieten"[5]. Hier bieten auch Mitarbeiter/innen der katholischen und evangelischen Flughafenseelsorge Betreuung und Begleitung von Rückkehrenden aus Krisen- und Katastrophengebieten, Fürsorge für Gestrandete oder seelsorgliche Gespräche mit Hinterbliebenen an.

Katastrophen globalen Ausmaßes haben immer direkt und indirekt Einfluss auf den operativen Flugbetrieb eines Verkehrsflughafens und auf die dienstleistenden Einrichtungen, und somit auch auf die Flughafenseelsorge. Die Flughafenseelsorge ist eine der Schnittstellen, in der sich Notfallseelsorge (NFS) und Seelsorge mit (Flug-)Reisenden auf spezifische Weise verbinden. Hier wird eine „cura animarum"[6] praktiziert, „eine Seelsorge angesichts des plötzlichen Todes"[7], die zwar im Hintergrund öffentlicher Aufmerksamkeit stattfindet, aber selbstverständlicher Teil der kirchlichen Glaubensvollzüge und ihrer seelsorglichen Hilfen darstellt. Notfallseelsorge am und im Flughafen hat sich darüber hinaus zu einem selbstverständlichen ökumenisch getragenen Angebot entwickelt, „das heute aus unserer Gesellschaft nicht mehr wegzudenken ist"[8].

Durch die wachsende Mobilität von immer mehr Menschen – besonders westlicher, hoch industrialisierter Gesellschaften – stellt sich für die Pastoraltheologie die Aufgabe, Wege zu finden, wie die Botschaft des Evangeliums adäquat auf deren Situation hin verkündet und überzeugend gelebt werden kann. Die rasant zunehmende globale Mobilität und Vernetzung, sei es in

---

[3] Vgl. KLIE, 2011, S. 38–40.

[4] Vgl. SCHULZ et al., 2010, S. 14 und 20.

[5] SCHULZ et al., 2010, S. 43. Schnelle Umsteigemöglichkeiten und kurze Wege mit hervorragenden Verkehrsanbindungen, sehr hohe Passagierzahlen und ein hochwertiges Serviceangebot zeichnen diese Flughäfen aus.

[6] NAUER, 2007, S. 55.

[7] ANGEL, 2012.

[8] Ebd.

virtuell-kommunikativer Form über das Internet und seine sozialen Netzwerke oder unmittelbar durch Straßen- und Flugverkehr, haben die gesellschaftlichen und individuellen Lebensvollzüge rapide gewandelt. Familiäre Beziehungen und Arbeitswelt müssen sich dieser beschleunigten Wirklichkeit anpassen, und stehen unter großem Veränderungs- und Anpassungsdruck.

Wenn „Freude und Hoffnung, Trauer und Angst der Menschen von heute, besonders der Armen und Bedrängten aller Art, [...] auch Freude und Hoffnung, Trauer und Angst der Jünger Christi" (GS 1) sind, wie es die Pastoralkonstitution ‚Gaudium et Spes' verkündet, dann ist es notwendig, dass die Kirche sich mit ihren Vollzügen dieser veränderten Situation der Menschen anpasst. Insbesondere nach dem Zeugnis der Konzilsväter ist die Kirche von heute eine Kirche auf der Pilgerschaft (GS 1) und soll sich auf den Weg machen, um bei allen Mitmenschen zu sein und dem christlichen Auftrag zu entsprechen. Orte kategorialer Seelsorge wie Kliniken, Bahnhöfe, Autobahnkapellen und Flughäfen spiegeln die unterschiedlichen pastoralen Bemühungen der Kirche wider, diesen gesellschaftlichen Anforderungen gerecht zu werden.

Mit Blick auf die NFS für die zivile Luftfahrt fällt allerdings auf: Obgleich Seelsorge in Notsituationen im und am Flughafen selbstverständlich seit vielen Jahrzehnten praktiziert wird, existiert bis heute kein pastoraltheologisch systematisch fundiertes Handlungskonzept einer NFS für die zivile Luftfahrt. Damit bleibt weitestgehend im Ganzen offen, nach welchen spezifischen theologischen, humanwissenschaftlichen und organisatorischen Theorien und Ansätzen in der NFS am Flughafen gehandelt wird. Zwar existieren Konsenspapiere und Thesen der Notfallseelsorgerkonferenzen[9] sowie einschlägige theologische und kirchenamtliche allgemeine Grundlagen für die Notfallpastoral[10], aber diese führten bislang nicht systematisch zu einer pastoraltheologischen Theorie der NFS am Flughafen und innerhalb der Flughafenseelsorge.

Damit fehlt bislang noch zum Teil, was für viele andere pastorale Bereiche längst selbstverständlich ist: systematische Konzepte, die die Grundlagen, Aufgaben und Praxis in diesem kirchlichen Handlungsfeld eindeutig beschreiben und Problemfelder und ihre Lösungsmöglichkeiten diskutieren. Dies ist umso bedauerlicher, da zivile Großflughäfen wichtige Knotenpunkte menschlicher, wirtschaftlicher und gesellschaftlicher Lebensvollzüge darstellen. Insbesondere der Flughafen Frankfurt am Main (Frankfurter Rhein-Main-Flughafen) mit seinen 57,5 Millionen Passagiere

[9] Vgl. MÜLLER-LANGE, 2013a, S. 23–28.
[10] Vgl. Anhang dieser Arbeit.

im Jahr 2012 und seinen 500 Firmen und Institutionen mit ca. 78.0000 Mitarbeitern ist eine eigene große urbane Struktur – nicht nur eine Institution des nationalen und internationalen Flugverkehrs, sondern eine eigene Stadt sowie die größte Arbeitsstätte Deutschlands.[11]

1.2 Fragestellungen

Da zur Notfallseelsorge in der Zivilluftfahrt umfassende pastoraltheologische theoretische und empirische Studien fehlen, soll die vorliegende Arbeit verschiedene Grundsatzfragen beantworten: Ansatzpunkte der vorliegenden Studie sind hierbei Kontexte und Situation der Flughafenseelsorge, ihrer Besucher und Mitarbeiter/innen am größten bundesdeutschen Flughafen – dem Flughafen Frankfurt am Main: Das Ziel der vorliegenden Untersuchung ist deshalb vor allem die Herausarbeitung der Sicht der Akteure der Notfallseelsorge. Es soll darum gehen, Vorstellungen, Erwartungen und Ansprüche seitens der Klientel und der seelsorglichen Fachkräfte an eine moderne Notfallseelsorge in der zivilen Luftfahrt herauszuarbeiten, und somit Anhaltspunkte für eine konzeptionelle Weiterentwicklung dieses kirchlichen Arbeitsfelds zu gewinnen.

Die Hauptfrage zielt auf die Vorstellungen und Erfahrungen von NFS bei Besucher/innen und Mitarbeiter/innen der Flughafenseelsorge:

- Welche Erfahrungen machen Besucher/innen der Flughafenseelsorge am Frankfurter Flughafen mit Notfallseelsorge im Allgemeinen und spezifisch am Flughafen?
- Welche Erwartungen bestehen hier an eine kirchliche Notfallseelsorge?
- Welche Erfahrungen machen Menschen in diesem Arbeitsfeld, die beruflich oder ehrenamtlich in der Flughafenseelsorge bzw. Notfallseelsorge tätig sind?
- Welche Erwartungen bestehen ihrerseits an eine kirchliche Notfallseelsorge am Flughafen?
- Decken sich die Ansprüche und Erwartungen beider Gruppen, wo gibt es ggf. Unterschiede?
- Welche theologischen Ansätze begründen das kirchliche Engagement in der Notfallseelsorge an einem Flughafen?
- Wie sind Flughafenseelsorge und Notfallseelsorge organisatorisch aufgebaut?
- Welche Problemfelder lassen sich hier erkennen?

[11] Vgl. FRAPORT, 2004–2013a. Vgl. SCHULZ et al., 2010, S. 20.

- Worin bestehen die spezifischen Merkmale und die Rolle der NFS am Flughafen im Kontext anderer Dienste der psychosozialen Notfallversorgung (PSNV)?

Hauptziel der Arbeit ist das Herausarbeiten von Erkenntnissen zur Entwicklung eines systematischen pastoraltheologischen Handlungskonzeptes der NFS am Flughafen, wozu detailliert auf die kirchlichen Grundvollzüge der Diakonie, Liturgie, Verkündigung und Gemeinschaft eingegangen werden soll. Leitfrage ist hier:

- Welche Aspekte eines pastoralen Handlungskonzepts einer kirchlichen Notfallseelsorge in der zivilen Luftfahrt sind für die Zukunft bedeutsam und sollten aufgebaut bzw. weiter entwickelt werden?

1.3 Forschungsmethodik

Die Arbeit besteht sowohl aus einer theoretischen Untersuchung wie aus einer empirisch-qualitativen Studie:

Zunächst soll das Phänomen Flughafenseelsorge bzw. Notfallseelsorge, Geschichte, theologische Grundlagen, Aufgaben, personales Angebot, Organisation möglichst umfassend beschrieben werden. Dazu wird auf biblische, kirchenamtliche und pastoraltheologische Quellen der Fachliteratur und auf notfallpsychologische und notfallmedizinische Fachpublikationen zurückgegriffen, die auf ihre wesentlichen Erkenntnisse für die NFS hin erörtert werden sollen. Insbesondere die Differenzierung zwischen säkularen bzw. medizinisch-psychologischen Notfallinterventionen und Notfallseelsorge soll aufgrund der Untersuchung der Fachliteratur begründet werden.

Im empirischen Teil sollen mithilfe einer qualitativen empirischen Studie (ergänzt durch einige quantitative Angaben)

- Vorstellungen und Erwartungen bzgl. NFS von Gästen und Mitarbeiter/innen anhand von Fragebögen schriftlich erfragt und
- in persönlichen Interviews mit Experten im Bereich des Notfall- und Krisenmanagements in der zivilen Luftfahrt am Flughafen Frankfurt/Main eruiert werden.
- Die erhobenen Daten aus den Interviews sollen aufgrund der bisherigen theoretischen Befunde verglichen und eingeordnet werden.

1.4 Aufbau der Arbeit

Der erste Teil der Untersuchung befasst sich mit dem Ausgangspunkt und der Problemstellung. Ferner wird die Forschungsmethodik beschrieben und der Aufbau der Arbeit skizziert. Im zweiten Hauptkapitel gebe ich einen Überblick über den kategorialen Seelsorgeort Flughafenseelsorge in der zivilen Luftfahrt. Dazu gehören eine terminologische Bestimmung des Begriffs, eine kurze geschichtliche Einordnung der Institution Flughafenseelsorge im Allgemeinen und am Beispiel ihrer konkreten Gestalt in Frankfurt am Main sowie eine detaillierte Beschreibung der Aufgaben und infrastrukturellen, arbeitsorganisatorischen Gegebenheiten der katholischen Flughafenseelsorge. Bedeutsam ist vor allem die Einordnung der Flughafenseelsorge in das Spektrum der konfessionellen Angebote sowie der Institutionen anderer Religionen und die Zusammenarbeit und Eingliederung der Flughafenseelsorge in den operativen Flugbetrieb (Kap. 2).

Das kirchliche Aufgabenfeld bzw. der kategoriale Seelsorgebereich der Notfallseelsorge wird im nächsten Hauptkapitel vorgestellt und erörtert. Damit soll ein detaillierter Überblick über die Institution NFS gegeben werden. Hierbei geht es zum einen um theologische Konzepte und Grundlagen der Notfallseelsorge, ihre Organisationsstrukturen und Einbindung, aber auch um humanwissenschaftliche Erkenntnisse, die vonseiten der Notfall- und Rettungsmedizin und -psychologie existieren. Theologische Schwerpunkte sind hier bibeltheologische, kirchenamtliche und pastoraltheologische der NFS im Allgemeinen. Gemeinsamkeiten und Unterschiede zwischen Notfallmedizin und seelsorglichen Notfallhilfen sollen aufgezeigt werden (Kap. 3).

Der vierte Teil der Untersuchung umfasst Darstellung und Erörterung des Notfall- und Krisenmanagements an einem zivilen Flughafen. Zur Thematik Notfallseelsorge im Kontext eines zivilen Flughafens existieren aufgrund des relativ kurzen Bestehens dieser Einrichtungen und ihres relativ kleinen Umfangs im Vergleich zu anderen kategorialen Seelsorgebereichen (z. B. der Krankenhausseelsorge) kaum Fachpublikationen, in denen Theorien und Konzepte dieses Arbeitsfeldes reflektiert werden. Die Erkenntnisse sind vor allem bezogen auf den Flughafen Frankfurt/Main (Kap. 4). Der fünfte Teil der Arbeit umfasst die Darstellung des Forschungsvorgehens und der Ergebnisse der beiden vom Verfasser durchgeführten empirischen Teilstudien, in der zunächst Gäste und Mitarbeiter/innen der Flughafenseelsorge Frankfurt/Main zu ihren Vorstellungen und Erwartungen an die NFS schriftlich befragt wurden (quantitativ-empirischer Untersuchungsteil). Zweitens wurden Leitungspersonen der Notfallseelsorge und Krisenintervention am Frankfurt am Main mithilfe von Leitfadeninterviews befragt (qualitativ-empirischer Untersuchungsteil). Nachfolgend sollen die Ergebnisse beider Befragungen den Ergebnissen der theoretischen Untersuchung vergleichend gegenübergestellt, die Übereinstimmungen und Unterschiede benannt und kritisch interpretierend gewichtet werden (Kap. 5).

Das sechste Kapitel zielt auf die Entwicklung von Elementen eines Handlungskonzepts der Notfallseelsorge in der zivilen Luftfahrt unter Einbeziehung der Ergebnisse der empirischen Untersuchung. Dadurch sollen Impulse für eine Weiterentwicklung von pastoraltheologischen Handlungskonzepten bezogen auf die vier kirchlichen Grundvollzüge Martyria, Leiturgia, Diakonia und Communio herausgearbeitet werden (Kap. 6).

Die Arbeit schließt mit einem Fazit und Ausblick auf die Zukunft der NFS an einem zivilen Verkehrsflughafen (Kap. 7).

2 Flughafenseelsorge in der zivilen Luftfahrt: Ein Überblick

2.1 Flughafenseelsorge – Ein Definitionsversuch

Der Begriff der Flughafenseelsorge oder in internationaler Begrifflichkeit der „airportchaplancy"[12] wird im katholischen Raum folgendermaßen definiert:[13]

So versteht der ehemalige Münchner Flughafenpfarrer Franz Gasteiger unter Flughafenseelsorge einen kirchlichen Auftrag an Reisenden, besonders an Personen, die eine Hilfestellung benötigen.[14]

Die Internetpräsenz der Katholischen Flughafenseelsorge von Frankfurt am Main weist eine Begriffsbestimmung vor, die sich auf die einzelnen seelsorglichen Aufgabenfelder konzentriert und die Bereitschaft für den Dienst an allen Menschengruppen und in allen Lebenslagen am Arbeitsplatz Flughafen aufzeigt.[15]

Diese Definition ist ähnlich wie die Definition von Gasteiger eher formal angelegt, da sie sich auf eine Darlegung der Aufgabenfelder konzentriert. Darüber hinaus ist sie auch unvollständig: So fehlen die Aufgaben wie die Besucherseelsorge sowie die Spendung der Sakramente. Es wird auch nicht auf die oben angesprochene Dynamik eingegangen, die ein wesentliches Moment seelsorglichen Wirkens in einer Flughafenseelsorge darstellt. An-

---

[12] ÖKUMENISCHE KONFERENZ FLUGHAFENSEELSORGE IN DEUTSCHLAND (OEKOF) c/o Flughafenseelsorge Dresden, 2010.

[13] Eine der wenigen umfassenden Reflexionen über den theologischen Auftrag der Flughafenseelsorge stammt von Michael Banfield, Baptistenpfarrer aus Großbritannien. Siehe: BANFIELD, 2007, S. 13–14: „Flughafenseelsorge konzentriert sich auf zwei Personengruppen: einmal auf die, die auf dem Flughafen arbeiten, und auf diejenigen, die durch ihn hindurchreisen. Genauso wie im Gleichnis vom verlorenen Sohn, beschäftigt sich die Flughafenseelsorge mit dem Reisenden, dem Arbeiter, und dem liebenden Vater, Gott, der beiden wünscht, dass sie von der Tiefe seiner treuen Liebe wissen. Flughafenseelsorge versucht die Themen und Arbeitsabläufe zu verstehen, welche die Angestellten im guten oder im schlechten beeinflussen, und sie arbeitet deshalb gleichzeitig auf zwei Ebenen – der individuellen und der strukturellen. Im Herzstück umfasst die Vision Gott und die Angestellten, den Betrieb, für den sie arbeiten, und das Ganze mit ihm verbundene Leben am Flughafen in seiner komplexen Funktionsweise.
Eine der größten und beständigen Herausforderungen der Mitarbeiter der Flughafenseelsorge ist es, die angemessensten Ausdrucksmöglichkeiten für die konkrete Darstellung dieser Vision des Reiches Gottes zu finden. [...] Diese Fähigkeit, die Strukturen der Funktionsweisen, der Abläufe und Arbeiten am Flughafen zu verstehen, füllt den Inhalt und formt das Gebet und die Arbeitsweise der Flughafenseelsorge."

[14] Vgl. GASTEIGER, 2008, S. 1338, Sp. 2.

[15] Vgl. KATHOLISCHE FLUGHAFENSEELSORGE AM FLUGHAFEN FRANKFURT, o.J.d.

dererseits wird die Adressatenorientierung betont: Es gibt keine Begrenzung im seelsorglichen Angebot, sondern die Seelsorge richtet sich gezielt nach den Bedürfnissen der Menschen, die in Kontakt mit der Flughafenseelsorge treten.

Von den deutschsprachigen Pallottinern (in einer älteren Fassung) wird die Flughafenseelsorge am Flughafen Frankfurt/Main auf deren Homepage als eine lebhafte, dynamisch Institution vor Ort definiert, welche ein zeitgerechtes Handeln und Wirken anbietet. Dieser kirchliche Dienst richtet sich an jedermann.[16]

Während die Definitionen von Gasteiger und der katholischen Flughafenseelsorge Frankfurt/Main die Adressaten und Aufgabenfelder sowie die Einordnung in die kategoriale Seelsorge beschreiben, fehlt der Hinweis auf die spezifische Dynamik, welche die Flughafenseelsorge ausmacht. Die Definition von Flughafenseelsorge der Pallottiner zielt dagegen auf eine Beschreibung der besonderen Kontexte des Ortes Flughafen. Hohe Mobilität, großer Zeitdruck und ständig geforderte Flexibilität sind Charakteristika der Flughafenseelsorge und wirken sich konkret auf ihre Arbeitsweise aus, denn in kaum einer anderen seelsorglichen Einrichtung haben diese Faktoren eine solche bedeutsame Rolle wie hier.

Passagiere wie Mitarbeiter/innen sind Adressaten der Flughafenseelsorge[17] und befinden sich hier ständig in Bewegung, um ihre persönlichen wie arbeitsbezogenen Ziele zu erreichen. Während sich die Passagiere im Flughafen meist nur auf dem Weg zwischen Ankunft und oder Abflug befinden bzw. Angehörige Passagiere des Luftverkehrs verabschieden oder in Empfang nehmen, sind Mitarbeiter/innen zum größten Teil auf dem Weg von einer Arbeitsposition zur nächsten (z. B. Personal der Fluggesellschaften, Sicherheitspersonal, Personal für die Frachtabwicklung). Aufgrund der vorgegebenen Zeitpläne muss Seelsorge deshalb zeitnah bzw. in einer entsprechend festgelegten Zeit geleistet werden und sich der terminlichen Situation ihrer Adressaten anpassen. Die zeitliche Limitierung seelsorglichen Handelns richtet sich zumeist nach den Flugplänen der Passagiere respektive den Dienstplänen der Mitarbeiter/innen. Aus diesem Grund zeigt die Definition der Pallottiner die beschriebene Dynamik aus Zeitdruck und Mobilität auf, die für den Kontext einer Flughafenseelsorge elementar ist.

In der neuen Fassung von 2014 wird die besondere Dynamik der Seelsorge am Flughafen genauer ausgeführt. Sie wird als grundsätzlich ökumenisch ausgerichtet und international bezeichnet. Ferner wird auf die

---

[16] Vgl. HERZ-JESU-PROVINZ DER PALLOTINER, o. J.b. Download vom 1. Juli 2011.

[17] Vgl. BANFIELD, 2007, S. 13.

Bedeutung der Flughafenseelsorge im Kontext der Intermodularität am Standort Flughafen Frankfurt eingegangen.[18]

Hier wird die Andersartigkeit der Flughafenseelsorge zur herkömmlichen (Pfarrei-)Seelsorge, gemessen an den Merkmalen Internationalität eines zivilen Großflughafens als eigene Institution mit Tausenden von Mitarbeiter/innen und Passagieren, Interkonfessionalität und Interreligiosität deutlich herausgestellt. Auch die institutionellen Bezugspunkte und ‚Auftraggeber' werden genannt. Deutlich wird das seelsorgliche Angebot in zwei Bereiche aufgeteilt: Hilfen in Sinn- und Glaubensfragen und bei sozialen und existentiellen Problemen. Ein erklärtes missionarisches Engagement wird ausgeschlossen, um die Offenheit der Einrichtung für alle Menschen zu unterstreichen. Grundlage des Angebots ist der eigene christliche Glaube als Angebot der Orientierung und Halt in spiritueller oder sozialer Not.[19] Hier zeigt sich eine Weiterentwicklung der älteren Fassung der Pallotiner, in der beide Bereiche, Hilfe und Orientierung in religiösen wie sozial-existentiellen Fragen, gleichberechtigt nebeneinander gestellt werden.[20]

Es wird ebenfalls der christliche Dienst für die Menschen in Orientierungs(not), mit ihrem Bedarf an Trost und Hilfe in religiös/spirituellen Fragen und in aktuellen Sorgen und Nöten genannt auch die unterschiedlichen Seelsorgebereiche der Flughafenseelsorge dargestellt.

Die meisten anderen Flughafenseelsorgeeinrichtungen im deutschsprachigen Raum unternehmen keinen Versuch einer Definition ihrer Tätigkeit und Einrichtung, was am Beispiel der Internetpräsenz der Flughafenseelsorge in München deutlich wird. Hier wird lediglich auf die Kontaktadresse, die Öffnungs- und Gottesdienstzeiten verwiesen.[21] Auch die aktuelle Broschüre der Deutschen Bischofskonferenz nennt keine eigene inhaltliche Definition, sondern verweist auf die verschiedenen Aufgabenfelder.[22] An diesem Beispiel wird auch deutlich, dass sich das pastorale Feld Flughafenseelsorge immer noch im Aufbau befindet bzw. noch kein kohärentes Selbstverständnis hat. Andererseits betont die DBK, dass ihr „Umfang […] jedoch von der Flughafengröße sowie der personellen und materiellen Ausstattung der kirchlichen Stelle abhängig"[23] ist. Diese Aussagen weisen

[18] Vgl. HERZ-JESU-PROVINZ DER PALLOTINER, 2014.

[19] Vgl. ebd.

[20] Hier ist darauf hinzuweisen, dass seit Anfang 2014 P. Heinz Goldkuhle SAC Leiter der kath. Flughafenseelsorge ist. Vgl. HERZ-JESU-PROVINZ DER PALLOTINER, 2014.

[21] Vgl. ÖKUMENISCHE KONFERENZ FLUGHAFENSEELSORGE IN DEUTSCHLAND (OEKOF) c/o Flughafenseelsorge Dresden, o. J.d.

[22] Vgl. SEKRETARIAT DER DEUTSCHEN BISCHOFSKONFERENZ (Hg.), 2012, S. 32.

[23] Ebd.

darauf hin, dass die Flughafenseelsorge in den einzelnen zivilen Flughäfen unterschiedlich gestaltet wird.

In einem eigenen vorläufigen Definitionsversuch sollen die beiden wesentlichen Aspekte der Flughafenseelsorge verbunden werden: Flughafenseelsorge ist eine Einrichtung der Kirche an einem Flughafen, die sich an die Menschen richtet, die mit dem Verkehrsmittel Flugzeug unterwegs sind oder aufgrund ihrer Berufstätigkeit an einem Flughafen und den damit verbundenen Arbeitszeiten (Schicht- und Wechseldienst) selten am Gemeindeleben in ihrer Ortspfarrei teilnehmen können. Neben der Passagier- und Betriebsseelsorge und den aus einer Pfarrei bekannten religiös-liturgischen Aufgaben ist meist an die Flughafenseelsorge ein kirchlicher Sozialdienst angeschlossen, der sich um hilfesuchende Reisende am Flughafen kümmert. Ferner betreut die Flughafenseelsorge Flüchtlinge und Asylsuchende und ist einerseits bei Katastrophen in der zivilen Luftfahrt in das jeweilige Krisenmanagement der betreffenden Flughafenbetreibergesellschaft eingebunden oder steht als eigenständige Notfallseelsorge zur Verfügung.

2.2 Entwicklungsgeschichte der Flughafenseelsorge

1903 flog das erste motorisierte Frachtflugzeug in den USA und die Passagierluftfahrt begann. Bereits im Jahr 1920 ernannte der damalige Papst Benedikt XV. ‚Our Lady of Loreto' als Patronin der Luftreisenden („air travellers"[24]). Die Institution Flughafenseelsorge wurde aber erst nach dem 2. Weltkrieg initiiert. 1944 arbeitete der US-Amerikaner und Laie Edwin Hogg als Flughafenseelsorger in Atlanta/Georgia und forderte einen eigenen Gebets- und Andachtsraum auf dem Flughafengelände.[25]

Im Jahr 1946 wurde am Internationalen Flughafen Logan in Boston ebenfalls ein Flughafenseelsorger ernannt. Damals bestand in diesem Bistum ein Priesterüberschuss. Aufgrund der aus dem zweiten Weltkrieg zurückkehrenden zahlreichen Militärseelsorger musste die Katholische Kirche in den Vereinigten Staaten von Amerika reagieren, um ihnen neue Aufgabenfelder zu erschließen. Kardinal Richard J. Cushing setzte als erster Diözesanbischof weltweit Priester innerhalb der zivilen Luftfahrt ein und eröffnete in Boston die erste Flughafenkapelle, der bald weitere in den USA und Europa nachfolgten.[26]

[24] GONDAN, 2013, S. 62.
[25] Vgl. GONDAN, 2013, S. 63.
[26] Vgl. ebd.

Die rasant zunehmende Mobilität nach dem zweiten Weltkrieg und die sich rasch entwickelnde zivile Luftfahrt mit immer größeren Passagierzahlen führte zur Entwicklung dieses neuen Aufgabenfelds, um dem damit verbundenen pastoralen Anspruch gerecht zu werden, Menschen auch unterwegs seelsorgerlich zu begleiten. In den Anfangsjahren kamen die Priester lediglich sporadisch zur Feier der Hl. Messe an die Flughäfen bzw. nach vorheriger terminlicher Vereinbarung. Ein Büro oder ein fester Ort des Gebets bestand zu dieser Zeit noch nicht. Die Einrichtung einer Kapelle und von Büroräumen, welche für die Arbeit notwendig waren, folgten am Flughafen in Boston erst 1950. Zu Beginn dieser Entwicklung übernahmen die zuständigen Ortspfarrer die Aufsicht über die seelsorgliche Arbeit, bis die ehemaligen Militärseelsorger mit der Aufgabe betraut wurden, eigene Seelsorgeeinheiten an Flughäfen zu initialisieren, um dadurch der neuen pastoralen Entwicklung vor Ort Rechnung zu tragen.[27] Im Jahre 1951 nahm eine weitere Flughafenseelsorge am Flughafen New York Idlewild (heute John F. Kennedy Airport) ihre Arbeit auf. Die Initiative zur Erschließung dieser neuen Form kategorialer Seelsorge ist eher aus einer innerkirchlichen Situation entstanden, um die große Zahl an Priestern nach den Einsätzen im 2. Weltkrieg sinnvoll einzusetzen.[28]

Die in Amerika begründete Flughafenseelsorge wurde in Europa erstmals Mitte der 1960er Jahre am Flughafen von Paris eingerichtet. Gründungen der Flughafenseelsorge schlossen sich an den Verkehrsflughäfen in London, Brüssel, Rom und Madrid an. Am 14. März 1972 wurde am Frankfurter Rhein-Main-Flughafen mit der Eröffnung des neuen Terminals Zentral (heute Terminal 1) der Betrieb der ersten Flughafenseelsorge an einem deutschen Verkehrsflughafen begonnen. 1992 folgte in München die Gründung einer zweiten Flughafenseelsorge auf einem deutschen internationalen Flughafen.[29]

Im Jahr 1967 kam es auf katholische Initiative hin zum Zusammenschluss der Flughafenseelsorger zur ‚International Association of Civil Aviation Chaplains' (IACAC).[30] Regelmäßig finden Konferenzen der

[27] Vgl. MAADER, 1999, S. 353–354.

[28] Vgl. ebd. Ob bei einer anderen historisch-politischen Lage eine solche pastorale Entwicklung in dieser zeitlichen Kürze stattgefunden hätte, ist fraglich.

[29] Vgl. ebd.

[30] Vgl. GASTEIGER, 2008, Sp. 1338. Vgl. GONDAN, 2013, S. 63.
Die INTERNATIONAL ASSOCIATION OF CIVIL AVIATION CHAPLAINS (IACAC) versteht ihren Auftrag folgendermaßen: „The International Association of Civil Aviation Chaplains (IACAC) is the professional association for Civil Aviation Chaplains, who are drawn from a number of world faiths. Each Chaplain is recognized as such by a duly constituted religious body and by the IACAC. Their work consists in the priestly, pastoral and prophetic ministry roles to and with the people of the aviation industry." International

Flughafenseelsorger auf nationaler und internationaler Ebene statt. Hier werden die neuesten Entwicklungen an den Flughäfen diskutiert, über Herausforderungen und Probleme der Flughafenseelsorge gesprochen und Pastoralkonzepte entwickelt. Heute bestehen an den meisten großen internationalen Verkehrsflughäfen Flughafenseelsorgeeinrichtungen unterschiedlicher religiöser Bekenntnisse, meist als intensive ökumenische Zusammenarbeit angelegt (siehe das Beispiel am Rhein-Main-Airport).[31] Die nachfolgende Abbildung soll einen Überblick geben, an welchen Flughäfen im deutschsprachigen Raum eine Flughafenseelsorge besteht:

Association of Civil Aviation Chaplains (IACAC), 2012. Neben der IACAC besteht die international 'Catholic Civil Aviation Chaplans und Chaplancy' (CCACC). Ihre Mitglieder werden fast jährlich vom 'Päpstlichen Rat der Seelsorge für die Migranten und Menschen unterwegs' zu Tagungen eingeladen; die CCACC beschäftigte sich in der Vergangenheit z. B. mit der Rolle von Flughafenseelsorgern nach 09/11 und den dramatischen Flugzeugzusammenstößen in der Nähe von Zürich und Mailand 2001. Vgl. GONDAN, 2013, S. 64–65.

[31] Gesprächsnotiz basierend auf einem Telefonat mit Walter MAADER, geführt vom Verfasser. Frankfurt am Main, 20. Februar 2012. Vgl. Gesprächsnotizen im Anhang.

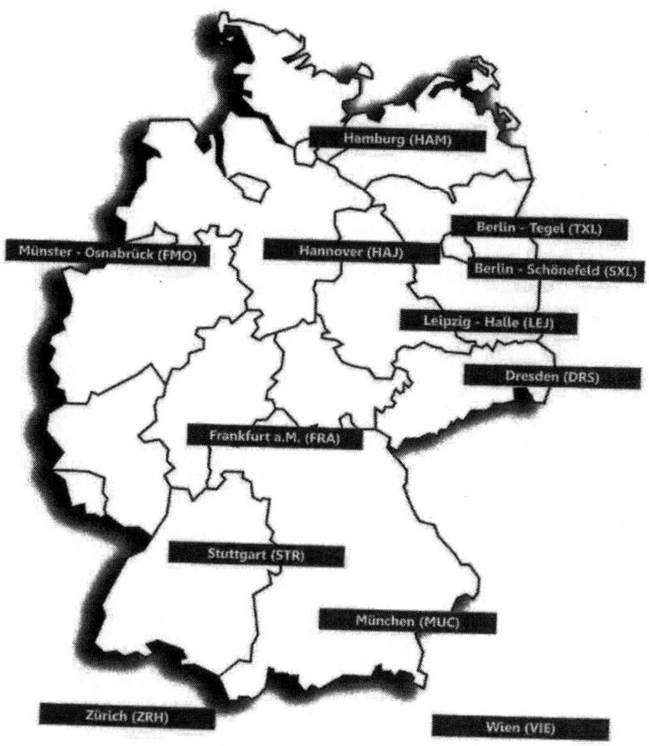

Abb. 1: Übersicht der Standorte der Flughafenseelsorge in Deutschland, Schweiz, Österreich[32]

2.3 Flughafenseelsorge und Notfallseelsorge in der zivilen Luftfahrt im Kontext des Kirchenrechts und kirchenamtlicher Verlautbarungen

Es gibt keine kirchenamtlichen Handlungsrichtlinien für die Notfallseelsorge in der zivilen Luftfahrt. Ein möglicher Zugang zu den kirchenamtlichen Grundlagen dieses pastoralen Feldes besteht über die Dokumente, die die Flughafenseelsorge bzw. Pastoral an einem Flughafen begründen. Im Unterschied zur Seelsorge innerhalb des Gebiets einer territorialen Ortspfarrei, welche eine feststehende kirchenrechtliche Größe darstellt, wird

[32] DOBLER/MOSSES, 2011, S. 1. Vgl. SEKRETARIAT DER DEUTSCHEN BISCHOFSKONFERENZ (Hg.), 2012, S. 32. „Flughafenseelsorge findet an den meisten deutschsprachigen Flughäfen und auch weltweit vielerorts statt."

zumindest im deutschsprachigen Raum die Unterscheidung zwischen der territorialen Seelsorge in den Pfarrgemeinden und der sogenannten kategorialen Seelsorge getroffen, zu der auch die Institution Flughafenseelsorge gezählt wird. Nach Fuchs handelt es um eine Seelsorgeform mit Menschen in bestimmten abgegrenzten Lebensräumen oder eine „lebensraumorientierte Seelsorge"[33]; eine Definition des Erzbistums Köln bestimmt sie als „zielgruppenspezifische Pastoral"[34] für bestimmte Personengruppen.

Grundlage der Pastoral in diesem Bereich sind die wegweisenden Dokumente des II. Vatikanum, die den Rahmen für das kirchliche Engagement in der kategorialen Seelsorge und damit auch am Flughafen darstellen und theologisch begründen. Im Dekret über das Laienapostolat ‚Apostolicam actuositatem' (AA) wird z. B. die Aufgabe der Laien nicht auf die Pfarrgemeindegrenzen begrenzt, sondern ausdrücklich auch auf den Bereich außerhalb der Territorien bezogen.[35]

Der Bischof als Verkünder des Glaubens wird im Dekret über die Missionstätigkeit der Kirche ‚Ad Gentes' (AG) konkret auf die Veränderungen in der Gesellschaft hingewiesen, die er beachten soll, um „neue Jünger Christus" (AG 20) zuzuführen.[36]

Insbesondere im Dekret über die Hirtenaufgabe der Bischöfe ‚Christus Dominus' (CD) wird der Auftrag der Hirtensorge auf diejenigen Menschen ausgeweitet, die nicht in den Territorialpfarreien erreicht werden können. Hier zeigt das Konzil ein weitreichendes Bewusstsein für moderne Migrationsbewegungen und Arbeitsmigration, die viele Menschen zum Unterwegssein fordert, um ihre Existenz zu sichern.

Die Bischöfe sind verpflichtet, „geeignete Seelsorgsmethoden" (CD 18) zu entwickeln, die der Spiritualität der Menschen gerecht wird.

1978 folgt das Schreiben der Päpstlichen Kommission an die Bischofskonferenzen „Kirche und Mobilität der Menschen" und die „Richtlinien für die katholische Seelsorge in der zivilen Luftfahrt"[37].

Der Codex Iuris Canonici (CIC) von 1983, das Gesetzbuch der katholischen Kirche, verwendet den Ausdruck der kategorialen Seelsorge ebenfalls nicht explizit. Dennoch wird an einigen Stellen die Bedeutung einer kategorialen Seelsorge deutlich, was nachfolgende Canones belegen. Dabei re-

---

[33] FUCHS, 2009, S. 17.

[34] ERZBISTUM KÖLN, 2012. „Kategoriale Seelsorge ist die zielgruppenspezifische Pastoral für bestimmte Personengruppen oder Lebenssituationen."

[35] Vgl. RAHNER, Karl; VORGRIMLER, Herbert (Hg.): Kleines Konzilskompendium, Freiburg/Br. [35]2008.

[36] Vgl. auch die Pastoralkonstitution Gaudium et Spes: „Nicht zu unterschätzen ist die Bedeutung der Tatsache, daß Menschen, aus verschiedenen Gründen zur Wanderung veranlaßt, dadurch ihre Lebensart ändern." (GS 6)

[37] PUSCHMANN, 1983, S. 438.

kurriert der CIC auf die Dokumente des II. Vatikanum, die deutlich die Notwendigkeit des Eingehens auf die wachsende Mobilität der Menschen belegen.[38] Er stellt die Notwendigkeit der kategorialen Seelsorge als pastorale Aufgabe und Verpflichtung der Bischöfe heraus, die entsprechende seelsorgliche Angebote sicherstellen sollen: So weist c. 383 § 1 CIC im Buch II (Volk Gottes) ausdrücklich auf die Pflicht des Diözesanbischofs für die Hirtensorge für alle Gläubigen hin, unabhängig von Alter, Stand, Nation, territorialer Zugehörigkeit, aber auch für die Menschen, die aufgrund ihrer Lebensumstände (Arbeitszeiten, familiäre Verpflichtungen) aus der ordentlichen Seelsorge „nicht hinreichend Nutzen ziehen können" (c. 383 § 1 CIC). Diese Verpflichtung gilt auch für die sogenannten Fernstehenden.[39]

In c. 529 § 1 CIC werden die Seelsorgeaufgaben des Pfarrers einer Territorialgemeinde bestimmt und differenziert.

Der c. 771 § 1 CIC (Buch III Verkündigungsdienst der Kirche) weist die Seelsorgeaufgaben der Bischöfe und Pfarrer für die Menschen auf, die nicht von der ordentlichen, d. h. territorialen Seelsorge erreicht werden können.

Obwohl der Begriff der kategorialen Seelsorge demnach vom Kirchenrecht nicht genannt wird, gilt als allgemeine rechtliche Verpflichtung dass solche Institutionen von der Diözese zu errichten sind, um dem kirchlichen Verkündigungsauftrag gerecht zu werden und sich um Gläubige wie Fernstehende und insgesamt um alle Menschen zu kümmern. Beispiele für kategoriale Seelsorgestellen neben den Flughäfen sind: Krankenhäuser, Gefängnisse, Heime, Schiffe und allgemeine Arbeitsstätten und Betriebe.[40]

Inwiefern ein Spannungsverhältnis zwischen der Seelsorge der Ortspfarrei und den kategorialen Einrichtungen besteht oder entstehen kann bzw. ob diese Einrichtungen der kategorialen Seelsorge als Ergänzung der „ordentlichen Seelsorge" (c. 771 § 1 CIC) verstanden werden sollen, bleibt dabei offen. Es stellt sich die Frage, ob die kategorialen Einrichtungen bloß eine Ergänzung zu den territorialen Gemeinden darstellen oder sie eine neue erweiterte pastorale Wirklichkeit abbilden, in der Kirche als Unterwegssein mit den Menschen einer pluralen Gesellschaft auch außerhalb der territorialen Pfarrgemeinen spürbar und erlebbar werden soll.[41]

[38] Vgl. PUSCHMANN, 1983, S. 437. Vgl. PÄPSTLICHER RAT DER SEELSORGE FÜR DIE MIGRANTEN UND MENSCHEN UNTERWEGS, 1995.

[39] Vgl. CODEX IURIS CANONICI, 2009.

[40] Vgl. die Übersicht: HERZ-JESU-PROVINZ DER PALLOTINER, o. J.a.

[41] Vgl. ERZBISTUM KÖLN, 2012. Eine sinnvolle Definition der kategorialen Seelsorge stellt z. B. das Erzbistum Köln vor, die die kategoriale Seelsorge als mobile, entwicklungsbezogene Seelsorge versteht, in der auf neuere Entwicklungen der Gesellschaft reagiert werden kann und zukünftige Schwerpunkte des kirchlichen Handelns gesetzt werden können.

Seit dem 14. März 1995 existiert eine Richtlinie des Päpstlichen Rats der Seelsorge für die Migranten und Menschen unterwegs, die sich konkret auf die Struktur von Flughafenseelsorge innerhalb eines Bistums bezieht.[42] Diese sagt aus, dass der Ortsbischof über die Ausgestaltung des Apostolats am Standort Flughafen befindet, dennoch soll dieses in das diozösane Gesamtgefüge eingebettet sein.[43]

Durch die beschriebene Struktur wird die Notwendigkeit für ein „Apostolat der zivilen Luftfahrt"[44], der Wirkungsort und die Zuständigkeit von Flughafenseelsorge eindeutig beschrieben.[45] Die Ausgestaltung ist dem jeweiligen Diözesanbischof persönlich mithilfe seiner Mitarbeiter/innen überlassen, die nach den jeweiligen Kontexten des Flughafens und seiner Besucher/innen und Mitarbeiter/innen eine entsprechend angepasste Seelsorge anbieten sollen. Dennoch soll die Flughafenseelsorge Teil der Gesamtpastoral eines Bistums sein. Auch soll der Diözesanbischof für die angemessene Vorbereitung und Ausbildung Sorge tragen. Außerdem sollen die Mitarbeiter/innen der Flughafenseelsorge entsprechend der spezifischen Bedürfnisse der Menschen in den Flughäfen gezielte Kompetenzen aufweisen. Eine allgemeine seelsorgliche Ausbildung scheint nicht ausreichend zu sein. Ansonsten beschäftigt sich der Text der Richtlinie des Päpstlichen Rats der Seelsorge nur marginal mit inhaltlichen Fragen. Die Richtlinie führt inhaltliche Aspekte jedenfalls nicht weiter aus, sondern konzentriert sich im Wesentlichen auf formale Bestimmungen und Zuständigkeitsfragen.

Somit wird hier in diesem Dokument eine eindeutige Definition für den Begriff Flughafenseelsorge oder der Notfallseelsorge noch nicht gegeben. Auch zentrale Handlungskonzepte notfallseelsorglichen Handelns innerhalb der zivilen Luftfahrt werden hier nicht genannt und liegen bis dato nicht vor, obwohl jedes deutsche Bistum einen eigenen Beauftragten für Notfallseelsorge hat.[46] Diese Tätigkeit wird jedoch ausschließlich neben einer anderen Haupttätigkeit, wie der des Pfarrers oder des Pastoral- oder Gemeindereferenten ausgeübt.[47] Eine konkrete Beschreibung, wie NFS für

[42] Vgl. GONDAN, 2013, S. 64.

[43] Vgl. PÄPSTLICHER RAT DER SEELSORGE FÜR DIE MIGRANTEN UND MENSCHEN UNTERWEGS, 1995, Nr. 37–40.

[44] PUSCHMANN, 1983, S. 441.

[45] Vgl. ebd.

[46] Vgl. SEKRETARIAT DER DEUTSCHEN BISCHOFSKONFERENZ (Hg.), 2012, S. 32–33.

[47] Ein wichtiges Dokument, welches eine Art Richtlinie für eine Notfallseelsorge in der Katholischen Kirche darstellt, ist das Ergebnis zweier Studientagungen der Diözesanbeauftragten für Notfallseelsorge aus den Jahren 2005 und 2006, das Dokument *Botschafter des Lebens an der Grenze des Todes.* Vgl. GOTTSCHLICH et al., 2008. Weitere Dokumente sind die Leitlinien für Notfallseelsorge des Erzbistums Bamberg (vgl. WIETERSHEIM von, 2011)

die Menschen in der zivilen Luftfahrt (auch in anderen Seelsorgebereichen) geleistet werden kann, ist leider bis dato nicht vorhanden.

Aufgrund des Fehlens von spezifischen Richtlinien für die Notfallseelsorge in der zivilen Luftfahrt, muss eine kirchenrechtliche Ableitung über den generellen Auftrag eines Apostolates an u. a. Flughäfen erfolgen, wie es eingangs beschrieben wurde, weshalb die Betrachtung einer NFS in der zivilen Luftfahrt nur im Kontext einer Flughafenseelsorge realisiert werden kann. Des Weiteren empfiehlt sich der Verweis auf die Traditionen der Kirche. Ureigenes Anliegen der frühen Gemeinden war immer die Fürsorge besonders von Menschen in Notsituationen (Krankheiten, Kriege, individuelle Notsituationen).[48] Auf diesen Aspekt soll in Kap. 3 der Arbeit detailliert eingegangen werden.

2.4 Aufgabengebiete der Flughafenseelsorge

Nach den Aussagen der Ökumenischen Konferenz Flughafenseelsorge in Deutschland (OEKOF) umfassen die Tätigkeitsfelder einer Flughafenseelsorge im Allgemeinen:

- Passagier- und Besucherseelsorge
- Betriebsseelsorge
- Feier der Gottesdienste und Sakramentenspendung
- Sozial- und Öffentlichkeitsarbeit
- Flüchtlingsseelsorge
- Notfallseelsorge[49]

Die Deutsche Bischofskonferenz (DBK) betont folgende Schwerpunkte, indem sie beispielhaft die ökumenische Flughafenseelsorge am Flughafen München, den „Kirchlichen Dienst am Flughafen München (KDaF)“[50], und seine Tätigkeitsfelder herausstellt: Die Flughafenseelsorge bietet an:

- Raum für Gebet und Stille
- Seelsorge und individuelle Hilfen für Mitarbeiter des Flughafens
- Seelsorge für Reisende
- Hilfe in Notfallsituationen

---

sowie der Diözese Würzburg (vgl. WIETERSHEIM von, o. J.b). Siehe die Texte im Anhang dieser Arbeit.

[48] Vgl. ANGEL, 2012.

[49] Vgl. OEKOF, o. J. Vgl. SEKRETARIAT DER DEUTSCHEN BISCHOFSKONFERENZ (Hg.), 2012, S. 32–33.

[50] SEKRETARIAT DER DEUTSCHEN BISCHOFSKONFERENZ (Hg.), 2012, S. 32.

- Seelsorgliche und caritative Hilfen für Asylsuchende[51]

Da sich die einzelnen Flughäfen weltweit in Größe und Passagieraufkommen stark unterscheiden, können manche der Aufgabenfelder teilweise entfallen bzw. stärker ausgeprägt sein als an anderen Orten.[52]

2.4.1 Passagier- und Besucherseelsorge

Besucher des Flughafens sind sowohl Passagiere, die per Luftweg ihr privates oder geschäftliches Ziel erreichen wollen, wie Personen, die ihre Angehörigen abholen oder verabschieden wollen. Dazu kommen z. B. zum Frankfurter Flughafen auch Besucher für Tagesausflüge. Die Flughafenseelsorge mit ihrem Seelsorgeteam steht also diesen Gruppen von Menschen sowohl Land- und Luftseitig, vor und nach der Passagiersicherheitskontrolle, am Flughafen zu Verfügung.[53]

2.4.2 Betriebsseelsorge

Den Mitarbeiter/innen der unterschiedlichsten Arbeitgeber, z. B. Flughafenbetreibergesellschaft, Airlines, Reiseunternehmen und Behörden, steht die Flughafenseelsorge als betriebliche Seelsorge zu Verfügung. Sie ermöglicht bei unregelmäßigen Arbeitszeiten, welche die meisten Mitarbeiter an einem Flughafen aufgrund ihres Schichtdienstes haben, einen Kontakt zur Kirche und bei Bedarf seelsorgliche Betreuung und Begleitung.[54]

Auch deshalb wird ausdrücklich ständige Präsenz von Flughafenseelsorger/innen an ihrem Einsatzort gezeigt: So beschreibt Gondan die aufsuchende Flughafenseelsorge am Flughafen Zürich: „Die Seelsorger sind oft ‚in transit' – wie ihr Leitspruch lautet – unterwegs in den Terminals und Betrieben, Geschäften und Shops, um Präsenz zu zeigen, näherhin den Menschen ein Signal zu geben: Wir sind da und nehmen Euch und Euren anspruchsvollen Dienst wahr."[55]

---

[51] Vgl. SEKRETARIAT DER DEUTSCHEN BISCHOFSKONFERENZ (Hg.), 2012, S. 32–33.
[52] Vgl. SEKRETARIAT DER DEUTSCHEN BISCHOFSKONFERENZ (Hg.), 2012, S. 32.
[53] Vgl. DOBLER/MOSSES, 2011, S. 9.
[54] Vgl. ebd.
[55] GONDAN, 2013, S. 72.

2.4.3 Raum für Gebet und Stille, Gottesdienste und Sakramente

Für alle Besucher sind Gottesdienstkapellen (evangelisch und katholisch) vorhanden und laden zum stillen Verweilen bzw. Gebet ein. Alle stehen Personen gleich welcher religiösen oder weltanschaulichen Ausrichtung zur Verfügung.[56]

Den kirchlichen Mittelpunkt der Arbeit in einer katholischen Flughafenseelsorge bildet die Feier der Heiligen Messe. Im Unterschied zu einer Ortspfarrei kennt der Priester die Gläubigen in der Flughafenseelsorge, welche zur Messe kommen, in der Regel nicht, außer bei Vielfliegern oder Mitarbeiter/innen, die häufiger diesen Gottesdienst besuchen und somit eine Art ‚Stammgemeinde' bilden. Aufgrund der Internationalität der Gottesdienstbesucher besteht seitens der Geistlichen der Wunsch, den Gottesdienst auch für Gläubige anderer Muttersprachen als der jeweiligen Landessprache erlebbar zu machen. Aus diesem Grund findet bei Bedarf ein Gottesdienst, je nach sprachlicher Ausbildung des Priesters, in anderen Sprachen oder mehrsprachig statt.[57]

Auch Sakramente wie das Bußsakrament oder das Sakrament der Taufe werden in der katholischen Flughafenseelsorge gespendet, bzw. bei der Spendung des Ehesakraments assistiert. Die Sakramente der Taufe und Ehe werden in den häufigsten Fällen in dem Flughafen gespendet, zu dem die Eltern des Täuflings bzw. das Brautpaar eine besondere Beziehung haben. Im letzteren Fall handelt es sich zumeist um Angestellte, die sich dort kennen gelernt haben, z. B. Flugbegleiterin und Pilot.[58]

2.4.4 Soziale Arbeit

Das Team der Flughafenseelsorge hat oft mit Personen in einer sozialen Notlage zu tun. Hierbei handelt es sich meist um plötzlich und unerwartet mittellose Menschen. Durch Kontaktaufnahme mit Verwandten oder eine akute monetäre Zuwendung wird versucht, das jeweilige Problem zu beheben.[59] Insbesondere Unterstützung in Krisensituationen (Diebstahl, Be-

[56] Vgl. FRAPORT AG SERVICECENTER SOZIALES (PSL-DS 1), 2011, S. 2. Spezielle Gebetsräume werden jeweils für orthodoxe Christen, jüdische und muslimische Gläubige im Flughafen angeboten.

[57] Vgl. HERZ-JESU-PROVINZ DER PALLOTINER, 2014.

[58] Vgl. DOBLER/MOSSES, 2011, S. 9.

[59] Vgl. DOBLER/MOSSES, 2011, S. 12.

treuung von kranken oder behinderten Reisenden) gehört zur Arbeit der Flughafenseelsorge.[60]

2.4.5 Öffentlichkeitsarbeit

Die Flughafenseelsorge bietet ihre Angebote prinzipiell allen Reisenden, Besuchern und Mitarbeitern des Flughafens an.

Um ihre Angebote präsent zu machen und ihre Adressaten tatsächlich zu erreichen, nutzt die Flughafenseelsorge sowohl die elektronischen Massenmedien (Internetauftritt), aber auch die klassischen Aushänge und Ankündigungen/Ausrufe im Flughafen.[61] Zur Öffentlichkeitsarbeit einer Flughafenseelsorge gehört ebenfalls die Betreuung zahlreicher Gruppen, die als Gäste zu Besuch kommen. Beispiele hierfür sind zum einen Pilgergruppen, die vor oder nach der Reise einen Gottesdienst feiern möchten oder sich über die Arbeit der Flughafenseelsorge in einem Gespräch informieren wollen. Auch Jugend- und Firmgruppen sowie Priester auf Durchreise besuchen häufig die Flughafenseelsorge und verbinden den Besuch dort gleichzeitig mit einer Rundfahrt am Flughafen.[62]

2.4.6 Flüchtlingsseelsorge

Wie ein landseitiger Grenzübergang stellt auch ein Flughafen einen luftseitigen Grenzübergang dar. Auch treffen – insbesondere am Frankfurter Flughafen – zahlreich asylsuchende Menschen ein und werden zum Teil in entsprechenden Unterkünften am Flughafen untergebracht, bis über ihren Asylantrag entschieden wird. Andere werden von hier aus wieder in ihr Abreise- oder Herkunftsland abgeschoben. Während dieser Zeit stehen die Seelsorger den Asylsuchenden zu Verfügung und begleiten sie während der Tage im Transitraum.[63] Es handelt sich oft um orientierungslose und heimatlose Menschen, die der deutschen Sprache nicht mächtig, hier um Asyl bitten. So verweist die DBK auf diesen besonderen seelsorglichen Schwerpunkt der Flughafenseelsorge: „In Absprache und Zusammenarbeit mit der Bundespolizei stehen wir ihnen seelsorglich und karitativ zur Seite, wenn

[60] Vgl. SEKRETARIAT DER DEUTSCHEN BISCHOFSKONFERENZ, 2012, S. 32.

[61] Die Nutzung sozialer Netzwerke wie z.B. Twitter, Xing und Facebook könnte diesen Kommunikationsprozess – insbesondere mit jüngeren Menschen – vorantreiben.

[62] Vgl. DOBLER/MOSSES, 2011, S. 12.

[63] Vgl. ebd.

etwa Kleidungsstücke benötigt werden oder jemand seine Situation in einem Gespräch verarbeiten möchte."[64]

2.4.7 Notfallseelsorge

Im Todesfall, bei Flugzeugunglücken oder Folgen auswärtiger Katastrophen, z. B. bei der Ein- oder Abreise von Katastrophenopfern, stehen die Mitarbeiter/innen der Flughafenseelsorge mit Gesprächen und mit praktischen Hilfen zur Verfügung und versuchen so, Leid zu mindern und Ansprechpartner zu sein.[65] Flughafenseelsorgemitarbeiter/innen arbeiten eng mit den Notfallhelfern des Flughafens zusammen und verstehen sich als „Partner im Notfallplan"[66], z. B. bei drohendem Notfall werden vorsorglich die Rettungskräfte und damit auch die Notfallseelsorger alarmiert. Dies kann sowohl bei Todesfällen oder Unfällen an Bord oder auf dem Flughafengelände notwendig sein.

Die einzelnen Einsätze und Handlungsschritte für die Seelsorger werden nicht eigens definiert. Dass eine solche Ausgangslage nicht optimal ist, zeigen die Erfahrungen der Notfallsituation infolge des Flugzeugunglücks der türkischen Charterflug-Airline Birgenair am 6. Februar 1996.[67]

Der Flughafen Frankfurt reagierte auf die Ereignisse der Flugzeugkatastrophe von 1996. Es wurde ein differenziertes Krisenmanagementsystem eingerichtet, was aufgrund spezifischer Teams bei Krisen- und Großschadensereignissen als führend in der zivilen Luftfahrt angesehen werden kann.[68] Allerdings verfügen die Katholischen Flughafenseelsorgeeinrichtungen in Deutschland auch 18 Jahre nach dieser Katastrophe über kein adäquates Notfallseelsorgekonzept für die zivile Luftfahrt.

Die Thematik Notfallseelsorge am Flughafen wird ausführlich im nächsten Hauptkapitel behandelt.

[64] SEKRETARIAT DER DEUTSCHEN BISCHOFSKONFERENZ (Hg.), 2012, S. 32.
[65] Vgl. DOBLER/MOSSES, 2011, S. 11.
[66] SEKRETARIAT DER DEUTSCHEN BISCHOFSKONFERENZ (Hg.), 2012, S. 33.
[67] Vgl. UNIVERSITY OF BIELEFELD – Faculty of technology, 1999.
[68] Vgl. MAADER, Walter: Gesprächsnotiz basierend auf einem Telefonat, geführt vom Verfasser. Frankfurt am Main, 20. März 2012. Vgl. Gesprächsnotizen im Anhang.
Vgl. auch FRAPORT AG, 2004–2013b. Vgl. „Disaster Management" am Flughafen Frankfurt (FRAPORT). Strategien und Konzepte bei einem Massenanfall von Verletzten bei einem Flugzeug-Crash, siehe: GABLER, 2002, S. 343–346.

2.5 Pastoralteam

Zusätzlich zu den priesterlichen Mitarbeitern (Pfarrer und Kapläne) können je nach Größe der Seelsorgeeinheit an einem Flughafen weitere Mitarbeiter/innen wie z. B. Diakone, Pastoral- oder Gemeindereferent/innen, Sekretär/innen und Verwaltungsmitarbeiter/innen eingesetzt werden.[69] Pfarrer Wolfgang Miehle, Koordinator der katholischen Flughafenseelsorge vertritt die Auffassung, dass ohne ehrenamtliche Mitarbeiter/innen diese Arbeit nicht oder nur teilweise zu leisten ist.[70]

Aufgrund der besonderen Situation, einen karitativen Dienst an einem sicherheitsrelevanten Ort eines Flughafens zu leisten, werden die Mitarbeiter/innen in unterschiedlichen Schulungen auf ihre Arbeit vorbereitet. In Frankfurt und München stehen neben den hauptamtlichen Mitarbeiter/innen ebenfalls ehrenamtliche Kräfte zu Verfügung, die meistens aus dem Umfeld der zivilen Luftfahrt stammen und dadurch über sehr gute Kenntnisse der Abläufe an einem Verkehrsflughafen verfügen.[71]

2.6 Katholische Flughafenseelsorge am Rhein-Main-Airport Frankfurt am Main

Seit 1972 haben Pallottiner-Patres als priesterliche Leiter die Dienst- und Fachaufsicht für die haupt- und ehrenamtlichen Mitarbeiter/innen der Katholischen Flughafenseelsorge in Frankfurt am Main inne.[72] Sie erhalten ihre Beauftragung für das Apostolat am Frankfurter Flughafen durch den Bischof von Limburg und ihre Sendung durch den Oberen der Herz-Jesu-Provinz der deutschsprachigen Pallottiner. Fachlich und disziplinarisch unterstehen sie selbst dabei der Aufsicht des Bistums Limburg. Da Teile des Frankfurter Flughafens auch auf dem Gebiet des Bistums Mainz liegen, erklärte sich die Bistumsleitung in Mainz bereit, seit Beginn der Einrichtung anteilig 50 % der Kosten, die für die Erhaltung der Seelsorge am Flughafen notwendig sind, zu tragen.[73]

---

[69] Vgl. DOBLER/MOSSES, 2011, S. 13.

[70] Vgl. MIEHLE, in: MÜLLER, 2006.

[71] Vgl. ebd. Vgl. KATHOLISCHE FLUGHAFENSEELSORGE FRANKFURT AM MAIN, o. J.c.

[72] Vgl. HERZ-JESU-PROVINZ DER PALLOTINER, 2014.

[73] Vgl. FUCHS, Rolf: Gesprächsnotiz basierend auf einem Interview, geführt vom Verfasser. Frankfurt am Main, 7. Mai 2011. Vgl. Gesprächsnotizen im Anhang dieser Arbeit. P. Rolf Fuchs SAC war Leiter der Katholischen Flughafenseelsorge in Frankfurt/Main bis Ende 2013. Vgl. ENGL-SCHWEIGER, 2014.

Die Kapellen im Terminal 1 und 2 werden im Rahmen der ökumenischen Zusammenarbeit sowohl von der Katholischen und Evangelischen Kirche genutzt. Im Terminal 1 befindet sich die Kapelle im öffentlichen Bereich auf der Empore Mitte in der Abflughalle B. Angegliedert an die Kapelle befinden sich die Sakristei sowie die Büroräume der Katholischen Flughafenseelsorge. In unmittelbarer Nähe befinden sich ebenfalls der kirchliche Sozialdienst für Passagiere, der von der Diakonie des Regionalverbandes der Evangelischen Kirche von Hessen-Nassau getragen wird, und die Büroräumlichkeiten der Evangelischen Flughafenseelsorge. Im Terminal 2 gibt es die zweite Kapelle des Flughafens (Transitbereich D). Es liegen außerdem Planungen für den Bau einer weiteren christlichen Kapelle vor (April 2012), die sich nach der Fertigstellung im Bereich Transit B befinden wird.[74] Es gibt derzeit drei christliche Andachtsräume am Frankfurter Flughafen, einen katholischen, einen evangelischen und einen orthodoxen, sowie zwei jüdische Gebetsräume, jeweils im Terminal 1 und 2, mehrere Gebetsräume für Muslime, sowohl im öffentlichen wie auch im Sicherheitsbereich (Vorfeld), die eigens für die Mitarbeiter/innen des Flughafens errichtet wurden.[75] Auch wird koscheres Essen für jüdische Gläubige und Halal-Essen für Muslime im Frankfurter Flughafen angeboten.[76]

[74] Vgl. die Übersicht und Fotos der unterschiedlichen Gebetsräume am Flughafen Frankfurt/Main, siehe: KATHOLISCHE FLUGHAFENSEELSORGE FRANKFURT AM MAIN, o. J.e; vgl. FRAPORT AG, 2011, S. 2.

[75] Vgl. Abb. 2. Lage der Gebetsräume in Terminal 1 und 2 Frankfurter Flughafen FRAPORT AG, 2011, S. 1. (Siehe nächste Seite dieser Arbeit).

[76] Vgl. FRAPORT AG, 2011, S. 2.

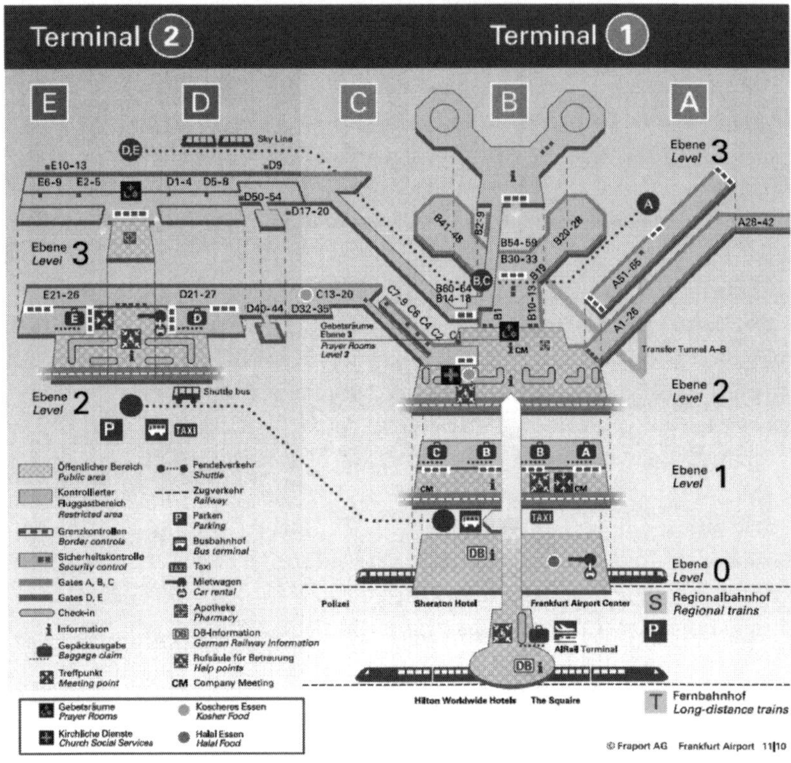

Abb. 2: Lage der Gebetsräume in Terminal 1 und 2 Frankfurter Flughafen[77]

Zu den Aufgabengebieten der Katholischen Flughafenseelsorge in Frankfurt zählen die in Kapitel 2.4 beschriebenen Tätigkeiten.[78] Die Priester der Katholischen Flughafenseelsorge sind Mitglieder des Kriseninterventionsteams der Fraport AG. Es besteht ein 24-stündiger Bereitschaftsdienst, der abwechselnd von der Katholischen und der Evangelischen Flughafenseelsorge wahrgenommen wird.[79]

Im Bereich der Flüchtlingsseelsorge ist am Frankfurter Flughafen zusätzlich zu der Flüchtlingsseelsorge, die sich um Menschen kümmert, die

[77] FRAPORT AG, 2011, S. 1.

[78] Vgl. FRAPORT AG SERVICECENTER SOZIALES (PSL-DS 1), 2011, S. 1: „Alle Nutzer des Flughafens können unabhängig ihrer eigenen Konfession das Angebot des Kirchlichen Sozialdienstes in Anspruch nehmen. Der kirchliche Sozialdienst ist für Sie da, wenn Sie sich in einer sozialen Notlage befinden, Orientierung suchen, wenn Sie Pass- oder Visa-Probleme haben oder in Ihr Heimatland zurückkehren müssen."

[79] Vgl. FUCHS, Rolf: Gesprächsnotiz basierend auf einem Interview, geführt vom Verfasser. Frankfurt am Main, 7. Mai 2011. Vgl. Gesprächsnotizen im Anhang.

noch nicht in die Bundesrepublik Deutschland eingereist sind, eine Stelle für Abschiebebeobachtung eingerichtet, die den Prozess der Rückführung ins Herkunftsland neutral begleitet.[80] Die Abschiebungsbeobachter/innen rekrutieren sich jeweils aus Mitarbeiter/innen der evangelischen und katholischen Flughafenseelsorge.[81] Die zwei Mitarbeiterstellen werden hälftig vom Bistum Limburg und der Diakonie des Regionalverbandes der Evangelischen Kirche von Hessen-Nassau finanziert. Der katholische Flughafenpfarrer hat die Dienst- und Fachaufsicht für die Mitarbeiter/innen der Abschiebebeobachtung. Die Ergebnisse der Beobachtung der Abschiebeprozesse werden dem Forum Abschiebebeobachtung am Frankfurter Flughafen (FAFF) mitgeteilt. Am Wochenende und an Feiertagen übernimmt die Katholische Flughafenseelsorge die Vertretung des kirchlichen Sozialdienstes für Passagiere.[82]

2.7 Klient/innen- und Besucher/innengruppen

Flugreisende, die Probleme mit ihrem Pass, Ticket, Visa haben oder die ihren Flug verpasst haben, gehören zu den Klienten/innen der Flughafenseelsorge innerhalb der sozialdienstlichen respektive notfallseelsorglichen Arbeit. In diesen Fällen erfolgt eine Zusammenarbeit mit den entsprechenden Fluggesellschaften und Bundesbehörden.

Deutsche Staatsbürger/innen, die aus dem Ausland mittellos zurückkehren, sei es freiwillig oder durch Rückführung, werden ebenfalls von der Flughafenseelsorge betreut. In diesen Fällen wird versucht, Kontakt mit

---

[80] Vgl. ebd. Vgl. KATHOLISCHE FLUGHAFENSEELSORGE FRANKFURT AM MAIN, o. J.a.

[81] Vgl. DIAKONIE HESSEN-NASSAU, 2012, S. 4. „Träger der jeweiligen Stellen sind das Diakonische Werk des Evangelischen Regionalverbandes in Frankfurt und der Caritasverband für die Diözese Limburg e.V. Finanziell gefördert wird die Abschiebungsbeobachtung darüber hinaus von der Evangelischen Kirche in Hessen und Nassau und der UNO Flüchtlingshilfe."

[82] Vgl. FUCHS, Rolf: Gesprächsnotiz basierend auf einem Interview, geführt vom Verfasser. Frankfurt am Main, 7. Mai 2011. Vgl. Gesprächsnotizen im Anhang.Vgl. DIAKONIE HESSEN-NASSAU, 2012, S. 4.

Vgl. KATHOLISCHE FLUGHAFENSEELSORGE FRANKFURT AM MAIN, o. J.a.: „Es ist Aufgabe der Abschiebungsbeobachtung, Verstöße gegen die Verhältnismäßigkeit von eingesetzten Mitteln und Verletzungen humanitärer Ansprüche dem ‚Forum Abschiebungsbeobachtung am Flughafen Frankfurt' (FAFF) zu berichten. In dem Forum bemühen sich seine Mitglieder, Vertreter/innen der Kirchen, der Bundespolizei sowie von Flüchtlings- und Menschenrechtsinitiativen, um sachgemäße Verbesserungen.

Die Abschiebungsbeobachterinnen haben aufgrund der Vereinbarungen mit der Bundespolizei ungehinderten Zugang zu den Räumlichkeiten, in denen sich Abzuschiebende befinden. Sie haben zwar kein Recht, aktiv in die Abschiebungsmaßnahmen einzugreifen, wohl aber über die Leitung der zuständigen Inspektion zu intervenieren."

Familienangehörigen und Freunden/innen aufzunehmen. Sollte dies nicht gelingen, erfolgt die Hilfe mittels Weiterleitung an eine dafür zuständige Sozialnotstelle oder durch Auszahlung einer monetären Soforthilfe. Es kommen auch Abholer, die auf der Suche nach Verwandten und Freunden/innen sind und sich Rat und Hilfe bei dem Seelsorgeteam holen, genauso wie Mitarbeiter/innen, die aufgrund einer schwierigen persönlichen Situation einen Seelsorger konsultieren oder die Kapelle und das Seelsorgeteam gerne besuchen möchten. Zu den konkreten Leistungen, welche die Katholische Flughafenseelsorge im Rahmen der Vertretung des kirchlichen Sozialdienstes für Passagiere übernimmt zählen:[83]

- Beratungsgespräche, in denen die Problemsituation des Hilfesuchenden analysiert und nach Möglichkeiten einer Hilfestellung gesucht wird.
- In bestimmten Fällen begleiten Mitarbeiter/innen der Flughafenseelsorge Menschen in die Klinik, zur Polizei oder Fluggesellschaft, um Übersetzungshilfe zu leisten oder als persönliche Stütze beizustehen.
- Die Herstellung von Kontakten zu den unterschiedlichen Einrichtungen und Institutionen mittels Telefon oder persönlich stellen einen zentralen Punkt der Sozialarbeit in der Katholischen Flughafenseelsorge dar.
- Nach Einzelfallprüfung kann der diensthabende Seelsorger Fluggästen, die nach Ankunft im Flughafen Frankfurt/Main mittellos sind, Gutscheine für eine Zugfahrt ausstellen. Diese werden dann durch die Deutsche Bahn in Abstimmung mit dem Sozialamt der Stadt Frankfurt am Main verrechnet.
- In bestimmten Situationen kann nach vorheriger Prüfung im Einzelfall eine Geldspende durch die Seelsorger an Hilfesuchende gewährt werden. Ferner werden ‚gestrandete' Personen, die sich im Transit befinden und auf ihren Weiterflug warten, mit Lebensmitteln versorgt.[84]

In der Katholischen Flughafenseelsorge in Frankfurt am Main wurden im Kalenderjahr **2011** ca. **357** hilfesuchende Menschen im Rahmen der kirchlichen Sozialarbeit an Wochenenden betreut.[85]

Die nachfolgenden Grafiken sollen einen Aufschluss über die Geschlechtsverteilung, das Alter und die Herkunft der Menschen liefern, die

[83] Vgl. FUCHS, Rolf: Gesprächsnotiz basierend auf einem Interview, geführt vom Verfasser. Frankfurt am Main, 7. Mai 2011. Vgl. Gesprächsnotizen im Anhang.

[84] Vgl. ebd. Vgl. SEKRETARIAT DER DEUTSCHEN BISCHOFSKONFERENZ, 2012, S. 32–33. Vgl. DIAKONIE HESSEN-NASSAU, 2012, S. 4.7–10. Vgl. MÜLLER, 2006.

[85] Die Daten entstammen dem mündlichen Interview des Verfassers mit Pater Dr. Aloyse Essono SAC, Flughafenkaplan in Frankfurt am Main, am 7. April 2012. Vgl. Gesprächsnotizen im Anhang dieser Arbeit.

den kirchlichen Sozialdienst der Katholischen Flughafenseelsorge in Frankfurt aufgesucht haben.[86]

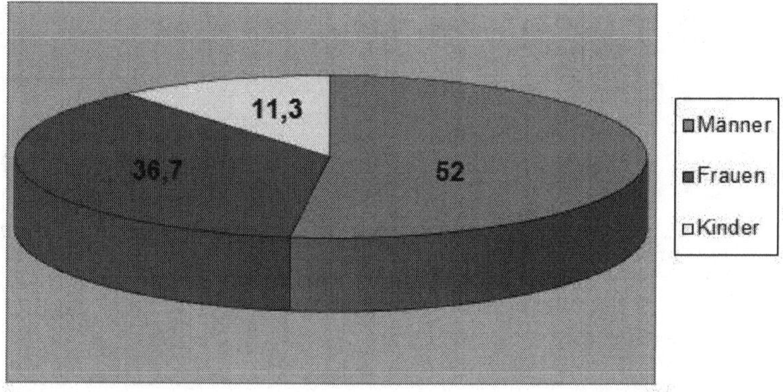

Abb. 3: Geschlechterverteilung und Erwachsene/Kinder der hilfesuchenden Menschen in der Flughafenseelsorge Frankfurt/Main in Prozent (Eigene Darstellung)[87]

Mehr als die Hälfte der Besucher/innen des kirchlichen Sozialdiensts der Katholischen Flughafenseelsorge Frankfurt/Main waren im Jahr 2011 Männer. Mehr als ein Drittel waren weiblichen Geschlechts und nur ein geringer Anteil waren Kinder.

[86] Ebd.

[87] Ebd.

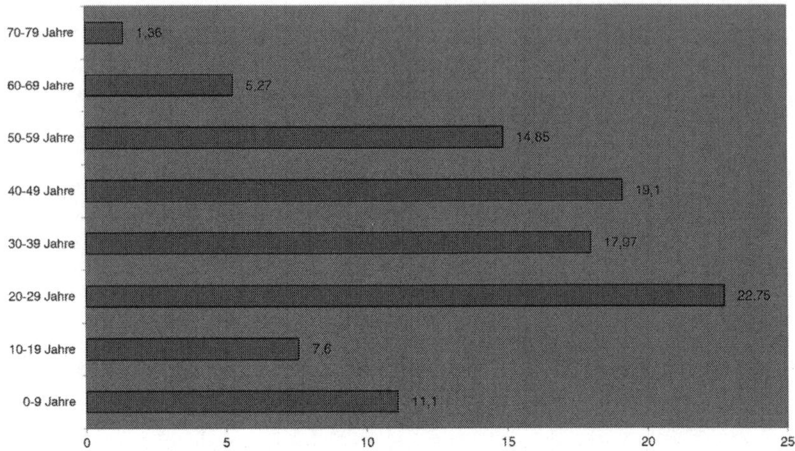

Abb. 4: Altersverteilung der hilfesuchenden Menschen in der Flughafenseelsorge Frankfurt/Main in Prozent (Eigene Darstellung)[88]

Die meisten Klienten/innen waren zwischen 20 und 60 Jahre alt. Kinder suchten nur selten Hilfe im Sozialdienst der Flughafenseelsorge. Personen im Alter über 80 Jahren suchten diese Stelle nicht auf.

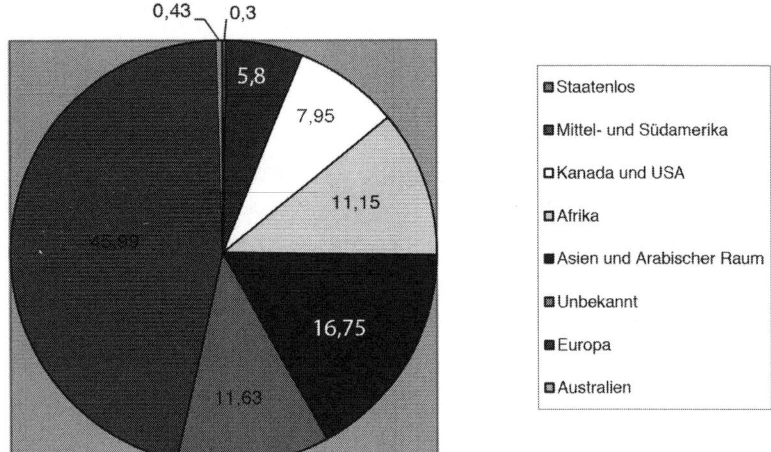

Abb. 5: Verteilung der hilfesuchenden Menschen in der Flughafenseelsorge Frankfurt/Main nach Herkunftsregion (Kontinente) in Prozent (Eigene Darstellung)[89]

[88] Interview mit Pater Dr. Aloyse Essono SAC, 2012. Vgl. Gesprächsnotizen im Anhang.
[89] Ebd.

Die meisten Hilfesuchenden stammten im Jahr 2011 aus Europa, desweiteren zu kleineren Anteilen aus Asien und dem arabischen Raum bzw. aus Afrika. Hilfesuchende aus anderen Kontinenten wie z. B. Australien sind nur selten vertreten.[90]

2.8 Zusammenarbeit und Eingliederung der Flughafenseelsorge in den operativen Flugbetrieb

Die Kooperation im Sozialbereich sowie in der Flüchtlingsarbeit und Abschiebebeobachtung zeigt zum einen, dass eine intensive ökumenische Zusammenarbeit zwischen der Katholischen Flughafenseelsorge und der Evangelischen Flughafenseelsorge stattfindet. Dies wird durch regelmäßige Dienstgespräche verstärkt.

Dazu ist die Arbeit der katholischen und evangelischen Flughafenseelsorge interreligiös vernetzt. Zusätzlich zu der ökumenischen Arbeit zwischen der Evangelischen und Katholischen Kirche kommt eine gute Zusammenarbeit mit Vertretern der Muslime am Flughafen und der jüdischen Gemeinde in Frankfurt hinzu. Seit den Anschlägen am 11. September 2001 in den USA findet einmal pro Jahr unter dem Motto: Religionen reichen sich die Hand – Das Friedensgebet der Religionen, ein Gebet mit christlichen, jüdischen und muslimischen Geistlichen am Frankfurter Flughafen statt.[91]

Zum anderen ist die ständige intensive Kooperation mit der Flughafenbetreibergesellschaft Fraport AG und den verschiedenen im Flughafen angesiedelten staatlichen Institutionen (z. B. Polizei, Bundespolizei etc.) von hoher Bedeutung: Die Informationsschalter der Fraport AG sind über die Arbeit der Katholischen Flughafenseelsorge informiert und können gezielt hilfesuchende Menschen in die Seelsorgestelle weiterleiten. Ebenfalls gibt es eigens von der Fraport AG – als Betreibergesellschaft des Flughafens – einen Infoflyer für Fluggäste und Mitarbeiter/innen, der über die Lage der Kapellen informiert.[92] Hinweisschilder weisen zusätzlich den Weg. Gebetszeiten und Gottesdienste werden durch den Ausruf des Flughafens auf Deutsch und Englisch angesagt.[93]

---

[90] Vgl. ebd.

[91] Vgl. FUCHS, Rolf: Gesprächsnotiz basierend auf einem Interview, geführt vom Verfasser. Frankfurt am Main, 7. Mai 2011. Vgl. Gesprächsnotizen im Anhang. Vgl. FRAPORT AG SERVICECENTER SOZIALES (PSL-DS 1), 2011, S. 2.

[92] FRAPORT AG SERVICECENTER SOZIALES (PSL-DS 1), 2011, S. 1–2.

[93] Vgl. FUCHS, Rolf: Gesprächsnotiz basierend auf einem Interview, geführt vom Verfasser. Frankfurt am Main, 7. Mai 2011. Vgl. Gesprächsnotizen im Anhang. So lädt der Arbeitsdirektor der Fraport AG auch alle Mitarbeiter/innen der Flughafenseelsorge, katholisch und evangelisch, regelmäßig zu einem Mittagessen ein und informiert sich über die Situation.

Die katholische Flughafenseelsorge bzw. die zuständigen Mitarbeiterinnen sind ständiger Gast im Forum Abschiebungsbeobachtung am Flughafen Frankfurt/ Main (FAFF).[94] Ferner bestehen eine Vielzahl von Treffen zwischen den katholischen Flughafenpfarrern und Vorstandsmitgliedern sowie weiteren leitenden Angestellten der FRAPORT AG am Frankfurter Flughafen.[95]

2.9 Zusammenfassung

Die Institution der katholischen Flughafenseelsorge ist eine vom II. Vatikanum geforderte und grundgelegte Form modernen seelsorglichen Wirkens, das auf die spezifischen Kontexte einer hoch mobilen, vernetzten und unter Zeitdruck stehenden Gesellschaft an einem Verkehrsknotenpunkt eines zivilen Flughafens ausgerichtet ist. Sie stellt einen kirchlichen Dienst für Reisende und Mitarbeiter/innen dar. Neben religiös-liturgischen Aufgaben, wie z. B. Feier der Heiligen Messe und Sakramentenspendung, gehören die Besucherseelsorge, Betriebsseelsorge für die Mitarbeiter/innen des Flughafens, Flüchtlingsbetreuung, Öffentlichkeitsarbeit und die Notfallseelsorge zu ihrem Aufgabenspektrum.

Die Flughafenseelsorge im Flughafen Frankfurt/Main ist eng vernetzt mit den ansässigen Institutionen im Flughafen und praktiziert eine intensive ökumenische Kooperation mit der evangelischen Flughafenseelsorge sowie eine interreligiöse Zusammenarbeit mit Vertretern anderer Religionen. Im Flughafen Frankfurt am Main ist die Flughafenseelsorge Teil des Kriseninterventionsteams der Flughafenbetreibergesellschaft Fraport AG und leitet durch ihre Mitarbeiter/innen die Abschiebebeobachtung.

[94] Hierzu gehören Vertreter der Bundespolizeidirektion Flughafen Frankfurt am Main, des Hohen Flüchtlingskommissarin der Vereinten Nationen (UNHCR) sowie der Caritas, Diakonie und Amnesty International an. Vgl. DIAKONIE HESSEN-NASSAU, 2012, S. 3.

[95] Vgl. FUCHS, Rolf: Gesprächsnotiz basierend auf einem Interview, geführt vom Verfasser. Frankfurt am Main, 7. Mai 2011. Vgl. Gesprächsnotizen im Anhang.

3 Notfallseelsorge im Kontext eines zivilen Flughafens

3.1 Zum Einstieg: Erfahrungsbericht

Die Tsunami-Katastrophe vom 26. Dezember 2004 in Südostasien ist eine der verheerendsten Flutkatastrophen infolge eines Seebebens seit Beginn der Aufzeichnungen: „Am 26. 12. 2004 um 7:58 Uhr morgens Ortszeit erschütterte ein Seebeben der Stärke 9,0–9,3 auf der Richterskala den Boden unterhalb des Indischen Ozeans nur wenige Kilometer westlich der Nordspitze Sumatras."[96] Die bis zu zehn Meter hohen Wellen trafen vor allem Bewohner der dicht besiedelten Küsten im Golf von Bengalen, zunächst von Indien, Sri Lanka und Thailand, aber auch der Andamanen-Inseln, der Malediven und sogar des ostafrikanischen Somalias. Die genaue Zahl der Todesopfer ist bis heute unklar. Die Angaben zählen bis zu 500.000 Toten, darunter Zehntausende Touristen.[97]

Ich befand mich am 26. Dezember zu Hause und feierte zusammen mit meiner Familie das Weihnachtsfest, als ich durch den damaligen Katholischen Flughafenseelsorger Pater Werner Bock SAC telefonisch über das schreckliche Ereignis informiert wurde. Als ehrenamtlicher Mitarbeiter und Mitglied des „Emergency Response and Information Center[s] (ERIC)"[98] am Frankfurter Flughafen machte ich mich nach meiner Alarmierung direkt auf den Weg zur Sammelstelle. Mehrere hundert Helfer/innen der unterschiedlichsten Dienste, Behörden und Institutionen befanden sich bereits vor Ort. Dort angekommen wurde ich sofort mit Hilfsmitteln (u. a. einer Weste, Funkgerät) und einer Vielzahl von Namenslisten ausgestattet. Ferner wurde mir die Leitung für ein Team von Helfer/innen übertragen, die erstmals mit einer Katastrophe konfrontiert waren.[99]

In den nächsten Tagen führte ich zahlreiche Gespräche mit Betroffenen, die aufgelöst und verstört aus den Krisengebieten zurückkamen, mit Angehörigen, die sich zwischen Hoffnung und Hoffnungslosigkeit befanden, und Mitarbeiter/innen, die sich dieser Menschen annahmen. Diese persönliche Erfahrung hat mir verdeutlicht, wie wichtig eine organisierte Notfallseelsorge ist.

---

[96] HEILEN, 2005, S. 31.

[97] Vgl. ebd.

[98] GABLER, 2002, S. 343.

[99] Vgl. GABEL, 2005, A 97-A 100.

3.2 Entwicklungsgeschichte der Notfallseelsorge

Notfallseelsorge (NFS) ist eine spezielle Form von Seelsorge und gehört zu den Kernbereichen christlicher Handlungen, wie sie bereits seit der Zeit Jesu bestanden haben und durch die Kirchen in ihrem alltäglichen Leben vollzogen werden.[100] „Dieses rund um die Uhr verfügbare Angebot der Kirchen ist als ‚Seelsorge angesichts des plötzlichen Todes' so alt wie die Kirche selbst. Die ‚Werke der Barmherzigkeit in der Kirchengeschichte' zeugen davon."[101] Hierbei spielten im Mittelalter und der Neuzeit vor allem die christlichen Klöster und hier besonders Ritter- und Hospitalorden eine zentrale Rolle, da es sonst keine organisierte und systematische Krankenversorgung gab. In der Epoche der Kreuzzüge sorgte z. B. der Johanniterorden in Jerusalem für die Errichtung und Betreuung eines großen Spitals in Jerusalem. In den Alpen versorgten die Mönche im Mittelalter verletzte und kranke Wanderer oder suchten sie auf den Wanderwegen auf.[102]

Die Mobilität der medizinischen und geistlichen Versorgung verschwand nach dem Mittelalter jedoch wieder und die christliche Fürsorge für Verletzte, Kranke und Sterbende konzentrierte sich auf ihre stationären Einrichtungen.[103] Dennoch wurden in Gemeinde und Krankenhospizen umfangreiche Dienste der medizinischen Behandlung und christlichen Seelsorge an Leidenden und Sterbenden wie Toten selbstverständlich geleistet: Das Sakrament der Krankensalbung[104] und der Versehgang bei Sterbenden[105] galt und gilt bis heute in der katholischen Kirche als Stütze und Wegzehrung auf dem Weg durch Krankheit und Sterben. Sterbebegleitung wurde von den Gemeindemitgliedern kollektiv getragen.[106]

Ein NFS-Ansatz findet sich bereits in der evangelischen Kirche des 16. Jhdt. So wird im Generalartikel des Herzogtums Pfalz-Neuburg 1576 eine Anordnung getroffen, dass neben dem Dienst des Pfarrers auch Laien als „krankentröster, seelwarter oder -warterin von mann- oder weibspersonen"[107] einzusetzen sind, die als Ergänzung zu den Diensten des Pfarrers Sterbende begleiten und mit Gottesworten trösten und zusprechen sollen. Entsprechend der protestantisch-reformatorischen Kirchenzucht besuchten

[100] Vgl. HAUSCHILDT, 2000, S. 31.
[101] ANGEL, 2012.
[102] Vgl. KUNZ, 2012, S. 1. Vgl. MÜLLER-LANGE, 2013a, S. 20–21.
[103] Vgl. WIETERSHEIM von, 2002.
[104] Vgl. BEYER, 2012, S. 31.
[105] Vgl. BEYER, 2012, S. 32.
[106] Vgl. ZIPPERT, 2001, S. 28. Hier die Beispiele aus dem evangelischen Feld.
[107] ZIPPERT, 2001, S. 28–29.

die Pfarrer mit den Kirchenältesten jedes Jahr die einzelnen Familien der Gemeinde zur Kontrolle und Erziehung.[108]

Die konkrete Ausgestaltung und Terminologie der modernen NFS geht mit der Entwicklung effizienter organisierten Formen des Rettungswesens im 20. Jahrhundert einher. Impulsgeber war hier der Gründer des Roten Kreuzes, der Schweizer Henri Dunant (1828–1910), der eine zivile, nichtkirchliche Rettungs- und Notfallhilfe ins Leben rief. Diese präklinische Fürsorge wurde meist durch militärisches bzw. paramilitärisches Personal durchgeführt, während die Orden in den stationären Kliniken die weitere Behandlung übernahmen.[109]

Verletzte und kranke Patienten werden seit dieser Entwicklung im 19. Jahrhundert nach einem Unfall durch die Rettungskräfte zur weiteren Untersuchung und Nachsorge mittels geeigneter Transportmittel in Krankenhäuser gebracht. Die Kirche hat ihrerseits darauf reagiert und an eben diesen Orten (Krankenhäusern) Krankenhausseelsorge eingerichtet, um Patienten, Angehörigen und Helfern seelsorgliche Hilfe anbieten zu können.[110]

Aufgrund diverser katastrophaler Ereignisse Mitte des 20. Jahrhunderts, besonders der Flutkatastrophe von Hamburg im Jahre 1962, stellten sich Kirchenvertreter erneut die Frage, welche Position die Kirche „angesichts solcher Unglücksfälle auszufüllen hat“[111]. Diese Einsicht blieb zunächst folgenlos. „In einigen Ländern gab es Feuerwehrkuraten, die aber nur sehr vereinzelt und nie in irgendeiner Struktur auftraten.“ [112] Eine Vielzahl an Initiativen und Arbeitsgruppen der Kirchen arbeitete in unterschiedlichsten Gremien an dieser Fragestellung.

Die moderne NFS wurden erst systematisch zu Beginn der 1990er Jahre durch einzelne Initiativen in den Kirchen entwickelt:[113] „Einige dieser Initiativen verstanden ihre Arbeit als ‚grundpastorale Aufgabe der Gemeindeseelsorge‘, wohingegen andere sie klar als ‚Kategorialseelsorge‘ etablieren wollten. Beide Sichtweisen bestehen bis heute.“[114] Seit den 1990er Jahren wurden Seelsorger speziell bei der Feuerwehr und Polizei eingesetzt. Die ökumenische Arbeitsgemeinschaft ‚Seelsorge in Feuerwehr und Rettungsdienst‘ (AGS) wurde ebenfalls 1990 auf Bundesebene gegründet.[115]

---

[108] Vgl. ebd.
[109] Vgl. WIETERSHEIM von, 2002.
[110] Vgl. MÜLLER-LANGE, 2013a, S. 20.
[111] Ebd.
[112] WIETERSHEIM von, 2002.
[113] In den 1970er Jahren begann ein sporadisches Engagement in der evangelischen Kirche. Vgl. DITTSCHEIDT, 2014, S. 48.
[114] SLATOSCH, 2012, S. 13.
[115] Vgl. WIETERSHEIM von, 2002.

Darauf folgte 1997 die Formulierung der sogenannten „Kasseler Thesen“[116] durch die landeskirchlichen Beauftragten der evangelischen NFS, die sich in der Vereinigung landeskirchlicher Vertreter der Evangelischen Kirche in Deutschland für die NFS, der „Konferenz der landeskirchlichen Beauftragten für die Notfallseelsorge (KEN)“[117], zusammenschlossen.[118] Diese ‚Kasseler Thesen‘ fassten erstmals die wichtigsten Punkte innerhalb einer seelsorglichen Arbeit bei Notfällen zusammen und wurden durch Vertreter/innen u.a. aus den evangelischen Landeskirchen und den einzelnen Bundesländern am 5. Februar 1997 verabschiedet.[119] „Seit 1998 findet jährlich der ‚Bundeskongress Notfallseelsorge und Krisenintervention‘ statt.“[120]

2007 wurden die „Hamburger Thesen“[121] von den Evangelischen Notfallseelsorgern in Hamburg verabschiedet. Sie stellen eine notwendige Aktualisierung der Kasseler Thesen dar, beschreiben das Selbstverständnis von NFS als Grundbestandteil kirchlicher Seelsorge mit generell ökumenischer Ausrichtung. Insbesondere gehen sie auf die modernen Einsatzgebiete der NFS wie Großschadenslagen, seelsorgliche Begleitung von Einsatzkräften und die notwendige Qualifikation von Notfallseelsorger/innen ein.[122]

Parallel dazu setzten die deutschen Bistümer der Katholischen Kirche Beauftragte für Notfallseelsorge in jeder deutschen Diözese ein und es wurde die „Konferenz der Beauftragten für die Notfallseelsorge in den (Erz)Diözesen Deutschlands“[123] gegründet. Auch wurde und wird ausdrücklich die ehrenamtliche Arbeit begrüßt und ehrenamtliche Mitarbeiter/innen können aktiv in der NFS mitarbeiten.[124] Unter dem Titel „Botschafter des Lebens an der Grenze des Todes“[125], veröffentlichten die Diözesanbeauftragten

[116] Vgl. Anhang dieser Arbeit. Vgl. GRÜTZNER, Kurt, o.J. Vgl. WIETERSHEIM von, 2000. Vgl. EVANGELISCHE KIRCHE VON WESTFALEN – Das Landeskirchenamt, 2007a. Vgl. MÜLLER-LANGE, 2013a, S. 23–24.

[117] SLATOSCH, 2012, S. 20. Vgl. MÜLLER-LANGE, 2013a, S. 24.

[118] Vgl. DITTSCHEIDT, 2014, S. 49.

[119] „Eine interessante Entwicklung zeichnet sich derzeit [2002] durch das vermehrte Engagement von Psychologen in diesem Bereich ab. Die Notfallseelsorge wird noch schärfer als bisher ihr eigentliches Proprium und ihren originären Auftrag herausarbeiten müssen, um in Zusammenarbeit mit und in Konkurrenz zu anderen Organisationen den kirchlichen Auftrag in diesem Bereich deutlich zu machen.“ WIETERSHEIM von, 2002. Diese Entwicklung nimmt in den letzten Jahren weiter zu. Vgl. HAUSCHILDT, 2013, S. 60–67.

[120] DIE AKADEMIE BRUDERHILFE et al, 2009, S. 5–6.

[121] Vgl. Anhang dieser Arbeit. Vgl. MÜLLER-LANGE, 2013a, S. 25–27.

[122] Vgl. SLATOSCH, 2012, S. 20. Vgl. Anhang dieser Arbeit.

[123] SLATOSCH, 2012, S. 20.

[124] Vgl. ebd. Vgl. DIE AKADEMIE BRUDERHILFE et al, 2009, S. 5–6. Vgl. DITTSCHEIDT, 2014, S. 49.

[125] Vgl. GOTTSCHLICH et al., 2008, S. 1–2. Das Dokument „stützt sich auf die Ergebnisse von zwei Studientagungen der Diözesanbeauftragten für Notfallseelsorge in den dt. Bistümern in den Jahren 2006 und 2007“ (S. 1).

für die NFS im selben Jahr ein Dokument, das die Arbeit in dieser kategorialen Seelsorge näher bestimmt.[126]

2009 wurde von der Akademie Bruderhilfe-Pax-Familienfürsorge in Zusammenarbeit mit der Konferenz Evangelische Notfallseelsorge in der EKD und Zusammenkunft der katholischen Diözesanbeauftragten für Notfallseelsorge das „Proprium Notfallseelsorge“[127], „Notfallseelsorge – Von der Initiative zur Institution“[128], verabschiedet. Es will die NFS theologisch begründen, ihre Arbeitsfelder darlegen und Orientierung für die Mitarbeitenden bieten sowie ihr Selbstverständnis für ihre Kooperationspartner festigen.[129] „Die Zusammenarbeit hat inzwischen dazu geführt, dass es zwischen Bistümern, Landeskirchen und Hilfsorganisationen Vereinbarungen über Grundverständnisse, Konzepte oder Curricula zur Ausbildung bzw. gemeinsame Ausbildungen gibt.“[130]

Seit der Jahrtausendwende werden Theorien, Erfordernisse und Praxis der zivilen psychosozialen Notfallversorgung in Deutschland (PSNV) weiterentwickelt. Es werden nicht nur umfangreiche empirische Studien durchgeführt, sondern auch der strukturelle Ausbau und die Kooperation der verschiedenen Notfallhilfe-Institutionen weiter verfolgt. Die Notfallseelsorgeeinrichtungen sind integraler Bestandteil der PSNV.[131] Qualitätssicherung steht z. B. für die NFS in Nordrhein-Westfalen (NRW) weit oben auf der Agenda. So wird eine einheitliche Ausbildungsvereinbarung von der ökumenischen Konferenz der Bistums- und landeskirchlichen Beauftragten erarbeitet und regelmäßig überprüft. An der Ruhruniversität Bochum werden Vorträge für Notfallseelsorge und Teams der Psychosozialen Unterstützung angeboten. 2013 verabschiedeten Wohlfahrtsverbände und KEN und die Konferenz der katholischen Diözesanbeauftragten für die NFS gemeinsame Qualitätsstandards und Leitlinien für die PSNV, die implizit auch für die Mitglieder der NFS gelten.[132]

Weitere Differenzierungs- und Kooperationsprozesse folgen zwischen kirchlichen und zivilen Stellen und Akteuren auf unterschiedlichen kirchlichen und organisationalen Ebenen.

1996 gründet sich die Bundesvereinigung „*Stressbearbeitung nach belastenden Ereignissen*“ (SbE) und „bietet einen an deutsche Verhältnisse

[126] Vgl. GOTTSCHLICH et al., 2008. Im Anhang dieser Arbeit.

[127] Ebd.

[128] Vgl. DIE AKADEMIE BRUDERHILFE et al, 2009, S. 1–27.

[129] Vgl. SLATOSCH, 2012, S. 20. Vgl. DIE AKADEMIE BRUDERHILFE et al, 2009, S. 4.

[130] DITTSCHEIDT, 2014, S. 49.

[131] Vgl. SLATOSCH, 2012, S. 21.

[132] Vgl. RIESKE, 2013, S. 434–440.

angepassten Präventions- und Nachsorgeansatz aus den USA (das „*Critical Incident Stress Management*" = CISM)"[133] an.

„2002 gliedert sich aus der AGS während eines Bundeskongresses Notfallseelsorge und Krisenintervention der „*Arbeitskreis Feuerwehrseelsorge*" aus", mit dem Ziel der „Koordination und Ausbildung speziell dieses Seelsorgefeldes in engerem Kontakt mit den verantwortlichen Stellen der Feuerwehr"[134].

Auch werden in den letzten Jahren Initiativen einer islamischen Notfallbegleitung in verschiedenen Orten gegründet und organisiert, um auf die Bedürfnisse von Menschen muslimischen Glaubens in Notfällen eingehen zu können. Deshalb werden seit 2009 muslimische ehrenamtliche Kräfte ausgebildet. Die Resonanz ist außerordentlich groß. Diese geschulten muslimischen Notfallbetreuer/innen werden ebenfalls in die örtlichen Notfallseelsorgesysteme eingebunden.[135]

Aufgaben als Diözesanbeauftragte für Notfallseelsorge werden im katholischen Raum neben anderen Aufgaben, wie die des territorial in Pfarrgemeinde/Pfarrverband/Dekanat etc. angesiedelten Pastoral- bzw. Gemeindereferenten sowie durch ehrenamtliche Kräfte vollzogen.

Das allgemein gehaltene Dokument der ‚Hamburger Thesen' hat allerdings bis heute (2014) keine Novellierung erfahren. Tagungen respektive Treffen zum Erfahrungsaustausch der Verantwortlichen für Notfallseelsorge finden in der katholischen Kirche nicht in regelmäßigen, festgelegten Abständen (wie im evangelischen Feld) statt. In der Geschäftsstelle der Deutschen Bischofskonferenz in Bonn ist zwar eine Referentenstelle geschaffen worden, deren Inhaber sich um die Thematik Notfallseelsorge kümmern soll und eine Art zentrales Bindeglied in der Kommunikation zwischen der Bischofskonferenz und den Bistümern darstellt. Aber auch diese Position beschäftigt sich nicht ausschließlich mit der Thematik Notfallseelsorge, vielmehr stellt sie ein Arbeitsfeld neben anderen dar, das vom Stelleninhaber mit betreut wird. Allerdings hat sich eine stabile Struktur einer ökumenischen Zusammenarbeit und der Zusammenarbeit mit der PSNV entwickelt, die sich z. B. in gemeinsamen Qualitätsstandards zeigt.[136]

Wie bereits zu Beginn beschrieben, führen Großschadensereignisse der letzten 20 Jahre mit zahlreichen Opfern, aber auch die Präsenz der NFS bei lokalen Unfällen dazu, dass sich der Begriff in der Öffentlichkeit nach und nach etabliert. Die NFS wird im Kontext katastrophaler Ereignisse und

---

[133] DITTSCHEIDT, 2014, S. 49.
[134] DITTSCHEIDT, 2014, S. 50.
[135] Vgl. SLATOSCH, 2012, S. 21–22.
[136] Vgl. RIESKE, 2013, S. 430.

Krisen wie zum Beispiel dem ICE-Unglück von Eschede oder der Loveparade-Katastrophe von Duisburg sowie von Amokläufen an Schulen, regelmäßig in den Medien als Teil der Notfallbetreuung genannt. NFS rückt damit zunehmend ins öffentliche Bewusstsein und gewinnt an Bedeutung in der Begleitung in Krisen- und Notfällen.[137]

Gleichzeitig wird das örtliche NFS-System immer weiter ausgebaut, einerseits durch die Kirchen selbst und andererseits in Kooperation mit der gesamten zivilen PSNV. „Notfallseelsorge in Deutschland präsentiert sich heute als gut organisiertes, flächendeckendes System, das Menschen in seelischen Notlagen professionelle Begleitung und Betreuung anbietet."[138] Sie ist mit den jeweiligen Kriseninterventionsdiensten verbunden.[139] Dennoch bleibt sie ein pastoraler Dienst in Entwicklung. „Unterschiedliche Ausprägungen in den einzelnen Landeskirchen und (Erz)Diözesen lassen erkennen, dass sie einst auf Initiative Einzelner entstand und noch immer darauf angewiesen ist."[140] Heute hat sich die NFS in drei Zweigen ausdifferenziert. Erstens ist die NFS als Angehörigenbetreuung zu verstehen. Zweitens als Hilfsangebot für Rettungskräfte und drittens als eine Möglichkeit der Nachbetreuung.[141]

3.3 Biblische und amtskirchliche Grundlagen der Notfallseelsorge

3.3.1 Biblische Grundlagen

Der Begriff der NFS ist modernen Ursprungs und war demgemäß den biblischen Autoren sicher nicht bekannt. Seelsorge selbst mit Notleidenden und Hilfebedürftigen war von Anfang an aber genuiner Bestandteil der kirchlichen Praxis und basierte auf den biblischen Überlieferungen. „Christliche Seelsorge hat ihren Ursprung der Sache, nicht dem Begriff nach in der biblischen Überlieferung."[142] Nach Slatosch ist die NFS deshalb vom Ansatz her „keine neue Erfindung unserer Zeit. Es gibt die Sorge um die Seele des Menschen sicherlich schon so lange, wie es Menschen gibt"[143]. So

[137] Vgl. Kap. 1.1 dieser Arbeit.
[138] DIE AKADEMIE BRUDERHILFE et al, 2009, S. 7.
[139] Vgl. MÜLLER-CYRAN, 2006, S. 8.
[140] DIE AKADEMIE BRUDERHILFE et al, 2009, S. 19.
[141] Vgl. DITTSCHEIDT, 2014, S. 51.
[142] ZIEMER, 2008b, Sp. 1111. Vgl. SLATOSCH, 2012, S. 11.
[143] Ebd.

kommt der Begriff bereits bei dem griechischen Philosophen Platon im 4. Jahrhundert v. Chr. vor.[144]

Im Folgenden sollen zunächst die Konturen eines christlichen Seelsorgeverständnisses bzw. einer Seelsorge im Not- und Krisenfall dargestellt werden. Dabei lassen sich beide Aspekte nicht trennscharf voneinander separieren, d. h. Seelsorge auf der Basis der biblischen Überlieferungen in der frühen Kirche ist immer auch auf Notfälle bezogen.[145] Für eine biblische Grundlegung der modernen NFS bietet es sich an, einerseits auf die Wurzeln des christlichen Seelsorgeverständnisses wie auf die spezifischen Modelle einer Seelsorge angesichts plötzlicher Krisen bzw. des plötzlichen Todes einzugehen.

3.3.1.1 Biblische Grundlagen der Seelsorge und der Begriff von der Seele

Grundlagen eines jüdisch-christlichen Seelsorgeverständnisses finden sich im Alten Testament. Dort wird Jahwe selbst als „seelsorglicher Gott“[146] verstanden, der aus seiner liebevollen Beziehung zu den Menschen schützend und rettend an ihnen handelt.[147] So verweist das Deuteronomium, dass Gott Israel aus Zuneigung und wegen seiner Treue ausgewählt und aus dem Sklavenhaus Ägypten freigekauft hat (vgl. Dtn 7,7–8)

Auch wird nach dem Buch Exodus Gott selbst als Arzt seines Volks verstanden, der sein Volk von Krankheiten im Gegensatz zu Ägypten verschont. Es muss sich dafür allerdings an seine Gebote halten (Ex 15,26).[148]

Im Deuterojesaja wird sehr bildhaft Gott selbst als Tröster seines durch Vertreibung und Exil leidenden Volkes dargestellt (Jes 40,11).[149]

In den Psalmen (z. B. im bekannten Hirtenpsalm Ps 23) und im Buch Hiob wird eindrücklich die seelsorgliche Rolle Gottes betont, dem sich der Mensch in seiner ganzen Not anvertrauen kann und darf.[150]

---

[144] Vgl. ZIEMER, 2008a, Sp 1110. Vgl. NAUER, 2007, S. 45–46. In der alten Kirche benutzt der Kirchenvater und Bischof Basilius von Caesarea im 4. Jhdt. zum ersten Mal den Begriff der „*epiméleia* ton psychon“ (dt. Sorge um die Seelen) und adaptierte ihn auf das kirchliche Amt und seine Aufgaben.

[145] Vgl. KUNZ, 2012, S. 1. „Seelsorge gehörte in der vormodernen Zeit einerseits zum Gesamtpaket einer Hilfe an Leib und Leben. Medizin, Psychologie, Pflege und geistliche Betreuung waren noch beisammen – vielfach vereint in einer Person, die diese Funktionen miteinander oder nacheinander ausübten.“

[146] ZIEMER, 2008b, Sp. 1111.

[147] Vgl. WINTER, 2005, S. 211.

[148] Vgl. FREY-ANTHUNES, 2007.

[149] Vgl. ZIEMER, 2008b, Sp. 1111.

[150] Vgl. ebd.

Dabei bezieht das AT seinen Seelenbegriff nicht auf eine exklusive geistige Wirklichkeit der menschlichen Person, sondern auf den ganzen lebendigen Menschen.[151] Das hebräische Wort נפשׁ (naefaesch), das im AT allein 754mal vorkommt, wird später in der Septuaginta allein 680mal durch das griechische Wort der ψυχή (psyche) ersetzt.[152] ‚Naefaesch' meint die Totalität der ganzen Person, d. h. das Ganze[153] der leibseelischen Einheit des Individuums (im Gegensatz zum griechisch-platonischen Leib-Seele-Dualismus).[154] Der Seelenbegriff umfasst im Verständnis des AT deshalb die ganze Vitalität von Lebewesen, damit auch von Tieren. Dtn 6,5 fordert deshalb, den Herrn zu lieben „mit allem Verstand/Wollen und aller Vitalität"[155].

Im NT wird der griechische Begriff der ψυχή seltener verwendet als der Begriff der נפשׁ im AT. Es ist insgesamt davon auszugehen, dass das Seelenverständnis des AT auch im NT durchgehalten wird, auch wenn Paulus zwischen Leib, Seele und Geist (1 Thess 5,23) oder zwischen Leib (σάρξ/Sarx) und Geist (πνεῦμα/Pneuma)(Röm 8,5 f.) differenziert. So trennt der Römerbrief zwischen den Menschen, die vom Geist bzw. denen, die vom Fleisch bestimmt sind.[156] Doch meint der Begriff der Seele (ψυχή/Psyche) den ganzen „lebendig[en] Mensch[en]" bzw. „das menschliche Leben als solches"[157]. Eine eigene Seelenlehre kennt das NT nicht; der Seelenbegriff spielt bei den Auferstehungserzählungen keine Rolle und Paulus differenziert höchstens im Antagonismus zwischen Geist/Seele und Fleisch zwischen äußeren und inneren Menschen.[158]

Impulse und Begründung für die Seelsorge der jungen christlichen Gemeinden gehen besonders von den Erzählungen des NT über die Begegnungen Jesu mit den Menschen am Rand der damaligen Gesellschaft aus. In einem „Spannungsfeld von Wahrnehmung und Annahme, Herausforderung zum Glauben sowie Zuspruch und Heilung"[159] finden diese in den Evangelien zahlreich bezeugten Begegnungen statt. Jesu Fürsorge und Annahme gilt nicht in erster Linie den religiösen oder politischen Eliten, sondern in Fortführung des alttestamentlichen Liebesgebotes, das selbst Feinde einschließt (Lev 19,18–34; Dtn 10, 18 f., vgl. Mk 12,30), Alten,

[151] Vgl. NAUER, 2007, S. 40.
[152] Vgl. NAUER, 2007, S. 39.
[153] Vgl. BECK, 2003, S. 26.
[154] Vgl. CRÜSEMANN, 2006, S. 30. Vgl. NECKER, 2008, Sp. 1093–1094.
[155] SEBASS, 2008, Sp. 1092.
[156] Vgl. NAUER, 2007, S. 42. Vgl. zur antiken griechischen Seelenvorstellung: VOGD, 2014, S. 147–148.
[157] Ebd.
[158] Vgl. ZUMSTEIN, 2008, Sp. 1100.
[159] Vgl. ZIEMER, 2008b, Sp. 1111–1112.

Kranken, Leidenden, Frauen und Kindern, und damit den Marginalisierten der antiken, insbesondere der orthodoxen jüdischen Gesellschaft. So werden gerade die Menschen, die von den damaligen sozialen und religiösen Normen abweichen (Römer, Samariter, Zöllner, Sünder und kultisch Unreine) Adressaten der Liebe Gottes. Jesus setzt damit einen charakteristischen Akzent seiner Glaubensverkündigung als Frohbotschaft. Nächsten- und Feindesliebe sind eine untrennbare Einheit (vgl. das Gleichnis vom barmherzigen Samariter: Lk 10,25–37). Sie sind der Kern der jesuanischen Verkündigung vom nahekommenden Reich Gottes und fordern zum entsprechenden Handeln auf.[160]

Insgesamt steht die Seelsorge in der frühen Kirche im Kontext der Verhinderung von Sünde (verstanden als Abweichung von den göttlichen Normen bzw. dem Getrenntsein von Gott). Dabei wird die Sünde als Krankheit verstanden, die vom Seelsorger als Therapeut und Arzt behandelt werden muss.[161] Die Anachoreten, radikale Wüstenmönche der frühen Kirchengeschichte in Ägypten und Syrien, bieten bereits in den ersten Jahrhunderten nach Christus Seelenführung und geistliche Begleitung an. Ähnlich der sokratischen Vorstellung einer Selbstsorge, wie sie Platon im 4. Jhdt. v. Chr. skizziert, geht es ihnen um Hilfen für das Individuum auf dem Weg zur radikalen Christusnachfolge.[162] Kirchenvater Augustinus von Hippo verfolgt ein dualistisches Seelenmodell, das er dem Manichäismus entlehnt, bei dem die Seele zur Bestrafung für ihre Sünden als im Leib gefangen vorgestellt wird.[163] Bei Bischof Basilius von Cäsarea (330–379 n. Chr.) wird das platonische Selbstsorgemodell gesprengt. Das Amt bringt die Verantwortung für viele Seelen mit sich, sodass Basilius bereits von „Seelensorge"[164] spricht, die eng mit dem Amt der Gemeindeleitung verbunden ist und damit kirchlich institutionalisiert wird. Inhaltlich bedeutet es die Begleitung auf dem Weg in ein sündenfreies Leben. In diesem Verständnis von Seelsorge nimmt das Bußsakrament eine zentrale Rolle ein.[165]

Im frühen Mittelalter ist vor allem die klösterliche Seelsorge im Rahmen der benediktinischen Regel wirksam, in der der Abt als Seelenführer für seinen Konvent Verantwortung trägt.[166] Thomas von Aquin konzipiert auf der Basis der philosophischen Seelenvorstellungen des Aristoteles (384–322

[160] „Daß die Ethik der N. kein Sondergut des NT ist, wie oft noch fälschlich behauptet wird, sondern einen wesentlichen Bestandteil der jüdischen Ethik darstellt, zeigt die wiederholte ausdrückliche Begründung der N. im NT mit Lev 19, 18." VORGRIMLER, 2000, S. 439.
[161] Vgl. ZIEMER, 2008b, Sp. 1112.
[162] Vgl. NAUER, 2007, S. 48.
[163] Vgl. NAUER, 2007, S. 36.
[164] ZIEMER, 2008b, Sp. 1112.
[165] Vgl. ebd. Vgl. NAUER, 2007, S. 49.
[166] Vgl. WINKLER, 2000, S. 103.

v. Chr.) im Hochmittelalter eine das dualistische Seelenmodell sprengendes Bild von Seele, in dem sie wie auch der Leib jeweils zwei Seinsprinzipien sind, die sich gegenseitig durchdringen und damit zusammen den ‚ganzen' Menschen bilden.[167]

In dieser Epoche wird zwischen Machtdurchsetzung der mittelalterlichen Kirche in allen politischen und gesellschaftlichen Belangen und einer hohen Forderung nach Selbstdisziplinierung gleichzeitig auch Barmherzigkeit und Milde dem leidenden Menschen angesichts des mühseligen Erdendaseins vermittelt. Eine mystische Innerlichkeit greift in dieser Epoche um sich, die dem persönlichen Empfinden zunehmend Raum gibt und eigenes Erleben im Glauben transzendiert. Hier liegen die Wurzeln einer zunehmenden personalistischen und individuellen Seelenvorstellung, die in Neuzeit und Aufklärung immer stärker zur Autonomisierung des Individuums aufruft und damit der modernen Seelenkonzeption Vorschub leistet.[168] So wird Seelsorge bei Zisterzienserabt Bernhard von Clairvaux (ca. 1090–1153), auch hier wieder im Kontext des Klosterlebens, als Disziplinierung aller leiblichen Bedürfnisse verstanden. Gleichzeitig wird aber gefordert, alle Nöte der Seele mit mütterlicher Barmherzigkeit zu begegnen, und das Erbarmen wird zum Leitmodell der christlichen Seelsorge.[169]

Es folgen mit der hochmittelalterlichen Mystik (z. B. Meister Eckhart als weit bekannter Seelsorger)[170] und später mit der religiösen Bewegung der „devotio moderna"[171] im spätmittelalterlichen 14. Jahrhundert, letztere vor allem bekannt durch Thomas von Kempen (1380–1471) und seinem Buch ‚Nachfolge', eine neue Form der Seelsorge, die sich auf eine persönliche Gottesbeziehung und deren Förderung konzentriert und sie mit profunder Menschenkenntnis verbindet.[172]

In der Reformationszeit entwickelt Martin Luther das deutsche Verb „seelsorgen"[173], für dessen Handeln er der katholischen Kirche die Kompetenz (wie auch für das Predigen) absprach. Infolgedessen wird der Begriff der Seelsorge ein fester Bestandteil deutscher Sprache: Durch eine tröstend-begleitende Seelsorge soll nach Martin Luther dem Einzelnen das Wort Gottes zugänglich gemacht werden.[174] In den reformatorischen Kirchen

167 Vgl. VORGRIMLER, 2000, S. 566.
168 Vgl. WINKLER, 2000, S. 104–105.
169 Vgl. WINKLER, 2000, S. 105.
170 Vgl. RUH, 1998, S. 71. So arbeitete der Dominikaner Meister Eckhart als Frauenseelsorger in Beginenkonventen.
171 WINKLER, 2000, S. 105.
172 Vgl. WINKLER, 2000, S. 105–107.
173 NAUER, 2007, S. 49.
174 Vgl. NAUER, 2007, S. 50.

entsteht parallel eine Vorstellung von Seelsorge als Kirchenzucht und gegenseitigen Visitationen zur Kontrolle über ein gemeindekonformes Leben in den Familien. Die katholische Kirche reagiert im Konzil von Trient auf diese Weiterentwicklungen mit Strukturreformen: So wird die Pfarrei als Seelsorgeeinheit und die Residenzpflicht des Priesters eingeführt. Seelsorge wird in erster Linie weiter als Sakramentenspendung, Liturgie und individuelle Seelenbegleitung aufgefasst.[175]

In der Postmoderne wird die Seelsorge mit den negativen Folgen der Industrialisierung in einer Multioptionsgesellschaft einerseits und der Pluralisierung und Professionalisierung der säkularen medizinischen, psychologischen und sozialen Hilfen konfrontiert.[176] Ein modernes christliches Seelsorgekonzept adaptiert humanwissenschaftliche Erkenntnisse und Methoden und entwickelt sich zu einer pastoralpsychologisch fundierten Seelsorge mit verschiedenen konzeptionellen Ansätzen.[177] Damit steht dieses Feld vor der Frage, ihr Verhältnis zu den säkularen Wissenschaften zu klären, die sich ebenfalls der Bearbeitung und Hilfestellung bei menschlichen Problemen widmen, und gleichzeitig das Proprium ihres christlichen Angebots zu schärfen.[178] Dies gilt insbesondere für die NFS, die obligatorisch in einem multiprofessionellen Umfeld agiert.[179]

Im katholischen Feld besteht die Vorstellung von Seelsorge als Gesamtheit der geistlichen Dienste („cura animarum generalis"[180]), also gleichzusetzen mit allgemeiner Pastoral, die sowohl Gruppen wie Individuen umfasst. Im protestantischen Feld wird unter Seelsorge eher eine „cura animarum specialis"[181], also eine individuelle Seelsorge im persönlichen Gespräch, verstanden.

Seelsorge wird sowohl von der Kirche wie teilweise in der Öffentlichkeit bzw. von den Humanwissenschaften von Feldern der Psychotherapie und der Sozialen Arbeit unterschieden, auch wenn sie selbst Erkenntnisse und Instrumente dieser Richtungen für sich fruchtbar machen konnte (z. B. die nicht-direktive Gesprächsführung nach Carl R. Rogers in der klinischen Seelsorgeausbildung)[182]; und zwischen spezifisch religiös-christlichen Ge-

[175] Vgl. NAUER, 2007, S. 50–52.
[176] Vgl. ZIEMER, 2008b, Sp. 1113–1114.
[177] Vgl. POHL-PATALONG, 2008, Sp.1114–1116.
[178] Vgl. KUNZ, 2012, S. 2.
[179] Vgl. GOTTSCHLICH et al., 2008, S. 2. Vgl. EVANGELISCHE KIRCHE VON WESTFALEN – Das Landeskirchenamt„ 2007a, S. 2.
[180] ZIEMER, 2008a, Sp. 1111.
[181] Ebd.
[182] Vgl. POHL-PATALONG, 2008, Sp. 1115.

beten, Zeichenhandlungen und Ritualen und therapeutischer Hilfe zahlreiche Querverbindungen bestehen.[183]

Seelsorge muss heute vor allem die individuelle Kontingenzbewältigung, also den konstruktiven Umgang mit „offen gehaltenen Sinnanschlüssen"[184] unterstützen. Die Ungewissheit und Offenheit postmoderner Gesellschaften fordern nicht eine bloße statische Verkündigung von Dogmen oder fixen Ritualen, sondern kreative Sinnvermittlung, indem dem Individuum anschlussfähige Sinnangebote gemacht werden, die plausibel sind und die ihm dazu dienen können, seinen eigenen Lebenssinn tragfähig zu konstruieren.[185] Seelsorge bedeutet somit Mitfühlen und Compassion ausdrücklich im Rahmen des christlichen Glaubens mit dem an Sinnlosigkeit, Zweifel, Verzweiflung und Trauer leidenden Mitmenschen.[186] Sie realisiert sich im Aushalten des Unaushaltbaren uferlosen Leidens und grenzt sich dadurch von der Psychotherapie beispielsweise ab, indem sie nicht standardisiert auf Verfahren zurückgreift, weil „die üblichen Techniken des Copings keinen Sinn mehr ergeben"[187]. Der oder die Seelsorger/in wird im Aushalten des Unaushaltbaren zum Meister und zur Meisterin des Sinnlosen.[188] Das Proprium und ggf. der Vorteil der christlichen Seelsorge ist gegenüber anderen professionellen psychosozialen Diensten die Möglichkeit, religiös mit den Menschen in und mit seinen vielerlei Möglichkeiten zu kommunizieren[189] und dessen eigene Wahrheit deuten und zu gestalten helfen.[190]

In der Moderne erfährt die Seelenvorstellung nach Jahrzehnten der Vergessenheit eine „Renaissance"[191]. Im Gegensatz zu älteren substanzontologischen Konzepten wird heute eine Vorstellung von der Seele als „Kernselbst"[192] und der prozesshaften Identität bzw. „'Selbstwerdung' der Wesen (beings)"[193] sowohl in Philosophie wie Theologie vertreten. Hinter dem Seelenbegriff steht das „Identitätsstreben"[194] des Individuums im

[183] Vgl. BÖNTERT, 2012, S. 45–46.
[184] VOGD, 2014, S. 144.
[185] Vgl. WELL, Jula Elene: Ressourcen stärken. Seelsorge für Eltern letal erkrankter Kinder, Bochum 2012, nach ebd.
[186] Vgl. METZ, 2000, S. 11.
[187] VOGD, 2014, S. 144. Vgl. KRUMPEN, 2013, S. 164–165.
[188] Vgl. VOGD, 2014, S. 145. Vgl. MÜLLER-CYRAN, 2009, S. 238., der dies mit Präsenz und Aushalten mit den Trauernden und hilflosen Helfenden verbindet.
[189] Vgl. EMLEIN, Günther: Die Eigenheiten der Seelsorge. Systemtheoretische Überlegungen, In: Familiendynamik 31 (Ulrike Borst) 2006, S. 237 nach VOGD, 2014, S. 142.
[190] Vgl. auch STEINMEIER, 2014, S, 169–193.
[191] GESTRICH, 2014, S. 155.
[192] VOGD, 2014, S. 150.
[193] GESTRICH, 2014, S. 155.
[194] GESTRICH, 2014, S. 158–159.

Kontext der Erfahrung der Offenheit, des Unabgeschlossenseins und der Faktizität sowie m. E. auch des Risikos des menschlichen Lebens.[195]

Gestrich formuliert die postmoderne christliche Vorstellung von der Seele eines Individuums nicht als „etwas an ihr, sondern den Menschen selbst *in seinen weiter reichenden Bezügen*, einschließlich seines Vorlebens vor Zeugung und Geburt und seines Nachlebens nach dem Tod“[196] mit seinem Schatten und seinen Abhängigkeiten seiner Subjektivität. Seele changiert „lebendig und zielgerichtet“ zwischen Individualität und Kollektivität, sie wird von einem „übergeordneten Geist getrieben“[197] in ein sie übersteigendes Leben. „Der Gesamtprozess kommt im ‚jetzigen Leben“[198] nicht zum Endpunkt, sondern die Seele der einzelnen Person transzendiert über den Tod hinaus (vgl. 2 Kor 5,1–4). Sie ist „eingewoben in ein Netz von Beziehungen“[199] mit anderen, und damit auch und gerade in christlicher Diktion in die Beziehung mit Gott. Denn letztlich verdankt sich die Seelenvorstellung kommunikativen Vorgängen, in denen Identitätsvorstellungen im Rahmen eines bestimmten sozialen Kontexts von den Gesprächspartnern/innen gestaltet werden. Die Seelenvorstellung ist von ihrer jeweiligen soziokulturellen und semantischen Rahmung nicht zu trennen, sodass sie eine „konditionierte Koproduktion von Körper, Psyche und Kommunikation“ darstellt, die in der Innenperspektive des Einzelnen eine existentielle, gefühlte, nicht hintergehbare Realität meint.[200] Diese ‚koproduktive‘ Seelenvorstellung ist zentral für die Seelsorge.[201]

Das Leiden der Seele ist desweiteren stets auch ein Leiden des Menschen, der körperlich und seelisch erschüttert ist. Moderne christliche Seelsorge orientiert sich nicht an einem dem Körper entgegengesetzten Bild von der menschlichen Seele, sondern an der körperlich-seelischen Einheit des Menschen, in der die Seele das Bild der nach sich und mit anderen strebenden individuellen Identität ist. Deshalb muss NFS die ganze Not der anderen stets in ihrem leiblichen und seelischen Ausdruck wahrnehmen und ihr begegnen und darf körperlichen Reaktionen im Notfall nicht verständnis- und empathielos gegenüberstehen.[202]

---

[195] Vgl. BARTH, Roderich: Religiöse Innerlichkeit, in: GESTRICH, 2014, S. 164.
[196] GESTRICH, 2014, S. 166–167.
[197] GESTRICH, 2014, S. 155.
[198] Ebd.
[199] GESTRICH, 2014, S. 161.
[200] Vgl. VOGD, 2014, S. 150–151.
[201] Vgl. NAUER, 2007, S. 40.
[202] Vgl. MÜLLER-CYRAN, 2009, S. 236–237.

3.3.1.2 Biblische Modelle für die Notfallseelsorge – im Flughafen

Die einzelnen Verfasser der Grundlagen der NFS[203] knüpfen an verschiedene Erzählungen und Motive aus der Bibel an, die als Muster helfenden seelsorglichen Handelns in der NFS heute gelten können. Es gibt daher keine verbindlichen theologisch-biblischen Grundlagen für eine NFS, sondern ein Kaleidoskop an Modellen, die auch für die NFS am Flughafen genutzt werden können.

Im Folgenden sollen einige ausgewählte Modelle und Topoi vorgestellt werden, die in den bisherigen Fachtexten zur NFS veröffentlicht wurden und für dieses Feld der Seelsorge am und im Flughafen impulsgebend sein können:

1. Erzählungen von Schutz und Begleitung Gottes im Unterwegssein mit den Menschen und das Hirtenmotiv[204]
2. Erzählungen von Gottes Eingreifen in Unheilsituationen [205]
3. Auseinandersetzung mit dem Leiden und mit Gott im Modus der Klage[206]
4. Heilungsgeschichten in Krankheit, Sünde, Trauer und Tod[207]
5. Menschsein als Fragment und die Botschaft von Kreuz und Auferstehung[208]
6. Darstellungen der Barmherzigkeit, des Trostes und des Mitleidens Gottes mit den Menschen und die Forderung nach Werken der Barmherzigkeit[209]

---

[203] Vgl. NAGEL, 2012b, S. 15–25.

[204] Diesen Topos des Unterwegsseins hat vor allem die Pastoralkonstitution ‚Gaudium et Spes' vorangestellt: „So geht denn diese Kirche, zugleich „sichtbare Versammlung und geistliche Gemeinschaft", den Weg mit der ganzen Menschheit gemeinsam und erfährt das gleiche irdische Geschick mit der Welt und ist gewissermaßen der Sauerteig und die Seele der in Christus zu erneuernden und in die Familie Gottes umzugestaltenden menschlichen Gesellschaft." (GS 41) So äußert sich auch das Konzil in Dekret über die Hirtenaufgabe der Bischöfe ‚Christus Dominus':Eine besondere Sorge werde den Gläubigen gewidmet, die wegen ihrer Lebensbedingungen die allgemeine ordentliche Hirtensorge der Pfarrer nicht genügend in Anspruch nehmen können oder sie vollständig entbehren. Dazu gehören zahlreiche Auswanderer, Vertriebene und Flüchtlinge, Seeleute und Luftfahrer, Nomaden und ähnliche Gruppen." (CD 18) Vgl. WINTER, 2005, S. 214–215.

[205] Vgl. SLATOSCH, 2007, S. 12.

[206] Vgl. JÄHNICHEN, 2012, S. 127–139. Vgl. MÜLLER-LANGE, 2013a, S. 21. Vgl. LANGENHORST, 1995, S. 11–24. Vgl. METZ, 2006, S. 4–8.

[207] Vgl. WINTER, 2005, S. 217.224.

[208] Vgl. MÜLLER-LANGE, 2013a, S. 21. Vgl. Winter, 2005, S. 216.

[209] Vgl. VORGRIMLER, 2000, S. 81–82. Vgl. LANGENHORST, 2000, S. 40.

Zu 1. Biblische Erzählungen von Schutz und Begleitung Gottes im Unterwegssein mit den Menschen und das Hirtenmotiv: Während die Seelsorge in der Kirchengeschichte bis zum 19. Jhdt. eng an feste Gemeinden angebunden und damit zumeist dem Territorialprinzip verpflichtet war[210], fordert die moderne Mobilität dementsprechend angepasste Seelsorgeformen.[211] Obwohl die Wanderungen der Menschen der biblischen Epochen nicht zu vergleichen sind mit der heutigen Beweglichkeit und Kommunikation über Länder und Kontinente hinweg, kennt das AT und NT bedeutsame Erzählungen, die das konkrete Unterwegssein der Menschen und den dabei notwendigen Schutz Gottes thematisieren.
Bereits im AT nimmt das Thema des Auf-dem-Weg-Seins eine besondere Position ein.[212] Dieses biblische Wegemotiv ist eingebettet in die zentrale Beziehung zwischen einzelnen Protagonisten der biblischen Erzählungen (z. B. Abraham, Noah und ihre Familien), die eine lange Phase des Unterwegsseins erleben und unter zahlreichen Risiken (Hunger, Durst, äußere Feinde, Naturkatastrophen, innere bzw. familiäre Krisen) ihren Lebensmittelpunkt verlagern müssen, und ihrer Beziehung zum einzigen Gott, der die Menschen auf ihrem Weg begleitet. Die konkreten Gottesbegegnungen der biblischen Figuren sind in der Perspektive der biblischen Autoren Teil einer sehr wechselvollen Beziehungsgeschichte zwischen Gott und Menschen. Gott ist sowohl barmherzig und liebevoll wie fern und verborgen. Er hat dunkle Seiten und lässt sich nicht nur auf ein kindliches Idealbild des lieben Gottes reduzieren.[213] Verheißung und Zusage seiner treuen Liebe zum auserwählten Stamm bzw. Volk stehen im Mittelpunkt der alttestamentlichen Aussagen: „Gottes Eingreifen wird in seinem Wort angekündigt, wenn es auch auf sich warten läßt; damit wirkt die V. [Verheißung d. A.] gegen Resignation u. Verzweiflung.“[214]

So reflektiert z. B. die Abrahamerzählung Schutz und Verheißungen Gottes für den Patriarchen und seine Nomadensippe auf ihrem Weg von Mesopotamien in das Land Kanaan (vgl. Gen 12–25). Gott wird als derjenige dargestellt, der Abraham und seine Sippe aus seiner Heimat in eine bessere Perspektive für ihn und seine Familie führt und ihm Fruchtbarkeit und Land verheißt (vgl. Gen 15,7–8).

Die Fürsorge Gottes lässt sich besonders in seinem Versprechen für den Schutz des Volkes Israel beobachten, das sich auf sein Geheiß auf den Weg

[210] Eine Art mobile Seelsorge verrichteten z. B. irische Wandermönche und missionarische Orden.
[211] Vgl. ERZBISTUM KÖLN, o. J.
[212] Vgl. DOBLER/MOSSES, 2011, S. 7.
[213] Vgl. WINTER, 2005, S. 211–212.
[214] VORGRIMLER, 2000, S. 660.

aus dem Sklavenhaus Ägypten in das gelobte Land aufmacht: Israel versteht sich als Volk auf dem Weg, als pilgerndes Gottesvolk, das nach Ägypten zieht und dort zu einem mächtigen Volk heranwächst (Dtn 26,5). Das Wegemotiv wird in der großen Erzählung von der Wüstenwanderung des auserwählten Volkes Israel (Ex 12 ff.) fortgesetzt, die zum Paradigma seiner zukünftigen Geschichte wird.[215]

Das Volk wird in der Wüste von Gott ständig begleitet und kann sich nur durch seine göttliche Anwesenheit vor inneren und äußeren Feinden, Hunger und Durst retten. Gott lässt sich zwar nicht abbilden und hat auch keine feste Bindung an einen Ort wie andere Götter, aber er bleibt verlässlich – auch auf Umwegen und in zahlreichen Krisen und Risiken – „mit dem wandernden Volk unterwegs"[216].

Für die Exoduserzählung ist vor allem die „Meerwundererzählung oder Schilfmeererzählung"[217] ein bedeutungsvoller Topos des Schutzes und rettenden Eingreifen Gottes in ausweglos erscheinender Gefahr auf dem Weg in die Freiheit (Ex 13,17–14,31). Gott selbst führt in einer Wolkensäule bei Tag und einer Feuersäule bei Nacht sein Volk aus Ägypten (Ex 13,21–22). Von den ägyptischen Streitwagen des Pharaos verfolgt und vor sich die lebensfeindliche Wüste, zieht das kleine Volk der Hebräer durch das plötzlich begehbare Schilfmeer, und wird durch das Eingreifen Gottes von den Verfolgern nicht gestellt und vernichtet, sondern im Gegenteil, Gott selbst lässt die Wellen über die Soldaten und ihre Streitwagen zusammenschlagen (Ex 14, 28–30).

Auch die später verfasste, weisheitliche Tobiterzählung (Tob 5–12) verdeutlicht die biblische Grundlage des schützenden Wirkens Gottes für Reisende – hier in der plastischen Geschichte des Reiseengels Raphael: Im Hauptteil der Geschichte[218] wird davon berichtet, dass der junge Tobias den unerkannten Erzengel vor Beginn seiner Reise als Wegbegleiter nimmt, der ihn auf der Reise unterstützen wird.[219] Sie erzählt „von der Suche und Anwerbung eines Reisegefährten für den jungen Tobias, der sich nun auf den Weg nach Medien machen will. Als Begleiter des Tobias bietet sich – unerkannt und unter dem Namen Asarja – der Engel Rafael an"[220]. Dieser Engel hilft Tobias bei seinen Problemen mit einem Dämon (Tob 6), sodass er am Ziel der Reise die junge Sara, deren sieben Ehemänner vom Dämon getötet wurden (Tob 3,8), heiraten kann (Tob 7,9–10,13). Raphael offenbart seine

[215] Vgl. DOBLER/MOSSES, 2011, S. 7.
[216] VORGRIMLER, 2000, S. 248.
[217] MICHEL, 2008.
[218] Vgl. NICKLAS, 2005.
[219] Vgl. DOBLER/MOSSES, 2011, S. 7.
[220] NICKLAS, 2005.

Identität erst zum Schluss der Reise und verweist auf seinen göttlichen Auftraggeber: „Nicht weil ich euch eine Gunst erweisen wollte, sondern weil unser Gott es wollte, bin ich zu euch gekommen. Darum preist ihn in Ewigkeit!“ (Tob 12,18).[221] Die Tobiterzählung wird somit zu einer klassischen Geschichte über den unerkannten göttlichen Reiseschutz. Auch weist der Vater des Tobias, der fromme Tobit, seinen Sohn vor Beginn dessen Reise auf „die biblische Grundethik des Lebens und des moralisch guten Umgangs mit anderen Menschen“[222] hin.

Im NT werden die Motive des riskanten Unterwegsseins und des göttlichen Schutzes auf dem Weg in der abweisenden Fremde in der lukanischen und mattheischen Kindheitsgeschichte aufgegriffen (Lk 2). So ist die schwangere Maria mit Joseph unterwegs auf der Suche nach einer Herberge (LK 2,7) und später auf der Flucht vor den Schergen des Herodes (Mt 2,13–23).[223] Ausdrücklich nimmt der Evangelist Matthäus die Exodusgeschichte hierin auf, indem er Jesus bis zum Tod des Königs in Ägypten bleiben lässt: *„Und er war dort bis zum Tod des Herodes; damit erfüllt würde, was von dem Herrn geredet ist durch den Propheten, der spricht: ‚Aus Ägypten habe ich meinen Sohn gerufen.“* (Mt 2,15). Auch hier wird Gott durch seinen Engel rettend tätig, der Josef im Traum auffordert, sich mit seiner kleinen Familie auf den Weg nach Ägypten und wieder zurück in die Heimat zu machen.

In Mt 8,19–22 wird das Auf-dem-Weg-Sein Jesu angesprochen, der selbst als derjenige dargestellt wird, der keinen Platz hat, wo er sein Haupt hinlegen kann. Implizit wird diese Heimatlosigkeit in Jesu Nachfolge gefordert. Ohne Zweifel verstanden sich die ersten Christen als Volk Gottes auf dem Weg in die himmlische Heimat.[224]

Das Bild des auferstandenen Jesus, der sich nach seinem Tod und Auferstehung unerkannt unter zwei seiner Jünger mischt und sie in ihrer Trauer über den Kreuzigungstod ihres Herrn auf dem Weg in ihr Dorf tröstend und erklärend begleitet[225], inspiriert die Kirche bis heute (Lk 24,13–21a).[226]

Für das Bild des begleitenden Gottes auf dem Weg mit den Menschen ist insbesondere das Hirtenmotiv in AT und NT charakteristisch. Gott wird im AT als treuer und rettender Begleiter Israels dargestellt, als Hirte seines Volkes (vgl. Ps 23). Dieses Bild des göttlichen Hirten, der in der Not seinem Volk beisteht, wird im Neuen Testament auf Jesus Christus hin adaptiert.

[221] Bereits im Tobitbuch stellt sich die Frage nach dem Leiden des Gerechten. Vgl. FREY-ANTHUNES, 2007.

[222] KRUMPEN, 2013, S. 161. Vgl. Tob 4,7b-11.

[223] Vgl. DOBBLER/MOSSES, 2011, S. 7.

[224] Vgl. VORGRIMLER, 2000, S. 665.

[225] Vgl. WINTER, 2005, S. 208.

[226] Vgl. ebd.

Jesus ist der wahre Hirte; seine Lebenshingabe am Kreuz begründet sein Hirtesein für die Menschen (vgl. Joh 10,10–16): *„Denn Gott hat die Welt so sehr geliebt, dass er seinen einzigen Sohn hingab, damit jeder, der an ihn glaubt, nicht zugrunde geht, sondern das ewige Leben hat" (Joh 3,16).*[227]

Und im Gleichnis vom barmherzigen Samariter wird die Hilfe Gottes für die Menschen unterwegs in ein plastisches Beispiel gegossen, denn der Mann, der unter die Räuber gefallen ist, ist auf dem Weg von Jerusalem nach Jericho, und der Helfer aus Samaria ist ebenfalls unterwegs und unterbricht seinen Weg, um vorbehaltlos und bedingungslos zu helfen (Lk 10,25–37).[228]

Zu 2.: Erzählungen von Gottes Eingreifen in Unheilsituationen: Das AT kennt die Problematik des Unheils, das Menschen willentlich herbeiführen oder in das sie unwillentlich hineingeraten können: Dabei steht der Umgang mit dem Problem der menschlichen Schuld in Verbindung mit diesen Krisen und Katastrophen.

So macht sich der Ackerbauer Kain am Tod seines Bruders, des Hirten Abel, schuldig, weil er ihn gezielt tötet, um selbst Vorteile daraus zu gewinnen. Er erkennt seine Schuld und will sich vor Gott verstecken, der wiederum die Gewaltspirale durchbricht, indem er dem Mörder zuhört; Kains schreckliche Tat wird zwar durch Gott durch seinen Wegzug in das Land „Nod – das Land der Ruhelosigkeit und Heimatlosigkeit"[229] sanktioniert[230], aber der Mörder selbst nicht getötet (Gen 4,1–16).[231]

Die Sintflut als Katastrophenereignis wird von Gott initiiert, aber zuletzt lässt er trotz menschlicher Schuld Gnade walten und setzt mit Noah, seiner Großfamilie und den geretteten Tieren einen Neuanfang für die Welt und geht ein unzerbrechliches Bündnis mit den Menschen ein, die nun dauerhaft und sicher unter seinem Schutz stehen (Gen 6–9)[232] und einen Regenbogen als Bündnissymbol weithin sichtbar für die Menschen in die Wolken setzt (Gen 9,11–13).

---

227 Vgl. WINTER, 2005, S. 227.

228 Vgl. KRUMPEN, 2013, S. 161.

229 BRANDSCHEIDT, 2010.

230 Vgl. ebd.: „Insofern Kain keine historische Einzelgestalt, sondern ein Typos ist und eine urgeschichtliche Darstellung Wesensaussagen vermittelt, ist das Zeichen nicht als ein Erkennungszeichen (Brandmal, Tätowierung, Stammeszeichen o. ä.) zu verstehen, sondern meldet – von der Vorstellung eines Siegeszeichens her (vgl. Ps 74,4) – den Herrschaftsanspruch Jahwes über Kain an. Damit versinnbildlicht das Zeichen parabolisch die Hinwendung Gottes zum Sünder, der in den göttlichen Plan einbezogen bleibt und dem somit ein Raum für die Umkehr zugewiesen wird."

231 Vgl. SLATOSCH, 2012, S. 11–12.

232 Vgl. SLATOSCH, 2012, S. 12.

Zu 3.: Auseinandersetzung mit dem Leiden und mit Gott im Modus der Klage:
Leiden an und in der menschlichen Existenz gehört nach den alttestamentlichen Autoren von Anfang an zum Leben. In der Sündenfallerzählung wird das Leiden auf das Handeln der Menschen zurückgeführt, die die göttlichen Gebote missachten und die Beziehung mit Gott, der sie zu einem gelingenden Leben geschaffen hat, aufkündigen (Gen 3).[233] Gottes Bereitschaft zum Verzeihen und seine Kompromissfähigkeit führen zwar zu einem positiven Ende, aber Sünde und Leiden am irdischen Dasein bestimmen nun fortan das Leben der Menschen.

Die Klagepsalmen repräsentieren den „wesentlichen Modus [des Gläubigen in] der Auseinandersetzung mit dem Leiden"[234]. Dabei sind die Klagen eng in das Lob Gottes eingebunden: Gott, der Rettende, wird als derjenige klagend angesprochen, der jetzt im Leid nicht anwesend ist. Damit wird die Doppelrolle Gottes benannt: Er ist Retter und Letztverursacher des Leidens (Ps 60,4). Er hat die Schöpfung geschaffen und gleichermaßen die Erde erschüttert und zerrissen. Zwar kennen Menschen, die Gott anklagen, ihre eigene Schuld und Beitrag zum Leiden, aber Gott allein kann als Urheber des Unheils es auch wieder wenden.[235]

Die Hioberzählung stammt aus den Schriften (Ketubim) der hebräischen Bibel und trägt im Titel bereits den Namen ihres Protagonisten.[236] Sie entfaltet die Erfahrung des Leidens des Unschuldigen, des Gerechten vor Gott, der ein fürchterliches Schicksal erleiden muss und dennoch sich von Gott nicht trennt, aber entschieden mit ihm streitet, hadert und über sein Leben klagt. Das Erfahren des Leids ist hier ein Erleben des unverständlichen Handelns Gottes. Zwar werden bereits verschiedene menschliche Antworten gegeben, die versuchen das ungerechte Leiden einzuordnen und rational zu bewältigen (Hi 32–37),[237] aber die Annahme des Leidens gelingt, so die Bibel, nur im Gehorsam gegen Gott.

Die Hioberzählung fasziniert nicht nur durch ihre dialogische Struktur und Dramaturgie: Hiob fordert selbst Gott mit seinen Fragen heraus. Gott redet schließlich selbst aus dem Wettersturm mit Hiob (Hi 38–40) und legt in einem breiten Bogen an Argumenten seine Allmacht dar.[238] Hiob erkennt plötzlich das göttliche Wirken und seinen Kampf gegen das Böse und nimmt

---

[233] Vgl. SCHÜTZ/METZ, 2006, S. 26.
[234] JÄHNICHEN, 2012, S. 132.
[235] Vgl. JÄHNICHEN, 2012, S. 132–133.
[236] „Hiob" als Programmname für „der Feind (Gottes)" bzw. „der (von Gott) Angefeindete". WITTE, 2007.
[237] Vgl. JÄHNICHEN, 2012, S. 134.
[238] Vgl. WITTE, 2007.

wahr, dass das klassische Schema des Tun-Ergehens-Zusammenhangs und des Zweck-Mittel-Denkens hier nicht mehr greifen.[239] Mit der Hiob-Erzählung steht nicht nur die Reflexion der Theodizee-Problematik vor Augen, sondern auch der Umgang mit Unheilsituationen. Im NT und im Schicksal Jesu Christi wird das Thema des Leidens und der Macht des Bösen wieder aufgegriffen, aber anders beantwortet. Jesus Christus ist nicht nur der leidende Unschuldige, sondern auch der mitleidende Gott und der Erlöser des Leidens.[240]

Zu 4.: Menschsein als Fragment und die Botschaft von Kreuz und Auferstehung: Zu den Kernbotschaften des christlichen Glaubens gehört der an Kreuz und Auferstehung Jesu Christi: In 1 Kor 15,3–4 wird z. B. altes christliches Traditionsgut überliefert.[241]
Das Theologoumenon von Kreuz und Auferstehung verweist auf Jesus als Gottes Sohn, der das menschliche Leben radikal solidarisch miterlebt und mitleidet. Das menschliche Leben ist fragmentarisch und von zahlreichen Brüchen und Widersprüchen durchzogen. Der christliche Glaube beruht auf dem solidarischen und vollständigen Teilen dieser tödlichen Erfahrung mit den Menschen. Gott selbst übernimmt das fragmentarische Leben des Menschen mit seiner Kontingenz. Damit nimmt die Reich-Gottes-Botschaft die Risiken menschlicher Existenz in den Blick und schließt sie nicht aus. Mit dem Glauben daran, dass Gott den Menschen Jesus Christus auch im Tod nicht dem endgültigen Verderben preisgibt, wird Jesus selbst so zum „Botschafter des Lebens an der Grenze des Todes zu sein“[242]. Das österliche Mysterium meint, dass Menschen durch den Kreuzestod und Auferstehung Jesu „erlöst sind, daß das Wort des Vaters die Niedrigkeit, Profanität u. Todgeweihtheit unseres Lebens annahm u. eben *darin* die Gestalt der Gewöhnlichkeit unseres eigenen Lebens zum Ereignis der Gnade, die Gott letztlich selbst ist, machte“[243].

Zu 5.: Heilungsgeschichten in Krankheit, Sünde, Trauer und Tod: Die zahlreichen Heilungsgeschichten im NT durch Jesus bzw. durch seine Jünger/die nachfolgende Gemeinde konkretisieren die Botschaft vom hereinbrechenden Gottesreich (hebr. מלכות/malkut, griech. Βασιλεία τοῦ Θεοῦ/

[239] Vgl. JÄHNICHEN, 2012, S. 136.
[240] Vgl. JÄHNICHEN, 2012, S. 136–137. Die Frage der Theodizee in der NFS muss weiter unten in einem eigenen Kapitel eigens bearbeitet werden. Vgl. LANGENHORST, 1995, S. 14–22.
[241] Vgl. VORGRIMLER, 2000, S. 386.
[242] Vgl. GOTTSCHLICH et al., 2008, S. 1.
[243] Vgl. RAHNER-VORGRIMLER, 1961, 250, zit. nach: VORGRIMLER, 2000, S. 433.

Basileia tou theou)[244] mit seinem Heil für die Menschen (Mk 1,15), das zu den „basalen Theologoumena der Bibel“[245] gehört. Die Zeichen der Gottesherrschaft sind nach Erweis des NT unübersehbar (Lk 7,20–23): Jesus selbst sieht seine Heilungen nach dem Lukasevangelium als Erweis der Nähe Gottes, wie ihn der alttestamentliche Prophet Jesaja angekündigt hat (Jes 35).
Die mehrfach tradierten Heilungsgeschichten sowohl im AT wie im NT gelten als Grundlagen für die christliche Seelsorge und den Widerstand des christlichen Glaubens gegen Unheil und Vergessen. Diese Heilungserzählungen stehen in ausdrücklicher Verbindung zur Botschaft vom nahekommenden Gottesreich und der christlichen „Naherwartung“[246] (Mk 1,14).

In den Krankenheilungen Jesu wird das durch ihn hereinbrechende Reich Gottes greifbar, in dem sich Gott selbst den Menschen frei und ohne Vorbedingung schenken will. „Im Handeln und Reden Jesu drückt sich dadurch in unüberbietbarer Weise aus, was die Menschwerdung Gottes in seinem Innersten bedeutet: das Mitgehen und Mitsein mit bedrängten und suchenden Menschen.“[247]

Heilungssituationen im NT finden in unterschiedlichsten Situationen statt: Sie reichen von psychischen und somatischen Krankheiten des Individuums und seiner Angehörigen, Behinderung, Todesnähe, Unfall und Überfall, Armut, Sünde und Stigmatisierung etc. Entscheidend ist dabei das Vertrauen auf Gott und nicht auf die eigenen Kräfte.[248] „Dein Glaube hat dich gerettet“ (Mk 5,34).[249] Heilungen sind dabei der sinnfällige Ausdruck des unüberbietbaren Gottesgeschehens. Es geht der Bibel nicht um die Frage, wie diese Heilungen zustande kommen, sondern dass sie sich in der Begegnung mit Jesus ereignen und den Einzelnen aus einer notvollen bedrängenden Lage befreien.

Insbesondere heilt Jesus die Kranken auf der Basis eines intensiven Dialogs mit den Kranken. Heilungen sind keine Automatismen und keine Folgen von Wundern. Von antiken Wunderheilern distanziert sich Jesus deshalb

[244] Vgl. VORGRIMLER, 2000, S. 270.

[245] LEUENBERGER, 2012: „Hermeneutisch und theologisch leistet die soziomorphe Grundmetapher des Königtums Jhwhs auf diese Weise eine religiöse Symbolisierung der (Himmel und Erde umfassenden) Wirklichkeit, die sich für die biblischen Autoren als unentbehrlich erwiesen hat – und wohl auch in der (post)modernen Welt auf theologisch unaufgebbare Dimensionen des Gottesverhältnisses aufmerksam macht.“

[246] VORGRIMLER, 2000, S. 270.

[247] WINTER, 2005, S. 214.

[248] Vgl. VORGRIMLER, 2000, S. 440.

[249] ROOSE, 2010.

ausdrücklich.[250] Heilungen im NT geschehen quer zu den Erwartungen der Menschen (z. B. finden sie gerade an den Ausgegrenzten und sogar am Sabbat statt).[251] Sie ereignen sich im Kontrast zu den bekannten sozialen Regeln und menschlichen Herrschaftsstrukturen, da sie schon jetzt („punktuell-situativ"[252]) das allein von Gott ausgehende Heilsgeschehen verwirklichen sollen, das sich letztlich seiner Solidarität und Mitleid mit den Menschen verdankt. Heilungen sind Zeichen der „Compassion"[253] Gottes und finden ihren Höhepunkt in Kreuz und Auferstehung Jesu Christi.[254]

Zu 6.: Darstellungen der Barmherzigkeit, des Trostes und des Mitleidens Gottes mit den Menschen und die Forderung nach Werken der Barmherzigkeit[255]: Barmherzigkeit (hebr. רחום) eine der wesentlichen Topoi des göttlichen Wesens im AT. Eine etymologische Beziehung mit dem Begriff des Mutterschoßes ist möglich. So wird das Adjektiv ‚barmherzig' […] nur für Gott gebraucht."[256] In der Sinaierzählung nennt sich Gott selbst „barmherzig und gnädig" (Ex 34,6).[257] Der Mensch liegt Gott selbst am Herzen. Für den Menschen wird der hebräische Begriff der Barmherzigkeit dagegen selten gebraucht.[258]
Gott verheißt dem Menschen, „Ich bin mit dir" (Jes 41,10). In Deuterojesaja wird dieses Mitgehen und Da-Sein Gottes für sein Volk und alle Menschen in Bedrängnis und Not ausgedrückt.[259] *„Das geknickte Rohr zerbricht er nicht, und den glimmenden Docht löscht er nicht aus"* (Jes 42,3).

Das mit Barmherzigkeit verstandene Phänomen wird im NT mit den griechischen Begriffen für Mitleid, Mitgefühl und Barmherzigkeit übersetzt, die in antiker Tradition eine leidenschaftliche Zuwendung zu einer Person bezeichnen.[260] Einerseits wird im NT der Begriff der Barmherzigkeit mit der allen Leistungen zuvorkommenden Hilfe Gottes identifiziert (vgl. Mt 18,23–25; Röm 12,1), andererseits handelt es sich um die Haltung Jesu, die bei

[250] Vgl. BAUMERT, 1988, S. 106.
[251] Vgl. ROOSE, 2010.
[252] VORGRIMLER, 2000, S. 287.
[253] NAGEL, 2012b, S. 22. Vgl. METZ, 2006, S. 166. Vgl. KULD, 2000, S. 89.
[254] Vgl. WINTER, 2005, S. 215–218.
[255] Vgl. VORGRIMLER, 2000, S. 81–82. Vgl. LANGENHORST, 2000, S. 40.
[256] SCORALICK, 2008, Sp. 1116.
[257] Vgl. ebd.
[258] Vgl. SCORALICK, 2008, Sp. 1117.
[259] Vgl. WINTER, 2005, S. 212.
[260] Vgl. WEDER, 2008, Sp. 1118. Vgl. den Begriff der Compassion, den NAGEL nach METZ zur theologischen Grundlegung der NFS heranzieht. Vgl. NAGEL, 2012b, S. 21. Vgl. METZ, 2006, S. 166. Vgl. KULD, 2000, S. 89–96. Siehe weiter unten in dieser Arbeit.

seinen Rettungen und Heilungen deutlich wird. Jesu und damit Gottes Barmherzigkeit ist unverdient, bedingungslos und schöpferisch.

Klassische Beispiele der Barmherzigkeit Gottes sind die Gleichnisse Jesu vom barmherzigen Samaritaner, der spontanes Mitleid für einen durch Überfall verletzten Juden zeigt (Lk 10,25–37). Diese biblische Figur ist von zentraler Bedeutung für die christliche Seelsorgepraxis einer NFS, denn dieser Mann hilft dem jüdischen Mann, der auf seinem Weg von Jerusalem nach Jericho schuldlos unter die Räuber gefallen ist, trotz seiner eigenen nicht-orthodoxen jüdischer Herkunft und den daraus resultierenden Spannungen mit den ‚rechtgläubigen' Juden (Lk 10,25–37). Jesu Aufforderung *„Geh hin und tue desgleichen"* (Lk 10,37), wird zum Aufruf an die Gemeinden, ebenfalls Menschen auf dem Weg zu helfen, unabhängig von ihrer Herkunft und ihren eigenen Interessen. Jesus macht deutlich, dass Gott jedem Leidenden beisteht, seine Not sieht und unabhängig von religiös-ethischen Leistungen und Zugehörigkeiten hilft, und dass die Jünger seinem Beispiel folgen sollen.[261]

Eine andere biblische Figur, die das selbstlose Erbarmen Gottes auch für Sünder verdeutlichen soll, ist der Vater des verlorenen Sohnes, der trotz dessen massiven Gesetzesübertretung des kultischen Reinheitsgebotes (er gerät unter die für Juden unreinen Schweine) seinen Sohn vorbehaltlos annimmt (Lk 15,11–32). Beim barmherzigen Verhalten des (göttlichen) Vaters geht es nicht mehr nur um Gerechtigkeit, sondern um das ‚Mehr' an leidenschaftlicher Zuwendung zum Nächsten.[262] Barmherzigkeit ist demnach die Haltung, die der Aufforderung zur Gottes-, Nächsten- und Selbstliebe entspringt. Wer die Barmherzigkeit Gottes erlebt, soll sie selbst weitergeben und entsprechend praktizieren (Lk 6,35): „Gebt, *dann wird auch* euch gegeben *werden.*"

Das Gleichnis vom Weltgericht in Mt 25,31–46 weist auf die Notwendigkeit der Entscheidung für oder gegen Gott hin, die sich direkt und praktisch im solidarisch-liebenden Umgang mit den Notleidenden und in Werken der Barmherzigkeit ausdrückt und daran messen lassen muss. Hier werden diese Werke als notwendige Pflicht der Christen herausgestellt, wenn er Jesus nachfolgt, die sich auch um die Menschen kümmern müssen, die nicht den sozialen Normen gerecht werden oder besonderer Hilfe in ihrer Not bedürfen: „Barmherzigkeit ist die Bereitwilligkeit, aus Liebe dem Notleidenden u. Hilflosen zu helfen."[263] Gott selbst fordert Barmherzigkeit mit allen Menschen ein: Insofern birgt das NT zahlreiche Weisungen zur

[261] Vgl. WEDER, 2008, Sp. 1118.
[262] Vgl. ebd.
[263] VORGRIMLER, 2000, S. 81.

Ausübung von Barmherzigkeit (Mt 9,13, Mt 25): „Diese B. [Barmherzigkeit d. A.] erweist sich nicht in Gefühlen, sondern in praktischer Hilfe u. effektivem Verzeihen (Mitleid). In den paulinischen u. deuteropaulinischen Texten wird das Angewiesensein der Menschen auf Gottes B. [Barmherzigkeit d. A.] u. die Rettung der Menschen durch sie betont."[264]

Für die ersten christlichen Gemeinden begründet sich sowohl aus den Überlieferungen der Zeitzeugen Jesu wie der Evangelien schon früh ein hoher Anspruch, sich für alle Menschen in Krisen und Not zu engagieren.[265] „Christen glauben, dass Gott in furchtbarem Unglück und Leid nicht fern ist, sondern diese mit den Menschen teilt (...)."[266] Die Gemeinschaft ist nicht nur für ein seelsorgliches Klima verantwortlich, sondern soll nach den Zeugnissen des NT alle Menschen stärken, trösten, barmherzig sein und ermahnen.[267]

Die sieben Werke „der leiblichen u. geistigen"[268] Barmherzigkeit sind die Fortführung der Aufforderung Jesu, angesichts des kommenden Gottesreichs wie der liebende Gott entsprechend zu handeln. „Wer von der B. [Barmherzigkeit d. A.] Gottes lebt, steht unter dem Anspruch, diese B. [Barmherzigkeit d. A.] Gottes in seiner Lebensführung weiterwirken zu lassen (Lk 6,35, ähnlich Mt 18,28–35; 1 Joh 3,17)."[269] Barmherzigkeit wird im Verbund mit der Forderung nach Gerechtigkeit damit zum Prüfstein des Glaubens, an der die Gläubigen vor dem Menschensohn als „endzeitlichen Richter und König"[270] beurteilt und gerettet werden.[271] Mitmenschlichkeit anstelle von Hartherzigkeit gegenüber den „Geringsten" ist Ausweis des christlichen Glaubens. Für den Evangelisten Matthäus ist die Praxis der Nächstenliebe für die ‚Kleinen' entscheidend für die Situation der Gläubigen im Endzeitgericht.[272] Christus als König im Weltgericht unterscheidet zwi-

[264] Ebd.

[265] Hierbei wird die Fürsorge für diese Gruppen schon früh an das kirchliche Amt des Diakons gebunden bzw. dieses Amt aufgrund der Aufgabe entwickelt. Vgl. VORGRIMLER, 2000, S. 127–129.

[266] GENGENBACH, 1999, S. 5, zit. nach: WINTER, 2005, S. 208.

[267] „Das Erste Testament spricht von ‚nephesch' (seltener von ‚ruach') als einer Lebensgabe Gottes, die Gott im Tod zu sich zurücknimmt, ohne daß der Verstorbene völlig zu existieren aufhörte." VORGRIMLER, 2000, S. 567.

[268] VORGRIMLER, 2000, S. 82.

[269] WEDER, 2008, Sp. 1118. Zum Gerichtsverständnis im NT: WEHNERT, 2011: „Das kommende Gericht bestimmt daher die Gegenwart der Christen als Zeit der Wachsamkeit, Bewährung und Mission, damit möglichst viele Menschen aus allen Völkern gerettet werden. Was es in dieser vorletzten Zeit, in der sich die Menschen noch auf die Seite des Heils schlagen können, zu tun gilt, wird von den Evangelisten unterschiedlich akzentuiert."

[270] VORGRIMLER, 2000, S. 220.

[271] Vgl. NAUER, 2007, S. 97.

[272] Vgl. WEHNERT, 2011.

schen denen, die anderen auf unterschiedliche Weise geholfen haben, und deshalb das Gottesreich erben werden, und denen, die dies nicht getan haben. Die Stelle endet mit dem Satz, dass die Hilfe und Unterstützung der geringsten der Brüder in ihrer Not letztlich Jesus selbst als Weltenkönig gegolten hat. In jedem Hilfebedürftigen war Jesus selbst anwesend (Mt 25,34–36).

In diesen Kontext gehören auch die biblischen Trostkonzeptionen.[273] Die Bibel kennt in ihren einzelnen Schriften in unterschiedlichster Ausprägung sowohl das „Reden von Trost und Trösten" wie „die biblische Praxis der Tröstungen". Für Bohren ist sie ein „Trostbuch ohnegleichen"[274]. Da die Bibel in vielen Generationen entstanden ist, sammeln sich in ihr auch die zahlreichen alltäglich-menschlichen Erfahren mit dem Trost, Trösten und Getröstetwerden.[275]

Im AT ist vor allem das o.g. weisheitliche Hiobbuch ein ausgewiesenes Trostbuch, das wie kein anderes die Frage nach dem Sinn völlig unschuldigen Leidens thematisiert.[276] Als seine Freunde den leidenden Hiob trösten wollen, gerät diese Absicht ins Scheitern (Hi 2,11), da sie ihn auffordern, den Trost, den er anderen gespendet hat, nun sich selbst zu geben. Vor allem aber fordern sie vom unschuldigen Freund die Konfrontation mit seiner vermeintlichen Schuld. Damit trifft ihre Schuld-Ergehens-Vorstellung als Troststrategie ins Leere.[277] Erst, als der leidende Mann sich selbst an Gott wendet, gelingt Trost, wird Hiob getröstet, indem Gott ihn annimmt und ernstnimmt in seiner Klage und diese zulässt als legitime Sprachform vor ihm. Schließlich tröstet Gott ihn mit der Darstellung seiner Schöpfungsmacht, die auch das Absurde hält und trägt. Hiob wird getröstet durch das göttliche Angebot, seiner Weisheit auch in ihrer Unverständlichkeit zu vertrauen.[278]

In den Büchern der Weisheitsliteratur (Jesus Sirach, Tobit, Psalmen, Sprüche, Klagelieder) und den Propheten wie Sacharja und besonders Jeremia und Jesaja wird immer wieder in poetisch-realistischer Weise die Notwendigkeit des Trosts und Tröstens für Menschen hervorgehoben (z. B. Sir 38; Spr 31,6; Tob 7; Klgl 1; Jer 31; Jes 40). Gott selbst ist hier im Jesajabuch derjenige, der sein Volk trösten wird.[279]

---

[273] Vgl. LANGENHORST, 2000, S. 40–100.
[274] BOHREN, 1981, S. 21.
[275] Vgl. LANGENHORST, 2000, S. 40.
[276] Vgl. LANGENHORST, 1995, S. 11.
[277] Vgl. LANGENHORST, 2000, S. 40–43.
[278] Vgl. LANGENHORST, 2000, S. 45–46.
[279] Vgl. LANGENHORST, 2000, S. 46–69. Siehe S. 66.

Im NT fehlen z. B. in den synoptischen Evangelien die Begrifflichkeit des Trosts und Tröstens, dennoch beschreibt es immer wieder Handlungen Jesu, in denen er sich den Randständigen der damaligen Gesellschaft zuwendet oder sich die Menschen in seiner Nähe gegenseitig trösten (ohne dies explizit zu nennen).[280] In der Begegnung des greisen Simeon mit dem jungen Jesus auf den Armen seiner Eltern (Lk 2), vor allem in den Seligpreisungen der Feldrede bzw. Bergpredigt spricht Lukas bzw. Matthäus das Trösten der Trauernden dezidiert an (vgl. Lk 6; Mt 5).[281] In der Erzählung vom reichen Mann und dem armen Lazarus (vgl. Lk 16,19–31) spricht der lukanische Jesus vom Trost im Jenseits als Kompensation des diesseitigen Leidens.[282]

Die zahlreichen Stellen des AT und NT belegen das Trösten bzw. Trostgeben als eine typisch menschliche Eigenschaft, die sich im tätigen Handeln für andere ausdrückt. Trost ist eine menschliche Reaktion auf menschliches Klagen und Leiden, das sich letztendlich an Gott selbst wendet. Der Mensch ist zum Mitleiden fähig, das mehr ist als Mitleid und Empathie.[283] Aber letztlich ist es Gott, der tröstet; sowohl im AT wie NT (in Jesus Christus) ist er die Wurzel allen Trostes. Dieser richtet sich nicht auf eine Kompensation des Leidens im Diesseits, sondern auf Hoffnung in der irdischen Gegenwart: Leid und belastende Lebenssituationen sollen sich im Jetzt und Hier wenden, da Gott sowohl Herr des Jenseits und des Diesseits ist. Daraus ergibt sich folgerichtig für die Kirche und Gemeinde, dass jeder Christ/in zum Trösten des Anderen, auch des Fremden, aufgerufen ist.[284]

Die Compassion-Initiative, die maßgeblich von Johann Baptist Metz ins Leben gerufen wurde, und Schülerinnen und Schüler zum Wahrnehmen des Leidens von Menschen in unserer Gesellschaft befähigen soll[285], greift diesen Gedanken auf: Jesus zeichnet sich in seinem Handeln durch eine charakteristische „Leidempfindlichkeit"[286] aus. Der Begriff der Compassion meint nach Metz die Orientierung von Christinnen und Christen an der Haltung der „leidempfindlichen Weltverantwortung"[287] Jesu Christi, wie sie in den Evangelien in Heilungs- und Umkehrerzählungen tradiert wurde. Jesus und die auf ihn basierende Kirche als „Erzählgemeinschaft" bzw. „Erinnerungsgemeinschaft"[288] in seiner Nachfolge wendet sich auch und vor allem

280 Vgl. LANGENHORST, 2000, S. 46–69. Siehe S. 71.
281 Vgl. LANGENHORST, 2000, S. 71–76.
282 Vgl. LANGENHORST, 2000, S. 77. Auch in Paulusbriefen und in der Johannesoffenbarung wird das Trösten als Gemeindeaufgabe bzw. der Paraklet als Tröster verkündet. Vgl. S. 78–90.
283 Vgl. METZ, 2000, S. 13.
284 Vgl. LANGENHORST, 2000, S. 92.
285 Vgl. KULD, 2000, S. 89-94.
286 METZ, 2000, S. 11.
287 Ebd.
288 Ebd.

dem fremden Leid zu. „Diese elementare Empfindlichkeit für das Leid der Anderen kennzeichnet Jesu neue Art zu leben“[289], und Gottes- und Nächstenliebe stellen sich als Einheit von Leidenschaft für Gott und Mitleidenschaft mit den Menschen dar.[290]

In einem weiteren Sinn versteht Metz Compassion als universalen Auftrag des Christentums für alle Menschen; es geht über das bloße neutrale Mitleid hinaus, sondern meint in einem radikalen Verständnis „Mitleidenschaft, (…) teilnehmende, als verpflichtende Wahrnehmung fremden Leids, als tätiges Eingedenken des Leids des Anderen“[291] in universaler Weltverantwortung. Compassion hat eine politisch-mystische Dimension, die sich in politischem Engagement und persönlicher Innerlichkeit entfaltet.[292] Sie ist Praxis einer „Theodizee-empfindlichen Christologie“[293] nach Auschwitz, die sich auf die Rettung der Opfer und auf die Gerechtigkeit der unschuldig Leidenden fokussiert. Nicht die Schuldfrage, sondern die Frage des Erleidens ist für Jesus in den Zeugnissen des NT die zentrale Perspektive (vgl. die Gerichtsparabel in Mt 25).[294]

Für die biblisch-theologische Grundlegung der NFS an einem Flughafen lassen sich somit mehrere biblische Modelle heranziehen:

- Verheißung und Zusage Gottes in Jesus Christus, als Wegbegleiter und Mitgehender des Menschen in der Not und Krisen präsent zu sein (Bild des Unterwegsseins)[295]
- Beziehung und Freundschaft zwischen Gott und Mensch, die sich in den Begegnungen und der Kommunikation des Alltags zwischen Menschen realisiert (Bild der Beziehung)[296]
- Schutz und Solidarität Gottes mit den Menschen in ihren Not und Krisen, Gottes Heilswille über alle ethnischen, nationalen, kulturellen und religiösen Grenzen hinaus (Bild des Trostes)[297]
- Freie Zuwendung und Hilfsbereitschaft Gottes in Krankheit, Sünde, Trauer und Tod und der Zuspruch von Heil und Heilung (Bild der Heilung)[298]

[289] Ebd.
[290] Vgl. ebd.
[291] METZ, 2006, S. 166–172.
[292] Vgl. METZ, 2006, S. 167–172.
[293] METZ, 2006, S. 57.
[294] Vgl. ebd. und S. 165.
[295] Vgl. GS 41 und 45. Bild der irdischen Pilgerschaft des Volks Gottes mit der ganzen Menschheitsfamilie.
[296] Vgl. WINTER, 2005, S. 211–213.
[297] Vgl. LANGENHORST, 2000, S. 40.
[298] Vgl. WINTER, 2005, S. 224.

- Trösten, Barmherzigkeit und Mitleiden (Compassion) im gemeinsamen Betroffensein[299] mit den Leidenden und Gefährdeten unabhängig von religiöser oder politisch-sozialer Zuordnung und Herkunft (Bild der Barmherzigkeit, des Mitleidens und des Trostes)[300]
- Kreuzestod und Auferstehung Jesu Christi als österliches Mysterium und Modell für den Umgang mit bodenlosem und existenziellem Leid an der äußersten Grenze des Lebens und die Akzeptanz des fragmentierten menschlichen Lebens (Bild von Tod und Auferstehung).

Die hier angesprochenen Modelle für eine NFS am Flughafen sollen weiter unten entfaltet werden (Kap. 4).

3.3.2 Konzilstexte des II. Vatikanum. Grundlage für die NFS am Flughafen

Wie schon oben für die Flughafenseelsorge gezeigt (Kap. 2.2), stellen die Konzilsdokumente des II. Vatikanum die entscheidenden theologischen und kirchenamtlichen Grundlagen für die Notfallseelsorge in der Moderne dar. Für das Konzil war das Bild des wandernden und pilgernden Gottesvolks genuiner Ausdruck eines neuen Kirchenverständnisses (Aggiornamento). Damit trat das Bild der Gemeinschaft aller Glaubenden hinter das der Kirchenhierarchie und ihrer grundsätzlichen Unterscheidung zwischen Laien und Klerikern zurück. In der Kirchenkonstitution Lumen Gentium wurde das Kapitel zum „Das Volk Gottes“ (LG 2) vor den nachfolgenden Kapiteln über die hierarchische Verfassung der Kirche und über Laien und Ordensleute platziert. Desweiteren wurde der „‘Pilgercharakter‘ der Kirche“[301] betont.

Im Missionsdekret ‚Ad Gentes‘ (AG 2) wird der Gedanke des pilgernden Gottesvolkes ebenfalls ausgedeutet.

---

[299] Vgl. NAGEL, 2012b, S. 22.

[300] Vgl. METZ, 2000, S. 9-17. Vgl. METZ, 2006, S. 166–178. Vgl. LANGENHORST, 2000, S. 290–320. Die Compassion-Initiative von METZ et al.. basiert auf der Erkenntnis eines gesellschaftlichen sozialmoralischen Defizits und einem Mangel an Solidarität und Mitleiden in der Gesellschaft und sie begründet zahlreiche schulische und außerschulische Lernräume (in kirchlichen Schulen vor allem) für moralisches und sozialverpflichtetes Handeln, d.h. Projekte, in denen Schüler/innen Sozialpraktika mit Menschen in sogenannten Randlagen: behinderte, kranke, obdachlose, asylsuchende Menschen etc., mit denen die SuS sonst nicht Kontakt finden würden. Siehe KULD, 2000, S. 89–94.

[301] VORGRIMLER, 2000, S. 665.

Die pastorale Konstitution *Gaudium et spes* (GS 1) geht bereits in der Einführung auf die heutige Situation der Menschen in der Welt ein (vgl. Kap. 2.2), an der Christen selbstverständlich teilhaben.

Die Konstitution beschreibt die zunehmende Komplexität aller Vollzüge in der Welt aufgrund von Abhängigkeitsverhältnissen der Menschen untereinander, die zu Unruhe führen. Gleichzeitig betont sie ihre Aufgabe und Pflicht, „nach den Zeichen der Zeit zu forschen und sie im Licht des Evangeliums zu deuten" (GS 4). Auch geht sie auf den Wandel in der Gesellschaft mit dem Nennen der „neuen und immer mehr vervollkommneten sozialen Kommunikationsmittel" (GS 6) ein.

Begründet wird diese Entwicklung der Moderne z. B. durch den technischen und wirtschaftlichen Fortschritt begünstigter Nationen.

Im Dekret über die sozialen Kommunikationsmittel ‚Inter mirifica' (IM) plädiert das Konzil unter Papst Paul VI. für den sittlich verantwortlichen Gebrauch der modernen Kommunikationsmittel (IM 4) und die Pressefreiheit (IM 12), fordert außerdem deutlich den Schutz der Jugend vor schädlichen Presseerzeugnissen (IM 13). Die modernen Kommunikationsinstrumente werden als wichtiges Instrument der gesellschaftlichen Entwicklungen und der kirchlichen Mission hervorgehoben, sodass die katholische Presse ausgeweitet werden soll (IM 1 und 14). Diese Einschätzung und Analyse der Kirche der gegenwärtigen Situation der Gesellschaft und ihren Kulturwandel, die sich seit den 1960er Jahren abzeichnet, trifft heutzutage in besonderem Maße auf einen internationalen Verkehrsflughafen zu, der aufgrund seines Eigenlebens von Lärm, Stress, Hektik und Unruhe geprägt ist. An kaum einem anderen Ort ereignen sich in so kurzer Zeit so viele Bewegungen und Kontakte wie an einem internationalen Airport. Das Eingehen schneller Beziehungen und die Kontaktaufnahme zu anderen Menschen ist in diesem Ablaufkonzept eine Bedingung erfolgreichen Arbeitens.[302] Welche Möglichkeiten hat die Kirche, sich an einem solchen Ort, in einer solchen Zeit zu positionieren und dem Auftrag zum Dienst am Menschen und der Verkündigung des Evangeliums gerecht zu werden?

Gaudium et spes beantwortet dies, indem sie die Aufgaben der Kirche in der heutigen Welt als gegenseitige Beziehung von Kirche und Welt beschreibt. Kirche soll sich dabei als Dialogpartner für die Welt anbieten. Die Konstitution formuliert dazu: „das Geheimnis der Kirche ist sie nun darzustellen, insofern sie gerade in dieser Welt besteht und mit ihr lebt und wirkt" (GS 40). Die Pastoralkonstitution geht konkret auf das Unterwegssein der Menschen ein (GS 41).

[302] Vgl. HERZ-JESU-PROVINZ DER PALLOTINER, o. J.b.

Die Teilhabe an der Entwicklung in der zivilen Luftfahrt kann als ein direktes Beispiel dieser Entwicklung gesehen werden. Die Kirche wertet Teile dieser Entwicklung und die Fortschritte der Menschheit positiv und versucht sie, auch in ihren Grenzen kritisch zu reflektieren (GS 42).

Mit dem Bild des pilgernden Gottesvolks steht der Kirche ein Symbol zur Verfügung, das die Dynamik der heutigen Welt mit ihrem technologischen Fortschritt und Verkehrsmöglichkeiten aufgreift, und gleichzeitig betont, dass der Weg mit dem irdischen Tod nicht zu Ende ist, sondern auf eine andere Wirklichkeit zugeht.[303]

Auch das Dekret über die Missionstätigkeit der Kirche *Ad gentes* (AG) erwähnt in aller Deutlichkeit die Bedeutung des Unterwegsseins der Kirche und formuliert: „Die pilgernde Kirche ist ihrem Wesen nach ‚missionarisch' (d. h. als Gesandte unterwegs)"(AG 2). Es gehört zur Aufgabe der Kirche, der ganzen Welt die Botschaft vom kommenden Reich Gottes zu verkünden und die Bereitschaft zu haben, anderen Menschen über den eigenen Glauben Zeugnis abzulegen.[304] Missionarische Kirche meint aber auch, dass dies in einer Welt von globalen Veränderungsprozessen und einem umfassenden „Kulturwandel"[305] geschehen muss. Denn angesichts der globalen Veränderungsprozesse, die in sozialen Beziehungen (Stichwort Social Media), Wirtschaft sowie kulturellen und religiösen Vorstellungen und Strukturen stattfinden[306], muss sich Kirche diesen nicht verschließen, sondern diese verstehen, sich dort konstruktiv einbringen und ihr Angebot einer „Einladung zum Glauben"[307] machen, die Interessierten als Orientierung dienen kann.[308]

Ein internationaler Verkehrsflughafen stellt einen Ort dar, in dem auf besondere Weise Menschen unterschiedlicher Herkunft und Sozialkontexte in Kontakt kommen. Das Ziel der christlichen Verkündigung bleibt bestehen (AG 13).

Im Dekret über das Laienapostolat *Apostolicam actuositatem* (AA) wird der Auftrag der Kirche und insbesondere der Laien wie aller Menschen, für die Armen und Kranken bestimmt und hervorgehoben.[309] Damit wird deutlich, dass caritative Dienste nicht nur ein Exklusivrecht der Kleriker in

303 Vgl. ZOLLITSCH, 2010, S. 3. „Die Evangelisierung der Welt verlangt eine Kirche der Pilgerschaft. Eine Kirche der Sensibilität und des Respekts gegenüber dem Fremden."

304 Vgl. ZOLLITSCH, 2010, S. 1. Vgl. LEHMANN, in: DBK, 2000, S. 5. Vorwort.

305 SCHREIJÄCK, 2001, S. 9.

306 Vgl. SCHREIJÄCK, 2001, S. 9–12.

307 Vgl. DBK, 2000, S. 24.

308 Vgl. SCHREIJÄCK, 2001, S. 13.

309 Vgl. z. B. AA 19.

der Kirche allein[310] und auch nicht nur der an Christus Glaubenden, sondern eine universale menschliche Verpflichtung darstellen (AA 7).

Damit spricht der Konzilstext aus, dass die zunehmenden technischen Möglichkeiten der Kommunikation und der Verkehrsmittel die „praktische Liebe (lat. ‚caritas‘) zu den Bedürftigen“[311] nicht überflüssig machen. Gleichzeitig verweist er auf die in Mt 25 benannten Werke der Barmherzigkeit, die Christen auffordert, sich vorbehaltlos und selbstverständlich für die Marginalisierten und Bedürftigen einzusetzen.

Diese Impulse und Festlegungen des Konzils eröffnen einen Raum, der auch für die Flughafenseelsorge und die NFS speziell relevant sein kann. Denn ein ziviler Großflughafen ist durch einen hohen Grad an Dynamik und Mobilität, Technik und Zeitdruck für Passagiere und Mitarbeiter/innen besonders geprägt. Obwohl solche Flughäfen mit allen technischen Möglichkeiten ausgerüstet sind und eine Kontinente verbindende, weltweite Mobilität erlauben, sind die Bedürfnisse der Menschen nach Unterstützung, Trost und Hilfen damit nicht außer Kraft gesetzt. Im Gegenteil, in der Unübersichtlichkeit der Organisation eines Flughafens bleiben gerade die auf der Strecke, die diesen Möglichkeiten nicht gewachsen sind oder dort mit eigenem und fremdem Leid plötzlich und unerwartet konfrontiert werden. So formuliert Stephan Johanus: „Am Flughafen zu sein, dort den Menschen zu dienen, kann uns vielleicht näher zum Evangelium bringen. Vielleicht sehen wir von hier aus klarer, was unser Auftrag sein kann in der Welt der Moderne.“[312]

Die Konzilsdokumente umfassen demnach sowohl eine Zeit- und Gesellschaftsanalyse, die der Moderne mit ihren Möglichkeiten positiv Rechnung tragen möchten. Gleichzeitig bekräftigen sie den Selbstanspruch, Kirche in der Welt von heute und morgen sein zu wollen. Damit wird nicht der Rückzug in eine gesellschaftliche Nische gefordert, sondern ein im positiven Sinn missionarischer Weg propagiert. Mission ist zwar ein historisch belasteter Begriff, weil die christliche Missionierungsgeschichte zahlreiche Fehlentwicklungen beinhaltet[313], dennoch kann er in einer positiven Auslegung als christliche Präsenz und Verkündigung der Frohbotschaft in der Welt von heute ausgedeutet werden, „ohne Erwartungen an die Hörer zu richten ihren eigenen gewohnten Bereich zu verlassen, um sie zu empfangen“[314]. Flughafenseelsorge und die NFS im Speziellen sind missionarischer Dienst der Kirche, weil er die Kirche an die Orte bringt, „wo Menschen ihr

[310] Vgl. REUTER, 2005, S. 60.
[311] VORGRIMLER, 2000, S. 24.
[312] JOHANUS, Stephan, in: BANFIELD, 2007, Vorwort, S. 4.
[313] Vgl. VORGRIMLER, 2000, S. 417–419.
[314] BANFIELD, 2007, S. 8.

Leben ausleben und herausgefordert werden, verletzt werden, Probleme und Fragen haben"[315].

Aus den Konzilsdokumenten lässt sich demnach eine Selbstverpflichtung der Kirche ableiten, an Orten wie einem Flughafen einen reflektiert missionarischen Dienst in konkreten Notfallsituationen auszuüben, um so den Zeichen der Zeit gerecht zu werden und glaubhaft die Botschaft des Evangeliums praktisch handelnd zu verkündigen.

3.3.3 Dokumente des Päpstlichen Rats der Seelsorge für die Migration und Menschen unterwegs von 1995 bis 2008

Die Dokumente des Päpstlichen Rates der Seelsorge für die Migration und Menschen unterwegs zeigen die Notwendigkeit und die Aufgaben eines pastoralen Wirkens in der zivilen Luftfahrt auf.

In Fortführung der Situationsbeschreibung und Analyse im Konzilsdokument *Gaudium et spes* haben sich jüngere kirchliche Dokumente mit der Situation von Menschen unterwegs auseinander gesetzt.

Der *‚Päpstliche Rat der Seelsorge für die Migranten und Menschen unterwegs'* ist ein Gremium der Kurie, das sich speziell mit den Folgen der weltweiten Migration und Mobilität von Menschen und den Aufgaben der Kirche für diese Menschen auseinandersetzt.[316] Durch Papst Paul VI. wurde schon 1970 eine Kommission eingesetzt, welche die Seelsorge an den Menschen, die unterwegs sind, studieren und ein entsprechendes pastorales Konzept weiterentwickeln sollte. 1988 wurde die Kommission zu einem päpstlichen Rat bzw. Dikasterium erhoben. Ihre Zielgruppen umfassen „Migranten; Flüchtlinge und inländische Vertriebene; ausländische Studierende; Tourismus, Wallfahrten und Wallfahrtsorte; Seeleute; zivile Luftfahrt; Nomaden, Sinti und Roma; Zirkus und Schausteller; Apostolat der Straße"[317].

Im Rahmen des Sektors für zivile Luftfahrt wurden mehrere grundlegende Dokumente veröffentlicht, deren wesentliche Aussagen hier auszugsweise referiert werden sollen:

Das jüngste Dokument „People on the Move. Airport chaplains and chaplaincy members amidst a multi-religious milieu in a secular society" betont, dass es aufgrund der Globalisierung zu einem sozialen Kontext in

[315] Ebd.

[316] Vgl. PÄPSTLICHER RAT DER SEELSORGE FÜR DIE MIGRANTEN UND MENSCHEN UNTERWEGS, 2008 (= PÄPSTLICHER RAT, 2008).

[317] PÄPSTLICHER RAT DER SEELSORGE FÜR DIE MIGRANTEN UND MENSCHEN UNTERWEGS, 2008 (= PÄPSTLICHER RAT, 2008).

Europa kommt, in dem viele verschiedene ethnische Gruppen aufeinander treffen.[318] Die Globalisierung lässt die Welt in diesem Kontext als Dorf erscheinen, in der globale Probleme jeden mittelbar betreffen. Internationale Verkehrsflughäfen sind in besonderer Weise von dem Phänomen der Globalisierung betroffen: Fluggesellschaften beschäftigen Menschen anderer Herkunft und Nationalität, welche die eigenen Staatsbürger nicht ausüben wollen, da die Arbeit zu schwer oder zu schlecht bezahlt ist.[319] Arbeitgeber an einem Flughafen legen Wert darauf, Menschen aus unterschiedlichen Nationen mit verschiedenen ethnischen und religiösen Hintergründen zu beschäftigen. Durch die Vielfalt der soziokulturellen Herkunft der Mitarbeiter/innen wird versucht, den Ansprüchen der Besucher und der unterschiedlichen Herkunft der Gäste gerecht zu werden und dadurch ein hohes Maß an Servicequalität zu erreichen, was letztlich den Prozessablauf optimieren soll und zu mehr Wachstum führt. Denn ein zufriedener Fluggast reist öfter von Flughäfen, an denen er positive Erfahrung gemacht hat, was zu einer Zunahme an Wachstum und letztlich einer weiteren Steigerung der Globalisierung führt.

Dieses Faktum trifft besonders auf einen Flughafen wie den Rhein-Main-Airport zu, wo mehr als die Hälfte der Fluggäste Transfergäste sind, die im Transit bleiben. Ein einfaches Beispiel verdeutlicht die These: Ein Fluggast fliegt von den USA über Europa nach Israel. Vorausgesetzt Flugpreis und Flugverbindung sind vergleichbar, wird der Gast sich für den Transferflughafen entscheiden, der seinen Bedürfnissen am ehesten entspricht. Ob er dabei in London, Frankfurt oder Amsterdam umsteigt, ist daher meistens nebensächlich. Dabei zeigt folgendes Zitat das Spannungsverhältnis des beschriebenen Phänomens auf: „The airport's anonymous milieu makes it impossible for others to know exactly what they have in their heart as they go through the various phases of air travel."[320]

Diese Aussage trifft sowohl auf Reisende wie Mitarbeiter/innen innerhalb dieses multiglobalen Mikrokosmos der Arbeitswelt Flughafen zu. Kirche am Flughafen hat dabei ebenfalls den pastoralen Grundauftrag, sich dieser Situation zu stellen und die Botschaft vom Heil Gottes an diesem speziellen Ort zu verkünden.[321]

Die Präsenz der Flughafenseelsorge ist daher von entscheidender Bedeutung. Aufgrund des Teils multireligiösen Umfelds und in Westeuropa auch säkularen Charakters im Flughafen ist ein eigenes Arbeitsumfeld der

[318] Vgl. PÄPSTLICHER RAT, 2008, Nr. 2.
[319] Vgl. PÄPSTLICHER RAT, 2008, Nr. 3.
[320] PÄPSTLICHER RAT, 2008, Nr. 3.
[321] Vgl. PÄPSTLICHER RAT, 2008, Nr. 4.

Flughafenseelsorge notwendig, um den kirchlichen Dienst direkt vor Ort realisieren zu können. Zudem muss der interkulturelle und interreligiöse Dialog gewahrt und aktiv gefördert werden.[322] Dabei wird die Flughafenseelsorge ausdrücklich als Feld der Evangelisierung verstanden.[323]

Um die Kommunikation zwischen den Katholischen Flughafenseelsorgeeinrichtungen zu verbessern und damit den innerkirchlichen Dialog zu stärken, wurde auf dem fünften europäischen Seminar der Katholischen Flughafenseelsorger, welches vom 22. bis 25. Mai 2006 in Breslau/ Polen stattfand, beschlossen, dass alle E-Mail-Adressen der Katholischen Flughafenseelsorge-Einrichtungen in Europa auf einer Homepage gesammelt werden sollten. Des Weiteren sollte ein Newsletter einmal pro Jahr generiert werden, indem alle europäischen Flughafenseelsorger über Entwicklungen und Veränderungen berichten, um das gegenseitige Verständnis für Probleme und Arbeitsabläufe noch mehr zu verstärken.[324] Obgleich die Verabschiedung der Zielsetzung nun mehr als sechs Jahre zurück liegt, fand bis heute (Stand Mai 2014) noch keine direkte Umsetzung statt.

Allerdings besteht ein ständig aktualisierter Webauftritt der Flughafenseelsorge auf internationaler Ebene, der INTERNATIONAL ASSOCIATION OF CIVIL AVIATION CHAPLAINS (http://www.iacac.info/), der umfassende Informationen zu den einzelnen Flughafenseelsorgeeinrichtungen und ihren Konferenzen weltweit anbietet.[325] Unter der Seite NEWS sind jeweils nach Kontinenten Informationen zu den Entwicklungen auf den einzelnen Kontinenten angeboten, so auch zu Flughafenseelsorge in Europa.[326] Hier ist aktuell ebenfalls auf die Internetpräsenz der ÖKUMENISCHEN KONFERENZ FLUGHAFENSEELSORGE IN DEUTSCHLAND (OEKOF) zu verweisen, die eine Webpräsenz der Flughafenseelsorge für Gesamtdeutschland darstellt.[327]

Ein Jahr zuvor „People on the Move“ im Jahr 2007 standen im siebten internationalen Seminar der katholischen Flughafenseelsorger in der zivilen Luftfahrt, welches vom 19. bis 24. April 2005 in Rom stattfand, eher Fragen der Liturgie, der örtlichen Präsenz eines Tabernakels bzw. einer Kapelle und sakramentale Fragen im Vordergrund, wie sich aus den abschließenden Bemerkungen ergibt.[328]

[322] Vgl. PÄPSTLICHER RAT DER SEELSORGE, 2008, Nr. 5.
[323] Vgl. PÄPSTLICHER RAT, 2008, Nr. 4.
[324] Vgl. PÄPSTLICHER RAT, 2006.
[325] Vgl. INTERNATIONAL ASSOCIATION OF CIVIL AVIATION CHAPLAINS (IACAC), 2014b.
[326] Vgl. IACAC, 2014a.
[327] Vgl. ÖKUMENISCHE KONFERENZ FLUGHAFENSEELSORGE IN DEUTSCHLAND (OEKOF), 2014.
[328] Siehe: PÄPSTLICHER RAT, 2005, Nr. 2a-f.

Die Entwicklung der Themen innerhalb des Seminars der katholischen Seelsorger in der zivilen Luftfahrt zwischen den Jahren 2005 und 2006 spiegelt das technische Voranschreiten der Gesellschaft in Bezug auf die Nutzung von sogenannten sozialen Netzwerken im Internet wider. Beispiele hierfür sind die Internetportale Twitter, Xing und Facebook. Menschen unterschiedlichsten Alters nutzen das Medium Internet bevorzugt, um Informationen zu generieren und in Kommunikation zu treten. Der in 2006 verabschiedete Beschluss, eine einheitliche Homepage mit den Internetadressen der europäischen Katholischen Flughafenseelsorgestellen zu gestalten, wollte darauf reagieren und für eine bessere Präsenz und Vernetzung der einzelnen Einrichtungen sorgen.[329] Flughafenseelsorgestellen, die zu diesem Zeitpunkt noch keine Internetpräsenz hatten, werden voraussichtlich durch diesen Beschluss bemüht gewesen sein, diese Form der Öffentlichkeitsarbeit zu nutzen und dabei mitzuwirken, um letztlich den Anschluss in der Kommunikation an die europäischen Kollegen nicht zu verlieren. Viele europäische Bistümer haben sich der neuen medialen Situation gestellt und nutzen selbstverständlich und zunehmend elektronische Medien (eigene Internetpräsenzen bzw. Social Media).[330]

Ein grundlegendes Dokument für die Arbeit in der Flughafenseelsorge an zivilen Verkehrsflughäfen stellen die Richtlinien des päpstlichen Rates der Seelsorge für die Migranten und Menschen unterwegs zur zivilen Luftfahrt aus dem Jahr 1995 dar.

„a) Die Teilnehmer des Seminars haben die Notwendigkeit hervorgehoben, wo immer es möglich ist, in den Flughafenkapellen den Tabernakel zu haben. Die Katholiken, die in die Kapelle kommen, möchten ihre Gebete vor dem Allerheiligsten verrichten, anstatt in einem einfachen Gebetsraum.

b) Es ist notwendig, regelmäßig die Heilige Messe in der Flughafenkapelle zu feiern.

c) Selbstverständlich sollen die katholischen Seelsorger der zivilen Luftfahrt die „Traditionen" der anderen Kirchen, kirchlichen Gemeinschaften und Religionen respektieren, dabei jedoch die eigene Identität in Bezug auf die Eucharistie wahren. Die Eucharistie soll auch nicht als Mittel zum Erlangen der Einheit betrachtet werden, sondern als Zeichen der bereits erreichten Einheit.

d) Die Art der Dienste des ständigen Diakonates, wie auch seine spezifische und wertvolle Rolle in der Flughafenseelsorge, müssen noch besser bedacht und erfasst werden.

e) Die Flughafenkapläne sollen sich, mit Hilfe und Unterstützung ihrer Bischöfe, bei der zuständigen Flughafenbehörde dafür einsetzen, dass die Kapelle in einem geeigneten und gut sichtbaren Ort eingerichtet wird.

f) Es sollte immer mehr Aufmerksamkeit verwendet werden für die Seelsorge des Personals und der Arbeiter des Flughafens."

[329] Vgl. PÄPSTLICHER RAT, 2006.

[330] Ein Beispiel für die Nutzung von Social Media ist u. a. das Bistum Limburg, das den Microblogging-Dienst Twitter für Informationen benutzt. Siehe hierzu: BISTUM LIMBURG, 2012.

Das Dokument stellt den „Aspekt von Verantwortung der Kirche gegenüber ihren Gläubigen“[331] heraus, dass Kirche in der zivilen Luftfahrt den Menschen „die Botschaft der Erlösung“[332] verkünde und damit auf die besonderen Lebensbedingungen der Arbeitnehmer und Passagiere reagiere. Dadurch komme die Kirche dem Auftrag ihrer „universellen Mission“[333] in besonderer Weise nach.[334]

„Seelsorge in der zivilen Luftfahrt“ wird als Teil der „Verantwortung der Kirche gegenüber ihren Gläubigen“[335] und „ihrer universellen Mission“[336] gesehen: Das Evangelium soll allen Menschen verkündet werden. Dabei geht das Dokument von einer eigenen „Welt der zivilen Luftfahrt“[337] aus, die der Adressat dieser Seelsorge ist. Gleichzeitig gehen die Verfasser davon aus, dass es Menschen gibt, die „wegen ihrer besonderen Lebensumstände aus der ordentlichen Seelsorge nicht hinreichend Nutzen ziehen können oder sie vollständig entbehren“[338]. Zu dieser Gruppe gehören „all jene, die am Flugplatz oder in der Luftfahrt arbeiten“[339], d. h. Flugpersonal, Passagiere und Flughafenpersonal.[340]

Flughafenseelsorge wird somit als „religiöse Sendung in der Zivilluftfahrt“[341] verstanden: Ihre Adressaten werden vom Päpstlichen Rat folgendermaßen differenziert:

- Besatzungsmitglieder, einschließlich Auszubildende,
- Bodenpersonal der Fluggesellschaften,
- Flughafenpersonal,
- „Beschäftigte im Dienstleistungssektor und solche, die in Dienstleistungsbetrieben tätig sind, die ihren Sitz auf dem Flughafen haben, um von dort als Zulieferbetriebe für die Bedürfnisse der Fluggesellschaften oder der Passagiere zu arbeiten“[342].
- Passagiere

[331] PÄPSTLICHER RAT, 1995, Nr. 4. Vgl. PÄPSTLICHER RAT, 2008, Nr. 4.
[332] PÄPSTLICHER RAT, 1995, Nr. 4.
[333] Ebd.
[334] Vgl. PÄPSTLICHER RAT, 1995, Nr. 4–8.
[335] PÄPSTLICHER RAT, 1995, Nr. 4.
[336] Ebd.
[337] Ebd.
[338] Ebd.
[339] Ebd.
[340] Vgl. PÄPSTLICHER RAT, 1995, Nr. 4
[341] PÄPSTLICHER RAT, 1995, Nr. 5.
[342] Ebd.

- „Flüchtlinge in den Auffanglagern im Flughafen, gestrandete Menschen und Obdachlose, die Zuflucht auf dem Flughafen suchen, und ähnliches“[343].
- Dazu gehören auch die Familien und Angehörigen der benannten Gruppen sowie ehemalige Mitarbeiter/innen zu den Zielgruppen der Flughafenseelsorge.[344]

Flughafenseelsorge richtet sich zunächst an die Gläubigen der eigenen Kirche, aber die Ökumene ist notwendig, „wo der religiöse Belang von Christen in der zivilen Luftfahrt wirksamer gesichert werden kann, wenn die in der Pastoral Tätigen verschiedener Kirchen oder kirchlicher Gemeinschaften – Ordinierte oder Nichtordinierte – ökumenisch zusammenarbeiten“[345]. Das Dokument betont, dass sich die Seelsorge letztlich an alle Akteure der zivilen Luftfahrt richtet, unabhängig von kultureller und religiöser Zugehörigkeit oder dem Zeitraum ihrer Beteiligung am Flughafengeschehen, „wobei besondere Aufmerksamkeit jenen unter ihnen gilt, die zu den Ärmsten gehören, unterprivilegiert sind oder leidend, oder die am Rande stehen“[346].

Der besondere Aspekt einer seelsorglichen Hilfestellung in Notfallsituationen wird durch den Erlösungsgedanken im Besonderen ersichtlich. Die Flughafenkapelle stellt nach der Richtlinie, „das geistliche Herz des Flughafens“[347] dar. Den Gläubigen soll ein freier Zutritt gewährt werden. Ebenfalls soll in den katholischen Kapellen an Flughäfen, in denen die Möglichkeit besteht, „das Allerheiligste aufbewahrt werden“[348]. Auch dieser Aspekt, dass die Kapelle an einem Flughafen einen spirituellen Mittelpunkt darstellt, kann bei einer notfallseelsorglichen Arbeit von zentraler Bedeutung sein, worauf später gesondert eingegangen werden soll.

Auch wird der besonderen Sicherheitslage am Flughafen gedacht, indem die Richtlinie Maßnahmen vorsieht, die dem Ort Flughafen gerecht werden. Sollte die Kapelle sowohl im Öffentlichen als auch im Transit-Bereich liegen, kann „zum Beispiel eine Wand aus unzerbrechlichem Glas“[349] in der Kapelle beide Zonen voneinander trennen (Konkret wird diese Maßnahme am Flughafen in Brüssel umgesetzt). Auch sieht die Richtlinie eine gemeinsame Benutzung mit anderen christlichen Kirchen vor, sofern ein entsprechender

[343] Ebd.
[344] Vgl. PÄPSTLICHER RAT, 1995, Nr. 6.
[345] PÄPSTLICHER RAT, 1995, Nr. 7.
[346] Ebd.
[347] PÄPSTLICHER RAT, 1995, Nr. 16.
[348] Ebd.
[349] PÄPSTLICHER RAT, 1995, Nr. 24.

Beschluss der dafür „zuständigen Obrigkeiten“ dies genehmigt.[350] Unter Beachtung bestimmter Kriterien ist ebenfalls das Errichten interreligiöser Kapellen zulässig.[351]

Die Richtlinie gibt ebenfalls Hinweise über die in der zivilen Luftfahrt seitens der Flughafenseelsorge tätigen Mitarbeiter. So heißt es, dass „der Seelsorger in der zivilen Luftfahrt ein katholischer Diakon, ein Mönch, eine Nonne oder ein Laie ist, der vom Diözesanbischof für dieses Amt in der Welt der zivilen Luftfahrt ernannt wird“[352]. Mitarbeiter/innen der Flughafenseelsorge sind dazu angehalten, „sich ständig auf den neuesten Stand der gegenwärtigen Entwicklungen im Leben und in der Lehre der Kirche [...] zu bringen“[353].

Dieses Dokument aus dem Jahr 1995 schafft eine eindeutige kirchenamtliche Grundlage für ein seelsorgliches Wirken an Flughäfen und beschreibt in aller Deutlichkeit die Notwendigkeit einer pastoralen Tätigkeit für Menschen unterwegs und die Bedeutung der kirchlichen Präsenz am Ort Verkehrsflughafen. Da beschrieben wird, dass sich die Kirche am aktuellen Zeitgeschehen beteiligen soll, kann indirekt der Auftrag der Flughafenseelsorge zum Aufbau und Dienst einer Notfallseelsorge in der zivilen Luftfahrt aus den Ausführungen abgeleitet werden. Wegen der Kernaufgabe der Kirche, sich um Menschen in Notsituationen zu kümmern und solche Notlagen an Flughäfen (mit zahlreichen Opfern bei Großschadenslagen) eintreten können, besteht die Notwendigkeit zur Initialisierung eines handlungsfähigen Konzeptes notfallseelsorglicher Hilfestellung für die zivile Luftfahrt.

3.3.4 Konsequenzen für eine biblisch-theologische Grundlegung der Notfallseelsorge an einem Flughafen

Die bisherigen Konzeptionen der NFS haben die oben beschriebenen theologischen Aussagen und Bilder aus der Bibel zur Grundlage ihres Handelns gemacht und zum Teil theologisch entfaltet. Die Dokumente des Konzils und auf ihrer Basis die des Dikasteriums bilden einen kirchenamtlichen Rahmen und Basis für die Flughafenseelsorge und damit auch für die NFS, sodass dieses Seelsorgefeld in den kirchlichen Auftrag ausdrücklich

[350] Vgl. PÄPSTLICHER RAT, 1995, Nr. 20.
[351] Vgl. PÄPSTLICHER RAT, 1995, Nr. 20–23.
[352] PÄPSTLICHER RAT, 1995, Nr. 57.
[353] PÄPSTLICHER RAT, 1995, Nr. 53.

mit hineingenommen wird. Im Folgenden sollen ausgewählte Aspekte für die NFS an einem zivilen Verkehrsflughafen weiter vertieft werden.

Aus dem biblischen Befund ergeben sich verschiedene Anschlussstellen für die NFS an einem Flughafen:

NFS arbeitet wegen der Verheißung und Zusage Gottes in Jesus Christus, als Wegbegleiter und Mitgehender des Menschen in der Not und Krisen präsent zu sein (Bild des Unterwegsseins mit Gott): Flughäfen sind typische Orte moderner Mobilität. In ihrem hohen Grad von Technisierung, Globalisierung und Terminierung sind sie noch komplexer als andere Verkehrsknotenpunkte wie z. B. Bahnhöfe. Die Kirche muss auf den Wandel der Zeit reagieren und sich den heutigen Lebensbedingungen der Menschen zeitgemäß mit neuen pastoralen Konzepten seelsorglichen Handelns entgegenkommen. Im Glauben an die ständige Präsenz Gottes durch die Zeiten hinweg, ergibt sich der Flughafen und die Menschen, die darin agieren, als das Wegenetz oder Netzwerk, in dem Kirche Menschen begleitet und ihnen gegenüber die freundschaftliche Präsenz Gottes praktiziert. Dieses Mitgehen wird besonders in der Krise und Katastrophe gleich welchen Ausmaßes deutlich. Unterwegssein der Kirche bedeutet Begleitung von Menschen in allen Lebenslagen, aber im Modus des Miteinandergehens und Lernens.[354] Damit teilt die NFS die zunehmende Mobilität von Menschen in einer Welt des ständigen Unterwegsseins. Es ist ein Mit-Unterwegssein, das sich nicht nur in Mitleiden und Compassion[355] ausdrückt, sondern auch die ständige Anspannung, Hektik und Dynamik eines Verkehrsflughafens teilt.[356] NFS ist somit einer der Orte, wo sich Mitleben der Kirche in der Mobilität und Komplexität heutiger Lebensräume konkretisiert.

Nach Englert ist Unterwegssein eng mit Gastfreundschaft verknüpft, denn als „vorübergehende[n] Modus pilgerschaftlichen Bei-stands, der […] über kurz oder lang in die volle Gemeinschaft ungeteilten Miteinanders übergehen wird“[357]. Unterwegssein mit den Menschen kann deshalb auch von einer anderen Seite, der der Gastfreundschaft, angeboten werden: Flughafenseelsorge hat mit vielen Menschen zu tun, die sich an diesem Ort fremd und desorientiert fühlen. Erfahrungen von Asylsuchenden, die eine lange ungewisse Reise in die Fremde vollzogen haben, um hier z. B. in Deutschland Schutz und Obdach zu finden und ein neues sichereres Leben zu beginnen, zeugen von diesen belastenden Gefühlen. Zahlreiche Stellen in der Bibel zeigen, wie Gastfreundschaft im AT und NT – insbesondere ge-

---

[354] Vgl. GÄRTNER, 2010, S. 152.

[355] Vgl. METZ, 2006, S. 166–167.

[356] Vgl. HERZ-JESU-PROVINZ DER PALLOTINER, 2014.

[357] ENGLERT, 2010, S. 18.

genüber Fremden – von praktiziert wird (Gen 18; Tob; Joh, 2,1–11; Joh 21,12–14; Röm 12,13; Hebr 13,1).[358] Die Erfahrungen der Kirche, selbst unterwegs zu sein, und Menschen unterwegs Herberge zu bieten, lassen sich seit dem frühen Christentum belegen.[359]

Rolf Zerfaß hat Seelsorge als Gastfreundschaft entfaltet; danach hat Gastfreundschaft wenig mit einem aufwändigem Dienstleistungsservice zu tun, sondern mit einer gelingenden Beziehung aus „Teilen, Geben und Nehmen". Der Fremde, dem der Seelsorger, die Seelsorgerin der NFS begegnet hat „etwas Kostbares mitgebracht" (…): „sich selbst"[360]. Sie stellt ein Angebot der zeitlich befristeten Aufnahme im Haus oder Räumen des Gastgebers dar und beruht auf einem Prozess des Gebens und Nehmens. Sie benötigt aber die Einfühlung des Gastgebers in das Erleben des Gastes, an diesem Ort, hier des Flughafens, zuerst einmal fremd zu sein und Möglichkeiten des Ankommens zu haben.[361] GÄRTNER hat die Rede von christlicher Gastfreundlichkeit als Lebensstil der Gemeinde und des Individuums herausgestellt.[362] Es geht in der christlichen Gastfreundschaft nicht um einen Service, sondern um eine Haltung oder Einstellung des Sichöffnens für den Fremden und vor allem für die Menschen ohne Schutz und Orientierung[363], die sich im Selbstverständnis der Gemeinde als „Herberge"[364] konkretisiert. „Eine gastfreundliche Gemeinde ist demnach eine Lern- oder Weggemeinschaft"[365], in der der Dialog auch mit dem Fremden realisiert wird, und beide Seiten voneinander lernen. NFS, auch als Teil der Flughafengemeinde, welche die Haltung der Gastfreundschaft praktiziert, sieht deshalb Adressaten ihres Angebots nicht als nachrangige Objekte ihres Angebots, sondern als gleichrangige Subjekte in einem gemeinsamen Dialog, in der beide Seiten die Rollen von Gast und Gastgeber tauschen können.[366]

NFS im Flughafen geht von der Beziehung und Freundschaft zwischen Gott und Mensch aus, die sich in den Begegnungen und der Kommunikation des Alltags zwischen Menschen realisiert (Bild der Beziehung).[367] Die Zusage Gottes ‚Ich bin der, mit dir ist' bildet die Basis einer Krisenseelsorge

[358] Vgl. GÄRTNER, 2010, S. 82–83.
[359] Vgl. GÄRTNER, 2010, S. 84–89.
[360] ZERFAß, 1986, S. 12.
[361] Vgl. ZERFAß, 1986, S. 17–32.
[362] Vgl. GÄRTNER, 2010, S. 212. Vgl. auch: DBK, 2000, S. 17.
[363] Vgl. GÄRTNER, 2010, S. 130–133.
[364] GÄRTNER, 2010, S. 131.
[365] GÄRTNER, 2010, S. 132.
[366] Vgl. GÄRTNER, 2010, S. 136 und 133.
[367] Vgl. WINTER, 2005, S. 211–213.

am Flughafen.[368] „In ihr kann diese Grundzusage Gottes erfahren werden, sei es in der Begegnung mit dem treuen und liebenden Gott sei es im solidarischen Beistand in Zeiten der Gottesfinsternis und -ferne."[369] Entscheidend ist für die Arbeit der NFS, dass sie verdeutlicht, die Beziehung Gottes zum Menschen reißt auch in Krise und Tod nicht ab.

Die Beziehungsdimension des christlichen Glaubens bedeutet, dass er nicht ohne Beziehung zwischen Menschen und Menschen stattfinden kann. Beziehung ist zu einem „Zentralterminus"[370] der Theologie geworden. Nach Boschki ist *Beziehung* „eine übergreifende Wirklichkeit, die Kommunikations- und Interaktionssituationen umfasst und definiert"[371]. Sie ist die Grundlage jeglicher menschlicher Kommunikation, in der Inhalte gegenseitig vermittelt werden.[372] In der NFS kommt die Beziehungsdimension besonders zum Tragen, da hier in kürzester Zeit ein stabiler Beziehungskontakt zwischen Seelsorger/in und Subjekt[373] der NFS in einer Notfallsituation (u. U. unter Bedingungen des Schocks und des Traumas) hergestellt werden muss, um wirksam zu trösten und aufzufangen.[374] Seelsorger/innen der NFS am Flughafen müssen sich daher der Beziehungsdimension ihrer Arbeit vergewissern und nicht nur Kompetenzen zur Beziehungsaufnahme und Kommunikation in einer Notfallsituation aufweisen, sondern vor allem auch Schweigen und Erstarren im Kontakt mit den Leidenden angesichts des eigenen und fremden plötzlichen Todes aushalten können.[375] Beziehung in der NFS kann sich auch in Schweigen und Gesten des Mitleidens realisieren, in der Seelsorgende sich selbst Gottes erinnert[376] und diese Erinnerung bei Gelegenheit auch seinen Adressaten anschlussfähig kommuniziert.

NFS vermittelt den Glauben an den Schutz und die Solidarität Gottes mit den Menschen in ihren Nöten und Krisen. Gottes Heilswille gilt allen Menschen über ihren ethnischen, nationalen, kulturellen und religiösen Grenzen hinaus (Bild des Trostes). Dieser Glauben an den tröstenden Gott kann in den plötzlichen Krisen und Notfällen an Flughäfen wirksam werden, wenn er authentisch und kongruent im Chaos der Not vermittelt wird.[377]

[368] Vgl. MÜLLER-CYRAN, 2009, S. 239.
[369] WINTER, 2005, S. 212.
[370] BOSCHKI, 2009, S. 203.
[371] BOSCHKI, 2003, S. 104.
[372] Vgl. BOSCHKI, 2003, S. 106.
[373] Vgl. BOSCHKI, 2008, S. 20–22.
[374] Vgl. MÜLLER-CYRAN, 2006, S. 78. „Der Betroffene nimmt durch den Schleier seines Zustandes wahr, dass jemand bei ihm ist. Diese Wahrnehmung gibt ersten Halt und ist wichtig für eine stabile und verlässliche Beziehung, die Grundlage jeder Intervention."
[375] Vgl. MÜLLER-CYRAN, 2009, S. 241.
[376] Vgl. BOSCHKI, 2010, S. 202–204.
[377] Vgl. MÜLLER-CYRAN, 2009, S. 237–238.

Oftmals geht es in der NFS um die bloße Wahrnehmung von Not und Leid[378], um das Präsentsein ohne eigenen Anspruch. Dabei sind eine klare Wortwahl und die ruhige Anwesenheit sehr wichtig.[379]

Es bedeutet auch Achtsamkeit/Aufmerksamkeit für den Adressaten der NFS, d.h. Orientierung an seinen Bedürfnissen und Kontexten und deren Wertschätzung. Es geht darum, dass Kirche sich nicht an ihren Paradigmen und Strukturen orientiert, sondern den Wunsch nach individueller, biografisch geprägter Religiosität respektiert und gleichzeitig zwischen den Subjekten Kommunikation stiftet.[380] In diesen Momenten kann sie die Erinnerung an Gott wachhalten und der scheinbaren Gottesvergessenheit der säkularen Gesellschaft entgegentreten durch Menschlichkeit, Mitleiden und Trösten der Leidenden und gemeinsames Erinnern an das Leiden der Welt in der Hoffnung auf Gottes Trost.[381]

NFS orientiert sich und ist freie Zuwendung und Hilfsbereitschaft in der Orientierung an Jesus Christus in Krankheit, Sünde, Trauer und Tod; sie kann die Vorstellung von Heil und Heilung (in der Zukunft) angesichts des Schrecklichen vermitteln, auch wenn es den Betroffenen nicht möglich ist, dies anzunehmen (Bild der Heilung).[382] Hier kann NFS als hingehende Seelsorge praktiziert werden, die nicht darauf wartet, dass Betroffene selbst aktiv werden. Flughafenseelsorge ist eine „aufsuchende Seelsorge“[383]. Sie ist „der beste Beweis für die These: Die Kirche ist mit dem modernen, mobilen Menschen unterwegs.“[384] In Flughäfen ist die Einbindung der NFS selbstverständlich und sie bedeutet in der Regel, zu den Betroffenen im Terminal hinzugehen.

NFS an einem Flughafen praktiziert „Compassion“[385] im gemeinsamen Betroffensein mit den Leidenden und Gefährdeten unabhängig von religiöser oder politisch-sozialer Zuordnung und Herkunft (Bild der Barmherzigkeit und des Mitleidens). Glaube an die Barmherzigkeit Gottes bezieht sich nicht nur auf die Opfer von Unfällen, sondern auch auf die Täter. So kann sich dies z.B. in einer Kerze ausdrücken, die für den Unfallverursacher bei einem Trauergottesdienst mit aufgestellt werden.

Kreuzestod und Auferstehung Jesu Christi als österliches Mysterium ist das genuine christliche Modell für eine Form der Compassion mit boden-

[378] Vgl. NAGEL, 2012b, S. 20.
[379] Vgl. MÜLLER-CYRAN, 2009, S. 241.
[380] Vgl. BOSCHKI et al., 2008, S. 21. Vgl. FEESER-LICHTERFELD, 2005, S. 370.
[381] Vgl. BOSCHKI, 2010, S. 199–200.
[382] Vgl. ebd.
[383] MAADER, 1999, S. 354.
[384] Ebd.
[385] NAGEL, 2012b, S. 20. METZ, 2006, S. 164.

losem und existenziellem Leid an der äußersten Grenze des Lebens und die Akzeptanz des fragmentierten menschlichen Lebens (Bild von Tod und Auferstehung). Notfallseelsorger/innen übernehmen die diakonale Aufgabe, den Tod zu verkündigen, wenn sie Hinterbliebenen vom Tod des Angehörigen informieren (vgl. die Akklamation Geheimnis des Glaubens in der Eucharistie). Dieser Dienst darf nicht abgekürzt oder trivialisiert werden.[386] „Wo die Verkündigung des Todes übergangen und gestrichen wird, bleibt das Preisen von Auferstehung psychisch und physisch in der Luft hängen, weil seine Voraussetzung fehlt."[387] NFS agiert deshalb zumeist in der Phase des Karfreitags, zwischen Todesnachricht und dem Noch-nicht des Glaubens an die Auferstehung. Notfallseelsorger/innen sind auch am Flughafen die Begleiter bei der Abschiednahme vom Verstorbenen und gehen den letzten Gang zum Toten, um ihm die letzte Ehre zu erweisen (vgl. die Frauen am Grab Mk 16,1 ff.).

In den Texten des Dikasteriums tritt noch ein weiterer theologischer Aspekt der Flughafenseelsorge und damit implizit ihres Angebots der NFS hinzu. Hier wird nicht der Aspekt der Begleitung und des Unterwegsseins mit dem Leidenden betont, sondern der missionarische und evangelisierende Dienst der Flughafenseelsorge. Es verknüpfen sich hierbei verschiedene Aspekte von Mission, Moderne und Pastoral, die zahlreiche Schnittstellen für ein pastorales Wirken im Kontext einer Notfallseelsorge an einem Verkehrsflughafen ergeben können.

Aus Sicht der Kirchen ist der missionarische Auftrag der Flughafenseelsorge nicht zu unterschlagen. Auch hier „verstehen sie sich von einem missionarischen Auftrag her. Sie sind gesandt, um das Evangelium von Jesus Christus zu verkündigen. Sie sind gesandt, um Menschen zu Jüngern zu machen"[388]. Neben dem diakonalen Aspekt wird die „missionarische Chance"[389] der Weitergabe des Glaubens und des Zeugnisgebens gesehen.

NFS in der Flughafenseelsorge nimmt ihren christlichen Grundauftrag der Diakonie an und zeigt durch die Präsenz am Flughafen gelebte christliche Nächstenliebe in einer säkularen Umwelt, bietet Gastfreundschaft als Angebot und mögliche Form des In-Dialog-Tretens mit der Umwelt an. Dadurch wird das kontinuierlich fortgesetzt und an die jeweilige Zeit und den Kontext angepasst, womit Christen bereits seit der Antike begonnen haben und was ihnen letztlich einen besonderen Zugang zu einer Mission in den damaligen Städten ermöglichte.[390]

[386] Vgl. MÜLLER-CYRAN, 2009, S. 241.
[387] MÜLLER-CYRAN, 2009, S. 242.
[388] HAUSCHILDT, 2013, S. 61.
[389] Ebd.
[390] Vgl. SIEVERNICH, 1996, S. 15–16.

Mission versteht sich seit der frühen Kirchengeschichte als traditioneller Sendungsauftrag der Kirche. Dahinter steht die Überzeugung von Christen/innen, dass das Evangelium allen Menschen gilt, und sie daher die Verpflichtung haben, auf der ganzen Welt von Jesus Christus und ihrem Glauben an ihn Zeugnis abzulegen, bzw. in seinem Sinn Kirchen zu gründen.[391] Angesichts der Missionsgeschichte christlicher Kirchen mit ihren „Licht- u. (und) Schattenseiten"[392] steht die christliche Mission unter Verdacht der Kolonialisierung Andersdenkender mit christlichem Gedankengut ohne Beachtung deren eigener Traditionen und Wertvorstellungen. Heutige Missionskonzepte betonen dagegen Verständnis, Dialog und Ausbildung von tragfähiger Kommunikation zwischen den Religionen und Kulturen in gegenseitiger Wertschätzung.[393] In ihrer Akzentuierung auf die konkrete Hilfe für Mitmenschen unterwegs kann sie als praktisch gelebte Nächstenliebe aktuell bleiben. „Es war von größter Bedeutung für die Begegnung von Christen u. Nichtchristen, daß in weiten kirchlichen Kreisen erkannt wurde: Jedes verbale Glaubenszeugnis ist ohne überzeugende Praxis wertlos."[394]

Auch die moderne Missionsforschung sieht in der aktuellen Diskussion um die Mission von heute den Dialog zwischen Menschen unterschiedlichen Glaubens und Herkunft als große Chance.[395]

Eine besondere Chance haben Christen, da die christliche Religion „als Universalreligion [...] sich grundsätzlich an alle Menschen wendet und in allen Kulturen Wurzeln schlagen kann [...]"[396]. Aus diesem Grund bekommt christliche Mission im Kontext der Globalisierung, in der die Welt enger zusammenrückt bzw. Entfernungen leichter zu bewältigen sind und es stetig neue Kommunikationsmittel gibt, eine große Aktualität.

Der missionarische Auftrag der Kirche „als Gesandte unterwegs" (AG 2) wird in der „Sendung des Sohnes und des Heiligen Geistes aus der ursprünglichen Liebe Gottes des Vaters [...] deutlich" (AG 2). Was durch die „universale Botschaft der Liebe und des Dienens" (AG 2) durch den Missionsbefehl Jesu in Mt 28,18 f zum Ausdruck kommt, kann also konkret durch ein praktisches Handeln in Form einer Notfallseelsorge – z. B. in der zivilen Luftfahrt – realisiert werden. Flughafenseelsorge hat die Möglichkeit, diesem Auftrag und Verständnis von Mission gerecht zu werden, indem sie

[391] Vgl. VORGRIMLER, 2000, S. 417.
[392] VORGRIMLER, 2000.
[393] Vgl. SCHREIJÄCK, 2000, S. 9. Vgl. SCHREIJÄCK, 2001, S. 10.
[394] VORGRIMLER, 2000, S. 419.
[395] Vgl. SIEVERNICH, 2009, S. 11.
[396] RADIO VATIKAN, 2010.

die tiefgreifenden Veränderungen in der Gesellschaft am Ort Flughafen wahrnimmt, sich in diese Dynamik integriert und dort die christliche Botschaft und Lehre verkündet.

Aufgrund der dargestellten Literatur stellt Flughafenseelsorge einen Ort missionarischen Wirkens dar, die sich insbesondere in der NFS realisiert. Wichtig ist hierbei zu beachten, dass keine Grenzüberschreitung seitens der Kirche stattfindet, indem versucht wird, christliche Überzeugungen Mitmenschen anderer Religionen und Weltanschauungen zu verordnen. Die missionarische Dimension, die Flughafenseelsorge einnehmen kann, heißt Dialog „in gemeinsamer Verantwortung vor Gott die Welt gestalten“[397]. Dieser ist besonders in Extremsituationen wichtig. Da in Extremsituationen zutage tritt, „was ich glaube, von dem, was ich gern glauben würde, aber faktisch doch nicht glaube“[398], muss die NFS Hilfe und Orientierung im ergebnisoffenen Gespräch anbieten.

In der Alten Kirche gehörte die Fürsorge auch für Menschen in Extremsituationen zu den selbstverständlichen Aufgaben kirchlichen Wirkens. Hierbei wurde nicht differenziert, ob es sich um körperliche oder seelische Leiden handelt. In diesem Kontext gilt es Notfallseelsorge zu verstehen: „Notfallseelsorgliches Handeln ist eine kirchliche Kernaufgabe, die unter den besonderen Bedingungen moderner gesellschaftlicher Entwicklungen wahrgenommen wird.“[399]

3.4 Definition und Aufgaben der Notfallseelsorge

3.4.1 Definition

Für den Begriff der Notfallseelsorge existieren unterschiedliche Definitionen der verschiedenen Träger und Akteure. Nachfolgend sollen einige zentrale Definitionen erörtert werden, die wesentliche Merkmale einer NFS beschreiben. Im Anschluss daran soll ein eigener Definitionsversuch vorgestellt werden.

In den Kasseler Thesen (1997), welche die ersten „von allen getragenen gemeinsamen Grundlagen der unterschiedlich organisierten und geprägten Notfallseelsorgedienste“[400] festhalten, wird die NFS ausdrücklich als „‘Erste Hilfe für die Seele‘ in Notfällen und Krisensituationen“[401] verstanden; sie ist

[397] SCHALÜCK, 2002, S. 80.
[398] ZIPPERT, 2006, S. 17.
[399] WATERSTRAAT, 2008, S. 15.
[400] MÜLLER-LANGE, 2013a, S. 23. Siehe Anhang.
[401] MÜLLER-LANGE, 2013a, S. 23.

„Grundbestandteil des Seelsorgeauftrages der Kirche“[402]. Damit wird einerseits das Angebot der Hilfen in bestimmten Situationen herausgestellt und andererseits NFS von Anfang an in das kirchliche Seelsorgeverständnis und seinen Auftrag eingebunden. Adressaten der NFS sind „primär Geschädigte, andere Betroffene und [...] Einsatzkräfte“[403].

Die Definition von Müller-Cyran/Schmid (1998) versteht NFS in aller Kürze als „psychische Erste Hilfe“[404] in akuten Not- und Krisensituationen, die auf der Basis des christlichen Glaubens von kirchlichen Haupt und Ehrenamtlichen geleistet wird. NFS ist eingebunden in die „Rettungskette der Notfallversorgung“[405], wendet sich aber auch an die professionellen Einsatzkräfte. Ähnlich wie die Kasseler Thesen betont diese Definition die enge Zusammenarbeit mit anderen Kräften.[406]

Die DBK betont in ihrer Definition innerhalb ihres Readers für die verschiedenen Arbeitsstellen[407] den kirchlichen Auftrag und Dienst aller Kirchen und die Tatsache eines Notfallbeauftragten für jedes katholische Bistum: Über die Inhalte und Ausgestaltung des seelsorglichen Beistands wird keine Aussage gemacht.[408]

Die Notfallseelsorge – Arbeitsgemeinschaft Seelsorge in Feuerwehr und Rettungsdienst (AGS) – in Deutschland beschreibt das Aufgabenfeld einer NFS, indem sie die Adressaten der NFS fokussiert.[409]

In den Hamburger Thesen, die eine Aktualisierung der Kasseler Thesen darstellen, werden die inhaltlichen Grundlagen „der unterschiedlich organisierten und geprägten Notfallseelsorgedienste“[410] weiterentwickelt: Ansatzpunkt ist hier ausdrücklich die Begründung dieses Dienstes als originäres Element des christlichen Glaubens: „Menschen in Notfallsituationen beizustehen, ist unverzichtbarer Bestandteil christlichen Glaubens. Notfallseelsorge ist eine Form dieses Beistands.“[411]

Der Notfallseelsorger Joachim Müller-Lange versteht NFS in der 2. Aufl. des Handbuchs dagegen als „Seelsorge in extremen Situationen“[412].

---

[402] Ebd.
[403] Ebd.
[404] MÜLLER-CYRAN/SCHMID, 2008, Sp. 923.
[405] Ebd.
[406] Vgl. GRÜTZNER, o. J., S. 2.
[407] Vgl. SEKRETARIAT DER DEUTSCHEN BISCHOFSKONFERENZ (Hg.), 2011, S. 18.
[408] Vgl. Ebd.
[409] Vgl. WIETERSHEIM VON, o. J.a.
[410] GRÜTZNER, o. J., S. 1. Vgl. EVANGELISCHE KIRCHE VON WESTFALEN – Das Landeskirchenamt, 2007a. Vgl. MÜLLER-LANGE, 2013a, S. 25–27.
[411] Vgl. MÜLLER-LANGE, 2013a, S. 25.
[412] MÜLLER-LANGE, 2006, Klappentext.

Er konzentriert somit auf die Kontexte und spezifischen Rahmenbedingungen von NFS, die sich von anderen Seelsorgebereichen unterscheiden. Allerdings wird hier nicht deutlich, inwiefern sie sich vom Dienst der kategorialen Seelsorge in Krankenhäusern oder Gefängnissen differenziert, in dem ebenfalls mit außergewöhnlichen biographischen Lagen umgegangen werden muss. Entscheidend ist allerdings in dieser Definition die Betonung der plötzlichen und schlagartigen Veränderung des eigenen alltäglichen Lebens, die das Typische des Kontextes von NFS ausmacht. Es geht demnach in der NFS nicht um Hilfen und Begleitung bei der Bearbeitung von schleichenden Krisen oder langfristigen Notsituationen, sondern von plötzlich in das Alltagsleben einbrechenden völlig unvorhersehbaren Notlagen, die nicht oder kaum gesteuert werden können.[413]

In der Definition von Gottschlich et al. werden von katholischen Notfallseelsorger/innen in der Schrift „Botschafter des Lebens an der Grenze des Todes. In dieser Aussage theologischen Selbstverständnisses der katholischen Notfallseelsorge"[414] sind die verschiedenen Dimensionen von NFS in diesem o.g. Sinne zusammengefasst. [415]

NFS ist demgemäß als christlicher Beistand in extremen Lebenssituationen und -krisen unter den Bedingungen moderner Lebensrisiken definiert. Not, Unglück, Todesahnung und Todesnähe „als Schnittstellen des Lebens"[416] sind die charakteristischen Situationskontexte der NFS. Insbesondere wird das solidarische Aushalten und Mitleiden von Leid, Schuld und Ohnmacht und die christliche Form der Trost- und Hoffnungsvermittlung im Sinne von „Kontingenzbewältigung"[417] betont.[418] Ziel ist die Unterstützung der Betroffenen für die Zeit ‚danach'. NFS ist hier als Seelsorge am Übergang zwischen Krise und Alltagsleben zu verstehen.[419]

Damit präsentiert sich NFS als Form der Compassion, in der das Mitleiden mit der Not des Anderen ein zentrales Merkmal der Nachfolge Jesu ist.[420] Motivation und Fundament ihrer Tätigkeit in der NFS ist das österliche Mysterium.[421]

---

413 Vgl. ebd.

414 Vgl. GOTTSCHLICH et al., 2008, S. 1. Die Ausführungen sind „Ergebnisse von zwei Studientagungen der Diözesanbeauftragten für Notfallseelsorge in den dt. Bistümern in den Jahren 2006 und 2007". Siehe Anhang dieser Arbeit. Vgl. MÜLLER-LANGE, 2013a, S. 25.

415 Vgl. GOTTSCHLICH et al., 2008, S. 1. Vgl. ZIPPERT, 2013b, S. 32–37.

416 ZIPPERT, 2013b, S. 37.

417 ZIPPERT, 2013b, S. 36.

418 Vgl. ZIPPERT, 2013b, S. 34–35.

419 Vgl. GOTTSCHLICH et al., 2008, S. 1.

420 Vgl. METZ, 2006, S. 166.

421 Vgl. GOTTSCHLICH et al., 2008, S. 1. Vgl. Metz, 2006, S. 166.

Diese Definition versucht, die Präsenz der NFS umfassend und konzentriert theologisch zu verdeutlichen, die zentral auf dem Glauben beruht, dass Ohnmacht, Schmerz und Leere des Todes nicht das letzte Wort haben, „sondern Gott will das Leben“[422].

In der Definition von Angel wird die NFS eher funktional als „Bereitschaftsdienst der Kirchen“[423] verstanden.

Hier wird neben der Betonung der Seelsorge für alle, der Herausstellung der ökumenischen Zusammenarbeit und des 24 h-Bereitschaftsdienst ausgedrückt, dass NFS als Seelsorge angesichts des plötzlichen und unvorhersehbaren Todes und als Werk der Barmherzigkeit schon von Anfang an in der Kirche verankert ist.[424] Es wird demnach historisch argumentiert, um die Rolle der NFS zu bestimmen. Kritisch anzumerken ist, dass diese Definition mit der historisch bedingten Monopolstellung der Kirchen im Altertum und Mittelalter argumentiert. „Seelsorge könnte sich darauf berufen, historisch betrachtet die ‚Erste Hilfe‘ gewesen zu sein. Im doppelten Sinne des Wortes.“[425] Für die Moderne ist aber die funktionale Differenzierung, Spezialisierung und Professionalisierung charakteristisch. NFS agiert (heute) innerhalb einer Palette von unterschiedlichen Professionen und kann nicht mehr durch ein Selbstverständnis als Pionier der Notfallversorgung allein seine Rolle definieren.[426]

Neben einer Bestimmung der Adressaten und der Tätigkeiten allgemein spricht diese Definition einen psychosozial wichtigen Aspekt an, der auch in der Definition der Schrift ‚Botschafter des Lebens an der Grenze des Todes‘ ausgedrückt wird: NFS ist Krisenseelsorge, um Menschen dazu zu befähigen, aus eigener Kraft die Notsituation zu bewältigen: Sie dient dazu, den Betroffenen bei der Realisierung der Situation bzw. des plötzlichen Todes beizustehen und dabei die Autonomie des Menschen und seine eigenen Ressourcen zu wahren und zu fördern:[427] Damit betonen diese NFS-Definitionen ein modernes Verständnis von psychosozialer Notfallversorgung, der besonders für die säkularen Hilfen zentral ist.

Weiter wird das Alarmierungsprozedere (per Rettungsleitstellen auf Anforderung durch Rettungsdienste, Polizei oder Feuerwehr), das christliche Welt- und Menschenbild (theologische Basis) und der offene Dienst für

---

[422] GOTTSCHLICH et al., 2008, S. 1. „Gegen Katastrophen, Leid und Tragödien im Leben der Menschen geben Notfallseelsorger der Hoffnung Raum, dass die Liebe Gottes den Tod ein für allemal besiegt hat und dass das Leben der Menschen nicht in der Hoffnungs- und Aussichtslosigkeit des Todes endet.“

[423] ANGEL, 2012.

[424] Vgl. auch KRUMPEN, 2013, S. 160.

[425] KUNZ, 2012, S. 1.

[426] Vgl. ebd. Auf die Frage nach dem Proprium wird weiter unten eingegangen.

[427] Vgl. SLATOSCH, 2012, S. 17.

Menschen aller Weltanschauungen (Offenheit), der von ausgebildeten Seelsorgern wie ehrenamtlichen Mitarbeiter/innen ausgeübt wird (Merkmal der Professionalität). Schließlich wird die ökumenische Ausrichtung und die Zusammenarbeit im Rahmen der psychosozialen Notfallversorgung, zusammen mit säkularen Strukturen der Krisenintervention herausgestellt.[428]

Die Leitlinie des Bistums Augsburg wird nach KRUMPEN mit den Worten „Hingehen – Da-Sein – Aushalten"[429] umschrieben. „Hingehen"[430] wird als Hinzugehen zu Leid und Not der Menschen im Kontext der Sendung durch Jesus Christus, der als Modell und Vorbild für diesen Dienst gilt. Der Glaube an ihn ist das Fundament der NFS und Kraftquelle für den Einsatz.[431]

Der zweite Teil der NFS ist das „wirkliche, echte und von trauernden und verzweifelten Menschen erfahrbare Da-Sein"[432], das sich z. B. in „qualifiziertem Schweigen"[433] realisieren kann und die christliche Zuwendung und Nächstenliebe umsetzt, wenn Wort versagen oder unangebracht erscheinen. Auch können hier Fragen beantwortet werden, um Menschen zu stabilisieren. Maßgabe ist das Prinzip der Wahrhaftigkeit „Alles, was ich sage, muss der Wahrheit entsprechen. Aber nicht alles, was ich weiß, muss ich auch sagen."[434] Da-Sein umfasst auch das Gebet für und mit den Notleidenden und auch, sich mit der Theodizee- und Schuldfragen auseinanderzusetzen, die selbstverständlich in diesen Momenten größter Not gestellt werden.[435]

Schließlich umfasst NFS das Aushalten des Unerträglichen, der Trauer und extremen Not, mit den Leidenden, auch dann, wenn damit heftige Kritik an der Kirche oder unerfüllbare Wünsche der Leidenden mit verbunden sind (z. B. die Taufe eines schon mehrere Stunden schon verstorbenen Babys).[436]

In der 3. Auflage des Handbuchs Notfallseelsorge stellt Hauschildt eine soziologische Definition von NFS vor, die besonders die bundesdeutsche Situation der Kirchen einbezieht.[437] Er verortet die NFS

[428] Vgl. ANGEL, 2012.
[429] KRUMPEN, 2013, S. 163.
[430] Ebd.
[431] Vgl. ebd.
[432] KRUMPEN, 2013, S. 163.
[433] Ebd.
[434] Ebd.
[435] Vgl. KRUMPEN, 2013, S. 364.
[436] Vgl. ebd.
[437] Vgl. HAUSCHILDT, 2013, S. 64 und 66. Von daher ist nach Hauschildt diese Definition nicht auf andere Staaten übertragbar.

- sowohl in Zivilreligion als „gesamtgesellschaftliche" öffentlich-relevante Dimension „von Religion bzw. privater Spiritualität"[438], in der die gesellschaftlichen Krisenbewältigungssysteme an ihre Grenzen geraten und die Schuld- und Verantwortungsfragen bzw. ihre Bewältigung an unterschiedlichen Religionen und Kirchen delegieren,
- und gleichzeitig in den Kirchen, die ihren christlichen Auftrag als missionarischen Auftrag verstehen, indem sie die Nächstenliebe in Einheit mit Gottesliebe allen Menschen zukommen lassen wollen und von ihrem Selbstverständnis her auch sollen (Mt 25).[439] Insbesondere im evangelischen Feld ist Mission und Diakonie damit eine unlösbare Einheit geworden: Durch diakonisches Engagement sollen Menschen in die Kirche kommen und die Kirche als moralisches Vorbild in der Welt präsent sein.[440]
- und schließlich in der Diakonie als öffentliches Christentum, das die Kirche der Gesellschaft zum Dienst zur Verfügung steht.[441]

Von diesen unterschiedlichen Perspektiven aus gesehen, steht die NFS heute in einem „intermediären Sektor"[442] zwischen den Bedarfen des Staates und der Gesellschaft nach Zivilreligion, den Großkirchen auf dem Markt der Religionen (Sektor Markt) und dem informellen Sektor der Familie im Rahmen sozial-religiöser Bewegungen. Sie muss sowohl Aufgaben der spirituellen Notfallversorgung, des missionarischen Auftrags der Kirchen wie der Diakonie als öffentliches Christentum übernehmen und steht damit in einem ständigen Spannungsfeld zwischen Institution und Privatem, zwischen Innen und Außen der Kirchen, zwischen Staat und Kirche.[443] Wie andere gesellschaftliche Institutionen garantiert sie flächendeckende Versorgung, vermittelt zwischen privaten und staatlich-gesellschaftlichen Bedarfen in einem Feld konkurrierender Versorgungssysteme.[444] Wie andere Non-Profit-Organisationen teilt die NFS damit verschiedene Spannungsfelder und deren „Hybridcharakter"[445] als Konkurrenten auf dem Markt sozialer Dienstleistungen, als funktionale Erfüllungsorganisationen für das Gemeinwohl, die für den Staat positiv identifizierbar sind und auf der Basis

[438] HAUSCHILDT, 2013, S. 60.
[439] Vgl. HAUSCHILDT, 2013, S. 61.
[440] Vgl. HAUSCHILDT, 2013, S. 61–62.
[441] Vgl. HAUSCHILDT, 2013, S. 65.
[442] HAUSCHILDT, 2013, S. 63.
[443] Vgl. HAUSCHILDT, 2013, S. 63. Abb. 1: NFS im intermediären Bereich.
[444] Vgl. ebd.
[445] HAUSCHILDT, 2013, S. 64.

von bestimmten Werten und Normen.[446] Dazu kommt für die NFS noch ein weiteres Spannungsfeld: Sie muss agieren in einem Feld von Religionspluralität und Wertpluralität, d. h. die christliche NFS beider Konfessionen wird auf kurz oder lang durch Strukturen islamischer NFS ergänzt werden. Schon jetzt agiert die NFS interkonfessionell und interreligiös.[447]

Alle hier genannten ausgewählten Definitionen betonen unterschiedliche Schwerpunkte der NFS, sie treffen sich aber in folgenden Merkmalen:

- Notfallseelsorge ist ein Element des seelsorglichen Spektrums der Kirche neben den klassischen Seelsorgefeldern. Gemeindeseelsorge und NFS ergänzen einander.
- NFS begründet sich durch den christlichen Glauben und den Dienstauftrag für alle Menschen. Sie hat in diesem Glauben ihren tragfähigen Grund[448], ist aber nicht auf Christinnen und Christen als alleinige Adressaten beschränkt.
- NFS praktiziert Akzeptanz und Toleranz gegenüber anderen Weltanschauungen.
- NFS hat eine Angebotsstruktur.
- NFS ist hingehende Seelsorge. Die Betroffenen müssen die NFS nicht aufsuchen, sondern die Seelsorgenden gehen zu ihnen hin.[449]
- Kontexte und Anlass: NFS bezieht sich ausschließlich auf extreme und plötzliche Not- und Krisensituationen von Menschen.
- Adressaten sind Betroffene, Angehörige und Einsatzkräfte in Krisen- und Notfällen.
- NFS wird von Seelsorger/innen, Haupt- wie Ehrenamtlichen getragen, die speziell fachlich qualifiziert sind, diesen Dienst auszuüben.[450] NFS ist demnach keine Pastoral nur ‚aus dem Bauch heraus', sondern hat einen professionellen Anspruch.
- NFS ist stets interkonfessionell und interreligiös angelegt.
- NFS ist Teil der allgemeinen Krisenintervention im Rettungsdienst und gehört unverzichtbar zur Rettungskette als Teil der PSNV bei Notfällen dazu. Sie findet also nicht per se separiert von anderen Hilfsdiensten statt, sondern gliedert sich in das Gesamt der PSNV ein, unterscheidet sich jedoch von psychosozialen Hilfen durch ihren christlichen-seelsorglichen Schwerpunkt.[451]

---

[446] Vgl. ebd.
[447] Vgl. HAUSCHILDT, 2013, S. 66.
[448] Vgl. CIMASCHI, in: GONDAN, 2013, S. 67.
[449] Vgl. KRUMPEN, 2013, S. 163.
[450] Vgl. KRUMPEN, 2013, S. 167.
[451] Hierbei sind auch immer die Schnittmengen zwischen psychosozialen Kriseninterventionen und seelsorgerlichen Diensten zu beachten. Vgl. auch KRUMPEN, 2013, S. 167–168.

- Sie agiert in Deutschland in einem intermediären Sektor zwischen den Bedarfen des Staates und der Gesellschaft nach Zivilreligion, den Großkirchen auf dem Markt der Religionen und dem informell-privaten Sektor Familie im Rahmen sozial-religiöser Bewegungen.

Ein wesentlicher Aspekt kommt in den dargelegten Definitionen nicht oder nur indirekt zur Geltung: NFS ist als Kategorialseelsorge konkret abzugrenzen von Polizeiseelsorge, Militärseelsorge und Feuerwehrseelsorge (auch wenn Seelsorger/innen häufig einen solchen Bereich übernehmen oder in der Pfarrgemeindesseelsorge und gleichzeitig in der NFS tätig sind). NFS ist anders als die institutionell verwandten Bereiche wie Polizeiseelsorge kaum prophylaktisch tätig, sondern agiert im Raum der akuten Not bzw. in der Nachbegleitung bei Notfällen (z. B. bei Amokläufen).[452]

Auch werden die liturgischen bzw. rituellen Aufgaben der NFS, die zum Spektrum ihrer Tätigkeiten gehören und einen nicht unwesentlichen Teil darstellen[453], in den Definitionen zunächst hinten angestellt.

Auf Grundlage der bisherigen Einsichten soll ein eigener Definitionsversuch diese miteinander verbinden:

Notfallseelsorge ist Beistand und Hilfe in Situationen, in denen Menschen schweres Leid erfahren und in existentielle Krisen geraten oder in Situationen des eigenen und fremden nahen und plötzlichen Todes.[454]

Er wird von kirchlichen und spezifisch ausgebildeten Mitarbeiter/innen – haupt- bzw. ehrenamtlich – aus dem christlichen Glauben an die Frohbotschaft des Evangeliums und das österliche Mysterium von Tod und Auferstehung Jesu Christi geleistet[455] und kann als Praxis der Compassion verstanden werden, in dem Christen und Christinnen in Jesu Nachfolge seine Mitleidenschaft[456] mit den leidenden Anderen in die Tat umsetzen.[457]

Sie richtet sich an alle Betroffene, Verwandte und Helfer einer plötzlichen Krisensituation und wird direkt und oder kurz nach dem Ereignis, wird in räumlicher Nähe zum Ort des Geschehens, aber in klarer zeitliche Begrenzung[458] vollzogen, um so zeitnah eine Hilfestellung auf der Basis des christlichen Glaubens und seines Menschen- und Weltbildes geben zu

[452] Vgl. ZIEMER, 2008, S. 338.
[453] Vgl. GOTTSCHLICH et al., 2008, S. 1.
[454] Vgl. ebd. Vgl. ZIPPERT, 2013b, S. 37.
[455] Vgl. GOTTSCHLICH et al., 2008, S. 1.
[456] Vgl. ZIPPERT, 2013b, S. 37.
[457] Vgl. METZ, 2006, S. 164.
[458] Vgl. GOTTSCHLICH et al., 2008, S. 2.

können.[459] Sie ist eindeutig als hingehende Seelsorge konzipiert. Seelsorger/innen gehen zu Menschen in extremer Leid und Not an deren Orte hin und bieten ihre Hilfe an.[460]

Notfallseelsorge ist aufgrund der kirchlichen Rückbindung von psychosozialen Kriseninterventionen zu unterscheiden. Krisenintervention – wie sie z. B. vom Krisen-Interventions-Team im Rettungsdienst (KIT) angeboten wird – ist hingegen „ein mobiler Dienst für Menschen, die nach einem Notfallereignis unter starken seelischen Belastungen leiden oder unter akutem psychischen Schock stehen und nicht medizinisch-körperlich versorgt werden müssen."[461] Diese Hilfen sind demnach säkularer Natur, während NFS zu den Grundvollzügen der Kirche gehört und einen diakonisch-missionarischen Dienst im Sinne eines Hingehens und Daseins für die Betroffenen darstellt und dabei in der Schnittmenge zwischen kirchlichem Auftrag, Zivilreligion und privat-individuellem Raum agiert.[462]

3.4.2 Aufgaben der Notfallseelsorge

Notfallseelsorger/innen haben bereits in den 1990er Jahren versucht, sich auf ein gemeinsames Selbstverständnis und Aufgabenspektrum für die NFS zu einigen. Auf der Tagung der Bruderhilfe in Kassel vom 5. Februar 1997 verabschiedeten Vertreter der evangelischen Landeskirchen und aus unterschiedlichen Bundesländern erstmals eine bundesweite Thesenreihe zur Notfallseelsorge, welche die Kernaufgaben einer Notfallseelsorge beschreibt und zusammenfasst.[463] Nachfolgend sollen die wichtigsten Positionen dieser „Kasseler Thesen"[464] für eine effiziente NFS vorgestellt werden:

Nach den Bestimmungen von NFS als „erste Hilfe für die Seele", als ein „Grundbestandteil des Seelsorgeauftrages der Kirche" in „ökumenischer Weite" und als „Seelsorge in Notfallsituationen" sowie als „Seelsorge für Einsatzkräfte"[465] wird die Arbeitsweise (Methodik) beschrieben: „Die Arbeit der Notfallseelsorge geschieht im Wesentlichen durch Beziehung und

[459] Vgl. ZIPPERT, 2013b, S. 37.

[460] Vgl. KRUMPEN, 2013, S. 164–165.

[461] ARBEITER-SAMARITER-BUND Regionalverband München-Oberbayern, 2012.

[462] Vgl. SLATOSCH, 2012, S. 23. Vgl. HAUSCHILDT, 2013, S. 61–62.

[463] Vgl. WIETERSHEIM von, 2000. Vgl. DIE AKADEMIE BRUDERHILFE – PAX – FAMILIENFÜRSORGE, 2009, S. 6; vgl. MÜLLER-LANGE, 2013a, S. 23–24. Gleichzeitig wurde eine Satzung entwickelt, die zusammen mit den Kasseler Thesen die wesentlichen Inhalte für die Gründung der Konferenz Evangelischer Notfallseelsorger/innen in der EKD darstellten. Siehe auch Anhang dieser Arbeit.

[464] MÜLLER-LANGE, 2013a, S. 23.

[465] Alle Zitationen aus: ebd.

Kommunikation, seelsorgerliches Gespräch und Präsenz des Seelsorgers, der Seelsorgerin vor Ort."[466] Aufgabenfelder werden als Rahmen für die NFS vorgestellt. Damit lassen die Autoren der Kasseler Thesen z.Tl. offen, welche Tätigkeiten im Einzelfall tatsächlich übernommen werden.[467]

Begleitung und Fürsorge sind relativ offene Begriffe, die unterschiedliche seelsorgliche Interventionen im Notfall umfassen können. Spende der Sakramente und Gebet für Sterbende und Tote sowie Überbringung von Todesnachrichten sind bekannte und im Vergleich zu Begleitung und Fürsorge relativ festgelegte Handlungen.

Im Bereich der NFS mit Mitarbeiterinnen und Mitarbeitern von Feuerwehr, Rettungsdiensten und Katastrophenschutz wird die Aufgabe der NFS als Unterstützung der Einsatzkräfte an den Einsatzstellen wie als seelsorgliche Begleitung festgelegt, nachdem die Einsatzkräfte den Einsatzort verlassen haben.[468] Häufige Einsatzindikationen sind „erfolglose Reanimation, Tod von Kindern, Suizidabsicht/Suizid, schwere Verkehrsunfälle"[469]. Darüber hinaus betonen die Kasseler Thesen die Kompetenzen und Qualifikationen von Seelsorger/innen sowie die materiellen Rahmenbedingungen („Erkennbarkeit, Selbstschutz, Schutzausrüstung"[470]). Besonders wird die „organisationsübergreifende Zusammenarbeit (Arbeitsweisen und Zusammenwirken von allen am Einsatz beteiligten Organisationseinheiten und die eigene Mitwirkung)"[471] betont. Die Aufgaben der NFS lassen sich demnach nicht völlig losgelöst von den zivilen Einsatzkräften her bestimmen.[472]

Eine differenziertere Erfassung von Aufgaben der NFS auf der Basis der Kasseler Thesen versucht von Wietersheim.[473]

Am 12. September 2007 erfolgte durch die Konferenz der Evangelischen Notfallseelsorge eine Neuformulierung der Kasseler Thesen. Es handelt sich hierbei um die sogenannten „Hamburger Thesen"[474], die die bis dato in der NFS gewonnenen Erkenntnisse mit einbezog. So unterteilten die beteiligten Notfallseelsorger/innen das Arbeitsgebiet Notfallseelsorge in Themenfelder Selbstverständnis, Auftrag, besondere Arbeitsfelder und Rahmenbedin-

---

466 Ebd.

467 Vgl. Ebd.

468 Vgl. ebd.

469 MÜLLER-LANGE, 2013a, S. 23–24.

470 MÜLLER-LANGE, 2013a, S. 23.

471 Ebd.

472 Vgl. MÜLLER-LANGE, 2013a, S. 24.

473 Vgl. WIETERSHEIM von, 1997, S. 151–155, hier: S. 151. Vgl. KLEY, 1998, S. 25.

474 Vgl. MÜLLER-LANGE, 2013a, S. 25–26. Vgl. EVANGELISCHE KIRCHE VON WESTFALEN – Das Landeskirchenamt, 2007b, S. 1. Siehe Anhang dieser Arbeit.

gungen notfallseelsorglichen Handels. Dabei wurden einige Punkte der Kasseler Thesen neuformuliert bzw. ergänzt.

Die wichtigsten Aktualisierungen sind in eigener Zusammenfassung:

Das Selbstverständnis der NFS bezieht sich jetzt besonders auf den Beistand im Angesicht von Leid und Tod und versteht sich als Praxis des diakonisch-seelsorglichen Grundauftrags der Kirchen. NFS stellt eine Aktualisierung dieses traditionellen Selbstverständnisses und Auftrags dar, „allen Menschen in Not beizustehen“[475]. NFS agiert im Feld der besonderen Bedingungen und außergewöhnlichen Situationen von Unglücken, in denen andere kirchliche Angebote noch nicht greifen können.[476] Die Hamburger Thesen vertreten anders als noch die Kasseler Thesen weniger eine formale Definition von NFS, sondern versuchen eine theologisch und pastoralpsychologische Begriffsbestimmung: NFS „ist Zuspruch der Zuwendung Gottes an die Menschen in Not“[477].

Notfallseelsorge und Gemeinde bleiben inhaltlich verbunden. Sobald die Notfallseelsorge beendet ist, werden die Klienten zur weiteren Betreuung auf die Gemeinde verwiesen.[478] Nicht nur hauptamtliche ausgebildete und ständig supervidierte Mitarbeiter/innen, sondern auch entsprechend ausgebildete ehrenamtliche Mitarbeiter/innen können in der Notfallseelsorge mitarbeiten.[479] Zwischen der Notfallseelsorge und anderen Behörden (Polizei und Rettungskräften) soll eine gemeinsame Alarmierung stattfinden.[480] Wenn deutsche Bistümer bei Katastrophen im Ausland beteiligt sind, können deutsche Notfallseelsorger auch im Ausland eingesetzt werden.[481] Neben der Betreuung der Betroffenen begleitet die Kirche Einsatzkräfte von Polizei, Feuerwehr und Rettungsdienst vor und nach den Einsätzen.[482]

Die Hamburger Thesen legen die Bereiche der Seelsorge für Einsatzkräfte fest.[483]

Hierbei fällt auf, dass die Hamburger Thesen die Aufgaben der NFS auch in der Aus- und Fortbildung sowie Beratung innerhalb der PSNV und der Einsatzleitung sehen. Es wird aber nicht näher bestimmt, welche Tätigkeiten damit konkret verbunden sind bzw. welches spezifische Knowhow die NFS für die Einsatzkräfte der PSNV, die selbst über eine psychologische Schulung bzw. Ausbildung im Bereich Notfalleinsatz verfügen, anbieten können. Si-

[475] MÜLLER-LANGE, 2013a, S. 25.
[476] Vgl. ebd.
[477] MÜLLER-LANGE, 2013a, S. 25.
[478] Vgl. MÜLLER-LANGE, 2013a, S. 26.
[479] Vgl. ebd.
[480] Vgl. ebd.
[481] Vgl. ebd.
[482] Vgl. ebd.
[483] Vgl. ebd.

cherlich ist der rituelle Bereich als Proprium der NFS zu bezeichnen[484]; innerhalb der PSNV ist aber die Aufgabenpalette der NFS näher zu bestimmen.

3.5 Pastoraltheologische Konzepte der Notfallseelsorge

3.5.1 Konzepte der Notfallseelsorger/innen und der Bistümer

Entfaltete Konzepte für die NFS im deutschsprachigen Raum mit ausführlicher systematisch-theologischer Begründung und Argumentation sind kaum zu finden. Die Fachliteratur zeigt hier neben den unterschiedlichen Thesen der NFS, den Kasseler und Hamburger Thesen, den Texten zum Selbstverständnis der Seelsorger/innen[485] sowie den Thesen der Bistümer und der gemeinsamen Schrift der katholischen und evangelischen Kirche[486] keine umfassende Konzeption, sondern vor allem praktische Handlungshilfen, Präsentationen der NFS im Internet sowie Aufsatzsammlungen zu Einzelthemen.[487] Dazu kommen zahlreiche theologische Diplomarbeiten beider Konfessionen, die das Thema der NFS schon seit den 1980er Jahren fokussieren.[488] Doch die Notfallseelsorge ist in den letzten Jahren in einer ständigen Weiterentwicklung begriffen.[489]

Der Schwerpunkt liegt nachvollziehbar bei pastoralpraktischen Fragen hinsichtlich der unterschiedlichen Krisensituationen und Adressaten der NFS. Insofern liegt eine breite Palette von Praxisreflexionen und Handbüchern vor, die das Vorgehen in der NFS umfassend dokumentieren und kritisch reflektieren.[490] Insoweit repräsentiert die Fachliteratur die Geschichte der NFS, die sich aus einzelnen praktischen Initiativen in den Bistümern und Landeskirchen entwickelt hat. Hierbei besteht aber in den

[484] Vgl. NAGEL, 2012a, S. 38–41. Vgl. KUNZ, 2012, S. 2.

[485] Vgl. GOTTSCHLICH et al., 2008. Botschafter des Lebens an der Grenze des Todes.

[486] Vgl. DIE AKADEMIE BRUDERHILFE - PAX - FAMILIENFÜRSORGE, 2009.

[487] Vgl. MÜLLER-LANGE, 2006; vgl. WATERSTRAAT, 2008; vgl. BREITSAMETER, 2012; vgl. KREMER et al., 2012. Dazu kommt in letzter Zeit die spezifische Betrachtung muslimischer Notfallhilfen in der christlich-theologischen Fachliteratur hinzu, die der Realität muslimischer Opfer von Katastrophen Rechnung trägt. Vgl. KREMER, 2012, S. 50–56.

[488] Vgl. die Übersicht auf der Internetplattform der NFS in Deutschland: WIETERSHEIM von, o. J.c.

[489] Vgl. MÜLLER-LANGE, Joachim; RIESKE, Uwe; UNRUH, Jutta (Hg.): Handbuch Notfallseelsorge, Edewecht/Wien ^{3}2013. Vgl. MÜLLER-LANGE, 2013a, S. 15–16.

[490] Vgl. die Übersicht wiederum auf der Internetplattform der NFS in Deutschland: WIETERSHEIM von, 2013a.

verschiedenen Thesenpapieren, Konzepten und Rahmenbedingungen ein relativ konsistentes Bild.

Die pastoralen Konzepte der NFS-Thesen kreisen um die konkreten Definitionen und dem Selbstverständnis von NFS als christlichen bzw. kirchlichem Dienst, die spezifischen Aufgabenfelder, die ökumenische Zusammenarbeit in der NFS sowie die Notwendigkeit der Kooperation mit PSNV und Katastrophenhilfe; dazu kommen praktische Fragen der Finanzierung, des Equipments, der Ausbildung und Einsatzvoraussetzungen. Es sind im Kern grundlegende Konsenspapiere, die den Willen der Verantwortlichen dokumentieren, eine gemeinsame pastoralpraktische Linie der Konfessionen wie innerkirchlich in den katholischen Bistümern in der NFS in Deutschland zu verfolgen.

Im Wesentlichen haben sich dabei die Kasseler und Hamburger Thesen als Rahmenkonzepte durchgesetzt. Auch fordern die unterschiedlichen Konzepte der PSNV die NFS in den einzelnen Bistümern zu verschiedenen praktischen Formen der Zusammenarbeit mit verschiedenen Kooperationspartnern heraus.[491] Unterschiede bestehen dann eher in den jeweiligen konkreten Strukturen der Zusammenarbeit, nicht in der Zusammenarbeit als Ganzer.

Unterschiede zwischen den Thesenpapieren der NFS der einzelnen Bistümer ergeben sich vor allem in der Position zu Rekrutierung von neuen Notfallseelsorger/innen und beruflichen Verpflichtung zu diesem Dienst. Während im Bistum Aachen z. B. die Mitarbeit von Hauptamtlichen freiwillig ist[492], wird sie im Bistum Würzburg von allen pastoralen Mitarbeiter/innen prinzipiell erwartet, die bei Bedarf auch die Nachsorge nach Notfällen übernehmen sollen. Im letzteren Fall wird die NFS ausdrücklich nicht als Kategorialseelsorge verstanden.[493]

Deshalb sind in Würzburg qualifizierte ehrenamtliche Mitarbeiter/innen zwar zugelassen, aber im Einzelfall werden Hauptamtliche vorgezogen.[494] Alle Mitarbeitenden werden für diese Aufgabe ausführlich geschult und fortgebildet.[495]

In der Rahmenordnung zur NFS des Bistum Limburgs, das zusammen mit dem Bistum Mainz auch der Träger der NFS am Flughafen Frankfurt ist, wird dieses pastorale Feld als obligatorischer Bestandteil jedweder Pastoral

[491] Vgl. WIETERSHEIM von, 2013b.
[492] Vgl. NOTFALLSEELSORGE AACHEN, 2012.
[493] Vgl. WIETERSHEIM von, o. J.b, S. 1. Vgl. auch S. 3.
[494] Vgl. WIETERSHEIM von, o. J.b, S. 1.
[495] Vgl. WIETERSHEIM von, o. J.b, S. 3. Vgl. WIETERSHEIM von, 2011, S. 1.

verstanden: Jeder seelsorglich Tätige hat grundsätzlich Seelsorge im Notfall zu leisten.[496]

Allerdings versteht die Bistumsleitung die Bezeichnung NFS als „'terminus technicus' und meint dabei den von Rettungsdiensten zum Einsatz gerufenen und veranlassten Dienst der Kirche sowie die dazu gehörige Rufbereitschaft"[497]. So existiert keine Zwangsverpflichtung zur NFS, sondern Voraussetzung ist eine freiwillige Bereitschaft der pastoralen Mitarbeiter/innen zu diesem Dienst.[498] Auch im Bistum Mainz ist der Dienst in der NFS freiwillig. Ggf. werden territoriale pastorale Mitarbeiter/innen einbezogen, wenn die Betroffenen nachbetreut werden wollen.[499]

Die Alarmierung erfolgt durch die Rettungsleitstellen, ansonsten durch die Polizei oder Feuerwehren vor Ort. Insbesondere die Kooperation mit den zivilen Einsatzkräften wird in den jeweiligen diözesanen und überdiözesanen Papieren herausgestellt.[500] Konsens besteht in der Rolle der NFS als „Angebot einer helfenden Begleitung in der Akutphase eines Notfalls"[501]. Danach wird an die „weitere seelsorgliche Begleitung nach dem unmittelbaren Einsatzzeitraum [...] an Seelsorger und Seelsorgerinnen vor Ort"[502] verwiesen.[503] Jedes deutsche Bistum verfügt über einen eigenen Diözesanbeauftragten für Notfallseelsorge[504] der die Entwicklung der NFS im jeweiligen Bistum unterstützt und koordiniert bzw. die NFS nach außen auf Bundesebene und in den Seelsorgeabteilungen vertritt.[505]

Im Überblick zeigen die verschiedenen Papiere, dass NFS konstitutiver Bestandteil pastoraler Arbeit für den diakonischen und missionarischen Auftrag im Hingehen und Präsentsein von Kirche bei den Menschen in akuten Notfällen bzw. den professionellen und ehrenamtlichen Kräften, die einen gesellschaftlichen und staatlichen Hilfeauftrag haben.[506]

Aus der kirchlichen Perspektive ist NFS sowohl Verpflichtung wie Chance. Verpflichtung, weil das christliche Gottes- und Menschenbild helfendes Handeln fordert und dies den Kern der christlichen Botschaft und

[496] Vgl. BISTUM LIMBURG, 2003, S. 179.
[497] BISTUM LIMBURG, 2003. S. 179.
[498] Vgl. ebd.
[499] Vgl. WIETERSHEIM von, o.J.c, S. 1–2.
[500] Vgl. WIETERSHEIM von, o.J.c, S. 2. Vgl. EVANGELISCHE KIRCHE VON WESTFALEN – Das Landeskirchenamt, 2007b, S. 3.
[501] EVANGELISCHE KIRCHE VON WESTFALEN – Das Landeskirchenamt, 2007b, S. 1.
[502] EVANGELISCHE KIRCHE VON WESTFALEN – Das Landeskirchenamt, 2007b, S. 2.
[503] Vgl. WIETERSHEIM von, o.J.c, S. 2. Anders in Würzburg z.B., wo die Nachbetreuung nach Notfällen von allen pastoralen Mitarbeiter/innen erwartet wird.
[504] Vgl. SEKRETARIAT DER DEUTSCHEN BISCHOFSKONFERENZ (Hg.), 2012, S. 32–33.
[505] Vgl. WIETERSHEIM von, 2011, S. 2. Hier z.B. im Bistum Bamberg.
[506] Vgl. SLATOSCH, 2012, S. 23.

ihrer Ethik darstellt[507]; Chance, weil sich hier die Möglichkeit ergibt, die christliche Botschaft im Akt der Nächstenliebe authentisch weiterzugeben. „Es handelt sich um einen tiefgreifenden Verlust, wenn wir als Kirchen uns möglicherweise aus diesem Aufgabenfeld des Beistandes für Menschen in der Not verabschieden."[508]

Die umfassenden Veränderungen zumal in der katholischen Kirche mit einem eklatanten Priester- und Gemeindemangel stellen sicherlich die personalen Möglichkeiten der NFS infrage. Aus der Perspektive des II. Vatikanum ist die NFS ein gemeinsames Handeln von Klerikern und Laien; umso bedeutsamer ist die Schulung von ehrenamtlichen Notfallseelsorger/innen, die mit ihren Herkunftsberufen und ihrer Lebenserfahrung eine wichtige Aufgabe und Kompetenz in diesem Feld ausfüllen.

3.5.2 Notfallseelsorgliche Prinzipien

Notfallseelsorger kommen oft in sehr schwierigen und oft nicht vorhergesehenen Situationen, wie z. B. einem Flugzeugabsturz, zum Einsatz. Sie stehen vor der schweren Aufgabe, die Nachricht des Todes zu überbringen in einem Moment, in dem Angehörige nicht damit rechnen.[509] Zusätzlich zu der psychosozialen Begleitung der betroffenen Personen durch z. B. Gespräch und Gebet, kommt es hier aufgrund von organisatorischen Abläufen zu einer Verschmelzung der bei Spiegel beschriebenen Phasen, die jetzt teils parallel erfolgen.[510] Entscheidungen werden zu einem Moment abverlangt, indem Angehörige sich in tiefer Trauer befinden. Für diese Fälle notfallseelsorglichen Handelns soll ein wirksames pastoraltheologisches Konzept aufgezeigt werden. Nachfolgend sollen die pastoraltheologischen Ansätze einer helfenden Notfallseelsorge beschrieben werden. Diese werden den Ergebnissen meiner empirischen Studie gegenübergestellt und gewichtend interpretiert.[511]

3.5.2.1 Das Prinzip der Kooperation[512]

Das Prinzip der Kooperation ist für die NFS von zentraler Bedeutung. Notfallseelsorger/innen agieren nicht im freien Raum, sondern treffen am

[507] Vgl. LUTZI, 2012, S. 82.
[508] SLATOSCH, 2012, S. 23.
[509] Vgl. WIETERSHEIM von, 2011, S. 3.
[510] Vgl. MÜLLER-LANGE, 2013e, S. 75–77.
[511] Siehe Kap. 5.
[512] ZIPPERT, 2013b, S. 58.

Einsatzort auf die KIT (Kriseninterventionsteams) aus Polizei, Feuerwehr und Rettungskräften, die je nach Profession und Aufgabengebiet sich um die Opfer von Unfällen, Katastrophen und Großschadenslagen bemühen. Hilfe kann lediglich dann erfolgreich sein, wenn Sie im Rahmen einer Kooperation beteiligter Rettungs-und Hilfsdienste erfolgt. Hierzu ist es nötig, dass die Beteiligten in einen ständigen Dialog treten, Vorurteile und Konkurrenzdenken abbauen und sich im Dienst am Nächsten über aktuelle Erkenntnisse, Informationen und Bedarfe austauschen.[513] Kontinuierliches Pflegen der Kontakte „nach allen Seiten"[514], konfessionsübergreifend, überinstitutionell und besonders zu den Kriseninterventionsdiensten hin, muss für die NFS obligatorisch sein.

3.5.2.2 Die Prinzipien der Kollegialität und Regionalität zur Sicherstellung zuverlässiger Erreichbarkeit[515]

Zuverlässigkeit in der Erreichbarkeit der NFS stellt die Basis erfolgreicher, seelsorglicher Tätigkeit bei Notfallsituationen dar. Dazu ist eine kollegiale und regionale Absicherung notwendig. Kein/e Notfallseelsorger/in kann diese allein sicherstellen. Deshalb ist es wichtig, sie durch eine regionale Rufbereitschaft entlang der bereits vorhandenen Feuerwehrleitstellen zu gewährleisten.[516] Ist sie nicht vorhanden, wird die NFS vor Ort rasch ihre Legitimation verlieren und von den Leitstellen nicht mehr als zuverlässiger Partner angesehen werden.

3.5.2.3 Die Prinzipien der Gemeindebezogenheit und Ökumenizität[517]

Notfallseelsorge baut meist (noch) auf dem Netz von Ortsgeistlichen und pastoralem Laienpersonal vor Ort auf, da ihnen die sozialen Netze und Umfeld der Betroffenen besser bekannt sein müssten. Lediglich in dessen Abwesenheit kommt ein Notfallseelsorger zum Einsatz. Wie in den Hamburger Thesen ausgedrückt, stellt sich NFS als Delegation oder Vertretung der Kirche vor Ort dar.[518] In der Praxis sind Ortsgeistliche oftmals mit diesen Aufgaben neben der zeitaufwändigen Gemeindearbeit überfordert.

---

[513] Vgl. ebd.
[514] ZIPPERT, 2013b, S. 58.
[515] Ebd.
[516] Vgl. ebd.
[517] ZIPPERT, 2013b, S. 58–59.
[518] Vgl. ebd. Vgl. auch: EVANGELISCHE KIRCHE VON WESTFALEN – Das Landeskirchenamt, 2007b, S. 2.

Eine stellvertretende geistliche Wahrnehmung der Aufgaben durch Vertreter einer anderen Religion ist nicht möglich; lediglich menschlicher Beistand ist möglich. Deshalb ist nach Zippert eine enge ökumenische Zusammenarbeit schon im Vorfeld notwendig, um eine reibungslose Kommunikation in Krisensituationen zu ermöglichen.[519]

3.5.2.4 Prinzip der Freiwilligkeit

Um eine optimale seelsorgliche Begleitung von Betroffenen krisenähnlicher Situationen zu gewähren (Aufrechterhaltung der Rufbereitschaft) wird das Prinzip der Freiwilligkeit vorausgesetzt, das die Motivation für diesen anspruchsvollen Dienst absichern soll. Das bedeutet konkret, dass die Helfer tatsächlich mental und physisch bereit sein müssen, Hilfe leisten zu wollen. Dazu sind Anerkennung und Berücksichtigung der möglichen Dienstzeiten wichtig. Sowohl Pfarrer wie pastorale Mitarbeiter/innen – Haupt- und ehrenamtlich – benötigen dazu fachliche und zeitliche Ressourcen für ihren Dienst.[520]

3.5.2.5 Prinzip der Professionalität in der Notfallseelsorge[521]

NFS agiert in einem Feld von professionellen Helfern und Einsatzkräften, die sehr gut auf ihre Tätigkeit vorbereitet sind und dazu verschiedene spezifische Ausbildungen und Fortbildungen absolvieren müssen. Nicht nur deshalb sind die Notfallseelsorger/innen aufgefordert, selbst professionell agieren zu können. Dies bedeutet nicht nur Kenntnisse und Einblicke in die Strukturen von Polizei, Feuerwehr, Rettungsdienste und Kriseninterventionsteams, sondern eine eigene fachliche Basis für diesen Dienst.[522]

Zippert nennt hier vor allem Kenntnisse in der Psychotraumatologie, die Seelsorger/innen in diesem Bereich unabdingbar vorweisen müssen.[523] Zudem sollte er über seine eigenen Fähigkeiten und Grenzen Bescheid wissen und sich über mögliche Gefahren an Unfallstellen informieren.[524]

[519] Vgl. ZIPPERT, 2013b, S. 59.
[520] Vgl. ebd.
[521] ZIPPERT, 2013b, S. 59.
[522] Vgl. ebd.
[523] Vgl. ZIPPERT, 2013b, S. 58.
[524] Vgl. ebd.

3.5.3 Das Theodizee-Problem im Kontext der Notfallseelsorge

Das Theodizee-Problem beschäftigt die Menschheit seit der Antike und es steht fest, dass es hierauf keine befriedigende Antwort gibt. Etymologisch geht das Wort auf die beiden griechischen Begriffe *θεός/theos* (dt. Gott) und *δίκη/dike* (dt. Gerechtigkeit) zurück.[525] Direkt übersetzt könnte *Theodizee* also mit *Rechtfertigung Gottes* übersetzt werden.[526] Es handelt sich um einen Begriff, mit der philosophischen Begründung, „daß die furchtbaren Übel u. Leiden der Geschöpfe die philosophische oder gläubige Überzeugung von der Existenz eines unendlich vollkommenen Gottes nicht aufheben“[527].

Der Philosoph Gottfried Wilhelm Leibniz befasste sich im Anschluss an Röm 3,4–5 und Ps 51,6 mit der Fragestellung, wie Gott angesichts seiner Allmacht, Allgüte und seines Allwissens das Leiden in der Welt zulassen kann[528], und setzte den Theodizeebegriff erstmals für diese Problematik ein. Auslöser des philosophisch-theologischen Diskurses um die Theodizee war das furchtbare Erdbeben von Lissabon 1755 mit tausenden Toten, das die klassische christliche Erklärung nach dem Leiden von Grund auf infrage stellte und einen Atheismus argumentativ unterstützte.[529]

Bereits in antiken Hochkulturen taucht das Problem des unfassbaren Leidens und der Klage gegenüber der Gottheit auf und ist auch in anderen Weltreligionen als Grundsatzfrage bekannt.[530] Die Theodizeefrage beschreibt z. B. der griechische Philosoph Epikur.[531]

Im AT ist die Theodizeefrage vor allem im Erklärungszusammenhang von Sünde und Schuld Israels verankert. Demnach leidet das Volk, wenn es Unrecht gegenüber Gott begangen haben. Unverdientes Leiden kann auch auf scheinbare Sündlosigkeit, die in Wirklichkeit Sünde sei, zurückgeführt werden; das Volk ist demnach für sein Leid selbst verantwortlich, oder es leidet für die Sünden der Vorfahren (Vergeltungsgedanke). Auch das

---

525 Vgl. SAROT, 2008, Sp. 227.

526 Vgl. HÄRLE, 2007, S. 310.

527 VORGRIMLER, 2000, S. 615.

528 Vgl. HÄRLE, 2000, S. 439. Vgl. VORGRIMLER, 2000, S. 615.

529 Vgl. JANOWSKI, 2010, S. 30–31. Besonders brisant: Zahllose Kirchen wurden zerstört, aber das Vergnügungsviertel Lissabons blieb unbeschädigt. „Wie lässt sich der Glaube an einen allmächtigen und gütigen Gott und ein so gewaltiges Unglück wie das Erdbeben von Lissabon vereinbaren? Warum hatte das Beben ausgerechnet ein streng katholisches Land und seine Hauptstadt verwüstet? Warum fand es an einem hohen kirchlichen Feiertag statt – Allerheiligen? Das Rotlichtviertel von Lissabon überstand die Katastrophe, die meisten Kirchen nicht. Warum?“ BOSS, 2009, S. 34.

530 Vgl. WEẞLER, 2008, Sp. 224.

531 Vgl. RITTER et al., 2006, S. 31. Vgl. VORGRIMLER, 2000, S. 615.

Schicksal und Leiden des Einzelnen wird dementsprechend beurteilt; so wird Hiob, der unschuldige Leidende, durch seine Freunde mit diesem Konzept von Schuld und Vergeltung konfrontiert (Hi 22,5–11). Eine andere Deutung versteht das grundlose Leiden als pädagogische Intervention (Gottes): Der Leidende soll daraus lernen und diese Prüfung seines Lebens bestehen, die ihm Gott auferlegt hat.[532] Im Buch Hiob taucht eine neue theologische Interpretation des schuldlosen menschlichen Leidens im AT auf: Leiden kann den vollständig Schuldlosen wie den Schuldigen treffen; seine Gründe liegen im unergründlichen Ratschluss Gottes (Hi 38–41). Hiob, der auf Betreiben Satans und mit Gottes Zustimmung (!) nun vom Widersacher geprüft wird, und seine ganze familiäre und wirtschaftliche Existenz verliert, hadert mit Gott, aber lässt sich nicht von seinem Gottesglauben abbringen (Hi 42).[533]

Sich Fügen und Klagen sind nach Ausweis beider Testamente die adäquaten Antworten auf schuldloses Leiden. „Unter Hinweis auf die eschatologische Beantwortung der Warum-Fragen werden den Fragenden u. Klagenden Geduld u. Aushalten empfohlen.“[534] Damit wird ein anderes Problemfeld eröffnet: Wieso leiden manche Gottlosen nicht? Das AT löst diese Problematik nicht auf, indem es den unschuldigen Leidenden nach dem Tod Vergeltung anbietet und die schuldigen Gottlosen bestraft.[535]

Im NT wird die Frage nach der Theodizee kaum thematisiert. Da das Evangelium sich streng auf die Frohbotschaft Gottes konzentriert, stellt sich die Frage nach dem Leiden und seinem Gründen nicht, sondern wird in eine Frage nach dem Wozu umgemünzt.[536] Leiden soll dafür sorgen, dass sich der Mensch intensiv Gott zuwendet. Die Kernlösung der Theodizeefrage im NT liegt im Glauben an Jesus Christus: In ihm hat Gott selbst das schuldlose Leiden der Menschen getragen und übernommen. Durch das Kreuz hat Gott die Welt gerettet, indem er selbst das Unrecht der Welt auf sich genommen hat.[537] Mit Jesus Christus und somit mit Gott selbst wendet sich der gläubige Mensch protestierend gegen das unsinnige Leiden (1 Kor 1,18–25).[538]

Bei den Kirchenvätern und hier besonders bei Augustinus (+ 430) wird das Leiden mithilfe der Erbsündenlehre ausgedeutet, wonach jeder Mensch durch die Schuld Adams, der sich Gott widersetzt hatte, infolge seiner Abstammung verdammt sei. Nur wenige Gerettete seien von der Erbschuld frei.

---

532 Vgl. BARTON, 2008, Sp. 226.
533 Vgl. JANOWSKI, 2010, S. 29.
534 VORGRIMLER, 2000, S. 615.
535 Vgl. BARTON, 2008, Sp. 226.
536 Vgl. KLAIBER, 2008, Sp. 227.
537 Vgl. ebd.
538 Vgl. ebd.

Folgen sind Begierde, Unvermögen zum guten Handeln in Freiheit sowie der Tod und die Höllenstrafe. Diese theologische Auslegung wirkte lange nach und prägte die abendländische Tradition nach der Frage der Vereinbarkeit vom Glauben an Gottes gütige Allmacht mit der Leidensgeschichte der Welt. Gott wurde von Augustinus von aller Verantwortung für das Leiden der Welt freigesprochen, dem Menschen obläge allein alle Schuld.[539] Der Kirchenlehrer Thomas von Aquin (+ 1274) differenzierte diesen Gedanken weiter aus: Der Mensch bewirkt das Böse; Gott lässt es zu, weil er die Freiheit des Menschen, sich auch für das Böse entscheiden zu können und zu wollen, respektiert.[540]

Durch die Epoche der Aufklärung wurde (Ende des 17. Jahrhunderts bis Anfang des 19. Jahrhunderts) die Frage nach der Rechtfertigung Gottes angesichts schuldlosen Leidens immer mehr in den Hintergrund verdrängt.[541] Nun standen das Individuum, das sich seines eigenen Verstandes bedienen soll, und nicht mehr Gott im Mittelpunkt des Nachdenkens über das Leiden und seine Ursachen. Leibniz versuchte noch eine Harmonisierung, indem er postulierte, dass Gott dank seiner Weisheit auch das metaphysische Übel, das physische Übel und das aus dem menschlichen Missbrauch seiner Freiheit sich ergebende moralische Übel schon mit einbezogen bzw. einkalkuliert habe. Die Vernunft und unendliche Weisheit Gottes sollten so verteidigt werden. Leibniz betrachtete „die Endlichkeit mit ihren Übeln als Preis der menschlichen Freiheit“[542].

Mit dem Holocaust und seinen unfassbaren Gräueln im 20. Jahrhundert wird die Theodizee-Frage von einigen Denkern ad absurdum und für theologisch illegitim erklärt. Auch können die klassischen Ansätze, Gott zu rechtfertigen, nicht befriedigen, da der Mensch letztlich auch das Geschöpf Gottes sei. So fällt ihm doch die letztendliche Verantwortung zu und er hat das Leiden als Teil der Schöpfung selbst eingebracht.[543] Theologisch plausibel ist nur die christliche Solidarität mit den Leidenden.[544] Im Atheismus wird die Existenz Gottes geleugnet, sodass sich das Problem nicht stellt, aber auf den Menschen als „Anthropodizee“[545] zurückfallen kann.

In der postmodernen Theologie wird die Frage nach der Rechtfertigung Gottes angesichts des unschuldigen Leidens von Menschen entweder als absolutes Verfehlen der theologischen Aufgabe oder als nicht abweisbare

[539] Vgl. HEGGER, 2012, S. 112.
[540] Vgl. HEGGER, 2012, S. 113.
[541] Vgl. VORGRIMLER, 2000, S. 615–616.
[542] VORGRIMLER, 2000, S. 615–616.
[543] Vgl. HEGGER, 2012, S. 114.
[544] Vgl. SPARN, 2008a, Sp. 231. Vgl. VORGRIMLER, 2000, S. 616.
[545] VORGRIMLER, 2000, S. 617.

Herausforderung für den Menschen verstanden.[546] So positioniert sich nach Nazidiktatur, Holocaust und 2. Weltkrieg die Gott-ist-tot-Theologie, die nur noch die menschliche Verantwortung in den Mittelpunkt stellt (z. B. D. Bonhoeffer, D. Sölle). Gott habe in Jesus Christus in seiner Menschwerdung seinen Geist in die Welt gegeben und damit das Leiden selbst auf sich genommen.[547]

In der Situation der NFS und der pastoralen Felder, in der Seelsorger Menschen in existenziellen Krisensituationen gegenüberstehen und mit christlichem Auftrag ihnen beistehen, wirken die dogmatischen Aussagen der Kirche und die in ihrer Geschichte entwickelten Lösungen zur Theodizee meist abstrakt und lebensfern.[548] Der plötzliche Tod, der Menschen aller Altersstufen wahllos durch eine Katastrophe dahinrafft, insbesondere der Tod von Kindern, der Freitod oder der Tod durch Hand eines Amokläufers konfrontiert nicht nur die Angehörigen, sondern auch die Helfer direkt und ohne Umschweife mit der Frage nach der Rechtfertigung und Gerechtigkeit Gottes. Gott erscheint im plötzlichen Unglück und in der Katastrophe als der Verborgene und Ferne und kaum als der liebende Gott.[549] Keine noch so ausgefaltete Theologie kann die Existenzfrage nach dem Warum des Auslöschens von unschuldigen Menschenleben erschöpfend beantworten.[550]

Es ist deshalb hier oft die einzige sinnvolle und menschliche Intervention, sich der furchtbaren und schmerzhaften Realität eines plötzlichen Verlustes an Menschenleben zu stellen[551] und den Betroffenen keine falschen Hoffnungen zu machen, sondern vielmehr das Leid zu teilen. Nicht selten wird ein Seelsorger versucht sein, unter Bezug zu Bibelstellen eine Brücke zum individuellen Erleben zu schlagen. „*Gott wird abwischen alle Tränen von ihren Augen, und der Tod wird nicht mehr sein, noch Leid noch Geschrei noch Schmerz wird mehr sein; denn das Erste ist vergangen*" (Off 21,4). Doch kann der vorschnelle plakative Trost mit christlicher Färbung oftmals kontraproduktiv wirken und den Menschen in ihrer Not nicht wirklich Anschluss bieten.[552] In diesen Momenten des schlagartigen Leidens und des jähen Verlustes der nächsten Menschen sind selbst Glaubende

[546] Vgl. Karl Barth vs. Johann Baptist Metz, in: SPARN, 2008b, Sp. 230. Vgl. VORGRIMLER, 2000, S. 616.
[547] Vgl. JANOWSKI, 2010, S. 31.
[548] Vgl. KLESSMANN, 2008, Sp. 235.
[549] Ebd. Vgl. auch HEGGER, 2012, S. 119.
[550] Vgl. ebd.
[551] Unterstützung bei der Realisation des Todes ist nach Lammer eine wesentliche Aufgabe in der Trauerarbeit nach Tod eines nahestehenden Menschen. Vgl. LAMMER, 2010, S. 107. Vgl. MÜLLER-CYRAN, 2006, S. 104. Vgl. zur akuten Belastungsreaktion S. 52.
[552] Vgl. KLESSMANN, 2008, Sp. 236.

angesichts des Unfassbaren von Gott als dem guten Wächter über das eigene Leben massiv enttäuscht. Das innere Haus dessen, was dem Einzelnen Identität und Sinn gegeben hat, gerät buchstäblich aus den Fugen.[553] „War das Gottes Wille?“[554] wird angesichts des Unfassbaren zur Chiffre, um die Akutsituation, diese „Spitzenaffekt-Situationen mit chaotischen Reaktionen“[555] mit ihrer Auflösung der bisher tragenden Strukturen, zu bewältigen: Das Gottesbild steht nicht nur auf dem Spiel, sondern es zerbricht zunächst.[556]

Der Mensch mit der Frage nach dem Warum, die sich in dem sich die Frage „War das Gottes Wille?“[557] ausdrückt, sucht nicht dogmatische Antworten, sondern will klagen, protestieren, sich auflehnen, Angst ausdrücken, Verzweiflung und Wut gegenüber Gott und den Menschen (die evtl. das Leiden ausgelöst haben) unmittelbar nach außen tragen. Und schließlich steht in der plötzlichen Katastrophe nicht nur der Glaube, sondern die eigene Existenz infrage: Wer bin ich noch, wenn mir das Liebste weggenommen wird?[558]

Die Theodizeefrage ist in vielen Akutsituationen vorhanden, wenn Menschen dem Unfassbaren von Leid, Krankheiten, Sterben und Tod gegenüber stehen und mit ihm umgehen lernen müssen. Es sind nicht nur die regelmäßigen Kirchgänger/innen betroffen, sondern auch diejenigen, die die Pastoraltheologie als fernstehend einordnet, und die u. U. ein altes, kindliches Glaubensbild in der Not aktivieren, und gleichzeitig spüren, dass es nicht mehr greift.[559] In der plötzlichen Katastrophe bleibt es der Seelsorge und ihren Akteuren nichts anderes übrig, als über ihren Sinn zunächst zu schweigen, da diese Haltung die angemessene ist, um die große Ohnmacht in der Trostlosigkeit auf- und anzunehmen.[560] Dies entspricht den Erkenntnissen der psychosozialen Notfallversorgung: „Zum zentralen und wesentlichen Merkmal und Charakteristikum der Konfrontation mit dem plötz-

---

[553] Vgl. JANOWSKI, 2012, S. 27.

[554] JANOWSKI, 2012, S. 27.

[555] JANOWSKI, zit. nach: JANOWSKI, 2012, S. 27. Vgl. MÜLLER-CYRAN, 2009, S. 239. Zu den psychischen Merkmalen einer Konfrontation mit dem plötzlichen Tod eines Angehörigen, vgl. Kap. 3.8.

[556] Vgl. KLESSMANN, 2008, Sp. 235.

[557] JANOWSKI, 2012, S. 26–27. Hier das Beispiel einer Landwirtin, die ihren Mann durch einen Unfall mit einem aggressiven Bullen verlor.

[558] Vgl. KLESSMANN, 2008, Sp. 235.

[559] Vgl. JANOWSKI, 2012, S. 28.

[560] KLIE, 2011, S. 40. „So kann zum Beispiel auch Liturgie als ein gelebtes und eingeübtes Geschehen riskant sein in Zeiten großer Trauer und Not, weil Menschen unterschiedlich reagieren und das nicht berechenbar ist.“

lichen Tod gehört die Hilflosigkeit."[561] Es handelt sich in solchen Fällen der NFS nicht um persönliche Defizite der Betroffenen und Helfer, fehlendes Handlungswissen oder eine persönliche „Indisposition"[562], sondern um „funktionale Hilflosigkeit"[563]. Dahinter steht eine Haltung der Anerkennung und Anteilnahme mit der Hilflosigkeit und Ohnmacht der Hinterbliebenen angesichts des Todes eines nahen Angehörigen. Es ist ein Ausdruck der Solidarität mit den Leidenden und stellt als solche eine „Grundvoraussetzung für jede Tätigkeit mit Menschen, die vom plötzlichen Tod eines anderen betroffen sind"[564] dar.

Ein Konzept der Seelsorge angesichts der Theodizee-Frage im Notfall hat der Diakon und Notfallseelsorger Andreas Müller-Cyran mit Hilfe von wesentlichen Erkenntnissen der Psychotraumatologie, der psychosozialen Notfallversorgung und der biblischen Grundlagen entwickelt: Folgende Haltungen und Handlungen entsprechen dem Ziel der „Spiritual Care"[565] angesichts des plötzlichen Todes, der spirituellen Sorge und einer „spirituellen Reanimation"[566] in der (christlichen) Hoffnung über den Tod hinaus.[567]

- Präsentsein und Anteilnahme: Die vom unabsehbaren Verlust Betroffenen sind im Augenblick der Todesnachricht scheinbar gefühllos, scheinen neben sich zu stehen und Zeit und Raum existieren zunächst nicht mehr. Diese psychotraumatologisch als „Dissoziationen"[568] beschriebenen Prozesse führen zu Gedächtnisdefiziten und kognitiven Einbußen (die nicht pathologisch sind). „Insofern der eigene Name etwas mit der kontextuellen Identität zu tun hat, hat sich als erste Vorstellung die Formulierung bewährt: ‚Ich habe jetzt Zeit für Sie'"[569]. Theologisch gewendet, konkretisiert sich hier die alttestamentliche Selbstaussage Jahwes „Ich bin der ‚Ich-bin-da'" (Ex 3,14) als seine „Selbstmitteilung"[570]. Diese Handlungspraxis kann den Bedürfnissen der Betroffenen entsprechen, die selbst das erschütternde Erleben aushalten

[561] MÜLLER-CYRAN, 2006, S. 36. Dies gilt m. E. ebenfalls für schwerste Verletzungen, die den Betroffenen an die Grenze seiner Existenz führen.
[562] MÜLLER-CYRAN, 2006, S. 37.
[563] MÜLLER-CYRAN, 2006, S. 36.
[564] MÜLLER-CYRAN, 2006, S. 37.
[565] Vgl. zum Begriff der Spiritualität und Spiritual Care: ROSER, 2009, S. 45–55. Besonders 52.
[566] MÜLLER-CYRAN, 2009, S. 236.
[567] „Spiritual Care angesichts des plötzlichen Todes": ebd.
[568] Ebd.
[569] MÜLLER-CYRAN, 2009, S. 237.
[570] VORGRIMLER, 2000, S. 571. Selbstmitteilung Gottes meint, dass „in der Mitteilung von Gnade Gabe u. Geber streng identisch sind". Gott teilt sich somit in göttlicher Freiheit und Unverfügbarkeit selbst mit. Vgl. RAHNER, 1984, S. 126–127.

müssen und in dieser Ausweglosigkeit nicht allein sein wollen[571] und die Zusage der Präsenz Gottes im Leiden benötigen.[572]

- NFS weicht der Theodizeefrage insofern nicht aus, indem sie vorschnell Antworten und Lösungen parat hat, sondern ihre zentrale Tugend praktiziert, das Aushalten und Ertragen der Macht- und Hilflosigkeit der Leidenden und Betroffenen wie auch seiner Helfer.[573]
- Die eigenen Pläne durchkreuzen lassen: Notfallseelsorger lassen in Krise und Not sich aus den Routinen und ihren eigenen Plänen und Vorhaben herausreißen. Dahinter steht das unmittelbare Bedürfnis mancher Betroffenen, sofort und direkt einen Ansprechpartner zu haben[574], oder anderer, die sich in dieser Situation sich ihrer selbst vergewissern wollen. Notfallseelsorger stehen am Übergang zwischen Traumareaktion und ihrer Wandlung zur Trauer für den Trauernden zur Verfügung.[575]
- Tod verkünden: Die vom Diakon verkündete Akklamation ‚Geheimnis des Glaubens' unmittelbar nach den Einsetzungsworten (in der Eucharistiefeier) wird von der Gemeinde beantwortet: „Deinen Tod, oh Herr, verkünden wir und deine Auferstehung preisen wir [...]"[576]. Die Überbringung der Todesnachricht an die Hinterbliebenen wie die Begleitung bei den Angehörigen nach Unfällen und Katastrophen zum Leichnam ihrer Nächsten steht im Dienst der notwendigen Realisation des Todes.[577] Weniger in Argumenten, sondern in der Konfrontation mit dem Tod entfaltet sich die Hilfe der Notfallseelsorge:[578] „'Verkünden' meint hier weniger ‚öffentlich machen' als anzuerkennen und zu realisieren, dass der Tod eingetreten ist."[579] Diese Notwendigkeit der Realisation des endgültigen Todes lässt sich auch in den Evangelien wiederfinden. Die Frauen um den lebenden Jesus suchen den Leichnam ihres Herrn auf, um ihn rituell zu salben, und schließen damit das Bewusstmachen seines endgültigen Todes ab (vgl. Mt 28,1; Mk 16,1; Lk 24,1; Joh 20,1).[580]

---

[571] Vgl. KLESSMANN, 2008, Sp. 235.
[572] Vgl. ZIPPERT, 2013b, S. 36. Vgl. VORGRIMLER, 2000, S. 28.
[573] Vgl. Müller-CYRAN, 2009, S.240. Vgl. ZIPPERT, 2013b, S. 34–35. Vgl. METZ, 2006, S. 166. Vgl. LANGEN HORST, 1995, S. 22–24.
[574] Vgl. KLESSMANN, 2008, Sp. 235. Vgl. ZIPPERT, 2013a, S. 32–34.
[575] Vgl. MÜLLER-CYRAN, 2009, S. 238.
[576] MÜLLER-CYRAN, 2009, S. 240.
[577] Vgl. MÜLLER-CYRAN, 2006, S. 43. Siehe S. 179. So ist es auch eine Aufgabe der psychosozialen Notfallversorgung, mit den Angehörigen zum Leichnam zu gehen und sich dort ggf. mit einem Gebet und Segen von diesem zu verabschieden. Vgl. GEESE, 2013, S. 526–528. Vgl. WATERSTRAAT, 2013b, S. 218.
[578] Vgl. MÜLLER-CYRAN, 2009, S. 240.
[579] MÜLLER-CYRAN, 2009, S. 240.
[580] Vgl. MÜLLER-CYRAN, 2009, S. 241. Vgl. VORGRIMLER, 2000, S. 72.

- Die Situation des Karsamstags aushalten: Im Halten des Karsamstags bis zur Osternachtfeier erlebt die Gemeinde die Ereignislosigkeit und das Erwarten der Auferstehung: „Leiden und Tod Jesu wurden in den vorangegangen Tagen vergegenwärtigt, die Zeit der Auferstehung ist noch nicht gekommen.“[581] In dieser Zwischenzeit zwischen Tod und Auferstehung steht die NFS bereit, um das „Nichtmehr und Nochnicht des Karsamstags“[582] im individuellen Leben der Hinterbliebenen nach einem plötzlichen Notfall mit Todesfolge zu begleiten. „Wie das Auge des Hurrikans, könnte der Karsamstag in seiner Ereignislosigkeit im Mittelpunkt der Erfahrung von Tod und Auferstehung stehen – freilich leicht verkennbar.“[583]

Die Theodizee-Frage begleitet Trauernde und Hinterbliebene, aber auch schwer Verletzte nach einem Notfall, einer Katastrophe noch jahrelang. Auch in den Berichten der Evangelien scheint sich diese Frage zu verdichten. Insofern begleitet die NFS sowohl in der Akutsituation wie in den nachsorgenden seelsorglichen und liturgisch-rituellen Hilfen (Segnungen, Gebeten, Gottesdiensten)[584] den Prozess der Annahme und Verarbeitung des Schrecklichen. Es geht um Hilfen bei der langfristigen „Lebensdeutung“[585] des plötzlichen Todes des nahen Anderen. Dabei kann die Theodizee-Frage im Trauerprozess durchaus mehrmals gestellt werden, bis sie dann bearbeitet ist. Notfallseelsorger/innen können bereitstehen, um religiöse Deutungsmuster mithilfe des christlichen Glaubens gemeinsam mit den Betroffenen bei Bedarf zu entwickeln, die dem plötzlichen Tod einen verstehbaren und gleichzeitig offenen Sinn geben können. Im Sinne einer „Spiritual Care“[586] geht es um das Angebot einer spirituellen Hilfe.

Die hier angesprochenen christlichen Deutungen der Theodizeefrage sind bei allen Interventionen eng an die persönliche und professionelle Kompetenz der Notfallseelsorger/innen angebunden. „Biblische Inhalte, Texte theologisch-spiritueller Tradition sich nicht nur anzueignen, sondern [...] kritisch zu reflektieren und sie in eine der jeweiligen Situation angemessene und verständliche Sprache zu bringen, zeichnet Seelsorge aus.“[587]

---

581 MÜLLER-CYRAN, 2009, S. 240.

582 MÜLLER-CYRAN, 2009, S. 241.

583 MÜLLER-CYRAN, 2009, S. 241. Die „Theologie des Karsamstags“ hat vor allem Hans Urs von Balthasar entwickelt, der sich dabei auf die Mystikerin Adrienne von Speyr bezieht. Vgl. MÜLLER, 2009, S. 303.

584 Vgl. NAGEL, 2012, S. 40–41.

585 DIE AKADEMIE BRUDERHILFE – PAX – FAMILIENFÜRSORGE, 2009, S. 16. Zur Nachsorge bei Katastrophen, MÜLLER-LANGE, 2013b, S. 313–315.

586 HAUSCHILDT, 2013, S. 60.

587 DIE AKADEMIE BRUDERHILFE – PAX – FAMILIENFÜRSORGE, 2009, S. 16.

Inflationäre Begrifflichkeiten können die Situation der Betroffenen dagegen nicht wirklich auffangen und führen u. U. zu Irritationen und Distanz in der Gesprächssituation. Deshalb ist auch in der Notfallsituation zunächst einmal anzuerkennen, dass Tod oder schwerste Verletzungen als sinnlos erlebt werden, dass Menschen sich u. U. schwer schuldig fühlen und dies als extrem belastend erleben.[588] Die Aussage des Psalms, den Christus in der Todesstunde rezitiert, „Mein Gott, mein Gott, warum hast du mich verlassen?“ (Ps 22,2), kann das erste Erleben der Betroffenen in einer Akutsituation zunächst einmal sinnhaft widerspiegeln. Es gilt eine „Theodizee-empfindliche Theologie“[589] in der NFS zu praktizieren, die das schmerzhafte Vermissen Gottes verbalisiert und die vielfältigen Übel der Katastrophen- und Krisenfälle mitleidend und aktiv-bewältigend mit den Leidenden zu teilen[590] und dabei stammelnd von Gott reden zu lernen in den Grenzsituationen zwischen Leben und Tod.[591]

3.6 Spezifische seelsorgliche und liturgische Hilfen der Notfallseelsorge in der Erstversorgung nach einem Notfall

3.6.1 Seelsorgliche Hilfen

NFS versteht sich als Seelsorge „für Menschen, die in Momenten schwersten Leids und existentieller Krisen mit dem nahen und plötzlichen Tod konfrontiert sind“[592]. Es ist ein seelsorgliches Feld nicht der Alltagssituationen, sondern der „Krisen- und Ausnahmesituationen“[593]. Von daher kommen hier seelsorgliche Haltungen und Handlungen zum Tragen, die einerseits auf kirchlichen Traditionen wie auf modernen humanwissenschaftlichen Erkenntnissen basieren. Von großer fachlicher Bedeutung sind hier vor allem Erkenntnisse der modernen Psychotraumatologie wie der psychosozialen Notfallversorgung[594] die Erkenntnisse und Kompetenzen der Notfallseelsorger/innen bereichern. Seelsorger/innen agieren in einem Feld der außergewöhnlichen Situationen, das durch heftige Affekte von Betroffenen wie Belastungen durch die Ersthelfe charakterisiert ist[595], und bedürfen

[588] Vgl. MÜLLER-LANGE, 2013e, S. 95–97.
[589] METZ, zit. nach: HEGGER, 2012, S. 123–124. Vgl. METZ, 2009, S. 158–178.
[590] Vgl. HEGGER, 2012, S. 123–124.
[591] Vgl. JÄHNICHEN, 2012, S. 127.
[592] GOTTSCHLICH et al., 2008, S. 1.
[593] LUTZI, 2012, S. 82.
[594] Vgl. Kap. 3.9.
[595] Vgl. LUTZI, 2012, S. 83.

daher des notwendigen praktischen und methodischen Rüstzeugs, um den Betroffenen adäquat zu begegnen.

Seelsorgefelder der NFS sind im Einzelnen:

- Unterstützung der Betroffenen im Handeln: Einfühlsames Herausfinden der Bedürfnisse von Betroffenen: Rückzug, Schweigen, Verstorbenen sehen, Abschiednehmen, Anrufe an die Angehörigen, Informationen sammeln.[596]
- Begleiten: Beistehen, aktiv zuhören, einfühlen, schweigen; „Compassion"[597] mit Menschen in deren Trauer, Wut, Ärger, Verzweiflung, Klage, Hilflosigkeit, Ratlosigkeit, Zweifel und Schuldgefühlen etc.[598]
- Bezeugen: NFS geschieht im Horizont des Glaubens an den liebenden Gott Jesu Christi. Gebete, Ritus und Gottesdienste sollen das Geschehene ausdeuten, begreifbar machen und helfen, im Notfall den Blick in eine persönliche Zukunft zu eröffnen.[599]

Dabei geschieht NFS am Ort des Geschehens der Not und des Schreckens. Sie wird in der Regel nicht fernab der Not stattfinden. Seelsorge ist hier vor allem zugehender und hingehender Dienst.

1. NFS findet zunächst als Einzelseelsorge im zeitlich begrenzten Rahmen statt.[600] In der Regel handelt es sich beim seelsorglichen Gespräch um ein Vieraugen-Gespräch, indem der Betroffene direkt und ohne Störungen von außen mit dem Seelsorger sprechen kann. Es ist aber auch möglich, dass NFS mehrere Personen im akuten Fall betreut, wenn es die Situation erfordert (z. B. beim Überbringen einer Todesnachricht zur Familie des Unfallopfers). Ggf. kann der Seelsorger noch Kolleg/innen nachalarmieren.[601]
2. Das zweite seelsorgliche Feld stellt die Akutlage eines Großschadensereignisses wie z. B. eines Flugzeugabsturzes mit vielen Opfern, die noch versorgt werden müssen, dar. Hier müssen meist eine Vielzahl von Mitarbeiter/innen alarmiert werden.
3. Hinzu kommt schließlich als drittes Feld die Einsatznachsorge als Seelsorge für die Einsatzkräfte nach hoch belastenden Einsätzen.[602]

---

[596] Vgl. ebd.
[597] LUTZI, 2012, S. 83. Vgl. METZ, 2006, S. 166–178.
[598] Vgl. NAGEL, 2012, S. 22.
[599] Vgl. LUTZI, 2012, S. 84.
[600] Vgl. GOTTSCHLICH et al., 2008, S. 2.
[601] Vgl. MÜLLER-LANGE, 2006a, S. 85.
[602] Vgl. MÜLLER-LANGE et al., 2013b, S. 349–351. Neben der Einordnung in die Rettungskette bei einem Großschadensereignis, bei der Notfallseelsorger auch der Einsatzleitung der zivilen

Seelsorge in Notfällen und Extremsituationen, in den die NFS tätig wird, ist generell durch sehr unterschiedliche Situationen geprägt. Der oder die Seelsorger/in, der sich nach der Alarmierung unverzüglich aus der gerade anstehenden beruflichen oder privaten Situation/Tätigkeit auf den Weg macht, um zu einer Einsatzstelle bzw. zu einem Schadenort zu den Menschen in Not zu gelangen, weiß in der Regel nicht, was ihn vor Ort konkret erwartet. Die individuellen Lagen machen ein sehr differenziertes seelsorgliches Angebot notwendig, das auf die jeweiligen Bedarfe der Betroffenen zugeschnitten ist.

So zeigen die Autoren des Handbuchs Notfallseelsorge an exemplarischen Fällen, in welchen Not- und Krisenfällen NFS agieren kann:

- Individuell zu erfassende Notsituationen/Katastrophen können u. a. sein: erfolglose Reanimation, Überbringen von Todesnachrichten, Verkehrsunfall, plötzlicher Säuglingstod, Gewaltopfer, Person droht zu springen/Talk Down, Unfälle mit Schienenfahrzeugen, Notfallseelsorge und gehörlose Menschen, NFS mit Kindern und Jugendlichen, vermisste Person, um nur einige zu nennen.[603] Die Ereignisse um die Loveparade in Duisburg 2010 und die Amokläufe von Erfurt und Winnenden z. B. sind – obwohl sie sicherlich alltagssprachlich zu Katastrophen gezählt werden können – keine Katastrophen im engeren Sinne des Gesetzes.[604]
- NFS im Kontext einer Katastrophe bzw. Großschadensereignisses[605] kann z. B. bei Erdbeben, Flutkatastrophen, Hurrikans, Tornados, Atomkraftwerkunfall/Super-GAU etc. stattfinden. Terrorangriffe mit Tausenden von Opfern wie am 11. September 2001 in den USA sind ebenfalls als Großschadensereignis einzuordnen.

Einsatzkräfte unterstellt ist und sich in komplexe Organisation der Einsatzkräfte einbinden lassen muss, muss er sich gleichzeitig auf eigene Handlungsstrukturen verlassen können, sodass er auf erprobte und tragfähige Strukturen zurückgreifen kann. Innerhalb dieser Strukturen kann er seinen individuellen seelsorglichen Dienst anbieten und umsetzen. Die einzelnen organisationalen Abläufe und Strukturen der Führung und Leitung bei Großschadensereignissen und Katstrophen beschreibt HÄCKER, 2013, S. 270–296. Vgl. auch: MÜLLER-LANGE et al, 2013a, S. 296–312.

[603] Vgl. MÜLLER-LANGE et al., 2013, Inhaltsverzeichnis, S. 6.

[604] Vgl. HÄCKER, 2013, S. 268–269.

[605] Vgl. HÄCKER, 2013, S. 268.
Nach der Definition des Landes Niedersachsen ist eine Katastrophe durch Merkmale wie „Gefährdung bestimmter Rechtsgüter", „Erforderlichkeit der Führung einer Vielzahl unterschiedlicher Einsatzkräfte", längerer Zeitraum und „einheitliche Koordination und Vernetzung von Behörden und Einrichtungen" gekennzeichnet. Davon abzugrenzen ist der „Großschadensfall" als „Notfall im Rettungsdienst mit einer größeren Anzahl von Verletzten, Erkrankten oder anderen Geschädigten und Betroffenen mit Versorgungserfordernissen oberhalb der regulären Vorhaltung durch den Rettungsdienst" (Definition nach DIN 13050, zit. nach HÄCKER, 2013, S. 269).

- Einsatznachsorge für die Helfer und Einsatzkräfte kann im Prinzip bei allen Notfällen notwendig sein, wo die Helfer selbst unter starken Belastungen zu leiden haben.[606]

Seelsorgliche Hilfen können in einer großen Bandbreite von Notsituationen angeboten werden. Insofern gibt es auch kein seelsorgerliches Modellhandeln, das für alle Fälle gleichermaßen sinnvoll und hilfreich sein kann. Dennoch verfügt die christliche Seelsorge über eine Palette an erprobten Handlungsmustern, die sie in Notfällen einsetzen kann:

Das seelsorgliche Gespräch als Begleitung im Einzel-, Paar- oder Kleingruppengespräch als Sorge in der akuten Krisensituation: In der akuten Notlage, in die ein Seelsorger gerufen wird, gilt es zunächst, eine anschlussfähige Kommunikation und Vertrauen mit den Betroffenen aufzubauen (nach einer ersten Orientierung am Einsatzort). Hierbei kann auf die jeweiligen Bedarfe des Klagens, Erschrockenseins, des Schocks, der Trauer, des Fragens und Zweifelns eingegangen werden. Dabei müssen Seelsorger mit den Reaktionen in der peritraumatischen Situation vertraut sein, um Verhaltensweisen ihrer Gesprächspartner einordnen zu können.[607] Das Seelsorgegespräch wird mithilfe der Erkenntnisse und Methoden der modernen psychosozialen Notfallversorgung geführt. Es handelt sich in Notfällen deshalb selten um verkündigende/missionarische Seelsorge im strengen Sinn, sondern um „seelsorgliche Beratung“/„pastoral counseling“[608]: „Diese Art von Seelsorge benützt psychologische, spirituelle als auch theologische Ressourcen, um Menschen in psychologischen und / oder spirituellen Nöten zu helfen“[609]. Ob die seelsorgliche Identität bei nicht religiös ansprechbaren Menschen deutlich wird[610], ist dabei zweitrangig.

Insbesondere das klassische ABC-Modell für Krisengespräche wird in der NFS eingesetzt[611], aus welchem das pastorale Krisengespräch besteht.

In einer erweiterten und ausdifferenzierten Fassung besteht das Kriseninterventionsgespräch aus mehr als den drei o.g. Phasen.[612]

Hilfreich sind hier im seelsorglichen Gespräch gezielte pastoralpsychologisch fundierte Gesprächstechniken und -haltungen, z.B. Elemente der Gesprächsführung nach Carl R. Rogers. Hierbei stehen Kongruenz, Au-

606 Vgl. MÜLLER-LANGE et al., 2013b, S. 349–351.
607 Vgl. MÜLLER-CYRAN, 2006, S. 53–55.
608 WINTER, 2005, S. 232.
609 Ebd.
610 Vgl. MÜLLER-CYRAN, 2009, S. 236.
611 Vgl. WINTER, 2006, S. 233.
612 Ebd., Vgl. Winter. 2006, S.235.

thentizität und Wertschätzung sowie Einfühlung/Empathie im Mittelpunkt seelsorglicher Haltungen.[613]

Seelsorgliche Krisenintervention muss nicht unbedingt immer religiöse Krisenbewältigungsstrategien ansprechen und umfassen; je nach Diagnose der Situation des Adressaten sind sie allerdings mit einzubeziehen. In diesem Rahmen kann – wenn es die Situation anbietet – auch eine vorsichtige christliche Deutung mit biblischen Worten eingebracht werden oder kurze Gebete oder Rituale mithilfe von bekannten christlichen Symbolen, die in der Situation für die Betroffenen eine Rolle spielen, durchgeführt werden.[614] Dabei kommt es sehr auf den einzelnen Seelsorger an, wie authentisch, psychologisch und theologisch kompetent er diese Rolle ausfüllt.[615] Im Mittelpunkt steht das aufmerksame ruhige Zuhören und Wahrnehmen der Aussagen der Menschen. In besonderen Fällen – wie bei akuter Suizidgefahr – muss dieses Gespräch auf die Auflösung bzw. Erweiterung der suizidalen eingeengten Selbstwahrnehmung ausgerichtet sein.[616]

In der Notfallsituation mit Todesfolge – z. B. nach erfolgloser Reanimation – kann der Seelsorger neben dem seelsorglichen Gespräch ein kurzes Ritual anbieten: einer Aussegnung bzw. Segen, ein kurzes Gebet, das Niederlegen einer Blume oder eines passenden Symbols für den Verstorbenen (z. B. Kreuz, Bild, Kette mit Kreuz).[617] Die Angehörigen sind hier auf jeden Fall bei der Verabschiedung vom Verstorbenen mit einzubeziehen, wenn sie dies wünschen. Deshalb ist ihre Entscheidung zu respektieren.[618]

In der Einsatznachsorge sind neben dem seelsorglichen Gespräch mit einzelnen Einsatzkräften ggf. Gruppengespräche (evtl. in Kleingruppen) angesagt, um sich gemeinsam über die Belastungen und Erfahrungen im Akutfall auszutauschen. Dies gilt auch für Gespräche mit Gruppen oder Schulklassen nach Notfällen. Auch hier gilt das oben benannte klassische oder erweiterte ABC-Modell für Krisengespräche.[619] Allerdings ist die Einsatznachsorge kein Monopol der NFS, sondern eingebunden in ein Team der Einsatzleitung von Feuerwehr/Polizei und Rettungskräften. Sie kann nur kooperativ ausgeübt werden.[620]

[613] Vgl. WINTER, 2005, S. 237–242.
[614] Vgl. WATERSTRAAT, 2013, S. 86–93.
[615] Vgl. NAGEL, 2012c, S. 209–210.
[616] Vgl. GEESE, 2013, S. 519.
[617] Vgl. NAGEL, 2012a, S. 40–41.
[618] Vgl. MÜLLER-CYRAN, 2006, S. 104–110. Vgl. das Beispiel des verunfallten Jugendlichen S. 107–108.
[619] Vgl. WINTER, 2005, S. 233–235. Vgl. LAMMER, 2012, S. 220–225.
[620] Vgl. MÜLLER-LANGE et al., 2013b, S. 359–351.

3.6.2 Liturgische Hilfen

Die katholische Kirche hat in ihrer langen Tradition verschiedene gottesdienstliche Formen und Rituale, die auch für Notfälle gelten, entwickelt. Dazu gehören verschiedene Wortgottesdienstformen wie Andachten, Segnungen, Stundengebet etc. In der NFS werden sie je nach Wunsch auch ökumenisch gestaltet. Dies gilt besonders für den Bereich der NFS, der in der öffentlichen Wahrnehmung steht, Gottesdienste für Opfer, Angehörige und Mitbetroffene, Einsatzkräfte und die Öffentlichkeit nach einem Notfall, vor allem nach Großschadenslagen und Katastrophen. Gleichermaßen gibt es viele ‚kleine' Formen der direkten liturgischen Begleitung bei Notfällen.

Im Folgenden sollen einige hervorgehoben werden:
Ist die Leichenschau abgeschlossen[621], kann wie oben bereits angesprochen, eine persönliche Verabschiedung, ein „Verabschiedungsritual im Rahmen der Notfallseelsorge"[622] in einem eigenen Raum oder einem abgegrenzten und nicht sichtbaren Areal am Einsatzort durchgeführt werden.[623] Hierbei wirkt vor allem die Konfrontation mit der Realität des Todes und mit dem Leichnam als hilfreich in der peritraumatischen Situation: Die Betroffenen können den Tod realisieren.[624] Der Seelsorger kann die Angehörigen zum Leichnam führen, den Leichnam entsprechend aufdecken und ein kurzes freies Gebet, ein Vaterunser und einen kurzen Segen aussprechen.[625] Gebet, Segnung, und weitere Zeichenhandlungen sind die Kernbausteine einer solchen liturgisch-rituellen Situation.[626]

Rituale sind seit Menschengedenken Handlungen der Selbstvergewisserung, Gemeinschaftsbildung, Orientierung im und Strukturierung des Erlebten und stehen oft an biographischen Übergängen. Sie lassen Gemeinschaft erleben und unterstützen die Trauernden und weisen damit in die Zukunft. Sie versprachlichen das Geschehen und geben in einfachen Gesten und Zeichen Halt, insbesondere in der chaotischen Phase der Dissoziation direkt in einem Notfall bieten sie Orientierung an und sie drücken

[621] Vgl. GEESE, 2013, S. 519. Vgl. 520–523. Bei plötzlichem Tod zuhause. Vgl. auch MÜLLER-CYRAN, 2006, S. 25–26.

[622] GEESE, 2013, S. 519.

[623] „Die Verabschiedung stellt einen intimen Vorgang dar, der nicht beliebig hinausgezögert und für später aufgehoben werden kann." MÜLLER-CYRAN, 2006, S. 106. Er sollte möglichst an einem ruhigen Ort stattfinden. Bei Großschadensereignissen an einem Flughafen ist ein entsprechender Ort herzurichten. Vgl. auch BEYER, 2012, S. 38–40.

[624] Vgl. MÜLLER-CYRAN, 2006, S. 104.

[625] Vgl. MÜLLER-CYRAN, 2006, S. 108. Vgl. die Hinweise zur Entstellung des Leichnams durch einen Unfall.

[626] Vgl. BÖNTERT, 2012, S. 47–49.

die Würde des Verstorbenen wie der Lebenden aus.[627] In der christlichen Perspektive versuchen Rituale, durch den Glauben an Gottes eintretende Hoffnung den Betroffenen eine Perspektive in die Zukunft anzubieten. Gott wird als der auch hier mitleidende Gott verkündigt, der im gekreuzigten Christus die Trauer und das Leiden der Menschen teilt.[628] Diese Perspektive ist vom Seelsorger zu vermitteln, ohne sie aufzudrängen. In einfachen Zeichen und Gesten kann sie u. U. mehr ausdrücken als die gesprochene Sprache. Insbesondere wenn Trauer und Ohnmacht ‚erschlagend' wirken und nicht mehr aufgefangen werden können durch Worte, können die einfachen Gesten eher wirksam tröstend und orientierend wirken.[629]

Es gibt eine Vielzahl liturgischer Texte und Gebete, die in der Verabschiedung und der damit einsetzenden Trauer nach einem plötzlichen Notfall verwendet werden können. Im Anhang sind einige Beispielmöglichkeiten aufgelistet.[630] Hier können vor allem kurze Psalmentexte hilfreich wirken (z. B. Ps 23; 121,1–8 bzw. Psalmparaphrasen)[631] oder klassische Gebete wie z. B. das Vaterunser, ein Kreuzzeichen etc. Auch ist zu beachten, dass der Notfallseelsorger nicht pauschal einen Standardtext auswählt und in allen Situationen immer nach dem gleichen Schema verfährt (z. B. obligatorisch Psalm 22). Vielmehr ist auf die jeweilige pastorale Situation zu achten, in der sich die Angehörigen befinden und auf die Umstände, die zum Tod der Person geführt haben. Es bedarf hier eines besonderen Fingerspitzengefühls seitens des Seelsorgers/der Seelsorgerin.

Auch ist bei katholischen Adressaten (oder Menschen, die katholisch werden möchten) in Betracht zu ziehen, dass im Notfall bei Todesgefahr die Sakramente der Krankensalbung, der Taufe, Firmung und der Eucharistie wie des Bußsakraments (sogar des Ehesakraments) gespendet werden können. Insbesondere kann die Eucharistie als Wegzehrung für den nahenden Tod gespendet werden (Viaticum).[632]

Nach Großschadenslagen und Katastrophen haben sich in den letzten Jahren ökumenische Feiern/Gedenk- und Trauergottesdienste – oft in einer Kirche – als kollektives Ritual etabliert. Hierbei können Vertreter anderer

[627] Vgl. NAGEL, 2012a, S. 39.

[628] Vgl. BÖNTERT, 2012, S. 43.

[629] Vgl. ebd. Siehe Kap. 3.6.2 dieser Arbeit. Vgl. BEYER, 2012, S. 35–36. Die Person des Seelsorgers stellt im Notfall ggf. ein religiöses Symbol dar, das an der Grenze zwischen Tod und Leben agiert (JOSUTTIS).

[630] Vgl. Anhang.

[631] Vgl. Psalmen und Psalmparaphrasen von verschiedenen Autoren in: GEESE, 2013, S. 537–542.

[632] Vgl. HAHN, 2012, S. 100–115. Hierbei fallen viele kirchenrechtliche Bestimmungen weg, und es ergeben sich breitere Möglichkeiten zur Sakramentenspendung. Vgl. das Beispiel von JOACHIM-STORCH, 2012, S. 244–246. „Um Mitternacht".

Religionen beteiligt werden, die sich entsprechend durch Verlesung von religiösen Texten einbringen.[633] Die Gestaltung von Trauerfeiern nach Großschadenslagen oder Katastrophen, z. B. bei einem Flugzeugunglück oder einer Naturkatastrophe, nach der die Betroffenen auf deutschen Flughäfen ‚stranden', aber auch bei einem plötzlichen Todesfall im Flughafen, stellt eine große pastorale und liturgische Herausforderung dar. Es gilt, eine Sprache zu finden „in der Sprachlosigkeit"[634], angesichts von betroffenen und Trauernden, die dem Geschehen hilflos und überwältigt oder wütend und klagend gegenüber stehen (müssen). Doch sind viele Trauerfeiern auch in der jeweiligen Heimatgemeinde der Angehörigen oder am Ort des Geschehens möglich und gewünscht. Es gilt generell, eine nachvollziehbare und überzeugende Gestaltung des religiösen und kirchlichen Rituals zu finden, das sowohl für gemeindenahe Christen/innen wie der Kirche Fernstehenden anschlussfähig sein muss. Die Liturgie bietet einen häufig ökumenischen und interreligiösen Raum der Klage, des Zweifels und der Hoffnung auf Gottes Güte. Rituale, Lieder, Psalmen, Texte und Ansprachen in der Liturgie sollen den Menschen die Option bieten, gemeinsam Schmerz und Klage, Trauer und Hoffnung auszudrücken, um sich dem Leben wieder zuzuwenden.[635]

Dabei werden solche Trauergottesdienste meist als Wortgottesdienste abgehalten; eine Eucharistiefeier ist in der Regel wegen der überkonfessionellen oder interreligiösen Bedeutung einer solchen Liturgie auszuschließen. Auch haben sich hier vor allem Segnungen, Psalmenlesungen oder ihre Paraphrasen bewährt. Für die Opfer einer Katastrophe werden z. B. häufig Kerzen entzündet oder Symbole ausgewählt, die sinnbildlich das Geschehene und die Fassungslosigkeit der Hinterbliebenen darstellen können.[636] Eine kurze Predigt/Ansprache – wenn sie angebracht ist – kann das Erlebte in einfachen Worten aufgreifen und ausdeuten. Entscheidend ist, dass alle liturgischen Elemente möglichst authentisch/echt und nicht aufgesetzt bleiben:[637] Für einen tötenden Amokläufer kann nicht bei der ersten spontanen Trauerfeier eine Kerze angezündet werden, das bleibt für die Hinterbliebenen der Opfer meist unbegreiflich und ist zu früh. Auch die Gottesrede ist genau zu gestalten, indem nicht sofort schematisch (und damit

[633] Vgl. BÖNTERT, 2012, S. 53–54. Ob ein gemeinsames Gebet möglich ist, ist mit den Beteiligten abzusprechen. BÖNTERT hält ein gemeinsames Gebet aufgrund unterschiedlicher Gottesbilder für nicht angebracht.

[634] LORETAN-SALADIN, 2011, S. 248.

[635] Vgl. LORETAN-SALADIN, 2011, S. 251–252. Vgl. BIESINGER, 2011, S. 232.

[636] Vgl. LORETAN-SALADIN, 2011, S. 250.

[637] Vgl. BIESINGER, 2011, S. 231–233.

den Schmerz vermeidend) auf religiöse Deutungen, wie z. B. den Kreuzestod Jesu als Erlösungstat für alle, verwiesen werden sollte.[638]

Hilfreich kann in der Nachbearbeitung des Trauerfalls auch das klassische Angebot des katholischen Sechswochenamts sein. Hierbei handelt es sich um eine Eucharistiefeier (meist in einen Gemeindegottesdienst eingebettet), die in der intensivsten Phase der Trauer (regressive Phase)[639] stattfindet. Nachbereitende Trauergespräche können ebenfalls rituell gestaltet werden, wenn die Betroffenen dies wünschen.[640]

3.7 Notfallseelsorger/innen

3.7.1 Auswahl, Ausbildung und Qualifizierung

Die Begriffe Notfallseelsorge und Notfallseelsorger sind juristisch nicht geschützt. Aufgrund des seelsorglichen Anspruchs wird eine innerkirchliche Ableitung mit dem Begriff verbunden, dennoch kann sich im Prinzip jeder Notfallseelsorger/in nennen.

Wegen der kurzen Geschichte der NFS gibt es hinsichtlich der Qualifikation große Unterschiede zwischen den Mitarbeiter/innen. Am Frankfurter Flughafen werden die katholischen Geistlichen durch ihre praktischen Erfahrungen in der Seelsorge und regelmäßige Übungen in Kooperation mit der ‚International Critical Incident Stress Foundation' auf ihre notfallseelsorgliche Tätigkeit vorbereitet.[641] Diese verhältnismäßig sehr kurze fachliche Qualifizierung (z. B. im Vergleich zur Ausbildung von PSNV-Mitarbeiter/innen)[642] hat ihre Ursache darin, dass die Verantwortlichen grundsätzlich davon ausgehen, dass NFS schon immer ein selbstverständlicher Teil der pastoralen Aufgaben ist.[643] „Sie profitiert von der langjährigen Berufserfahrung von Seelsorger/innen."[644]

Die in dieser Arbeit vertretene Annahme geht zunächst davon aus, dass Erfahrung in seelsorglicher Tätigkeit ausreichend ist, um sich komplexen Situationen einer Notfallseelsorge (Flugzeugunglück, Amoklauf, Busun-

[638] Vgl. LORETAN-SALADIN, 2011, S. 253.
[639] Vgl. MÜLLER-LANGE, 2013e, S. 76–77.
[640] Vgl. BEYER, 2012, S. 35–36.
[641] Vgl. HUBER/ZOLLITSCH, in: DIE AKADEMIE BRUDERHILFE – PAX – FAMILIENFÜRSORGE, 2009, S. 3.
[642] Vgl. MÜLLER-CYRAN, 2006, S. 13–18.
[643] Vgl. MÜLLER-LANGE, 2013a, S. 23–24.
[644] MÜLLER-LANGE, 2013a, S. 23–24.

glücke) ausreichend zu stellen. Diese Position gilt es, durch die Ergebnisse der Auswertung der empirischen Studie zu überprüfen.[645]

Die Akteure der konfessionellen NFS und der Hilfsorganisationen in Deutschland plädieren dagegen für Mindeststandards in der PSNV und damit auch für die NFS. Grundlage ist eine differenzierte Ausbildung für eine Tätigkeit im Bereich der Notfallseelsorge vor, welche sich in verschiedene Module und Unterrichtseinheiten gliedert.[646] Doch wurden Aspekte des religiösen Selbstverständnisses, der theologischen Begründung und der seelsorglich motivierten Zuwendung sowie rituelle Sachverhalte nicht aufgenommen, weil hier ebenfalls weltanschaulich neutrale Hilfsorganisationen diese Vereinbarung unterschrieben haben. Detailliertere Hinweise zu den Inhalten einer solchen Ausbildung für eine NFS in der zivilen Luftfahrt sind im Anhang dieser Arbeit aufgenommen.[647]

Auch die Diakonie der Notfallseelsorge Frankfurt am Main bietet eine Qualifizierung im Bereich der Notfallseelsorge an. Nach einem Grundkurs finden regelmäßige Supervisionen und Fortbildungen statt.[648]

Die angehenden Notfallseelsorger werden anfangs durch erfahrene Kollegen begleitet bzw. begleiten zunächst erfahrene Kollegen bei Einsätzen. Regelmäßige Teamsitzungen und Supervision werden durchgeführt bzw. angeboten.[649]

Die Qualifizierung durch seelsorgliche Praxis und die beiden folgenden modular organisierten Ausbildungen zeigen nur einen Teil notfallseelsorglicher Praxis in Deutschland. Ob diese Arten der Qualifizierung geeignet sind, um NFS im Kontext der zivilen Luftfahrt zu leisten, oder ob es überhaupt einer spezifischen NFS-Ausbildung eigens für die zivile Luftfahrt bedarf, wird an einer späteren Stelle ausführlich betrachtet und diskutiert.[650]

3.7.2 Equipment der Notfallseelsorge

NFS wird im Kontext der modernen Notfallrettung durchgeführt, die durch den Einsatz von spezifischen technischen und sonstigen Gegenstände bestimmt ist. Vor allem werden im Gegensatz zu früheren Zeiten modernste Kommunikationsmittel genutzt (Mobiltelefon, Alarmierung, Funkgeräte etc.). Diese Arbeitsmittel ermöglichen einen einwandfreien und störungs-

[645] Siehe Kap. 5–6.

[646] Vgl. RIESKE, 2013, S. 430–440. Siehe Anhang.

[647] Siehe Kap. 3.7.1.

[648] Vgl. DIAKONISCHES WERK FRANKFURT, 2013.

[649] Vgl. ebd.

[650] Siehe Kap. 3.7.1.

freien Dialog zwischen den Einsatzkräften. Die Rufbereitschaft der NFS wird durch entsprechende Funkmeldeempfänger respektive Diensthandys gewährleistet. Diese können dann ggf. ebenfalls zur Kommunikation vor Ort verwendet werden.[651]

Notfallseelsorger sind entsprechend kenntlich gekleidet (Weste, Jacke mit der entsprechenden Aufschrift Notfallseelsorge), um Betroffenen wie Einsatzkräften zu signalisieren, dass hier ein Ansprechpartner zur Verfügung steht.[652] Es empfiehlt sich, dass am Ort des Schadensereignisses ein entsprechender Raum für Gespräche zur Verfügung steht oder organisiert wird. In der NFS hat sich auch ein Kleinbus als Gesprächsraum bewährt.[653] Insofern es sich um eine Alarmierung handelt, die ein sehr schnelles Erscheinen am Einsatzort erforderlich macht, kann (nur in Ausnahmefällen z. B. bei Großschadensereignissen) durch den Notfallseelsorger die Verwendung von Sonderrechten (Blaulicht und akustisches Signal) bei der Leitstelle beantragt werden, ggf. wird eine Eskorte durch die Polizei bereitgestellt, um ein zügiges Erreichen am Einsatzort zu gewährleisten.[654] In manchen NFS besteht ein ehrenamtlicher Fahrdienst zum Einsatzort.[655]

Abhängig vom Ort muss der Notfallseelsorger auf seine Eigensicherung achten. Das bedeutet auch, dass er sich ggf. mit bestimmter Schutzkleidung ausrüsten muss.[656] Ferner führen die meisten Notfallseelsorger eine Einsatztasche mit sich, in der sich wichtige Telefonnummern und Kontakte zum Beispiel von lokalen Pfarreien, Krankenhäusern, Beratungsstellen, Gegenstände in dieser Tasche, die die Arbeit vor Ort ggf. unterstützen können (Gebetstexte, Bibel, Kerze) befinden. Sinnvoll ist auch das Bereithalten von Visitenkarten der NFS mit einer zentralen Adresse sowie Informationsblätter über ihre spezifischen Hilfsangebote.[657]

3.7.3 Seelsorge für Notfallseelsorger/innen

Um eine erfolgreiche Notfallseelsorge zu gewährleisten, bedarf es einer effizienten Nachbereitung der Ereignisse. Dies ermöglicht zum einen, dass

[651] Vgl. RIESKE/TUTT, 2013, S. 473.

[652] Vgl. RIESKE/TUTT, 2013, S. 473–475.

[653] Vgl. MÜLLER-LANGE, 2006b, S. 22. Z. B. in der NFS Mülheim-Ruhr. Der Bus der NFS ist hier durch Spenden finanziert und wird vom DRK unterhalten.

[654] Es existieren keine Sonderrechte für die NFS für den Einsatz von ‚Blaulicht' und Martinshorn, sowie das Missachten von roten Ampeln oder Geschwindigkeitsbegrenzungen etc. Vgl. REUTER, 2002, S. 38–39.

[655] Vgl. MÜLLER-LANGE, 2006b, S. 22. Z. B. in der NFS Mülheim-Ruhr.

[656] Vgl. RIESKE/TUTT, 2013, S. 473–475. Vgl. MÜLLER-LANGE, 2006b, S. 22.

[657] Vgl. FRÖHLICH et al., 2001, S. 8. Vgl. REUTER, 2002, S. 39.

wichtige Informationen zwischen den Seelsorger/innen kommuniziert werden; zum Anderen, dass Notfallseelsorger/innen mit Ihren Eindrücken nicht alleine gelassen werden, und Belastungen selbst gut verarbeiten können. „Notfallseelsorgende setzen sich selbst hohen Belastungen aus und erfahren dabei auch die eigenen Grenzen.“[658]
Das primäre Risiko der NFS für die Akteure selbst liegt in der unzureichenden Verarbeitung der extremen Affektzustände der Betroffenen eines Not- und Katastrophenfalls. Die Offenheit und Bereitschaft, die extremen Gefühlslagen aufzunehmen und die Hilflosigkeit und Ohnmacht solidarisch mit auszuhalten, kann dazu führen, dass die Seelsorger/innen selbst von diesen Gefühlen überschwemmt werden und auf eine emotionale Krise zusteuern. Insbesondere bei eigener traumatogenen Erfahrungen kann sich dies negativ auswirken und im schlimmsten Fall den Seelsorger handlungsunfähig machen.[659] Darüber hinaus fehlen kirchlichen Mitarbeiter/innen in dieser Situation gegenüber Polizei oder Feuerwehr Handlungsroutinen sowie konkrete Vorgaben, die abgearbeitet werden müssen und dabei strukturierend und orientierend wirken. Die Arbeit der NFS ist sehr individualisiert und muss höchst flexibel ablaufen; auch hängen die einzelnen Handlungselemente immer vom jeweiligen Kontext ab. Außerdem sind Seelsorger/innen auf Abruf präsent und nicht in ständiger wartender Position. Manche kommen aufgrund von Dienstplänen nur unregelmäßig zum Einsatz. Ängste begleiten u. U. die Arbeit. Ein zu starkes „Helfersyndrom“[660] behindert die Tätigkeit. Diese verschiedenen Faktoren können insgesamt Stress auslösend wirken und im sogenannten Burnout münden (Ausgebranntsein).[661]

Umso bedeutsamer ist die strukturierte Nachbegleitung und Nachsorge nach einem NFS-Einsatz. Sie sorgt dafür, dass die Tätigkeit selbst nicht zum psychischen Abbau führt und die Arbeitsfähigkeit gewährleistet ist.[662] Für die Einsätze gilt deshalb prinzipiell, was auch für andere Einsatzkräfte und ihre Nachsorge gilt:

- Im Einsatz müssen NFS funktionieren und die Befindlichkeit wird nicht angesprochen, um die eigenen Schutzmechanismen nicht zu gefährden.

[658] DIE AKADEMIE BRUDERHILFE – PAX – FAMILIENFÜRSORGE, 2009, S. 20.
[659] Vgl. LUTZI, 2012, S. 84. Vgl. RIESKE/TUTT, 2013, S. 473.
[660] Dieser Begriff wurde vom Psychoanalytiker Wolfgang Schmidbauer geprägt und kennzeichnet Personen, die helfen wollen bis zur Selbstaufgabe, um eigene kränkende Ohnmachtserfahrungen zu kompensieren. Vgl. Schmidbauer, in: LUTZI, 2012, S. 88.
[661] Vgl. LUTZI, 2012, S. 84–92.
[662] Vgl. LUTZI, 2012, S. 91–92.

- Fragen nach der Befindlichkeit sind nur zu stellen, wenn der Seelsorger tatsächlich aus dem Einsatz heraus ist und zuhause sich in gesicherter Umgebung befindet.
- Seelsorger/innen dürfen – auch um ihrer eigenen Sicherheit willen – von anderen Einsatzkräften nach Hause gefahren werden, ein Taxi rufen etc.[663]

Je nach individueller Lage kann es schwierig sein, die eigenen Überbelastungen wahrzunehmen bzw. nach außen in das Team der NFS zu kommunizieren. Hier ist es von der Gemeinschaft der Kollegen abhängig, ob Belastungen zugestanden werden und nicht falsch verstandene Leistungsideale die Praxis regieren. Generell muss es jederzeit möglich sein, die Tätigkeit in der NFS zu beenden.[664]

3.8 Menschen und ihr Verhalten in Krisen- und Notfällen

3.8.1 Reaktionen in Krisen- und Notfällen

Menschen können aufgrund verschiedener Ereignisse in psychische und oder physische Extremsituationen gelangen. Dies gilt nicht nur für die Verletzten und Toten, die Opfer eines Unfalls oder einer Großschadenslage geworden sind, sondern ebenfalls für die nichtverletzten Überlebenden, Helfer und die bloßen Beobachter eines Notfalls. Bilder von Verletzten und Sterbenden, Hören von Schmerzensschreien und Gerüche von verbrannten und verwesendem Fleisch haften noch lange im Bewusstsein von Überlebenden, Beobachtern und Einsatzkräften nach: Notfälle geraten rasch zu einem belastenden kritischen Ereignis: Es ist gegeben, „wenn es die gewöhnlichen Verarbeitungsmechanismen eines normalen Menschen überwältigt“[665].

Reaktionen der „Schreckstarre (stupor)“[666] nach einem furchtbaren Erlebnis (Naturkatastrophen, Kriege, Brände) sind seit dem Altertum bekannt und wurden schon früh literarisch reflektiert, sowohl in der Bibel und antiken Mythen oder später in Theaterstücken, Romanen und Gedichten. Vor allem durch die beiden Weltkriege entwickelte sich die moderne Psychotraumatologie weiter, da hier im umfassenden Maße geschockte, hand-

[663] Vgl. MÜLLER-LANGE, 2013 f, S. 238–239.
[664] Vgl. ebd.
[665] MÜLLER-LANGE, 2013e, S. 84.
[666] Ebd.

lungsunfähige und schwer psychisch belastete Menschen trotz eigenen Überlebens von Angriffen verblieben.[667]

Für die heutige Notfallmedizin und Notfallpsychologie ist der Begriff des Traumas zentral. Darüber hinaus sind Trauma und Traumatisierung inzwischen zu teilweise inflationär genutzten Alltagsbegriffen geworden.

Medizinisch-psychologisch wird zwischen der akuten Belastungsreaktion und posttraumatischen Belastungsstörungen unterschieden. Die beiden Klassifikationssysteme der WHO, der ICD-10-R[668] und der DSM-IV[669] definieren das traumatische Ereignis unterschiedlich:

DSM-IV	**ICD-10-R**
A. Die Person wurde mit einem traumatischen Ereignis konfrontiert, bei dem die beiden folgenden Kriterien vorhanden waren: 1. Die Person erlebte, beobachtete oder war mit einem oder mehreren Ereignissen konfrontiert, die tatsächlichen oder drohenden Tod oder ernsthafte Verletzung oder eine Gefahr der körperlichen Unversehrtheit der eigenen Person oder anderer Personen beinhaltete. 2. Die Reaktion der Person umfasste intensive Furcht, Hilflosigkeit oder Entsetzen. Beachte: Bei Kindern kann sich dies auch durch aufgelöstes oder agitiertes Verhalten äußern.	A. Die Betroffenen sind einem kurz- oder lang anhaltenden Ereignis oder Geschehen von außergewöhnlicher Bedrohung mit katastrophenartigem Ausmaß ausgesetzt, das nahezu bei jedem tiefgreifende Verzweiflung auslösen würde.

Tab. 1: Traumatische Ereignisse nach DSM-IV und ICD-10 (Eigene Darstellung)[670]

Auf solche Ereignisse können Menschen unterschiedlich reagieren: Während die akute Belastungsreaktion eine normale und gesunde menschliche Reaktion auf ein abnormales Ereignis darstellt, liegt bei Diagnose einer posttraumatischen Belastungsstörung (PTSD) schon ein krankhaftes und damit behandlungsnotwendiges Stadium vor. Die PTSD kann außerdem

[667] Vgl. MÜLLER-LANGE, 2013e, S. 84–86.

[668] Die Internationale statistische Klassifikation der Krankheiten und verwandter Gesundheitsprobleme (*ICD*, englisch International Statistical Classification of *Diseases, ICD*).

[669] Diagnostic and Statistical Manual of Mental Disorders (Diagnostisches und Statistisches Handbuch Psychischer Störungen, DSM).

[670] Vgl. BOOS, 2005, S. 19 und 20.

chronifizieren und dann zu einer traumatisierten Persönlichkeit beitragen.[671]

Der ICD-10 sieht die akute Belastungsstörung dennoch als vorübergehende Störung an, wenn auch von beträchtlichem Schweregrad. Dabei wird von einem psychisch ansonsten nicht gestörten Menschen ausgegangen: Vorübergehende Symptome sind hier nach 48 Stunden abgeklungen.[672]

Bei der posttraumatischen Belastungsstörung F 43.1 nach ICD-10 handelt es sich dagegen um eine schwerwiegende und nicht abklingende Störung: Sie bleibt auch nach 48 Stunden aufrechterhalten.

[671] Vgl. MÜLLER-LANGE, 2013e, S. 92–94.
[672] Vgl. MÜLLER-LANGE, 2013e, S. 92.

ICD-10
A. Die Betroffenen sind einem kurz- oder lang anhaltenden Ereignis oder Geschehen von außergewöhnlicher Bedrohung mit katastrophenartigem Ausmaß ausgesetzt, das nahezu bei jedem tief greifende Verzweiflung auslösen würde.
B. Anhaltende Erinnerungen oder Wiedererleben der Belastung durch aufdringliche Nachhallerinnerungen (Flashbacks), lebendige Erinnerungen, sich wiederholende Träume oder durch innere Bedrängnis in Situationen, die der Belastung ähneln oder mit ihr in Zusammenhang stehen.
C. Umstände, die der Belastung ähneln oder mit ihr in Zusammenhang stehen, werden tatsächlich oder möglichst vermieden. Dieses Verhalten bestand nicht vor dem belastenden Ereignis.
D. Entweder 1. oder 2.: 1. Teilweise oder vollständige Unfähigkeit, einige wichtige Aspekte der Belastung zu erinnern. 2. Anhaltende Symptome einer erhöhten psychischen Sensitivität und Erregung (nicht vorhanden vor der Belastung) mit zwei der folgenden Merkmale: a. Ein- und Durchschlafstörungen, b. Reizbarkeit und Wutausbrüche, c. Konzentrationsschwierigkeiten, d. Hypervigilanz, e. erhöhte Schreckhaftigkeit.
E. Die Kriterien B, C und D treten innerhalb von sechs Monaten nach dem Belastungsereignis oder nach Ende der Belastungsperiode auf. (In einigen speziellen Fällen kann ein späterer Beginn berücksichtigt werden, dies sollte aber gesondert angegeben werden.)

Tab. 2: Kriterien der chronischen posttraumatischen Belastungsstörung nach ICD-10 (Eigene Darstellung)[673]

Das DSM-IV hat gegenüber dem ICD-10 festgelegt, dass bei einer PTSD die Störungen länger als einen Monat andauern müssen.[674]

Das Erleben eines traumatischen Ereignisses kann kaum ein Mensch einfach abschütteln. Bilder, Gedanken, Gerüche, Geräusche und Wortfetzen dringen immer wieder in das Bewusstsein vor, obwohl die Betroffenen dies nicht absichtlich herbeiführen. Man kann dies als Überflutung des Alltagsbewusstseins verstehen, das auch in Tagträumen und Alpträumen

[673] Vgl. BOOS, 2005, S. 20–21.
[674] Vgl. MÜLLER-LANGE, 2013e, S. 92.

immer wieder nach oben drängt. Orte des Entsetzlichen werden gemieden (z.B. nicht mehr zum Flughafen gefahren oder nicht mehr eine Flugreise machen). Die emotionale Betäubung kann dazu führen, dass Menschen sich sozial entfremden. Beziehungsprobleme sind häufig, da die Akteure nicht mehr auf den anderen einfühlsam reagieren können. Auch die Arbeitsfähigkeit ist eingeschränkt. Körperliche Reaktionen sind u. a. Schlafstörungen, Herz- und Kreislaufprobleme, erhöhte Erregbarkeit bei einfachen Geräuschen und Gerüchen etc.[675]

Dennoch ist die Verbreitung einer PTSD selten. Allgemein kann festgehalten werden, dass 95 von 100 Personen eine Naturkatastrophe seelisch verkraften; nach einem Unfall können 92 von 100 Personen das Erleben positiv verarbeiten. Aber jede 2. Vergewaltigte muss mit lebenslangen posttraumatischen Folgen dieser Tat leben.[676]

Für die moderne Traumaforschung ist vor allem relevant, wie Menschen traumatische Ereignisse so verarbeiten können, dass sie nur kurzfristige Folgen erleben. Ein traumatisches Erlebnis führt nicht zwangsläufig zum Psychotrauma. Moderierende Resilienzfaktoren[677] werden hier immer wichtiger. So hat das Konzept der Salutogenese wesentlich dazu beigetragen, zu verstehen, wie Menschen trotz traumatischer Ereignisse seelisch gesund bleiben können. Im Mittelpunkt für eine positive Verarbeitung steht das Kohärenzgefühl, d.h. der Sinn für den Zusammenhang eines Ereignisses und die Zuversicht, den biographischen Wechselfällen und damit auch traumatischen Ereignissen „psychisch standzuhalten“[678]. Auch hierdurch kann einem Inflationismus des Traumatisierungsbegriffs entgegengewirkt werden.

Für den Notfallseelsorger sind Hintergrundinformationen über Traumata und Traumafolgen bedeutsam, weil er dadurch besser Reaktionen von Betroffenen einschätzen kann bzw. prospektiv mit einkalkulieren muss. Ereignisse wie ein Flugzeugabsturz oder Tsunami bringen naturgemäß Belastungsreaktionen hervor, die aber nicht der klinischen Diagnose einer PTSD entsprechen müssen. Andererseits muss jedes Belastungsphänomen nach einem traumatischen Ereignis ernstgenommen und den Opfern Verständnis und Empathie entgegengebracht werden. Seelsorger müssen daher

[675] Vgl. MÜLLER-LANGE, 2013e, S. 92–94.

[676] Vgl. MÜLLER-LANGE, 2013e. S. 94–95. Vgl. MÜLLER-CYRAN, 2006, S. 9. Vgl. LAMMER, 2012, S. 212.

[677] Vgl. LAMMER, 2012, S. 216. Resilient kann man auch einfach mit „fehlerfreundlich“ übersetzen.

[678] LAMMER, 2012, S. 216.

mit Grundlagen und Abläufen einer peritraumatischen Intervention vertraut sein.[679]

3.8.2 Trauerreaktionen

Der Begriff der Trauer meint „die angemessene seelische Reaktion auf den Verlust eines Menschen, zu dem eine (enge) Beziehung bestanden hat“[680]. Trauer ist eine Reaktion auf den Beziehungsverlust. Nicht nur das verwandtschaftliche Beziehungsverhältnis, sondern auch der direkte Kontakt mit dem Opfer mittel- oder unmittelbar vor der Notfallsituation kann dazu beitragen, dass Menschen (z. B. Einsatzkräfte) einen Trauerprozess durchlaufen. Ebenfalls kann eine detaillierte Medienberichterstattung dazu beitragen, dass Menschen stellvertretend für die eigentlichen Verwandten trauern, wie das Beispiel des Busunglücks in der Schweiz vom 15. März 2012 zeigte, bei dem eine Vielzahl von Schulkindern ums Leben kam und das ganze Land in eine Art Schockzustand bzw. kollektive Trauer versetzte.

Um in besonderen Situationen gezielte Maßnahmen der Trauerbewältigung seitens der Rettungskräfte und Helfer anbieten zu können, ist es wichtig, Trauer als normalen Bewältigungsprozess zu verstehen. Hierbei haben sich verschiedene Trauerphasenmodelle etabliert:[681] Diese Modelle haben das Verständnis für den Prozesscharakter des Trauerns deutlich verbessert. Sie stellen ein Gerüst dar, dass Betroffene wie Helfer unterstützt, eigene wie fremde Trauerreaktionen besser einzuordnen und als gesunde Reaktion auf plötzlichen Tod und Verlust einzustufen. Dennoch stellen sie nur den Rahmen dar, um individuelle Reaktionen einzuordnen. Jeder Mensch trauert anders. Lammer weist zu Recht darauf hin, dass die bloße Adaption eines solchen Modells allzu simplizistisch, schematisch und normativ wirken kann. Besonders kann eine rigide Handhabung von Trauerphasenmodellen einen distanzierten und abstrakten diagnostischen Blick auf den Trauernden fördern, der Unterstützer davon abhält, sich empathisch auf die Seite des Leidenden zu stellen.[682] Trauer ist ein komplexes individuelles und kollektives Geschehen, das seine eigenen Abläufe hat, allerdings kann es durch die Erkenntnis des Phasenhaften zumindest etwas in seiner Komplexität reduziert und nachvollziehbar werden.[683]

---

[679] Vgl. MÜLLER-LANGE, 2013e, S. 95–97 Vgl. MÜLLER-CYRAN, 2006, S. 49–122.
[680] MÜLLER-LANGE, 2013e, S. 74.
[681] Eine Übersicht über die verschiedenen Modelle bietet LAMMER, 2010, S. 99.
[682] Vgl. LAMMER, 2010, S. 100.
[683] Vgl. LAMMER, 2010, S. 98–101.

Yorick Spiegel beschreibt in seinem psychoanalytisch orientierten Modell eine in vier Phasen differenzierte Begegnung mit dem Phänomen Trauer. Sein Trauerphasenmodell soll hier als klassisches Beispiel nachfolgend kurz wiedergegeben werden.[684]

- Die Schockphase: Die erste der vier Trauerphasen stellt die sogenannte Schockphase dar. Aufgrund des Überraschungsmoments, in dem einer Person die Nachricht des z. B. plötzlichen Todes eines Angehörigen überbracht wird, kann ein psychischer Kollaps erfolgen. Ggf. ist der Angehörige wie gelähmt und betäubt.
- Kontrollierte Phase: In der kontrollierten Phase agiert der Trauernde meistens passiv. Durch den Nachgang der Schockstarre fühlt er sich nicht in der Lage, Entscheidungen zu treffen und Handlungen zu unternehmen, die in Zusammenhang mit dem (verstorbenen) Opfer stehen. Angehörige entlasten den Trauernden und nehmen ihm so viel wie möglich Arbeit ab. In dieser Phase wird meist die Bestattung durchgeführt, die der Trauernde stark affektiv kontrolliert erlebt.
- Regressive Phase: Innerhalb der regressiven Phase setzt sich der Angehörige/Hinterbliebene mit seiner Trauer und der eigenen Endlichkeit auseinander. Es handelt sich um die Phase, in der das Selbstwertgefühl am meisten leidet. Er ist emotional sehr stark besetzt und zeigt u. U. kindliche Verhaltensweisen. Der Aufwand für Körperhygiene wird u. U. auf ein Mindestmaß zurückgeführt. Alkohol und Medikamente sollen bei der Betäubung der aufbrechenden Emotionen helfen.
- Adaptive Phase: Die adaptive Phase bildet den Schlusspunkt des Trauerphasenmodells nach Spiegel. Der Trauernde wird sich nun des Verlustes mehr und mehr bewusst. Er wird langsam wieder handlungsfähig und kommt in das Alltagsleben zurück. Auch eine Steigerung des Selbstwertgefühls geht mit diesem Prozess einher. Er lernt, positive Erinnerungen an den Verstorbenen zuzulassen.[685] In welcher Phase NFS im Hinblick auf Trauerbewältigung ansetzt, wird weiter unten in dieser Arbeit verdeutlicht.

Lammer hat an diesem Modell vor allem vor einer „Mythisierung der Schockphase“[686] gewarnt. Zwar gibt es Personen, die tatsächlich nach dem plötzlichen Tod eines nahestehenden Menschen zunächst erstarrt, wie betäubt und kaum äußerungsfähig und handlungsbereit sind. In der Regel können direkt nach dem Empfang der Todesnachricht aber alle möglichen

[684] Vgl. SPIEGEL, 1986, nach: MÜLLER-LANGE, 2013e, S. 75–77.
[685] Vgl. auch: SAMMER, 2010, S. 74–76. Vgl. MÜLLER-LANGE, 2006e, S. 75–77.
[686] LAMMER, 2010, S. 100–101.

Trauerreaktionen gleichzeitig, neben- oder hintereinander auftreten. Besonders kritisch zu sehen ist der Mythos der Schockphase, wenn Trauerbegleitung und Trauerhilfe unterbleibt, weil der Trauernde nicht ansprechbar sei.[687] Darüber hinaus ist auch auf die Unterschiede von Trauerreaktionen in der jeweiligen Kultur zu achten. Während in Deutschland z. B. eher kontrollierte Trauerreaktionen stattfinden, sind im Mittelmeerraum z. B. deutlich expressivere Trauerreaktionen eher kulturell üblich. Auch Kinder trauern – wenn auch anders als Erwachsene.[688]

In der Trauerforschung haben sich deshalb in den letzten Jahren Traueraufgabenmodelle etabliert, die mehr den bewältigungsorientierten und zukunftsweisenden Aspekt der Trauer betonen.[689] So skizziert Lammer auf der Basis des Modells von Worden[690] die Aufgaben der Trauerarbeit und der entsprechenden Trauerbegleitung folgendermaßen:

Aufgaben der Trauerarbeit	**Aufgaben der Trauerbegleitung**
Die Realität des Verlustes anerkennen	Die Realität des Verlustes verdeutlichen
Den Schmerz der Trauer durcharbeiten	Trauernden helfen, ausgedrückte und latente Affekte zu bearbeiten
Sich in der Wirklichkeit zurechtfinden, in der der/die Verstorbene fehlt	Trauernde helfen, Hindernisse der Wiederanpassung zu überwinden
Dem/der Verstorbenen einen neuen Platz geben und sich dem Leben wieder zuwenden.	Trauernde ermutigen, sich angemessen zu verabschieden, und sich guten Gewissens wieder dem Leben zuzuwenden

Tab. 3: Aufgabenmodell der Trauer nach William Worden nach K. Lammer (Eigene Darstellung)[691]

Dabei ist es wichtig, sowohl innerliche wie externe Entwicklungen des Trauernden zu fördern: Trauerbegleitung ist nicht nur auf psychische Entwicklung des Individuums hin auszugestalten, sondern muss die alltagsbezogenen Entwicklungen und Handlungsprozesse in der sozialen Umwelt fördern. Trauerbewältigung bedeutet kein egozentrisches Um-

687 Vgl. ebd.

688 Kinder sind durchaus zu ausgereiften Trauerreaktionen fähig und können die Bedeutung des Todes je nach Reifegrad unterschiedlich begreifen. Vgl. PLIETH, 2009, S. 102–103.

689 So sieht es auch MÜLLER-LANGE, 2013e, S. 77–79.

690 Siehe WORDEN, 2011, S. 21–42, nach MÜLLER-LANGE, 2013e, S. 78–79. WORDEN konzipiert ein 4-Phasen-Modell der Traueraufgaben: „Den Verlust als Realität akzeptieren", „Den Trauerschmerz erfahren", „Sich anpassen an eine Umwelt, in der der Verstorbene fehlt", „Dem Toten einen neuen Platz zuweisen und sich dem eigenen Leben zuwenden."

691 Vgl. LAMMER, 2010, S. 103.

sichselbstkreisen, sondern zielt auf die Reintegration in den Alltag und in ein eigenes Leben.[692]

Das Spiralmodell der Trauer nach Schibilsky fokussiert daher stärker die Vorstellung eines flexiblen spiralförmigen Trauerwegs, der die Bewegungen des Voranschreitens und Rückwärtsgangs sowie der Wiederholung im Trauerprozess betont. Das Modell des Spiralwegs bildet den Trauerprozess eher als flexible Ausbalancierung zwischen verschiedenen Weisen und Stilen der Trauer ab. Nach Schibilsky zeigen Menschen unterschiedliche, auch wechselnde Trauerstile bzw. leitende Persönlichkeitsstrukturen:

- Trauerstil A: schizoid:, zur Egozentrik nach innen neigender Trauerstil
- Trauerstil B: depressiv: altruistisch +- helfend: nach außen angelegter Stil
- Trauerstil C: zwanghaft: Stil, mit dem das Leben bewahrt und kontrolliert werden soll.
- Trauerstil D: hysterisch: Drang zu Freiheit, Flucht nach vorn.[693]

LAMMER konstruiert auf dieser Grundlage die Aufgaben der Trauerbegleitung:

T	Tod begreifen helfen (Realisation)
R	Reaktionen Raum geben (Initiation)
A	Anerkennung des Verlusts äußeren (Validation)
U	Übergänge unterstützen (Progression)
E	Erinnerung und Erzählen ermutigen (Rekonstruktion)
R	Risiken und Ressourcen einschätzen (Evaluation)

Tab. 4: Aufgaben der Trauerbegleitung nach Lammer (Eigene Darstellung)[694]

Diese Trauermodelle sind auch für die NFS und die plötzliche Todeserfahrung zu adaptieren. Denn in der Regel wissen die Angehörigen noch nichts von dem Tod ihres Familienmitglieds, wenn sie benachrichtigt werden.[695] In Großschadenslagen ist der plötzliche, unerwartete und jähe Tod und nicht der erwartete Tod die Regel.[696]

[692] Vgl. LAMMER, 2010, S. 106.
[693] Vgl. SCHIBILSKY, nach: LAMMER, 2010, S. 104–105.
[694] Vgl. LAMMER, 2010, S. 105.
[695] Oder die Einsatzkräfte rufen den Seelsorger, weil nach dem Eintreten des Todes seelsorgliche Hilfe notwendig wird.
[696] Vgl. MÜLLER-LANGE, 2013e, S. 79–80.

Insofern müssen sich Notfallseelsorger/innen bzw. Einsatzkräfte mit der Möglichkeit eines akuten Trauerschocks auseinandersetzen. Wie bereits angesprochen, trauern Menschen aufgrund ihrer Persönlichkeit, ihrer sozialen Kontexte und ihres kulturellen Hintergrunds individuell unterschiedlich.[697] Die Bandbreite der Trauerschocktypenausprägung kann z. B. bei Überbringung einer Todesnachricht zwischen einer hysterisch-hyperaktiven und apathisch-passiven Reaktion schwanken. In ersterem Fall agieren die Betroffenen durch motorische Unruhe, bisweilen auch mit Aggressivität ihren Schock durch die Realisierung der Nachricht aus.

Im anderen Fall erstarren die Betroffenen und sacken ggf. in sich zusammen (Gefahr des Kreislaufkollapses!). Diese Reaktion ist psychisch die problematischere, da hier nachfolgend Depressionen bis hin zu suizidalem Verhalten möglich sein können. Während Menschen mit hysterisch-aktiven Reaktionen im Trauerschock nicht allein gelassen werden sollten, dürfen Menschen mit passiv-apathischem Verhalten auf jeden Fall nicht allein gelassen werden, bis eine andere Person des Vertrauens den Seelsorger ablösen kann.[698]

3.9 Medizinische und psychosoziale Erstversorgung nach einem Notfall

3.9.1 Zentrale Begriffe

Nachfolgend sollen zunächst eine Abgrenzung für die zentralen Begriffe der Notfallversorgung vorgenommen werden: An den Stellen, wo eine gängige Definition nicht ausreichend oder ungenau erscheint, soll ein eigener Definitionsversuch vorgestellt werden.

Notfall: Der Begriff Notfall beschreibt eine „Elementargefährdung; im Rettungswesen“[699].

In dieser Definition wird die körperliche Beeinträchtigung beschrieben, die jedoch bei einer Notfallseelsorge um den Aspekt der psychosozialen Komponente ergänzt werden muss, da sich Betroffene meist in einem emotionalen Ausnahmezustand befinden.

---

697 Vgl. SCHIBILSKY, 1989, S. 220–236, nach LAMMER, 2010, S. 104–105.

698 Vgl. MÜLLER-LANGE, 2013e, S. 80–82.

699 FISCHER, 1999, Sp. 485.

Krise: Der Krisenbegriff gehört mittlerweile zur Alltagssprache, ist aber nicht völlig einheitlich definiert.[700]

In der Notfall- und Rettungsmedizin bzw. der psychosozialen Notfallversorgung (PSNV) hat sich ein psychotraumatologischer Krisenbegriff etabliert, der auch für die NFS einen zentralen Ausgangspunkt darstellt. Die Psychotraumatologie, die Lehre von den Auswirkungen von stark belastenden kritischen Lebensereignissen und psychophysischen Traumata, ist als psychologisch-medizinische Fachrichtung[701] erst seit den 1990er Jahren in Deutschland bekannt.[702]

Demnach ist eine Krise als Folge von Ereignissen bzw. Lebensumständen definiert, die ihn aus seinem Gleichgewicht bringen und „mit denen der von einer Krise Betroffene zunächst nicht zurechtkommt"[703]. Hilflosigkeit, Versagensangst, Bedrohungsgefühle, Erleben von Gefahren und Risiken etc. markieren dieses Erlebnis des Krisenhaften. Dabei reichen die üblichen psychosozialen, ökonomischen und sonstigen Ressourcen des Individuums bzw. seiner Gruppe zunächst nicht aus, um das kritische Lebensereignis zu bewältigen.

- **Traumatische Krisen** werden durch plötzliche traumatische Ereignisse, die mit starken Erleben von Angst, Verlust und Schmerz verbunden sind: Dazu gehören Verlust eines nahestehenden Menschen, Unfall, Katastrophe, Krankheit, Trennung vom Partner, soziale Kränkung, Gewalt/sexueller Missbrauch.[704]
- **Veränderungskrisen** ergeben sich, wenn der Betroffene vor psychosoziale, physische oder ökonomische Veränderungsprozesse bewältigen muss, dies aber aktuell nicht umsetzen kann. Klassische Krisen in diesem Sinn sind: Pubertät, Verlassen des Elternhauses, Schwangerschaft und Elternsein, Berufswechsel, Midlife-Crisis, Renteneintritt, Sterbeprozess.[705]

Krisen gehören zum Leben. Sie werden durch kritische Lebensereignisse ausgelöst, die folgendermaßen definiert werden können: „Das Ereignis muss raumzeitlich datierbar und lokalisierbar sein. Das Ereignis erfordert eine Neuorganisation der Person-Umwelt-Beziehung. Die affektiven Reaktionen

---

[700] Vgl. SCHNURR, 2000, S. 63.

[701] Vgl. FISCHER/RIEDESSER, 2009, S. 20.

[702] Vgl. FISCHER/RIEDESSER, 2009, S. 17–20.

[703] HAUSMANN, 2010, S. 20.

[704] Vgl. ebd. Auch in der Krisenforschung werden Phasenmodelle der Verarbeitung etabliert. Vgl. S. 21. Tab. 1: Phasen von Veränderungskrisen und traumatischen Krisen.

[705] Vgl. ebd.

auf das Ereignis sind von längerer Dauer."[706] Aber auch chronifizierte Krisen sind möglich. Hier ist ein Vermeidungsverhalten charakteristisch, während Menschen in akuten Krisen meist selbst aktiv und bewältigend damit umgehen.[707] Reaktionen auf aktuelle Krisen sind starke Entlastungswünsche, die mit Kurzschlusshandlungen und Aggression einhergehen können. Gewalt gegen sich (Suizidalität) und andere (Tötungs- bzw. Mordversuch), Drogen- und Medikamentenmissbrauch, psychische Krankheiten, psychosomatische Krankheiten können im Gefolge von Krisen auftreten.[708] Krisen sind aber nicht pathologisch im strengen Sinn, sondern entsprechend nur dem aktuellen Zustand, eingebettet in unterschiedliche Lebenskontexte. Als solches sind sie überwindbar und stellen trotz des eigenen Erlebens auch eine Chance für einen Neubeginn dar.[709]

Krisenintervention: Es handelt sich um alle externen (möglichst raschen) Hilfe- und Unterstützungsmaßnahmen, die die sich als hilflos und überfordert erlebenden Betroffenen in einer Krise begleiten, um sie wieder handlungsfähig zu machen. Persönliches Stützen, Helfen, Gespräche, um sich zu entlasten und seinen Gefühlen aktuell Ausdruck zu geben sind Teile der Krisenintervention. Auf der körperlichen Ebene geht es um Absicherung des Überlebens, emotional um Raum zur Entlastung und für den Ausdruck der Gefühle, kognitiv um Reflexion des Erlebten, verhaltensbezogen um Verhaltensanpassungen und sozial gesehen, um die Herstellung von Handlungsfähigkeit in den betroffenen sozialen Systemen.[710]

Entsprechend sind Kriseninterventionen im Rettungsdienst auf eine erste emotionale Stabilisierung hin ausgerichtet.[711]

Peritraumatische (Krisen-)Intervention ist demgemäß Intervention in oder nach einem extrem belastenden oder traumatogenen Ereignis: Extrem belastend oder traumatogen sind Situationen oder Erfahrungen, die traumabedingte Folgestörungen haben können. Sie überfordern die Ressourcen eines Betroffenen dergestalt, dass die Gefahr einer psychischen und ggf. physischen Schädigung besteht (plötzliche und unerwartete Todesfälle, Gewalterfahrungen, Katastrophen, Unfälle, Naturkatastrophen etc.).[712] Es handelt sich um eine einmalige, direkt nach dem Ereignis einsetzende In-

[706] WINTER, 2005, nach Filipp, S. 55.
[707] Vgl. HAUSMANN, 2010, S. 21.
[708] Vgl. ebd.
[709] Vgl. HAUSMANN, 2010, S. 22.
[710] Vgl. ebd.
[711] Vgl. MÜLLER-CYRAN, 2006, S. 12. Vgl. HAUSMANN, 2010, S. 23.
[712] Vgl. MÜLLER-CYRAN, 2006, S. 36–37.

tervention[713], um eine akute Belastungsreaktion abzufedern bzw. eine traumabedingte Störung zu vermeiden.

Adressaten der peritraumatischen Intervention im Kontext der psychosozialen Notfallversorgung sind meist die Menschen, „die mit dem plötzlichen Tod oder seiner konkreten, realen Möglichkeit konfrontiert wurden“[714]. Allerdings erkranken die meisten Menschen in der Regel nicht nach einem solchen traumatogenen Ereignis, sondern sie durchleben einen natürlichen Trauerprozess.[715] Zu beachten ist deshalb, dass Interventionen vor allem präventiv wirken sollen, d. h. vorbeugend.

Großschadenslage: Eine Großschadenslage ist von einer alltagsnahen PSNV insofern unterschieden, dass „dieses Schicksal nicht nur einige wenige bzw. eine übersichtliche Zahl von Menschen miteinander teilen, wie dies im alltagsnahen Arbeiten der PSNV üblich ist“[716]. Kennzeichen ist „eine (zu Beginn immer) unübersichtlich große und zunächst schwer erfass- und abschätzbare Zahl von Menschen, die in unterschiedlicher Weise von dem Ereignis betroffen sind“[717].

Davon zu unterscheiden ist eine „komplexe Schadenslage“[718] aus der Perspektive der PSNV: Hier handelt es sich nicht um eine Großschadenslage, „weil wenig verletzte oder getötete Personen zu beklagen sind, allerdings aufgrund des Ereignisses eine Vielzahl von Betroffenen auftreten und durch Konzepte der PSNV zu versorgen sind“[719].

PSNV: Die psychosoziale Notfallversorgung (PSNV) wurde zum ersten Mal im Arbeitsbericht von Psychotraumatologen aus EU-Mitgliedstaaten verwendet, „‘Psycho-social Support in Situations of Mass Emergency‘“[720]. Seitdem ist der (deutschsprachige) Begriff der PSNV auch in Deutschland etabliert. Der Begriff subsummiert alle Akteure, die peritraumatische Interventionen im Notfall anbieten: Kriseninterventionsteams (KIT) der Hilfsorganisationen im Rettungsdienst (wie (Arbeiter-Samariter-Bund, Deutsches Rotes Kreuz, Johanniter-Unfallhilfe, Malteser-Hilfsdienst) und die interkonfessionell arbeitende NFS. „Beide Angebotsträger, die Krisenintervention wie die Notfallseelsorge, sind an der psychosozialen Notfall-

[713] Vgl. MÜLLER-CYRAN, 2006, S. 19.
[714] MÜLLER-CYRAN, 2006, S. 37.
[715] Vgl. MÜLLER-CYRAN, 2006, S. 13.
[716] MÜLLER-CYRAN, 2006, S. 159.
[717] Ebd.
[718] Ebd.
[719] Ebd.
[720] MÜLLER-CYRAN, 2006, S. 7.

versorgung in Deutschland beteiligt.“[721] Die KIT München war die erste ihrer Art und wurde u. a. in Federführung durch den Psychologen und ständigen Diakon Müller-Cyran entwickelt.[722] „Psychosoziale Notfallversorgung kennzeichnet ein Engagement im Angesicht des Todes, allerdings nicht des in der Palliativmedizin oder Hospizbewegung gestalteten oder zumindest teilweise gestaltbaren Prozess des Sterbens.“[723] Sie wird in der Regel als peritraumatische Intervention geleistet.

3.9.2 Interventionen der Notfall- und Rettungsmedizin

Die Notfall- und Rettungsmedizin hat sich als eigenes medizinisches Feld etabliert und ist heute ein hochspezialisiertes interdisziplinärer Arbeitsbereich. Im Folgenden soll zur Einordnung in aller Kürze auf die wesentlichen Parameter eingegangen werden. Sie ist vor allem durch den Faktor Zeit bestimmt, denn Patienten müssen äußerst zügig behandelt werden. Daher ist die enge und schnelle Zusammenarbeit aller Rettungskräfte entscheidend für das Überleben der betroffenen Opfer eines Notfalls. Die Ausnahmesituation Notfall – häufig auch in Alltagssituationen zuhause, bei der Arbeit, in der Schule etc. bringt eine hohe Anspannung und Stress mit sich, da die Personen in Angst und Nöten um ihre Angehörigen sich befinden. Außerdem sind im präklinischen Umfeld Diagnostik-Möglichkeiten eingeschränkt und mit widrigen Umweltverhältnissen zu rechnen (Dunkelheit, Regen, Schnee, Glatteis sowie weiteren Gefahren).[724] Die Mitarbeiter dieses Bereichs sind sowohl Mediziner/Notärzte wie Rettungssanitäter/Rettungsassistenten.[725] Sie konzentrieren sich im Notfall auf die medizinisch notwendigen Interventionen. Ihr Aufgabenspektrum ist sowohl die Rettung per Notfallversorgung (Notfalldiagnostik und Notfallbehandlung)[726] und wie der Krankentransport in eine Klinik.[727] Insgesamt ist der Rettungsdienst (RD) eine staatliche Aufgabe der Bundesländer.[728] Die notärztliche Versorgung hat zum Ziel, Abwendung der Vitalbedrohung, Herstellung der

[721] MÜLLER-CYRAN, 2006, S. 8.

[722] „Die Einrichtung entstand als Reaktion auf dessen wiederholten nachdrücklichen persönlichen Erfahrungen Müller-Cyrans, „der in den achtziger und zu Beginn der neunziger Jahre hauptberuflich als Rettungsassistent auf dem Rettungswagen, Rettungshubschrauber und in der Rettungsleitstelle in München arbeitete“. MÜLLER-CYRAN, 2006, S. 11.

[723] MÜLLER-CYRAN, 2006, S. 37.

[724] Vgl. BECKER, 2010a, S. 19. Vgl. BECKER, 2010b, S. 51.

[725] Vgl. BECKER, 2010a, S. 11–12.

[726] Vgl. SCHNEIDER et al., 2006, S. 52–59. 60–558.

[727] Vgl. SCHNEIDER et al., 2006, S. 3.

[728] Vgl. ebd.

Transportfähigkeit, Verbesserung der Prognose und Abwendung weiterer Schäden ohne Verzögerung und Folgeschäden aufgrund einer Verzögerung.[729] In medizinischer Hinsicht müssen Rettungsdienste auf unterschiedliche, z.Tl. lebensbedrohliche Erkrankungen und Verletzungen eingehen.[730]

Für diese Aufgaben steht den Einsatzkräften nicht nur ein Arsenal an entsprechend ausgerüsteten Fahrzeugen und Hubschraubern zur Verfügung, sondern auch spezielle Wege- und Transportrechte. Ist eine Person verstorben, so hat der Notarzt die Aufgabe der Todesfeststellung und die Ausstellung einer vorläufigen Todesbescheinigung.[731] Um eine sehr zügige Rettung durchzuführen, haben sich Algorithmen bewährt, mit deren Hilfe die wichtigsten Entscheidungen unter Hinzuziehung aller wahrscheinlichen Faktoren getroffen werden.[732] Bis zur Übergabe in die Klinik sind die Einsatzkräfte des Rettungsdiensts verantwortlich für die Patienten.[733]

Für die Organisation der Notfallrettung ist das Bild und Struktur der Rettungskette zentral: damit soll die präklinische Notfallversorgung wie ein zügiges, störungsfreies Ineinandergreifen von Einzelschritten ablaufen. Jedes Glied der Kette hat hier seine eigenen Kompetenzen; von seiner Stärke hängt die erfolgreiche Rettung ab.[734]

---

[729] Vgl. ebd.

[730] Dazu gehören u.a. Reanimation bei Herzstillstand und medizinische Interventionen bei Blutungen und Verletzungen, Störungen der Vitalfunktionen wie Kreislauf, Atmung und Bewusstsein, Schock, Herzrhythmusstörungen, Lungenembolie- und ödem, gastrointestinale Blutungen, Koliken, Notfälle bei Störungen von Gehirnfunktionen (zerebrovaskuläre Notfälle etc.), Notfälle des inneren Milieus (z.B. diabetisches Koma, Störungen des Wasser- und Elektrolyt-Haushaltes), Notfälle bei Schwangerschaft/Geburt, im Kindesalter etc. Vgl. ZIEGENFUß, 2011, S. 168–500.

[731] Vgl. SCHNEIDER et al., 2006, S. 68.

[732] Vgl. SCHNEIDER et al., 2006, S. 16.

[733] Vgl. SCHNEIDER et al., 2006, S. 77.

[734] Vgl. BECKER, 2010a, S. 3. Hierbei sind Sofortmaßnahmen, Notruf und Erste Hilfe für Bürger (Ersthelfer) verpflichtend. „Die Alarmierung von Einsatzkräften steht am Anfang der Rettungskette; Verzögerungen, die hier auftreten, sind nicht mehr aufholbar und können fatale Konsequenzen für die Überlebenswahrscheinlichkeit von Patienten haben." MÜLLER-CYRAN, 2006, S. 95. Mit dem Einsatz der Rettungskräfte endet ihre Hilfe. Bis zum Krankenhaus sind Rettungskräfte für die Opfer eines Notfalls zuständig. Vgl. auch das Beispiel S. 95–96.

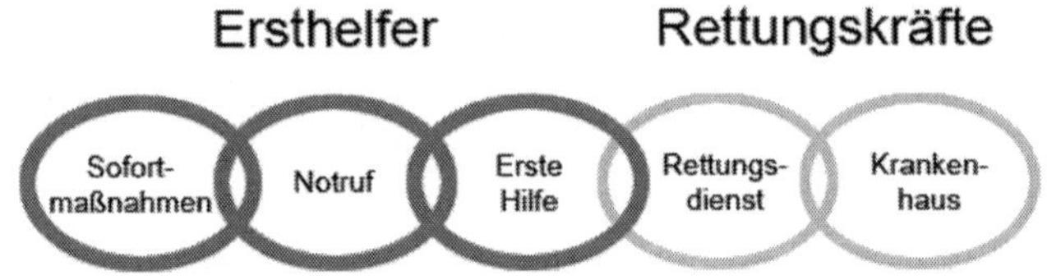

Abb. 6: Rettungskette[735]

Die NFS ist innerhalb der Rettungskette dem Rettungsdienst zugeordnet. Sowohl die Krisenintervention wie die Notfallseelsorge sind an der PSNV (in Deutschland) beteiligt.[736] Die NFS wird im Einsatzfall hierbei von den Einsatzleitstellen der Krankentransporte, Rettungsdienste, Feuerwehr und/ oder Polizei angefordert. Die medizinisch-technische Versorgung ist seit Längerem um den Blickwinkel der psychosozialen Notfallversorgung erweitert worden, die sich psychisch traumatisierten und den mittelbar betroffenen, aber unverletzten Beobachtern von menschlichem Leid zuwendet[737]. In diesem Feld wird die NFS aktiv. In Notfällen und speziell in Großschadensfällen sind Notfallseelsorger immer Teil der „Rettungskette“[738] und arbeiten integriert im allgemeinen Katastrophenschutz mit. Sie müssen sich nahtlos in das oder die Teams der psychosozialen Unterstützung eingliedern können und dazu vor allem den Ablauf einer Notfallversorgung genau kennen, um sich an den notwendigen Stellen einklinken zu können.[739]

3.9.3 Interventionen der PSNV

Wie oben bereits angesprochen, soll eine peritraumatische Intervention von Mitarbeiter/innen der PSNV „akut psychisch traumatisierten und trauernden Menschen […] ermöglichen, an ihre inneren und sozialen Res-

[735] LUDWIG-MAXIMILIANS-UNIVERSITÄT, o. J.

[736] Vgl. MÜLLER-CYRAN, 2006, S. 8.

[737] Vgl. SLATOSCH, 2012, S. 13.

[738] MÜLLER-CYRAN, 2006, S. 37. Der Notfallseelsorger „steht zwischen den Schnittstellen der rettungsdienstlichen oder feuerwehrtechnischen Arbeit und den Patienten und deren Angehörigen, er stellt das Bindeglied zum Krankenhaus, zur Polizei und leider nicht selten auch zum Beerdigungsunternehmer dar“. Sadowski, 2000, S.535.

[739] Vgl. MÜLLER-LANGE, 2013d, S. 246–265. Vgl. MÜLLER-LANGE et al., 2013a, S. 266–295. Siehe hier S. 301. Abb. 28 und Übersicht der Aufgaben des Stabes für das Arbeitsgebiet PSNV. S. 301–303.

sourcen anzuknüpfen, [...] ohne traumabedingte Störung oder anderen Gesundheitsschaden zu überstehen“[740]. Das traumatogene Ereignis muss dabei nicht zwingend der plötzliche Tod eines anderen Menschen sein. Je früher die PSNV einsetzt, umso besser kann eine belastende Erfahrung verarbeitet und in die individuelle Biographie integriert werden. Daher ist der Ansatz der PSNV nicht intervenierend bei schon erfolgter Traumatisierung, sondern präventiv.[741]

Kennzeichen der Interventionen im Rahmen der PSNV sind:

- Maßnahmen werden punktuell und nur kurzfristig umgesetzt; in der Regel sind und müssen sie wenige Stunden nach dem traumatischen Ereignis abgeschlossen sein. Eine längerfristige Betreuung ist vom Ansatz her nicht erwünscht.[742]
- In diesen ersten Stunden nach der traumagenen Erfahrung findet ein zentraler Prozess statt, in dem sich zeigt, ob der oder die Betroffene das Ereignis integrieren kann.
- Interventionen der PSNV sind als Geh-hin-Struktur konzipiert: Mitarbeiter/innen gehen auf die Betroffenen zu und kontaktieren sie direkt am Ort des Geschehens.[743]
- Es geht bei diesen Interventionen um die „Gestaltung der Initialisierung psychischer Prozesse, die die Verarbeitung des Ereignisses und seiner Auswirkungen zum Ziel haben“[744].
- „Die Intervention [...] umfasst wesentlich auch organisatorische Aspekte.“[745]
- Adressaten der Hilfe sind Betroffene, Angehörige und Einsatzkräfte von Rettungsdiensten, Polizei, Feuerwehr, THW etc.[746]

Die Interventionen der PSNV sind Unterstützungsleistungen, um vom traumatischen Erleben, das mit Prozessen der Dissoziation, Derealisation und Depersonalisation einhergehen kann, zur Trauer zu gelangen.

Ein strenger Ablaufplan der Interventionen existiert nicht und ist nicht sinnvoll, sondern die Ausgestaltung der jeweiligen Maßnahmen richtet sich

---

740 MÜLLER-CYRAN, 2006, S. 49.

741 Vgl. ebd.

742 Vgl. MÜLLER-CYRAN, 2006, S. 51. Und verweist auf eine unzureichende Ausbildung der Mitarbeiter/innen.

743 Vgl. MÜLLER-CYRAN, 2006, S. 50.

744 MÜLLER-CYRAN, 2006, S. 51.

745 Diese Charakteristika unterscheiden die psychosoziale Notfallversorgung von der psychotraumatologischen Akutintervention. Hier geht der Betroffene selbst zur Beratungsstelle/Psychotherapeuten (Komm-Struktur), und der Hilfeprozess dauert mehrere Wochen. Vgl. MÜLLER-CYRAN, 2006, S. 50–51.

746 Vgl. MÜLLER-CYRAN, 2006, S. 50–52.

in erster Linie nach den Bedürfnissen und der Situation der Betroffenen.[747] Bedeutsam ist allerdings, dass die PSNV-Mitarbeiter/ innen den Betreuungsbedarf rasch und sicher erkennen; diagnostische Kenntnisse müssen vorhanden und ausreichend geschult worden sein. Insbesondere hoch beherrschtes sozial angepasstes Verhalten in einer traumatischen Situation kann auf eine akute Belastungsreaktion verweisen.[748]

[747] Vgl. MÜLLER-CYRAN, 2006, S. 54–55.

[748] Vgl. das Beispiel des Zugführers, vor dessen Zug ein Suizidant gesprungen war. Vgl. MÜLLER-CYRAN, 2006, S. 58.

4 Notfall- und Krisenmanagement an Flughäfen

Das Notfall- und Krisenmanagement an Flughäfen ist in den letzten Jahren immer weiter ausgebaut worden. Naturgemäß unterscheiden sich die Pläne für die jeweiligen spezifischen Kontexte des einzelnen Flughafens. Sicher ist allerdings: Ein solches Management der Großorganisation Flughafen erschöpft sich sicherlich nicht in aufsehenerregenden Aktionen bei Flugzeugabstürzen. Dennoch ist die spezifische Realität eines zivilen Großflughafens zu beachten.[749]

Die Rahmenbedingungen bei einem Notfall auf dem Flughafengelände bzw. in einem Gebäude sind durch hohe Komplexität, zahlreiche unterschiedliche Dienstleistungen und eine fast unüberschaubare Anzahl von Akteuren geprägt. Vor allem sind viele Notfälle auf Flughäfen schlicht nicht vorhersehbar und ihre Bewältigung ist deshalb im Einzelnen kaum planbar. Grundrisiken wie bei der Rückkehr der Tsunami-Opfer 2004 müssen z. B. sofort bearbeitet werden. So hatten die rückkehrenden Opfer keine adäquate Kleidung für den deutschen Winter, da sie durch die Naturkatastrophe alles verloren hatten. Deutsche Airports mussten hier improvisieren.[750]

Für das Notfall- und Krisenmanagement ist ein modularer Aufbau grundsätzlich notwendig, d. h. unterschiedlichste Akteure müssen auf der Basis eines für alle verbindlichen Plans in die Bewältigung des Notfalls einbezogen werden. Dazu gehören die Flughafengesellschaft, Airlines, Bundespolizei, Zoll, Sicherheitsunternehmen.[751] Auch Akteure wie z. B. die jeweilige Stadtverwaltung und überörtliche Organisationen müssen mithilfe von verbindlichen Maßnahmenplänen für den Not- und Krisenfall am (Groß-)Flughafen vorbereitet sein.[752]

So steht die Schadensbegrenzung für alle Personen im und am Flughafen (Mitarbeiter/innen, Betrieb, Kunden/innen, Dritte) an erster Stelle des Notfall- und Krisenmanagements. Weitere Ziele sind aus Sicht des Flughafenbetreibers eine „[r]asche Wiederherstellung des Normalzustanes“[753].

Diese akuten Ziele im Not- und Krisenfall müssen nach dem Abschluss des Einsatzes analysiert, bewertet und angepasst werden, um eine kontinuierliche Verbesserung zu gewährleisten.[754] Das Not- und Krisenmanagement eines Flughafens ist eingebettet in zahlreiche Prozesse und Verantwortlichkeiten einer großen Organisation.

[749] Vgl. I.G.T. Informationsgesellschaft Technik mbH, 2009.
[750] Vgl. ebd.
[751] Vgl. ebd.
[752] Vgl. RIES, 2009, S. 23–24.
[753] MEDIZINISCHE HOCHSCHULE HANNOVER, 2010, S. 8.
[754] Vgl. ebd.

Dreh- und Angelpunkt ist die effiziente, äußerst rasche Einrichtung eines Notfall-Reaktions- und Informationscenters (Lagecenters)[755] durch den Krisenstab des Flughafens.[756] Hier laufen alle Informationen und Maßnahmen zusammen und diese werden durch einen erweiterten Krisenstab inkl. des flughafeneigenen Krisenstabs, an dem u. a. Stäbe der Gefahrenabwehr, des Care Managements, der Versicherer, der Polizei und weiterer Behörden beteiligt sind, koordiniert und gelenkt.[757] Ohne diese „Arbeitsplattform"[758] sind die Ereignisse bei Großschadensfällen kaum zu bewältigen.

Der Krisenstab muss dabei nicht nur die einzelnen Facilities (Stellen und Treffpunkte für Krisenstäbe, „Kräftesammelstellen für Spezialkräfte"[759], Treffpunkte für Angehörige und Unverletzte, für die Crews, „Bereitstellungsräume"[760] für die einzelnen Helferteams und Spezialteams, für die PSNV inkl. NFS, Plätze für medizinische Erstversorgung (auch für Menschen mit hochansteckenden Krankheiten)[761], Absperrungen und Bergegeräte erfolgreich koordinieren, sondern auch die Medien in eigens eingerichteten Räumen gezielt mit Informationen versorgen, eine funktionierende Alarmierungsordnung aufbauen und vor allem für die rasche Übernahme der Führung des Notfall- und Krisenmanagements durch den zentralen Krisenstab sorgen. Grundlage eines effizienten Managements ist der ständige effiziente Informationsaustausch und das reibungslose Zusammenwirken zwischen den Krisenstäben und dem zentralen Krisenstab.[762]

Allerdings muss darauf hingewiesen werden, dass eine möglichst umfassende Krisenprävention vor allen Interventionen in einer Krise stehen muss.[763] Denn das Kernmerkmal von Krisen in der Großorganisation Flughafen ist nicht nur der immense Schaden an Menschenleben und Material, sondern ihr plötzlicher und unvorhersehbarer Einbruch in das operative Alltagsgeschäft.[764] Krisen am Flughafen sind somit nur sehr schwer steuerbar und die Akteure müssen sich mit zahlreichen komplexen Störungen befassen, die sich gegenseitig bedingen können.

[755] Vgl. RIES, 2009, S. 23. Vgl. MEDIZINISCHE HOCHSCHULE HANNOVER, 2010, S. 8.
[756] Vgl. BIESIADECKA, 2009, S. 113.
[757] Vgl. MEDIZINISCHE HOCHSCHULE HANNOVER, 2010, S. 12.
[758] RIES, 2009, S. 23.
[759] MEDIZINISCHE HOCHSCHULE HANNOVER, 2010, S. 15.
[760] RIES, 2009, S. 24.
[761] Vgl. ebd.
[762] Vgl. MEDIZINISCHE HOCHSCHULE HANNOVER, 2010, S. 16.
[763] Vgl. BIESIADECKA, 2009, S. 38–39.
[764] Vgl. BIESIADECKA, 2009, S. 193.

4.1 Spezifika der Notfallseelsorge im Notfall- und Krisenmanagement eines zivilen Flughafens

4.1.1 Allgemeine Spezifika der Notfallseelsorge im Notfall- und Krisenmanagement eines zivilen Flughafens

Auf der Basis der oben dargestellten Konzeptelemente der Flughafenseelsorge und Notfallseelsorge, der psychosozialen Notfallversorgung und des Notfall- und Krisenmanagements an und in Flughäfen ergeben sich folgende wesentlichen Definition, Ziele, Aufgaben und Spezifika der NFS als Teil der Flughafenseelsorge und in Verbindung mit dem Notfall- und Krisenmanagement eines zivilen Flughafens:

Ein ziviler Großflughafen bedeutet auch für die NFS einen besonderen Ort, der als „Drehscheibe für Reisende auf der Schiene und in der Luft, mit über 150.000 Passagieren täglich, mit 78.000 Beschäftigten in über 400 Einzelbetrieben"[765] eine eigene urbane Größe darstellt. Hier können auf spezifische Weise Menschen in Notlagen geraten, sowohl als Individuum oder als große Gruppe von Opfern einer Flugzeugkatastrophe oder einer Katastrophe an weit entfernten Opfern. Am Flughafen können aufgrund seiner hohen Verkehrsdichte mit Tausenden von Passagieren und Gästen und seiner konzentrierten komplexen Organisation Notfälle verschiedenster Art aufkommen, auf die sowohl die Betreibergesellschaft, die Fluggesellschaften wie auch die Flughafenseelsorge und Behörden qua Gesetz bzw. qua kirchlichen Auftrag reagieren müssen. Deshalb ist es notwendig, dass eine strukturierte NFS an Flughäfen existiert.

Die Einrichtung der NFS in Flughäfen ist strukturell gesehen ein Angebot und Dienst der beiden Kirchen im Rahmen und den Strukturen der Flughafenseelsorgean zivilen Großflughäfen[766]: In Anlehnung an die Definition der Flughafenseelsorge[767] handelt es sich um ein Angebot an alle Fluggäste, Mitarbeiter/innen und Einsatzkräfte, die von einem Not- und Krisenfall in und auf dem Gelände des Flughafens betroffen sind.[768] Damit sind das kategoriale Feld und die strukturellen Grenzen der NFS am und im zivilen Flughafen beschrieben. Ihre Mitarbeiter/innen bieten Hilfe im Rahmen der Organisation Flughafen an. Deshalb bestimmen die organisationalen Strukturen, Dynamiken und die hohe Mobilität, der immense

[765] HERZ-JESU-PROVINZ DER PALLOTINER, 2014.

[766] Kleinere und mittlere Flughäfen haben in der Regel keine eigene Einrichtung der Flughafenseelsorge, sondern werden ggf. von Seelsorger/innen der Ortsgemeinde oder der Notfallseelsorge des Dekanats oder Bistums betreut.

[767] Vgl. Kap. 2.1.

[768] Vgl. HERZ-JESU-PROVINZ DER PALLOTINER, o. J.b.

Zeitdruck und Forderungen nach Flexibilität dieser Organisation die NFS in diesem Feld maßgeblich mit.[769]

Im Einzelnen lassen sich zunächst folgende Spezifika dieses Dienstes festhalten: Diese sollen durch die Ergebnissen der folgenden empirischen Untersuchung weiter differenziert werden.

- NFS am und im Flughafen versteht sich als christlich begründete und fundierte Erste Hilfe für alle Menschen in Krise und Not auf dem Flughafengelände und in mittelbarer Umgebung.
- NFS am und im Flughafen begründet sich durch den christlichen Glauben und den Auftrag zum Dienst für alle Menschen. Sie wird als seelsorglicher Beistand und Hilfe von kirchlichen Mitarbeiter/innen – aus dem Glauben an die Frohbotschaft des Evangeliums, das österliche Mysterium von Tod und Auferstehung Jesu Christi, auf der Basis des christlichen Menschenbildes und dem Geist der Nächstenliebe geleistet.[770]
- Sie richtet sich an alle Betroffenen, Angehörigen und Einsatzkräfte einer plötzlichen Notfall- und Krisensituation am Flughafen unabhängig von Glaubens- und Weltanschauungen.
- NFS am und im Flughafen hat eine Angebotsstruktur oder Geh hin-Struktur. Sie wird deshalb direkt und zeitnah während und oder kurz nach Krise und Notfall, in räumlicher Nähe zum Ort des Geschehens vollzogen.
- NFS am und im Flughafen bezieht sich ausschließlich auf extreme und plötzliche Not- und Krisensituationen, die in und am Flughafen oder durch seine Vernetzung mit anderen Flughäfen und Verkehrswegen entstehen.
- NFS am und im Flughafen wird von Seelsorger/innen, Haupt- wie Ehrenamtlichen, durchgeführt und hat einen professionellen Anspruch.
- NFS am und im Flughafen ist ökumenisch ausgerichtet.
- NFS gehört am und im Flughafen zu den Grundvollzügen der Kirche und ist ein missionarischer Dienst im Sinne des Hingehens und Daseins für die Betroffenen in der Not.[771]
- NFS am und im Flughafen wird als Einzelseelsorge bei Krisen- und Notfällen einzelner Menschen und ihres Umfelds wie Seelsorge in Großschadenslagen vollzogen. Dabei kann bei solchen Großschadens-

[769] Vgl. HERZ-JESU-PROVINZ DER PALLOTINER, o. J.b.

[770] Vgl. ZIPPERT, 2006, S. 10. „Gott verbirgt sich also in dem, was das Gegenteil göttlicher Macht und Stärke ist. Gott versteckt sich im Leiden der Menschen. Gott selber leidet. Die Asymmetrie geht also in die andere Richtung. Das ist das Geheimnis des Karfreitags und der Passionszeit."

[771] Vgl. SLATOSCH, 2012, S. 23.

lagen die plötzliche Versorgung einer sehr hohen Anzahl von Menschen notwendig sein, sei es durch einen Flugunfall/Unfall im Flughafengebäude direkt vor Ort oder durch die Funktion eines Flughafens als Luftverkehrszentrum bei Katastrophen im Ausland.
- NFS am und im Flughafen ist Teil der allgemeinen Krisen- und Notfallintervention im Rettungsdienst und gehört unverzichtbar zur Rettungskette (s. o.) bei Krisen und Notfällen dazu. Sie gliedert sich in das Gesamt des Notfall- und Krisenmanagements eines Flughafens ein, unterscheidet sich jedoch von psychosozialen Hilfen (PSNV) durch ihren christlichen-seelsorglichen Impuls.[772] Die enge Kooperation mit allen Einsatzkräften ist deshalb unverzichtbarer Bestandteil dieses kirchlichen Dienstes.

Nach von Wietersheim lassen sich die einzelnen Tätigkeiten auf der Basis der Kasseler Thesen und Hamburger Thesen der Notfallseelsorger/innen exemplarisch beschreiben:
- Betreuung der unverletzten Beteiligten und Angehörigen
- Betreuung von Verletzten
- Gebet für Sterbende und Tote und Sakramentenspendung (falls gewünscht)
- Versorgung von Verstorbenen bis zu deren Abtransport
- Unterstützung und Fürsorge für Einsatzkräfte
- Todesnachrichtenüberbringung in Kooperation mit anderen Einsatzkräften [773]
- Beratung der Einsatzleitung „in besonderen Situationen (falls gewünscht)“[774].

Dazu kommen bei Bedarf Trauergottesdienste für die Opfer, Angehörigen und Einsatzkräfte eines Krisen- und Notfalls sowie nachsorgende Trauergespräche für die Angehörigen (falls gewünscht) und Nachbesprechungen mit den Einsatzkräften.

[772] Hierbei sind auch immer die Schnittmengen zwischen psychosozialen Kriseninterventionen und seelsorgerlichen Diensten zu beachten.
[773] Vgl. WIETERSHEIM von, 1997, S. 151–155, hier: S. 151.
[774] WIETERSHEIM von, 1997, S. 151–155, hier: S. 151

4.1.2 Spezifika der Notfallseelsorge im Notfall- und Krisenmanagement am Frankfurter Flughafen

Im Folgenden sollen die Spezifika der NFS am zivilen Großflughafen Frankfurt/Main dagestellt werden. Aufgrund seiner Stellung als „eines der bedeutendsten Luftverkehrsdrehkreuze der Welt"[775] und als größter Zivilflughafen Deutschlands bietet sich die Betrachtung der NFS im Rahmen dieses Airports besonders an.

Die Notfallseelsorge wird am Frankfurter Flughafen durch die katholischen Priester (ggf. deren Vertreter/innen) in Form einer 24-stündigen Rufbereitschaft abgedeckt. In Notfallsituationen können sich Betroffene sowie Mitarbeiter/innen an die Sicherheitsleitstelle des Frankfurter Flughafens wenden, welche dann den diensthabenden Seelsorger telefonisch kontaktiert. Diese treffen dann an einem vereinbarten Ort ein. Die evangelische Flughafenseelsorge nimmt im Wechseldienst mit den katholischen Kollegen an dieser Rufbereitschaft teil, versteht ihr Wirken nicht als Notfallseelsorge, sondern als Krisenintervention, da nach evangelischem Sprachgebrauch für Notfallseelsorge eine entsprechende Qualifizierung benötigt wird, die seitens der agierenden am Frankfurter Flughafen explizit nicht vorliegt.

Ferner sind die Seelsorger/innen (evangelisch und katholisch) bei Schadensereignissen in das Krisenmanagement der Flughafenbetreibergesellschaft Fraport AG eingebunden, treten aber nicht als eigenständige Organisationen auf, sondern nehmen zugewiesene Funktionen unter Hoheit der Fraport AG wahr. Derzeit gibt es keinen eigenen Leitfaden seitens der Seelsorgen am Flughafen, der Auskunft darüber gibt, wie eine koordinierte NFS konkret gestaltet werden soll.

Differenzierter stellt sich hier das Bild der Notfallkrisenintervention seitens des Flughafenbetreibers Fraport AG dar: Anhand von Notfallerfahrungen der letzten Jahre gibt es eine Vielzahl von Arbeitsgruppen und Fachabteilungen, welche in unterschiedlicher Personenanzahl und Qualifikation zu einem Unglück gerufen werden können: Vorrangige Aufgabe und Ziel des Notfall- und Krisenmanagements am Frankfurter Flughafen ist es, Gefahren für Menschen und Flugbetrieb abzuwehren.

Aus diesem Grund wird präventiv versucht, Mitarbeiter/innen und Fluggäste für mögliche Gefahrenquellen zu sensibilisieren. Des Weiteren werden Informationen über richtige Verhaltensweisen in Gefahrensituationen kommuniziert. Sollte es dennoch zu Beeinträchtigungen und Störungen im Flugbetriebsablauf kommen, versucht man, zielgerichtet und so

[775] FRAPORT AG, 2004–2013a.

schnell wie möglich diese Situation zu beheben bzw. einzudämmen, sodass kein weiterer Schaden entsteht. Da eintretende Notfallsituationen meist nicht vorherzusagen sind, bedarf es jeweils einer situationsgerechten Bewertung des Ereignisses. Durch die Kooperation verschiedener Partner (Flughafenbetreiber, Airlines, Behörden etc.) werden im Anschluss geeignete Maßnahmen zur Behebung der Störung durchgeführt.

Da sich der zivile Luftverkehr insgesamt komplex darstellt, bedarf es eines differenzierten Notfall- und Krisenmanagements, wie es am Frankfurter Flughafen zum Tragen kommt. Nachfolgend werden die verschiedenen Elemente des Notfall- und Krisenmanagement der Fraport AG dargestellt.[776]

- Notfallplanung
- Krisenvorsorge
- Emergency Response and Information Center (ERIC)
- Notfallinformationszentrale (NIZ)
- Special Assistance Team (SAT)
- Notfallübungen

Innerhalb der Notfallplanung geht es um die „Beachtung der gesetzlichen und organisatorischen Rahmenbedingungen“[777]. Aufgrund rechtlicher Vorschriften „obliegt der Fraport AG die Pflicht, den Flughafen in betriebssicherem Zustand zu halten und damit der Auftrag, die entsprechenden Verfahren und deren Gewährleistung zu regeln“[778]. Dieser Aufgabe kommt die Flughafenbetreibergesellschaft u. a. durch eine „Betriebsanweisung für Notfälle (BA NOT)“[779] nach.

Die Krisenprävention wird durch die erforderliche „Infrastruktur [...] Aufbau und Ablauforganisation“[780] der FRAPORT AG umgesetzt. Zu den bedeutendsten Einrichtungen innerhalb des Notfall- und Krisenmanagements am Frankfurter Flughafen zählt das Emergency Response und Information Center (ERIC). Hierbei handelt es sich um die Einheit, welche bei „Großschadenereignissen und gravierenden Betriebsstörungen“[781] zum Einsatz kommt.

Unter Großschadenereignis versteht die Fraport AG solche Ereignisse, welche aufgrund der Quantität der Betroffenen sowie Angehörigen gravierende Betriebsstörungen im Flug- und Terminalbetrieb verursachen.

---

[776] Vgl. FRAPORT AG, 2004–2013b.

[777] FRAPORT AG, 2004–2013b.

[778] Ebd.

[779] Ebd.

[780] Ebd.

[781] Ebd.

Als Entscheider koordinieren Führungskräfte der Fraport AG innerhalb dieses Krisenstabs interne und externe Partner. Die Notfallinformationszentrale (NIZ) „ist für Angehörige von möglichen Betroffenen eine erste, telefonische Anlaufstelle“[782]. Mehrsprachige, psychosozial geschulte Mitarbeiter stehen dieser Einheit beratend zur Seite.

Auch das Special Assistance Team (SAT) kommt bei denjenigen Großschadensereignissen zum Einsatz, „bei denen Abholer oder Angehörige .... betroffen und außergewöhnlich hohem Stress ausgesetzt sind“[783]. Mitglieder des SAT sind Mitarbeiter/innen der Fraport AG, welche diese Tätigkeit ehrenamtlich ausüben und in Schulungen/Rollenspielen auf einen eventuellen Einsatz vorbereitet werden. Zusätzlich kann vom SAT die Unterstützung der Flughafenseelsorge angefordert werden. Die Flughafenseelsorger/innen kümmern sich dann ebenfalls um Angehörige von „unverletzten Betroffenen“[784].

Durch regelmäßige ausdifferenzierte Notfallübungen bereitet sich die Fraport AG auf einen möglichen Ernstfall vor.[785]

Die differenzierten Einrichtungen der Fraport AG innerhalb des Notfall- und Krisenmanagements zeigen, dass durch den Flughafenbetreiber konzeptionell durchdachte, gezielte Maßnahmen für einzelne Szenarien unterschiedlichen Ausmaßes zur Verfügung stehen, die einem strukturierten Verfahren unterliegen. Eine solche Aufbau- und Ablauforganisation sollte m. E. für die NFS in der zivilen Luftfahrt erstellt werden.

Festzuhalten ist, dass die NFS als Teil der Flughafenseelsorge im Kontext eines Notfallmanagements ausschließlich und ergänzend als operativer Partner innerhalb des SAT-Teams zum Einsatz kommt.

Wer sich um die psycho-soziale Erstversorgung von Angehörigen verletzter Betroffener bei Großschadensereignissen kümmert, ist, wie auch die generelle Betreuung von Angehörigen betroffener Personen eines Nicht-Großschadensereignisses, (noch) nicht geregelt.

---

[782] FRAPORT AG, 2004–2013b.

[783] Ebd.

[784] Ebd.

[785] Vgl. ebd.

4.2 Rahmenbedingungen und Organisation einer Notfallseelsorge in der zivilen Luftfahrt

4.2.1 Einführung

Aufgrund der hohen Dynamik und Vernetzung von Institutionen und Prozessen bei Katastrophen in der zivilen Luftfahrt bedarf es einer Organisationsform der NFS, die eine optimale Zusammenarbeit und Kommunikation zwischen allen Beteiligten und Betroffenen ermöglicht.

Im folgenden Kapitel sollen die theoretischen Grundlagen einer Organisationsentwicklung dargestellt werden. In der nachfolgenden empirischen Studie sollen die entsprechenden Erkenntnisse dazu ausgewertet werden, damit zum Schluss ein Konzept bzw. grundlegende Struktur für ein notfallseelsorgerisches Wirken in der zivilen Luftfahrt aufgezeigt werden können. Hier sollte auch auf Aspekte einer interdisziplinären Organisationsentwicklung in Verbindung mit einer psychosozialen Seelsorge eingegangen werden.

4.2.2 Definition Organisationsentwicklung (OE)

Ein Definitionsversuch von Organisationsentwicklung bietet Becker. Er versteht unter OE einen „Sammelbegriff für eine systematische, zielorientierte Veränderung der organisatorischen Strukturen und Prozesse“[786].

Häfele definiert Organisationsentwicklung als einen „Veränderungsprozess der Organisation und er in ihr tätigen Menschen“[787].

Der Begriff der Organisationsentwicklung ist demnach offen angelegt. Generell dient sie dazu, komplexe Situationen und Systeme hin auf ein Problemlösungspotential zu optimieren, um effiziente Operationen des Unternehmens respektive des laufenden Betriebes zu gewährleisten. Sie zielt auf einen komplexen Veränderungsprozess bei laufendem Betrieb und mit dem Ziel der Innovation der Organisation und einer höheren Anpassung an die organisationalen Kontexte.[788] Aus diesem Grund ist es gerade für eine NFS in der zivilen Luftfahrt unabdingbar, die eigenen theoretischen Grundlagen, die wesentlichen Strukturen, Abläufe und Teamzusammenarbeit[789] weiter zu entwickeln. Denn aufgrund der Akteure unterschiedlicher

[786] BECKER, 1994, S. 275.

[787] HÄFELE, 1993, S. 21.

[788] Vgl. SCHIERSMANN/THIEL, 2011, S. 17.

[789] Zum Teambegriff: Vgl. SCHIERSMANN/THIEL, 2011, S. 233. Team wird hier verstanden als eine Arbeitsgruppe, die aufgrund gemeinsamer Gruppen- und Kommunikationsnormen

Abteilungen und Gruppen, der vielfältig zu beachtenden Problemlösungspotentiale und der hohen Komplexität der Situation (Notfalllage) muss die einzelnen Handlung innerhalb der NFS auf klaren organisatorischen Strukturen und Prozessen und auf vereinbartem Verhalten ihrer Mitarbeiter/innen zurückgreifen.[790] Durch eine gezielte OE können Mitarbeiter/innen, Teams und ihre Kompetenzen, ihrer Arbeitsfelder, -aufträge und -strukturen sowie die bestehenden Problembereiche und die zu erreichenden Lösungsziele zunächst erfasst werden. Meist wird dieser Prozess durch externe professionelle Organisationsentwickler angestoßen und beraten sowie durch interne Koordinierungsgruppen begleitet und gesteuert.[791]

4.2.3 Schlüsselbegriff „System" innerhalb der Organisationsentwicklung

Im Folgenden soll die Bedeutung des Systembegriffs innerhalb der Organisationsentwicklung terminologisch geklärt werden. Grundlage hierfür stellt der konsensfähige Forschungsstand aus Organisationsentwicklung und Organisationspsychologie dar.

So lässt sich ‚System' als „ein Netzwerk von Beziehungen, das Teile zu einer Gesamtheit ordnet"[792] verstehen. Es wird deutlich, dass das entscheidende Merkmal eines Systems in der Beziehung der einzelnen Komponenten zu finden ist. Diese unterschiedlichen Beziehungen zwischen Teams, Strukturen und Arbeitsfeldern sind nicht nur ständig in Bewegung, sondern werden von den Akteuren der Organisation auch unterschiedlich konstruiert.[793] Eine singuläre Beschreibung der beteiligten Schnittstellen kann ohne eine direkte In-Beziehung-Setzung aufgrund der vorhandenen komplexen Strukturen und unterschiedlich verfolgten Lösungsansätze und Ziele nicht erfolgversprechend sein.[794]

Dieser Aspekt einer Organisation von NFS im Kontext eines kooperativ-systemischen Lösungsansatzes soll im folgenden Kapitel beschrieben werden.

---

zusammen Problemlösungen entwickeln, indem sie Ziele festlegen, Maßnahmen hierfür vereinbaren und umsetzen, zu evaluieren und zu reflektieren. Teams sind eigene soziale Entitäten.

[790] Vgl. BECKER, 1994, S. 275.

[791] Vgl. SCHIERSMANN/THIEL, 2011, S. 17.

[792] EICHHORN, 1997, S. 33.

[793] Vgl. SCHIERSMANN/THIEL, 2011, S. 58–59.

[794] Vgl. ebd.

4.2.4 Rahmenbedingungen des Arbeitssystems zivile Luftfahrt

Die Rahmenbedingungen innerhalb des Arbeitssystems der zivilen Luftfahrt sind vor allem durch die Zunahme der Komplexität in der zivilen Luftfahrt in den letzten Jahren und durch die Zunahme der Ansprüche der Passagiere und Mitarbeiter/innen geprägt.[795] Dieser Wandel ist nicht vom Einzelnen zu steuern, sondern bedarf unterschiedlicher Interventionen verschiedener Akteure, die die Organisationsentwicklung vorantreiben.[796]

4.2.4.1 Zunahme der Komplexität

Bis zu Beginn der 1990er Jahre stellte der Verkehrsträger Flugzeug meist ein bloßes Mittel zum Zweck dar, um Menschen von einer Destination A zu einer Destination B zu befördern. Das Flugzeug diente also lediglich als Transportmittel. Heute stellt sich der Flugablauf (flight operations) für Passagiere aufgrund einer Zunahme von Intermodularität deutlich komplexer dar.[797] Jeder große Zivilflughafen stellt nicht nur einen bloßen Verkehrsknotenpunkt, sondern ein eigenes „multifunktionale[s] Dienstleistungszentrum"[798] dar. Flughäfen sind heute Verkehrsträger und Wirtschaftszentren in Einem: Hier finden Konferenzen und Tagungen statt, Büros und Einzelhandel haben hier ihre Filialen aufgebaut, breite gastronomische Angebote und Freizeitangebote (Spielcenter, Fitnesszentren) prägen das Flughafengelände zusätzlich zu den Büros, Schaltern, Gepäckaufgabe, Frachtabwicklung und Sicherheitszonen, Passkontrollen etc.[799] Flughäfen stellen einen zentralen Arbeitgeber in der jeweiligen Region dar und bilden Hunderte von Mitarbeiter/innen aus. Sie ziehen weitere Firmen an und werden deshalb zum Jobmotor. Flughäfen wandeln sich vom Airport zu „Städte[n] in der Stadt"[800], zu einer „Aerotropolis"[801] oder Airport-City.

Dabei werden die einzelnen Handlungsabläufe und administrativen Prozesse zunehmend komplexer und vernetzter. Mithilfe von elektronischer Datenverarbeitung ist oftmals der direkte Kundenkontakt nicht mehr notwendig oder reduziert sich auf ein Minimum. Dadurch werden Kommu-

[795] Komplexität ist aber kein Alleinstellungsmerkmal der zivilen Luftfahrt, sondern gilt im Prinzip für alle Wirtschaftsfelder in modernen Industriegesellschaften. Vgl. SCHIERSMANN/THIEL, 2011, S. 11.

[796] Vgl. ebd.

[797] Vgl. BIESIADECKA, 2009, S. 21–22. Intermodularität bezeichnet die Vernetzung von einzelnen Verkehrsträgern miteinander, z. B. Luft-, Schiffs- und Schienenverkehr.

[798] Geschäftsbericht des Flughafens Hamburg, 2000, S. 22, zit. nach BIESIADECKA, 2009, S. 22.

[799] Vgl. ebd.

[800] Geschäftsbericht des Flughafens Hamburg, 2000, S. 22, zit. nach BIESIADECKA, 2009, S. 22.

[801] WEINRICH, zit. nach: ebd. Siehe auch FRAPORT AG, 2004–2013a: Fraport auf einen Blick.

nikationswege gleichzeitig anonym und unübersichtlich (wie jeder, der seinen Flug verpasst hat, aus eigener Erfahrung weiß). Viele Fluggäste benötigen durch den Schnell-Check-in keinen Kontakt mit der Fluggesellschaft, sondern steigen nach dem Sicherheitscheck direkt in die Maschine ein und/oder checken ihr Gepäck bereits an einem Bahnhof in Deutschland ein.[802] Weiterhin kommt es zu einer Veränderung der am Flugbetrieb beteiligten Passagiergruppen mit differenzierteren Ansprüchen als noch vor Jahren. Immer mehr Unternehmen, interne Dienstleister und Anwohner extern haben an den Flughafen zunehmende und teilweise gegensätzliche Erwartungen.[803]

Die Zunahme von Komplexität in den Abläufen und Netzwerken im Flughafen führt dazu, dass die einzelnen Prozesse einer exakten Koordinierung bedürfen. Störungen im Betriebsablauf müssen seitens der Leistungsträger rechtzeitig erkannt und abgestellt werden.

Eine Notfallsituation stellt eine solche Störung dar, weshalb es einer arbeitsorganisatorisch kooperierenden NFS bedarf, die sich innerhalb von Notfallsituationen situativ wirksam in den jeweiligen Prozess einbringt. Die komplexen Systeme können also im optimalen Fall weiter funktionieren, wobei die NFS als Teil dieses Gesamtprozesses agieren kann. Indem die Bewältigung von Notfällen modular organisiert wird und sich durch Pläne

---

[802] So besteht zum Beispiel an einigen Bahnhöfen in Deutschland bereits die Möglichkeit, für einen in einer anderen Stadt beginnenden Flug an eigens dafür vorgesehenen Schaltern einzuchecken und sein Gepäck aufzugeben, welches abhängig von der Flugroute bis zum Zielort durch abgefertigt wird. Aufgrund diverser Rahmenabkommen von Verkehrsträgern (z. B. Fluggesellschaften und Bahngesellschaften miteinander) wird dem Gast ermöglicht, in einem Vertragsdokument (Ticket) bei lediglich einem Leistungsträger (Vertragspartner) eine teils über mehrere Abschnitte, Länder und Verkehrsmittel führende Reise zu buchen. Dies führt zu einer organisatorischen Komplexität von Abläufen in der Flugbetriebsdurchführung.
Dies soll an einem konkreten Beispiel verdeutlicht werden: Ein Fluggast bucht eine Reise von Stuttgart Hauptbahnhof über Frankfurt Flughafen und Los Angeles Airport nach Honolulu/Hawaii. Bei dem Gast handelt es sich um einen amerikanischen Staatsbürger, der sein Flugticket über das Internet bei der Fluggesellschaft United Airlines erworben hat. Laut Auskunft seines Reiseplans hat er für alle Teilstrecken eine United Airlines Flugnummer. Aufgrund der Zugehörigkeit von United Airlines zur Star Alliance werden bestimmte Flüge durch den Kooperationspartner im jeweiligen Heimatmarkt (in Deutschland handelt es sich bei diesem Beispiel um die Deutsche Lufthansa AG) durchgeführt. Diese hat ihrerseits mit der Deutschen Bahn für die Strecke Stuttgart Hauptbahnhof nach Frankfurt Flughafen ein Abkommen, welches die Bahn zur Durchführung der Teilstrecke im Auftrag der Deutsche Lufthansa AG ermächtigt. Man spricht von einem sogenannten Code-Sharing. Die Flugnummer der durchführenden Fluggesellschaft wird mit anderen vertraglich berechtigten Leistungsträgern geteilt. Oft kommt hinzu, dass die Fluggesellschaften in Flughäfen kein eigenes Personal beschäftigen, sondern Agenten (Mitarbeiter) eines Subsidiars (Handling-Unternehmen) die Abfertigung durchführen.

[803] Vgl. BIESIADECKA, 2009, S. 27–28.

und Übungen mit verschiedenen Organisationen umfassende Handlungsroutinen aller Akteure ausbilden, können Flughafenkrisenstäbe relativ schnell agieren.

4.2.4.2 Zunahme der Passagieransprüche

Wie bereits beschrieben, stand noch bis vor wenigen Jahren der bloße Transport der Passagiere (und Frachten) von A nach B im Vordergrund. Heute sind die Erwartungen der Passagiere und der Anspruch an die Qualität der einzelnen Dienstleitungen stark gestiegen, die vor, während und nach dem Flug angeboten werden sollen. Aufgrund einer Vielzahl konkurrierender Fluggesellschaften und Flughäfen betreiben diese eigens spezialisierte Fachabteilungen um die Kundenansprüche zu messen, die Ergebnisse zu analysieren, um Handlungskonzepte davon abzuleiten und Wettbewerbsvorteile gegenüber Mitbewerbern zu erzielen. Für den Fluggast/ Kunden ergibt sich daraus ein optimiertes Serviceangebot, das aber wiederum eine höhere Organisation erfordert. Wettbewerb bestimmt sowohl das Agieren der Fluggesellschaften wie der Flughafenbetreibergesellschaften an den einzelnen Standorten untereinander.[804]

Dass Qualitätsansprüche und Serviceerwartungen der Kunden steigen, gilt dementsprechend folgerichtig für die NFS. Es ist anzunehmen, dass auch Menschen in der NFS höhere Ansprüche an die Effizienz dieses Dienstes stellen als früher. Um hier eine dienstleistungsorientierte Notfallseelsorge zu entwickeln, muss in regelmäßigen Abständen eine Art Bestandsaufnahme und Qualitätskontrolle in Form von Befragungen durchgeführt werden. Hierbei sollte zwischen einer internen und externen Qualitätskontrolle unterschieden werden: Die interne Qualitätskontrolle hat dabei das Ziel, zu erkennen, wo Schwachstellen entstehen können respektive Qualitätsanforderungen nicht erfüllt worden sind. Diese sollen durch weitere Maßnahmen behoben werden.[805] Die externe Qualitätskontrolle verfolgt das Ziel, dem Kunden gegenüber einen Nachweis der erbrachten Leistung zu liefern.[806] Ein wesentlicher Schritt in die Richtung einer NFS mit hoher Qualität sind die konsensual erarbeiteten bundesweiten Qualitätsstandards und Leitlinien Teil I und I Psychosoziale Notfallversorgung, denen sich die katholische NFS angeschlossen hat.[807]

---

[804] Vgl. TRUMPFHELLER, 2006, S. 219.

[805] Vgl. EICHHORN, 1997, S. 33.

[806] Vgl. ebd.

[807] Vgl. BUNDESAMT FÜR BEVÖLKERUNGSSCHUTZ UND KATASTROPHENHILFE (BBK), 2012, S. 5. Notfallseelsorger/innen gelten hiernach als „psychosoziale Akuthelfer" oder „operative PSNV-Akteure" (zusammen mit Kräften, „die im direkten Kontakt PSNV

4.2.4.3 Organisation von Notfallseelsorge

In der nachfolgenden, schematischen Darstellung soll zunächst ein Überblick über die in einer Krisensituation in der zivilen Luftfahrt beteiligten Institutionen/Personen dargestellt werden, welche sich um die Situation/das Ereignis abbilden.

In der Notfallsituation sollen fundierte Erkenntnisse gesammelt und ausgewertet werden, um dadurch entsprechende Hilfsmaßnahmen ableiten zu können. Von dieser Situation hängt die weitere Kommunikations- und Interaktionskette der Seelsorger/innen und weiterer Akteure der PSNV ab.[808]

Es ist wichtig, von Beginn an offen und aktiv mit allen Akteuren und Ebenen der Notfallversorgung zu kommunizieren, um eine einheitliche Zielsetzung zu erreichen, auch wenn Teilziele der einzelnen Akteure durchaus verschieden ausfallen können. Ist die Situation in ihren grundlegenden Eckpunkten zunächst erkannt, kann die Arbeit der NFS beginnen.

Ferner sollen aufgrund der Ergebnisse der vorangegangenen Kapitel die Interaktion und Erwartungen der einzelnen Gruppen formuliert werden. Ziel ist es hier, die Bedeutung eines kooperativ, systemischen Lösungsansatzes für eine wirksame Notfallseelsorge in komplexen Systemen konkret am Beispiel der zivilen Luftfahrt zu definieren.

4.2.4.4 Notfallseelsorge – Person

NFS bedarf immer einer kirchlichen Rückbindung. Notfallseelsorger/innen sind neben der Autonomie ihres seelsorglichen Dienstes meist integraler Bestandteil einer säkularisierten Hilfsmannschaft mit einer christlichen Fundierung ihres Dienstes. Letztere stellt das Proprium dieses Dienstes dar, da von hier aus die spirituelle Deutung der Situation eröffnet werden kann.[809]

Zu Beginn muss die Motivation des/der Seelsorgers/in für die NFS geklärt werden. Ein/e Seelsorger/in kann nur glaubhaft agieren und effektiv Hilfe zu Teil werden lassen, wenn er oder sie selbst dazu bereit und kom-

leisten; zielgruppenspezifische Versorgung der Bedürfnisse und Bedarfe von Überlebenden, Angehörigen, Hinterbliebenen, Zeugen und/oder Vermissenden bzw. Einsatzkräften". S. 28.

[808] Vgl. BUNDESAMT FÜR BEVÖLKERUNGSSCHUTZ UND KATASTROPHENHILFE (BBK), 2012, S. 39. Vgl. MÜLLER-CYRAN, 2006, S. 48: „Die Situationen sind nicht nur wegen ihrer einzelnen Variablen, sondern konstitutionell nicht kontrollierbar und ‚in den Griff zu bekommen'." Die Situationen zumal gerade in Großschadenslagen, aber auch in Alltagssituationen, scheinen oftmals jeder Struktur zu entbehren. Vgl. S. 53–54. Deshalb ist eine strukturierte Rettungskette überlebensnotwendig für Betroffene wie Helfende.

[809] Vgl. KLEY, 1998, S. 84–85. Vgl. KUNZ, 2012, S. 2–5.

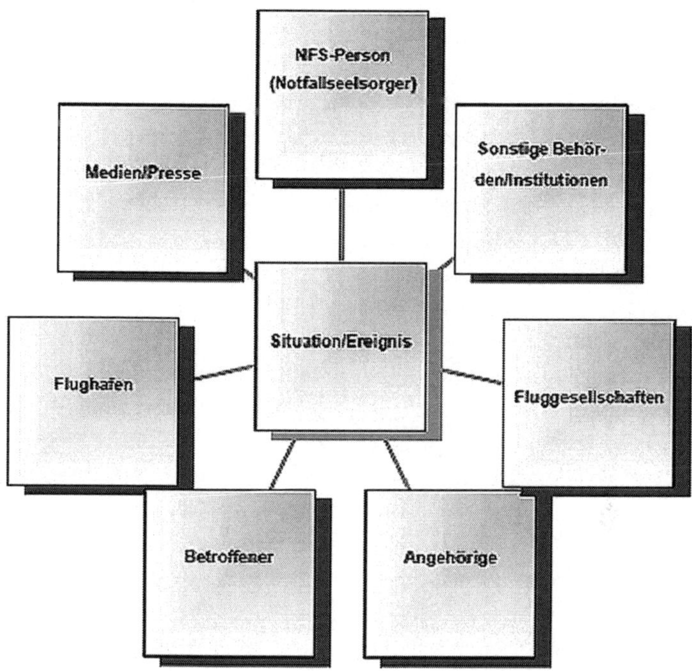

Abb. 7: Organisationsschema: Situation/Ereignis in einer Notfallsituation (Eigene Darstellung)

petent ist. Dadurch ergibt sich die Frage, ob Seelsorgepersonal für NFS von der Bistumsleitung z. B. obligatorisch abgestellt werden können. Neben dem christlichen Glauben ist zu fragen, ob und wie eine Grundausbildung erfolgen muss, die nicht nur seelsorgerische Aspekte zum Inhalt hat. Auch ist zu fragen, ob Rechtsvorschriften und Kenntnisse über Prozesse in der zivilen Luftfahrt bekannt sein müssen, um konkret Auskunft geben zu können. Die entscheidenden Voraussetzungen für den Einsatz der NFS sind eine ausreichende Ausstattung mit Zeitkontingenten und Kooperationsbereitschaft und -fähigkeit mit Einsatzkräften der PSNV bzw. mit dem Krisenstab am Flughafen.

Von den Betroffenen/Angehörigen wird erwartet, dass sich der Seelsorger in diesem Moment ausreichend Zeit für sie nimmt. Er kann in der Regel mehr Zeit mitbringen als andere Einsatzkräfte (Notfall- und Rettungskräfte). NFS ist keine pauschale Intervention, die sich allgemein an eine große Gruppe wendet, sondern bezieht sich auf das Individuum und seine direkten Angehörigen und Helfer. Der einzelne Mensch respektive die einzelne Familie stehen mit ihren persönlichen Problemen im Zentrum jedes notfallseelsorgerischen Wirkens. Auf eine persönliche Notfallseelsorge sollte geachtet werden, da jeder Mensch unterschiedlich mit Situationen umgeht und nur eine Person- und situationsspezifische Notfallseelsorge erfolgversprechend scheint. Der NFS-Mitarbeitende muss aber vorab einschätzen können, ob mehrere Betroffene im Akutfall gemeinsam zu betreuen sind. Insbesondere am Flughafen müssen häufig auch Fremdsprachige betreut werden, die ggf. einen sprachkundigen Betreuer benötigen. Kollegen/innen mit spezifischen Kompetenzen sind auf jeden Fall herbeizuziehen, wenn spezifischer Bedarf besteht („z. B. Umgang mit Gruppen von Kindern, Betreuung sexuell traumatisierter Frauen, persönliche, evt. private Bekanntschaft mit dem/einem Betroffenen"[810]). Ein Seelsorger/in muss seine eigenen Grenzen deutlich kennen und mit einbeziehen, um optimal helfen zu können.

Eine funktionierende Kooperation zwischen den einzelnen Einrichtungen und Institutionen ist hier von zentraler Bedeutung. Notfallseelsorger/innen agieren nicht losgelöst von den anderen Institutionen. Sie sind gleichzeitig integraler Bestandteil des Gesamtprozesses und haben doch ein spezifisches Teilziel aufgrund ihres kirchlichen Auftrags. Deshalb ist es wichtig, dass sich die NFS im Prozess der Notfallversorgung vollständig auf die spirituell-psychosoziale Notfallversorgung konzentrieren kann und von anderen Aufgaben in Flughafenseelsorge/Gemeindedienst etc. freigehalten wird. Mitarbeiter/innen müssen obligatorisch ständig eine gute Kommunikation zu anderen Schnittstellen aufrechterhalten.[811]

4.2.4.5 Flughafen

Ein Flughafen kann sowohl Ort eines Notfalls (respektive einer Katastrophe) sein oder indirekt als wesentlicher Ort fungieren, der mit den Menschen in

---

810 MÜLLER-CYRAN, 2006, S. 72.

811 So fordern es die Qualitätsstandards für die PSNV: Vgl. BBK, 2012, S. 39. „Schnittstellen, Zuständigkeiten und Fachaufsichten der PSNV sind zu gestalten und zu klären. Zur Schaffung von Handlungssicherheit und Rechtssicherheit ist es erforderlich, die Zuständigkeiten für die PSNV in der Akutphase belastender Notfälle bzw. Einsatzsituationen und in Organisationen des Einsatzwesens zu klären sowie vertikale und horizontale Schnittstellen, Schnittmengen und Übergänge zu gestalten und abzustimmen. Damit einhergehend sind Fragen der Fachaufsicht und der fachlichen Leitung in der PSNV zu klären, wie beispielsweise die Qualifikation der fachlichen Leitung der Teams in der psychosozialen Akuthilfe oder die Fachaufsicht für PSNV-Maßnahmen im Einsatzfall."
Vgl. MÜLLER-CYRAN/RADIX begrüßen einen „erfolgreichen Abschluss der Konsensuskonferenz" und die neuen Qualitätsstandards ausdrücklich. SPRECHERGRUPPE DER KATHOLISCHEN KONFERERNZ DER DIÖZESANBEAUFTRAGTEN FÜR DIE NOTFALLSEELSORGE & KONFERENZ EVANGELISCHE NOTFALLSEELSORGE IN DER EKD; in: BBK, 2012, S. 85.

der Region des tausende Kilometer entfernt liegenden Notfalls verbunden ist. Als Betreiber kommt der Flughafengesellschaft eine entscheidende Rolle zu. Sie ist ein wesentliches Element der Koordinierung der Hilfsmaßnahmen durch den Krisenstab.[812] Seine Koordinationsarbeit beinhaltet, in ausreichendem Maße und kompetente Fachkräfte anderer Dienste in die Notfallversorgung zu integrieren. Die Flughafenbetreibergesellschaft muss die Organisationsstruktur für die Notfallversorgung sicherstellen und auf jeden Fall rechtzeitig präventiv reagieren. Dazu gehört obligatorisch die rechtzeitige Krisenkommunikation.[813]

4.2.4.6 Betroffene /Angehörige

Ist die Person, die den Notfall erlitten hat, beziehungsweise die Angehörigen selbst vor Ort, die um einen Verunglückten in Sorge sind oder trauern, so soll ihnen seitens der NFS die uneingeschränkte Aufmerksamkeit geschenkt werden. Der/die Notfallseelsorger/in soll die Möglichkeit haben, sich idealerweise individuell diesen Menschen zuwenden zu können. Dabei muss er oder sie die Möglichkeit haben, sich selbst angesichts der zeitgleich laufenden Rettungsmaßnahmen auf die Situation zu konzentrieren.[814]

Hierbei sind diese Personengruppen auf die Mithilfe seitens anderer Schnittstellen, zum einen der Flughafenbetreiber- bzw. die Fluggesellschaft und sonstiger Institutionen und Behörden (z. B. bei der Beschaffung von Ersatzdokumenten) angewiesen. Es erscheint also sinnvoll, da die Betroffenen/Angehörigen meist in sehr kurzer Zeit unterschiedliche (medizinische, seelsorgerische, administrative und behördliche) Hilfen in Anspruch nehmen müssen, diese während der gesamten Phase durch eine Vertrauensperson (Notfallseelsorger) in Form einer individuellen Care-Assistance zu begleiten und zu unterstützen. So kann verhindert werden, dass sich die Betroffenen in dieser emotionalen Ausnahmesituation ständig an neue Personen gewöhnen müssen. Diese Bezugsperson sollte aktivierend wirken und als verlässlicher Ansprechpartner ein Backup darstellen.

[812] Vgl. BIESIADECKA, 2009, S. 261. Vgl. FRAPORT AG, 2004–2013b. „Der Flughafen Frankfurt verfügt über eine effiziente Notfallplanung, die in einem Notfallhandbuch festgelegt ist. Zur Krisenvorsorge hält die Fraport AG ein Krisenzentrum, inklusive der notwendigen Verfahren und der entsprechenden Krisenstabsorganisation, bereit. Um auf Notfälle vorbereitet zu sein, werden verschiedene Notfallübungen im Einklang mit den gesetzlichen Vorgaben und den internationalen Richtlinien durchgeführt."

[813] Vgl. BIESIADECKA, 2009, S. 125–127. Vgl. FRAPORT AG, 2004–2013b.

[814] Vgl. MÜLLER-CYRAN, 2006, S. 86.

4.2.4.7 Zur Fluggesellschaft

Fluggesellschaften sind meist unmittelbar von einer Katastrophe betroffen, da sie aufgrund eines Flugunglücks zum Auslösen der Notfallsituation beitragen.

Zwei Faktoren sind bei der Betrachtung entscheidend. Zum einen können Fluggesellschaften selbst Betroffene sein, da Kollegen/innen ggf. zu den Verletzten und Opfern zählen. Sie müssen identifiziert werden und adäquat versorgt werden. Ferner können sie in der Notfallseelsorge ggf. als helfende Akteure nicht mit agieren, da sie aufgrund ihrer eigenen Belastungen/Verletzungen (physischen oder psychischen) nicht immer dazu in der Lage sind, Krisenintervention zu leisten. Dies gilt für alle an einer Notfallseelsorge beteiligten Personengruppen. Wenn man sich aus unterschiedlichen Gründen nicht in der Lage sieht, diesen Dienst zu leisten, sollte besser auf eine aktive Teilnahme verzichtet werden.

Zum anderen darf nicht außer Acht gelassen werden, dass die Fluggesellschaften diejenigen sind, welche aufgrund der direkten Beteiligung (dies sei hier als Ausgangspunkt vorausgesetzt) über das größte Datenmaterial verfügen. Ihre Aufgabe besteht darin, dieses dem Krisenstab zeitnah zu kommunizieren, um so einen optimalen und zeitgerechten Arbeitsfluss auch der NFS gewährleisten zu können. Auch im Hinblick auf Sicherheit stellt Kommunikation eine entscheidende Größe in der NFS dar. Informationen über Gefahrenquellen an der Unfallstelle, z. B. Explosivstoffe sollten vom Krisenstab an die psychosozialen Akuthelfer/innen (und damit auch der NFS) weitergegeben werden, damit diese ihrerseits die Eigensicherung beachten können.

4.2.4.8 Zu sonstigen Behörden/Institutionen

Bei einer Katastrophe in der zivilen Luftfahrt wirkt eine Vielzahl von Rettungskräften und Behörden zusammen. Wichtig ist es im Kontext der NFS, dass die handelnden Personen (Polizisten, Zollbeamten, etc.) sich ihrer jeweils primären Aufgabe widmen und nicht als zusätzliche Seelsorger auftreten. Dies impliziert insbesondere, dass diese natürlich eine menschliche Anteilnahme an dem Schicksal zeigen dürfen. Genauso wie der Notfallseelsorger keine polizeilichen Maßnahmen durchführt, sollen Mitarbeiter/innen diverser Behörden, die nicht direkt zu den Notfallseelsorgeteams zählen und nicht mit der NFS eigens betraut sind, eine solche auch nicht ausüben.[815]

[815] Dabei ist auch darauf zu achten, dass ungeeignete oder nicht beauftragte Personen plötzlich

Des Weiteren ist es unabdingbar, dass eine geeignete Kommunikation mit allen anderen Schnittstellen erfolgt, um sicherzustellen, dass die beteiligten Personengruppen auf dem gleichen Wissensstand sind. Aufgrund hoheitlicher Rechte des Bundes und der Länder empfiehlt es sich, ein Kriseninterventionszentrum unter der Oberleitung einer Behörde einzurichten. Es empfiehlt sich ferner, dass es sich hierbei um die Aufsichtsbehörde des jeweiligen Bundeslandes handelt, welches mit dem Flugverkehr in der zivilen Luftfahrt betraut ist.

4.2.4.9 Zu den Medien/ Presse

Im medialen Zeitalter ist es grundsätzlich wichtig, die Vertreter der Medien, damit seien ausdrücklich auch Formen der Social Media gemeint, in eine wirksame NFS zu integrieren. Kommunikationsplattformen wie Twitter oder Facebook können die Öffentlichkeit über den aktuellen Sachstand informieren und ermöglichen, Spekulationen zu entkräften. Auch die Einbindung der professionellen Presse, die durch ihre Korrespondenten und Residenten weltweit gut organisiert und vernetzt ist, muss als Teil einer effektiven NFS angesehen werden. Es sollte rechtzeitig damit begonnen werden, den jeweils aktuellen Sachstand zu kommunizieren, da sonst die Gefahr eines investigativen Journalismus besteht, der zu einer Eigendynamik führen kann[816], in der jeder versucht, sich selbst zu übertreffen und Meldungen kommuniziert werden, die im Widerspruch zur Realität stehen und Betroffene/Angehörige und Helfende verunsichern können. Deshalb empfiehlt es sich, Medienvertreter über die Medienstelle des Krisenstabs aktiv in das Geschehen einzubinden und hierüber Informationen zu vermitteln. Interessen der Betroffenen und der Medien/Presse müssen sorgsam abgewogen werden.[817] Wie bei der PSNV generell, gilt auch für die NFS: Sie „widerspricht sich konstitutionell mit Medienarbeit, weil sie Menschen in der Intimität von Trauma und Trauer nahe ist“[818]. Um der Gefahr der Informationsweitergabe und der hohen Belastung mit zusätzlichen Medienvertretern zu reden, existiert mittlerweile im Großschadensfall immer eine Pressekonferenz, in denen über die PSNV auch die NFS – wenn nötig – eingebunden ist.[819]

---

am Ort des Geschehens eintreffen und sich als NFS ausgeben oder als solche plötzlich ungerufen agieren. Siehe das Beispiel bei MÜLLER-CYRAN, 2006, S. 166.

816 Vgl. ebd.

817 Vgl. BIESIADECKA, 2009, S. 312.

818 MÜLLER-CYRAN, 2006, S. 187.

819 Vgl. MÜLLER-CYRAN, 2006, S. 188.

4.3 Zusammenfassung

Aufgrund der hohen Dynamik und Komplexität des Systems Großflughafen muss die NFS optimal mit allen betroffenen Institutionen und Prozessen vernetzt sein. Dies gilt sowohl bei individuellen Krisen- und Notfällen wie Großschadenslagen bzw. Katastrophen in der zivilen Luftfahrt. NFS kann nur optimal agieren, wenn die Zusammenarbeit und Kommunikation zwischen allen Beteiligten reibungslos verläuft. Deshalb ist es wichtig, dass ein kooperativer, systemischer Lösungsansatz entwickelt wird, der die Kooperation mit den jeweiligen Akteuren umfasst.

5 Empirischer Teil

5.1 Forschungsinteresse und Ziele der empirischen Studie

Das Forschungsfeld der NFS im Kontext eines Verkehrsflughafens und als Teilgebiet der Flughafenseelsorge wurde bislang noch nicht in der Pastoraltheologie oder anderen theologischen Disziplinen bearbeitet. Bisherige Untersuchungen beziehen sich entweder nur auf die Notfallseelsorge insgesamt. Auch Studien, welche die NFS im Rahmen unterschiedlicher Institutionen und Organisationen untersuchen, sind ebenfalls bislang nicht bekannt.[820] theologische Fachpublikationen zur Flughafenseelsorge sind ebenfalls nur sporadisch vorhanden.[821] Dies ist insofern bedauerlich, da Flughäfen in der globalen Welt eine zunehmende wirtschaftliche und soziale Bedeutung haben. Will die Kirche dem konziliaren Leitbild des pilgernden und solidarischen Volk Gottes – unterwegs mit den Menschen in der Welt von heute – weiter folgen, muss sie sich mit ihren Aufgaben und Praxis in diesem bedeutsamen Segment der gesellschaftlichen Wirklichkeit befassen. Dies schließt eine Reflexion über die eigene Rolle und das Selbstverständnis der NFS innerhalb der Palette der kirchlichen Hilfen in Not- und Krisenfällen ein. Es ist aber von noch größerer Bedeutung für die Kirche, sich mit der Frage zu konfrontieren, welche spezifischen Angebote sie Menschen in Not- und Krisenfällen am Flughafen anbieten will und kann.

Insgesamt fehlen bis dato sowohl quantitative wie qualitative empirische Erhebungen zu Erwartungen und Vorstellungen von Gästen und Mitarbeiter/innen von Flughäfen als prospektive Adressaten/innen der NFS. Gleichermaßen sind Erwartungen und Sichtweisen von Experten/innen des Notfall- und Krisenmanagements zur NFS noch nicht systematisch erfasst worden, die im und am Flughafen mit individuellen Not- und Krisenfällen wie Großschadenslagen konfrontiert sind und die für die größtmögliche Sicherheit aller Personen am und im Flughafen verantwortlich sind.[822]

Dieses Defizit kann unterschiedliche Gründe haben: Einerseits wird NFS kirchlicherseits nur als obligatorisches Teilgebiet der Flughafenseelsorge verstanden, andererseits ist anzunehmen, dass sich die Praxis der NFS am und im Flughafen nicht wesentlich von anderen Einsätzen der NFS außerhalb der Organisation Flughafen unterscheidet. Aus gesellschaftlicher Perspektive und dem Blickwinkel der PSNV stellt die NFS vermutlich ein

[820] Ein Überblick zu den Studien zum Thema NFS findet sich bei WIETERSHEIM von, o.J.c.
[821] Ein Beispiel ist: BANFIELD, 1999.
[822] Vgl. FRAPORT AG, o.J.

selbstverständliches, gleichwohl leicht zu übersehenes Element der psychosozialen Notfallversorgung dar.

Es kann daher von pastoraltheologischem Interesse sein, mögliche Adressaten/innen für den Dienst der NFS nach ihren Kenntnissen, Vorerfahrungen und Erwartungen an die NFS am Flughafen zu befragen. Eine Untersuchung der Vorstellungen und Erwartungen von Experten/innen der Krisen- und Notfallmanagements am Flughafen kann die Erfassung der Nutzerperspektive um den Blickwinkel der Fachleute von Notfallversorgung erweitern.

Aus ihren Antworten müsste sich induktiv[823] ableiten lassen, welche unterschiedlichen Bilder, Sichtweisen und Perspektiven zur NFS im und am Flughafen vorhanden sind. Deshalb bietet es sich an, durch eine systematische qualitativ ausgerichtete Befragung „differenzierte Einblicke in die subjektive Weltsicht der untersuchten Personen“[824] zu diesem pastoralen Feld zu gewinnen. Im Mittelpunkt steht das „Verstehen im Sinne einer Rekonstruktion der Perspektive der Akteure“[825], wobei bereits vorhandene theoretische Konzepte an deren Aussagen angelegt werden, um sie im Rahmen dessen nachvollziehbar zu erklären.[826]

Mithilfe der vorliegenden Studie sollen deshalb Kenntnisse, Vorstellungen zu und Erwartungen an eine NFS im Flughafen Frankfurt von ausgewählten Personengruppen unter bestimmten Fragestellungen erfasst werden, um möglichst unterschiedliche Blickwinkel auf dieses pastorale Feld innerhalb des Großunternehmens Flughafens Frankfurt am Main (FRA) zu erhalten. Dieser Flughafen bietet sich besonders für eine solche Studie an, da er als deutsches und europäisches Drehkreuz für die Luftfahrt und als größte Airport City in Deutschland über das höchste Passagiervolumen an deutschen Flughäfen von 53,5 Millionen Passagieren pro Jahr verfügt (2008) und entsprechende umfassende Infrastrukturen mit zahlreichen Unternehmen aufweist. Darüber hinaus stellt er für viele deutsche Fluglinien die Heimatbasis dar. Außerdem ist speziell dieser Flughafen der größte Knotenpunkt für den Umstieg auf andere Verkehrsmittel (PKW/LKW, Bahn, Bus) in Deutschland.[827]

Die Studie verfolgt demnach folgende Ziele:

Einerseits soll die Nutzerperspektive der möglichen Adressat/innen von NFS im Kontext des Frankfurter Flughafens (FRA) eruiert werden. Damit soll der Blickwinkel der Personengruppen, für die NFS am Flughafen infrage

[823] Vgl. BORTZ/DÖRING, 2006, S. 300–301.
[824] BORTZ/DÖRING, 2006, S. 307.
[825] BORTZ/DÖRING, 2006, S. 301.
[826] Vgl. BORTZ/DÖRING, 2006, S. 302.
[827] Vgl. SCHULZ et al., 2010, S. 42–43.

kommen kann bzw. die bereits Angebote der Flughafenseelsorge kennen, qualitativ erfasst werden.

Auf der anderen Seite soll der Blickwinkel von Experten/innen der Notfallversorgung am Flughafen erfasst werden, um Aufgaben, Rolle und Bedeutung der NFS im Kontext des FRA genauer zu klären. Diese Personen erleben vermutlich die NFS im erweiterten Kontext der allgemeinen Sicherheitsleistungen und des Krisen- und Notfallmanagements am Flughafen Frankfurt und können daher aufgrund ihrer beruflichen Erfahrungen die spezifischen Aufgaben und Rolle der NFS im Kontext anderer psychosozialer Hilfeleistungen einordnen.

Aus den Studienergebnissen können unterschiedlich ergiebige multiperspektivische Hinweise für eine Konkretisierung der pastoralen Aufgaben und Möglichkeiten sowie Rolle der NFS speziell am FRA herausgearbeitet werden, die ggf. auch für die NFS an anderen Flughafenstandorten relevant sein können.

5.2 Design der Studie

Die durchgeführte empirische Studie stellt eine teilstrukturierte Befragung mit zwei unterschiedlichen Probandengruppen dar. Sie besteht aus den folgenden beiden Teilen:

1. Zunächst wurden Kenntnisse/Erfahrungen bzw. Erwartungen zur NFS im Flughafen von Gästen und Mitarbeiter/innen der Flughafenseelsorge im FRA in einer qualitativ ausgerichteten Befragung erfasst. Als methodisches Instrumentarium wurden Fragebögen eingesetzt, die die Probanden schriftlich ausfüllen sollten. Ergänzend wurden einige allgemeine Angaben der Probanden zu Geschlecht, Beruf, Alter, Flugreisehäufigkeit etc. erhoben.[828]
2. Des Weiteren wurden mithilfe von leitfadengestützten Interviews Perspektiven, Sichtweisen und Problemwahrnehmung zur NFS im Frankfurter Flughafen sechs ausgewählter Mitarbeiter/innen und Führungskräfte am Frankfurter Flughafen erfasst.

Es handelt sich um zwei Vorstandsmitglieder der FRAPORT AG, die für den Bereich Operations und Personal verantwortlich sind, sowie um eine lei-

[828] Zur Gegenüberstellung qualitativer und quantitativer Verfahren. Vgl. BORTZ/DÖRING, 2006, S. 298–300. Gegensätze zwischen beiden Verfahrensrichtungen sind nicht als Dichotomien, sondern als bipolare Dimensionen zu verstehen, die die zu erfassende Realität jeweils von unterschiedlichen Blickwinkeln erfassen.

tende operative Führungskraft FRAPORT AG, Leiterin des ERIC. Außerdem wurden drei Geistliche, zwei katholische Flughafenseelsorger und eine evangelische Flughafenseelsorgerin interviewt. (IP 1–3 FRAPORT AG; IP 4–6 Flughafenseelsorger/in).

Aufgrund der fehlenden empirischen Studienlage und der bisherigen eher rudimentären pastoraltheologischen Theoriebildung zu diesem pastoralen Feld interessieren zunächst die allgemeinen Kenntnisse und Erwartungen zur NFS am Flughafen: Damit hat die Untersuchung einen „theoriekonstruierenden Aspekt"[829]. Die Studie hat somit den Anspruch einer Überblicksarbeit, mit deren Hilfe Annahmen über dieses Feld aus pastoraltheologischer Sicht aufgestellt werden.[830] Es besteht ferner dadurch die Möglichkeit, weitere Differenzierungen und Re-Interpretationen von pastoraltheologischen Erkenntnissen vorzunehmen, die bereits zur NFS vorliegen.[831]

Die Zielfragen der Untersuchung lassen sich folgendermaßen formulieren:

1. Teil:

- Welche Kenntnisse und Vorinformationen bestehen allgemein zur NFS – auch im Rahmen der Luftfahrt?
- Welche Erfahrungen haben Gäste und Flughafenmitarbeiter/innen mit NFS bisher allgemein und speziell am FRA gemacht?
- Welche Erwartungen bestehen ihrerseits an eine kirchliche Notfallseelsorge am Flughafen und speziell am Frankfurter Flughafen?
- Stellt NFS für sie eine Option im Krisen- oder Notfall am Flughafen dar?

2. Teil:

- Welche Kenntnisse haben Personen, die als Experten beruflich mit Not- und Krisenmanagement im Frankfurter Flughafen als FRAPORT Führungskräfte bzw. Seelsorger/innen beauftragt sind?
- Welches Verständnis von NFS wird von ihnen vertreten?
- Wie sehen sie die allgemeine Situation der NFS in der zivilen Luftfahrt allgemein und konkret am FRA?
- Welche Vorteile und Nachteile hat eine konfessionelle NFS?
- Welche Erwartungen bestehen ihrerseits an eine kirchliche Notfallseelsorge am Flughafen allgemein und am FRA?

[829] GLÄSER/LAUDEL, 2010, S. 265.
[830] Vgl. BÖHNKE/SCHÜLLER, 2011, S. 93.
[831] Vgl. ebd. Vgl. auch Kap. 2–4 dieser Arbeit.

- Welche praktischen Möglichkeiten sehen sie für eine Umsetzung der Erwartungen und Wünsche an die NFS?

Von Interesse kann auch sein, ggf. Gemeinsamkeiten und Unterschiede in den Ansprüchen und Erwartungen beider Gruppen herauszuarbeiten.

Die erhobenen Ergebnisse werden an die bisherigen theoretischen Befunde zur NFS am Flughafen eingeordnet.[832] Aus dem Vergleich der bisherigen theoretischen Erkenntnisse mit den Aussagen der Probanden sollen konkrete Hinweise auf mögliche Elemente eines pastoraltheologisch fundierten Handlungskonzepts, wie NFS innerhalb der zivilen Luftfahrt und als Teilgebiet der Flughafenseelsorge wirkungsvoll gestaltet werden kann, abgeleitet werden.

5.3 Forschungsverlauf

Vorarbeiten für die Untersuchung umfassten neben dem Fragebogendesign, der Auswahl der Probanden für die Befragung und Interviews auch Genehmigungen für die Umfrage vor den Räumlichkeiten der Katholischen Flughafenseelsorge (Zugang Empore Mitte Terminal 1 Halle B). Die Zustimmung aller Probanden wurde eingeholt, ihre Antworten anonymisiert in der Studie zu verwenden.

Die Befragung fand in schriftlicher Form im Zeitraum von März bis Juli 2012 in zwei Phasen statt. Zuerst wurde vom 19. März bis 30. März 2012 mit zufällig befragten Personen ein Pretest durchgeführt[833], um die Qualität des Fragebogens und der dadurch erzielten Antworten zu prüfen. Es zeigte sich, dass lediglich graphisch ein paar Korrekturen am Fragebogen zur leichteren Handhabung durchgeführt werden mussten. Inhaltlich gab es zwischen dem Fragebogendesign der Pre-Phase und der eigentlichen Studie keinen Unterschied. Das Fragebogendesign ist im Anhang beigefügt.[834]

Die Befragungen der Fluggäste und Mitarbeiter/innen des Frankfurter Flughafens wurden im Zeitraum vom 1. April bis 30. Juni 2012 durchgeführt. Die Studie wurde terminalseitig am Zugang zur Kapelle Terminal 1 Empore Mitte Halle B durchgeführt. Dafür wurden Probanden nach dem Zufallsprinzip vor den Flughafenseelsorgeräumen angesprochen. Die Probanden erhielten den Fragebogen und wurden über das Vorhaben aufgeklärt. Diejenigen, welche sich für die Befragung bereit erklärt hatten,

[832] Vgl. Kap. 2–4 dieser Arbeit.
[833] Vgl. BORTZ/DÖRING, 2006, S. 359.
[834] Vgl. Anhang dieser Arbeit.

konnten die Fragebögen in der Kapelle und im Büro ausfüllen.[835] Insgesamt konnten Datensätze von 257 Personen für den 1. Teil der Studie gewonnen werden. Ihre Erlaubnis wurde eingeholt, ihre Antworten in dieser Dissertation anonymisiert veröffentlichen zu dürfen. Deshalb handelte es sich bei den Angestellten größten Teils um Mitarbeiter/innen des operativen Flugbetriebs (Sicherheitspersonal, Check-In und Passage-Mitarbeiter/innen). Bei den Flugreisenden/ Gästen handelte es sich teils um Reisegruppen, teils um Geschäfts- oder Privatreisende und sonstige Besucher der Kapelle.

Im selben Zeitraum wurden die sechs Experten interviewt. Sie erfolgten persönlich im direkten Gespräch im Büro der Flughafenseelsorge und in Büroräumen der Flughafenbetreibergesellschaft Fraport AG, zwei Gespräche wurden telefonisch geführt. Antworten der Interviewpartner wurden per Diktiergerät aufgenommen. Die Interviews wurden wörtlich transkribiert.[836]

Vorab wurden die Interviewfragen den Experten dieses 2. Teils der empirischen Studie mündlich oder per E-Mail kommuniziert. Auch von ihnen wurde die Erlaubnis eingeholt, ihre Antworten in dieser Dissertation anonymisiert veröffentlichen zu dürfen.

5.4 Stichprobenauswahl

5.4.1 Interviews von Mitarbeiter/innen und Reisenden (1. Teil der Studie)

Die Befragung von Reisenden und Mitarbeiter/innen am FRA wurde schriftlich mithilfe eines Fragebogens vorgenommen. Die Auswahl von Probanden erfolgt als einfache Zufallsstichprobe aus den Passanten vor der Flughafenseelsorge im Terminal.[837]

Um gegebenenfalls Unterschiede im Hinblick auf Einstellungen zwischen verschiedenen Altersgruppen zu identifizieren, wurden die Probanden in je relativ gleich große Altersgruppen aufgeteilt:

Gruppe 1 repräsentiert die Befragten von 18 Jahre – 30 Jahre
Gruppe 2 repräsentiert die Befragten von 30 Jahre – 60 Jahre
Gruppe 3 repräsentiert die Befragten 60 Jahre +

[835] Vgl. BORTZ/DÖRING, 2006, S. 310–311.
[836] Vgl. Anhang dieser Arbeit.
[837] Vgl. BORTZ/DÖRING, 2006, S. 400.

Jedem Teilnehmer der Befragung und jedem Interviewpartner wurde eine Kennnummer zugeordnet, die eine anonyme Auswertung im Anschluss ermöglichte.[838]

5.4.2 Auswahl der Interviewpartner/innen – Experten/innen-Interviews (2. Teil der Studie)

Bei den Interviewpartner/innen der Experteninterviews handelt sich um die zwei katholischen Flughafenseelsorger/innen sowie die evangelische Flughafenpfarrerin mit langjährigen Erfahrungen in der Flughafenseelsorge und NFS am Frankfurter Flughafen. Die Vorstandsmitglieder der FRAPORT AG haben folgende Funktionen: Vorstand Operations und ehemaliger Arbeitsdirektor sowie leitende Funktion im Krisenmanagement im Flughafen Frankfurt.

Die Tonaufzeichnungen wurden wörtlich transkribiert.[839]

5.5 Untersuchungsmethoden und Fragebogendesign

Es handelt sich um eine explorative qualitativ-empirische Studie, die einen Beitrag zur Erfassung von Erfahrungen und Erwartungen an die NFS im Flughafen bzw. als Teil der Flughafenseelsorge am Beispiel des Frankfurter Flughafens erbringen soll. Der methodische Schwerpunkt der Studie liegt in der qualitativen Datenerhebung - ergänzt durch wenige quantitative Angaben.[840]

Bei den Interviews sollen Sichtweisen, Einschätzungen und Deutungen der möglichen Adressaten/innen von NFS im Flughafen erhoben werden. Die Auswertung der Interviews erfolgt in Anlehnung an das Verfahren der qualitativen Inhaltsanalyse nach Mayring.

Mayring entwickelte diese Form der Inhaltsanalyse, um regelgeleitet, intersubjektiv nachvollziehbar umfangreiches Textmaterial der Aussagen von Probanden hinsichtlich ausgewählter Fragestellungen auswerten zu können.[841] Damit soll der stärkeren Subjektbezogenheit der Forschung, der Deskription und Interpretation der inhaltlichen Aussagen der Subjekte in

[838] Vgl. BORTZ/DÖRING, 2006, S. 311–312.

[839] Vgl. ebd. Siehe Anhang dieser Arbeit.

[840] Bei einer quantitativen Datenerhebung geht es um die Häufigkeitsverteilung von bestimmten Merkmalen. Es kann ggf. eine wichtige Ergänzung zu den Ergebnissen der qualitativen Untersuchung darstellen.Vgl. GLÄSER/LAUDEL, 2010, S. 199.

[841] Vgl. BORTZ/DÖRING, 2006, S. 331–332.

ihrem alltäglichen Kontext entsprochen werden. Mayring geht davon aus, dass die Ergebnisse solcher Studien generalisiert werden können.[842]

In Abgrenzung zu einer globalen Auswertung soll nicht in kurzer Zeit ein Überblick über das Material erreicht werden, sondern eine qualitative Inhaltsanalyse enthält Feinanalysen, d.h. die Analyse kleiner Sinneinheiten. Im Mittelpunkt steht ein ausgearbeitetes Kategoriensystem, auf dessen Grundlage die zusammenfassende Deutung des Materials erfolgt.[843] Hierbei lassen sich drei Verfahren der Inhaltsanalyse nach Mayring unterscheiden:

- Zusammenfassende Inhaltsanalyse: Das Material wird auf eine Kurzversion herunter gebrochen, das die wichtigsten Inhalte umfasst. Methodisch werden Paraphrasierung, Generalisierung und Reduktion des Textmaterials vorgenommen.
- Explizierende Inhaltsanalyse: Bei unklaren Textbestandteilen werden ggf. zusätzliche Materialien aus anderen Textpassagen oder zusätzliche Informationen zum Probanden hinzugenommen.
- Strukturierende Inhaltsanalyse: Diese zusammengefasste und explizierte Kurzversion wird unter theoretischen Fragestellungen strukturiert. Dazu wird ein Kategorienschema herangezogen, das nach einem Probelauf verfeinert wird. Erst dann erfolgt die Endauswertung. Als Varianten sind inhaltliche Strukturierung (Themenauswahl), typisierende Strukturierung und skalierende Strukturierung möglich.[844]

Die Methode eignet sich für eine theoriegeleitete Textanalyse, die z.B. bei Interviews eingesetzt werden kann. Sie ist vor allem bei der Inhaltsanalyse von großen Materialbeständen sinnvoll.[845] Für die zusammenfassende Form der Inhaltsanalyse wird ein Kodierleitfaden erstellt, um die wesentlichen Textbestandteile/Aussagen genau zu erfassen. Der Auswerter erhält ihn als Handanweisung. Kernbestandteile sind Code/Ausprägung eines Merkmals (z.B. persönliche Belastung im Beruf), Definition (was ist unter schwacher, starker Belastung etc. zu verstehen?), Ankerbeispiele zur Veranschaulichung und Kodierregeln.[846] Nicht der Urtext der transkribierten Interviewaussagen ist entscheidend und somit nicht der jeweilige spezifische Kontext der Aussage, sondern die Auswertung des Textes anhand des Kategorienrasters. Dieses Raster wird an der Theorie entwickelt und dann an die Aussagen

[842] Vgl. MAYRING, 2002, S. 19. Siehe S. 26. Quantitative und qualitative Forschung stehen sich nicht dichotomisch gegenüber, sondern können sich gegenseitig ergänzen.

[843] Vgl. BORTZ/DÖRING, 2006, S. 331–332.

[844] Vgl. ebd. Vgl. der Ablauf bei MAYRING, 2002, S. 119.

[845] Vgl. ebd.

[846] Andere Varianten sind z.B. die Globalauswertung und Auswertung nach Grounded Theory, vgl. BORTZ/DÖRING, 2006, S. 331–334. Vgl. MAYRING, 2002, S. 122.

angelegt, um sie entsprechend systematisch zu zerlegen. Durch diese Kategorisierung werden „diejenigen Aspekte festgelegt, die aus dem Material herausgefiltert werden sollen“[847].

In dieser Studie wurde eine sehr vereinfachte Form der qualitativen Inhaltsanalyse genutzt. In Anlehnung an die von Mayring beschriebenen Verfahren, handelt es sich, um die gewählte Form einer Zusammenfassung. Die Antworten der Probanden wurden nach Kategorien geordnet, die sich auf durch die Forschungsliteratur erhobene Schwerpunktbereiche der NFS konzentrieren, um gezielte Informationen zu bestimmten Themen zur NFS am Flughafen zu entnehmen.[848]

5.5.1 Befragung von Gästen und Mitarbeiter/innen (1. Teil der Studie)

Für die Befragung von Gästen und Mitarbeiter/innen der Flughafenseelsorge und für die Experteninterviews standen vorab keine geeigneten Erhebungsinstrumente im Sinne eines Fragebogens bzw. eines Interviewleitfadens zur Verfügung. Deshalb wurden sowohl ein eigener Fragebogen mit offenen und geschlossenen Fragen wie ein Interviewleitfaden mit offenen Fragen an die Experten entwickelt.[849]

Der Fragebogen für die schriftliche Befragung von Fluggästen und Mitarbeiter/innen des FRA enthielt allgemeine Personalisierungsfragen und Fragen zu Kenntnissen zu und Erwartungen an die NFS (im Kontext des Frankfurter Flughafens):[850]

Dazu gehörten zunächst Fragen zu Geschlecht, Status (Mitarbeiter/in am Frankfurter Flughafen oder Passagier), Alter, Beruf, Bildungsabschluss, Lebenssituation, Häufigkeit der Flugreisen pro Jahr, Reisegrund (Privat/Geschäftlich).

Kenntnisse und Erwartungen an eine NFS wurden in geschlossenen und offenen Fragen erhoben:

- Spezifische Kenntnisse/Verständnis zum Begriff NFS
- Erfahrungen der Inanspruchnahme von NFS – in welcher Situation?
- Votum für Möglichkeit der Inanspruchnahme notfallseelsorgerliche Hilfen?
- Erwartungen an NFS.

[847] MAYRING, 2002, S. 114.
[848] Vgl. MAYRING, 2002, S. 65–134.
[849] Vgl. Anhang.
[850] Die Antworten sind daher nicht einfach bzgl. der NFS an anderen Standorten zu verallgemeinern.

5.5.2 Experteninterviews (2. Teil der Studie)

Die Experteninterviews wurden anhand eines eigens entwickelten Interviewleitfadens durchgeführt. Ein Interview wurde telefonisch, die fünf anderen wurden in persönlichem Gespräch durchgeführt.[851]

Der teilstrukturierte Interviewleitfaden wurde nach dem Vorbild von Flanagans „Critical Incident Technique"[852] (CIT) entworfen. Dadurch kann ein multiperspektivischer Einblick in die Vorstellungen und Meinungen zur wirkungsvollen notfallseelsorglichen Arbeit in der zivilen Luftfahrt gewonnen werden.

Ein Vorteil der CIT ist zum einen, dass die in den Interviews beschriebenen Situationen real sind (Realität).[853] Zum anderen ist aufgrund der Situationsbeschreibung unterschiedlicher Personentypen zu erkennen, dass nicht nur eine Quelle zur Befragung zur Verfügung steht.

Um die Gültigkeit von Ergebnissen innerhalb einer empirischen Studie zu bestätigen, schlägt Mayring vor, ein Interview mit demselben Interviewpartner nochmals zu wiederholen.[854] Diese Position ist nicht unumstritten. So gehen Heinze/Thiemann davon aus, dass bei einer detaillierten Beschreibung des Verfahrens der empirischen Studie, eine Wiederholung der Interviews nicht notwendig ist.[855]

Der Interviewleitfaden enthielt offene Fragen zu folgenden Themen:

1. Verständnis/Bild von Notfallseelsorge
2. Situation der Notfallseelsorge in der zivilen Luftfahrt allgemein
3. Situation der NFS am Frankfurter Flughafen
4. Vorteile einer konfessionellen (kirchlichen) Notfallseelsorge
5. Nachteile einer konfessionellen (kirchlichen) Notfallseelsorge
6. Erwartungen an NFS in der zivilen Luftfahrt und im Flughafen Frankfurt?
7. Praktische Umsetzung.[856]

Alle Interviewpartner beantworteten offen die jeweiligen Fragestellungen. Eine Verweigerung der Antwort kam nicht vor.[857]

[851] Vgl. BORTZ/DÖRING, 2006, S. 311–312.
[852] BÖHNKE/SCHÜLLER, 2011, S. 87 f.
[853] Vgl. BORTZ/DÖRING, 2006, S. 309.
[854] Vgl. MAYRING, 2002, S. 112.
[855] Vgl. hierzu HEINZE/THIEMANN, 1982, S. 635–642.
[856] Vgl. Anhang. Zur Fragebogenkonstruktion: Vgl. BORTZ/DÖRING, 2006, S. 263–256.
[857] Vgl. BORTZ/DÖRING, 2006, S. 249–250.

5.5.3 Gütekriterien qualitativer Analyse

Auch eine qualitative Untersuchung muss den Güterkriterien der empirischen Sozialforschung genügen. Eine oberflächliche Deutung des Textmaterials ist daher auszuschließen. Durch regelgeleitetes systematisches Durcharbeiten des Textes soll dies vermieden werden.

Das Testgütekriterium der Validität sagt aus, ob die Untersuchung (hier durch Fragebögen und Interviews) genau das misst, was sie messen soll.[858] Bei der Validierung von semantischem Material stellt sich allerdings die Frage, ob die Gesamtinterpretation sich zwingend daraus ableiten lässt (interne Validität). Zweitens muss geklärt werden, ob die Erklärungen auf andere Fälle zu generalisieren sind.[859] Nach Bortz/Döring kann der interpersonale Konsens über die spezifische Interpretation einer Aussage in einer Forschergruppe für die Validierung von Daten herangezogen werden. Dieser kann sich im Forschungsprozess verändern; ggf. sind Hintergrundinformationen zur Person des Probanden z. B. heranzuziehen.[860]

Die Generalisierbarkeit von Interpretationen ist in qualitativen Untersuchungen ein wesentliches weiteres Testgütekriterium. Während dies in quantitativen Untersuchungen dagegen über einen wahrscheinlichkeitstheoretisch abgesicherten Schluss von Zufallsstichproben erreicht werden kann, wird bei qualitativen Untersuchungen die exemplarische Verallgemeinerung als Testgütekonzept eingesetzt. Detaillierte Einzelbeschreibungen gelten als repräsentativ, „wenn sie als typische Vertreter einer Klasse ähnlicher Fälle gelten können“[861].

In einer qualitativen Studie geht es um die Erfassung von möglichst authentischen Sichtweisen der Probanden auf ein Themenfeld/Problem. Dabei ist das Prinzip der Offenheit handlungsleitend, weil im Prozess immer noch weitere bzw. kontrastierende Fälle hinzugezogen werden können.[862]

Aufgrund der explorativen Anlage der Studie ist von einer allgemeinen Validität und Generalisierbarkeit der Ergebnisse auszugehen. Die Untersuchungsinstrumente waren für die jeweiligen Probandengruppen gleich gestaltet; eine Beeinflussung der Antworten erfolgte nicht und aufgrund der Ähnlichkeit des Kontextes Flughafen ist eine allgemeine Generalisierbarkeit der Antworten für das Feld NFS im Flughafen anzunehmen.

---

[858] Vgl. MAYRING, 2002, S. 141.
[859] Vgl. BORTZ/DÖRING, 2006, S. 334–335.
[860] Vgl. BORTZ/DÖRING, 2006, S. 335. Vgl. MAYRING, 2002, S. 141.
[861] BORTZ/DÖRING, 2006, S. 335.
[862] Vgl. ebd.

5.6 Auswertungsverfahren

5.6.1 Interviews von Mitarbeiter/innen und Reisenden (1. Teil der Studie)

Durch wiederkehrende Begriffe, die in gleichem Kontext von unterschiedlichen Inter-viewpartner/innen benannt wurden, konnten Themenbereiche (Kategorien) zusammengefasst werden, anhand derer die semantischen Aspekte eingeteilt wurden.[863] Die Kategorien ergeben sich aus den bisherige Erfahrungen und Problemfeldern in der allgemeinen NFS, die durch die Fachliteratur gestützt werden.

Diese Kategorien sind:

- Erwartungen hinsichtlich der örtlichen Präsenz der NFS,
- Erwartungen hinsichtlich der zeitlichen Präsenz/„sich Zeit nehmen",
- Erwartungen an den Ort/Raum (Ästhetik z. B. der Kapelle),
- Erfahrungen und Kenntnisse des Notfallseelsorgers/der Notfallseelsorgerin,
- Erwartungen an die fachliche Kompetenz,
- Erwartungen an die soziale Kompetenz,
- Erwartungen an die interreligiöse und interkulturelle Kompetenz,
- Erwartungen an die psychosoziale Hilfe, Beratungsleistungen,
- Erwartungen an den Informationsfluss/an die Kommunikationsfähigkeit,
- Erwartungen an die sprachliche Kompetenz.

Zusätzlich wurden die Kenntnisse/Vorstellungen bzw. bisheriger Kontakt zur NFS als eigene Kategorie erfasst.

Die Ergebnisse der Befragung dieser Gruppe wurden später mit den Aussagen der Experten verglichen und ggf. Gemeinsamkeiten und Unterschiede benannt.

5.6.2 Experteninterviews (2. Teil der Studie)

In den Experteninterviews ergaben sich die Kategorien durch die Fragestellungen des Interviewleitfadens und die berufliche Position der Interviewpartner.

[863] Vgl. MAYRING, 2002, S. 117.

Vorab wurden die Kenntnisse/Vorstellungen bzw. bisheriger Kontakt zur NFS als eigene Kategorie erfasst.

- Vorstellungen und Verständnis von Notfallseelsorge

Die Kategorienbildung erfolgte ähnlich wie bei den Gästen und Mitarbeiter/innen des Flughafens/Flughafenseelsorge. Durch die Leitungsfunktionen sollte der Fokus mehr auf die Erwartungen an die Organisationsstruktur und Präsenz von NFS am Flughafen gelegt werden.[864]

Folgende Kategorien wurden festgelegt und zur Auswertung herangezogen.

- Erwartungen an eine Organisationstruktur von NFS
- Erwartungen an eine Präsenz von NFS am Flughafen
- Erwartungen an die Liturgie
- Erwartungen an die Kapelle der Flughafenseelsorge
- Erwartungen an die Besonderheit des Ortes
- Erwartungen an die Kommunikation und personales Angebot

5.7 Ergebnisse der Befragung von Mitarbeiter/innen und Reisenden (1. Teil der Studie)

5.7.1 Daten zur Personalisierung

Die Befragten wurden in drei Altersgruppen differenziert, um ggf. Unterschiede in der Wahrnehmung von Notfallseelsorge identifizieren zu können. Die nachfolgenden Tabellen geben einen Überblick über die Befragten und ihre allgemeinen Merkmale nach Häufigkeit.

Insgesamt nahmen 257 Personen am 1. Teil der Studie teil. Davon waren 135 Frauen und 122 Männer.

Am 1. Teil der Studie nahmen 119 Mitarbeiter/innen des Flughafens Frankfurt/Main teil, die 138 weiteren Teilnehmer/innen setzen sich aus Flugreisenden und Besucher/innen des Flughafens zusammen, welche hier als eine Gruppe zusammengefasst werden.

Die Studie wurde terminalseitig am Zugang zur Kapelle Terminal 1, Empore Mitte Halle B durchgeführt. Deshalb handelte es sich bei den befragten Angestellten größten Teils um Mitarbeiter/innen des operativen Flugbetriebs (Sicherheitspersonal, Check-In und Passage-Mitarbeiter/innen). Bei den Flugreisenden/ Gästen handelte es sich teils um Reisegruppen, teils um Geschäfts- oder Privatreisende und sonstige Besucher der Kapelle.

[864] Vgl. ebd.

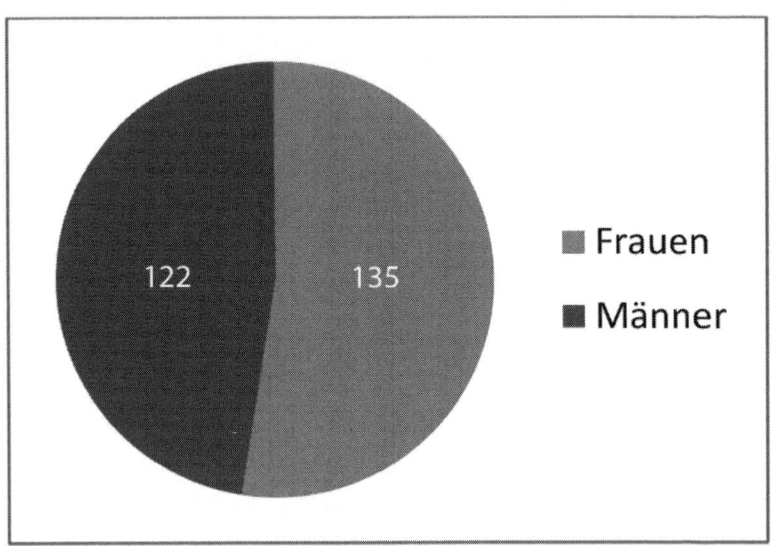

Abb. 8: Befragte Mitarbeiter/innen/Reisende: Geschlecht (Eigene Darstellung)

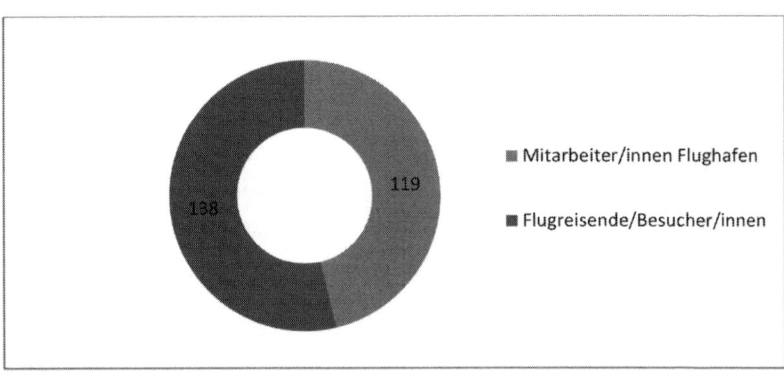

Abb. 9: Befragte Verteilung Mitarbeiter/innen Flughafen Frankfurt/Main und Fluggäste/ Besucher/innen (Eigene Darstellung)

Die nachfolgenden Tabellen geben einen Überblick über die Befragten und das jeweilige Alter. Die Altersverteilung umfasste folgende Gruppen: 79 Personen waren 18–30 Jahre alt; 103 Personen zwischen 30–60 Jahre alt und 75 Personen waren älter als 60 Jahre.

Im Detail ergab sich folgende Alterszusammensetzung für die drei ausgewählten Gruppen der Befragten:
Die Angaben sind entnommen den Fragebögen mit den Kennnummern (KN) 1–79.

Alter	19	21	22	24	26	27	28	29
Anzahl	12	8	10	13	3	14	4	15

Abb. 10: Befragte Mitarbeiter/innen und Fluggäste: Alterszusammensetzung Gruppe 1 (Eigene Darstellung)

Alter	31	32	33	34	36	37	38	39	40	41	42	50	51	52	53	54	55
Anzahl	3	10	8	7	5	2	10	12	8	2	7	6	7	4	3	5	4

Abb. 11: Befragte Mitarbeiter/innen und Fluggäste: Alterszusammensetzung Gruppe 2 (Eigene Darstellung)

Die Angaben sind entnommen den Fragebögen mit den Kennnummern (KN) 80–182.

Alter	67	68	70	71	72	74	77	78	81
Anzahl	6	18	13	6	9	14	2	5	2

Abb. 12: Befragte Mitarbeiter/innen und Fluggäste: Alterszusammensetzung Gruppe 3 (Eigene Darstellung)

Die Angaben sind entnommen den Fragebögen mit den Kennnummern (KN) 183–257.

An der Studie nahmen 8 Schüler, 23 Studenten, 164 Berufstätige und 62 Rentner teil.

Nach Bildungsabschluss unterteilt ergibt sich folgendes Verhältnis: 16 Teilnehmer gaben als höchsten Bildungsabschluss einen Hauptschulabschluss an. 114 Probanden hatten einen Realschulabschluss. 75 Befragte hatten das Abitur bzw. Fachabitur und 52 einen Hochschulabschluss.

178 der insgesamt 257 Befragten reisen ca. zwischen 2–5 Mal pro Jahr mit dem Flugzeug. 79 reisen 1 Mal pro Jahr mit dem Flugzeug.

Zum Reisegrund geben zwei Drittel der Befragten private Gründe an.

136 der Befragten gaben an, religiös zu sein. 121 sind nach eigenen Angaben nicht religiös.

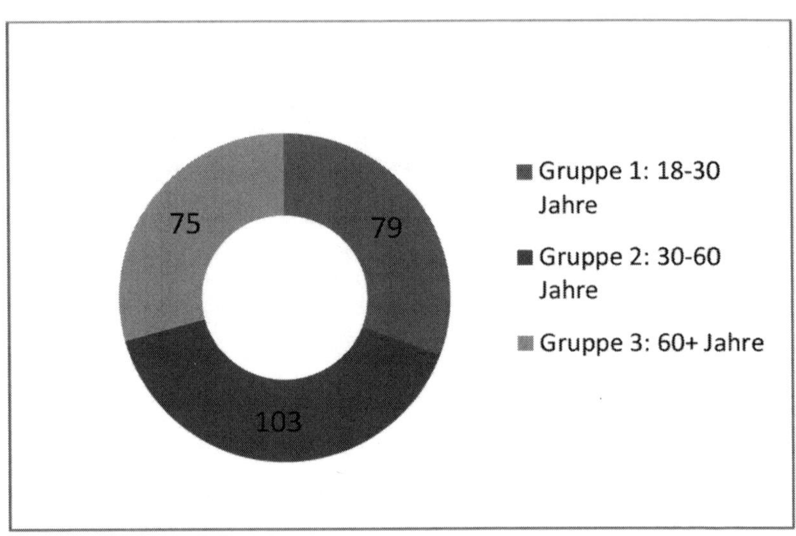

Abb. 13: Befragte Mitarbeiter/innen und Fluggäste: Altersverteilung (Eigene Darstellung)

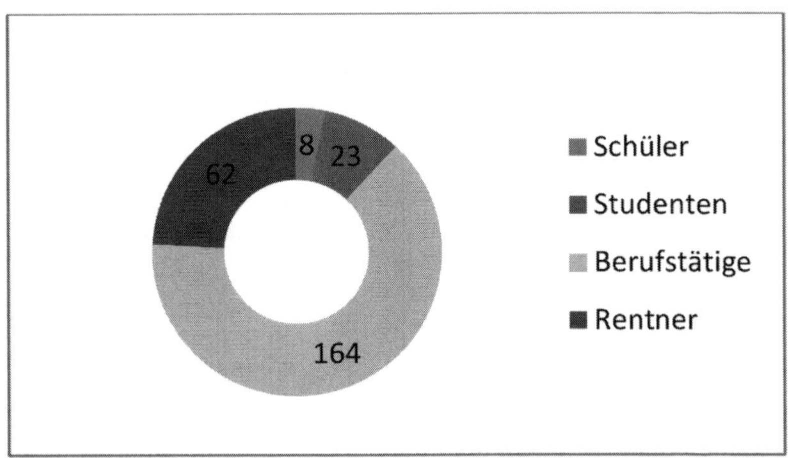

Abb. 14: Befragte Mitarbeiter/innen und Fluggäste: Beruf (Eigene Darstellung)

5.7.2 Ergebnisse

5.7.2.1 Erwartungen an eine örtliche Präsenz

In der kategorialen Seelsorge sind die pastoralen Mitarbeiter/innen nicht direkt am Arbeitsort Flughafen wohnhaft. Die ständige Möglichkeit einer

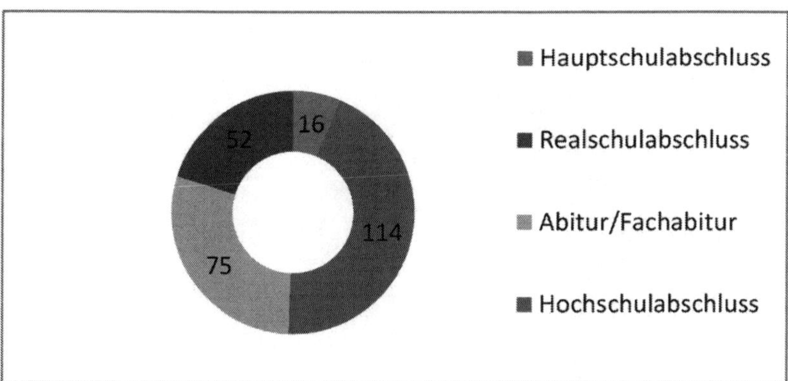

Abb. 15: Befragte Mitarbeiter/innen und Fluggäste: Bildungsabschluss (Eigene Darstellung)

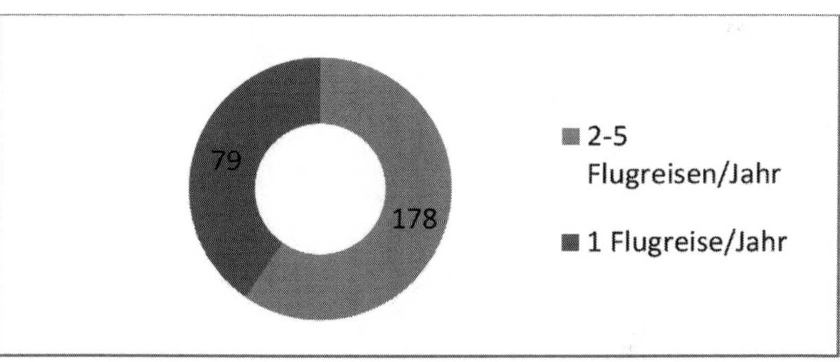

Abb. 16: Befragte Mitarbeiter/innen und Fluggäste: Flugreisen pro Jahr (Eigene Darstellung)

persönlichen Kontaktaufnahme (Büroräume vor Ort) mit Seelsorger/innen am Flughafen wird durch die Befragten dieser Studie dennoch deutlich gewünscht. Daraus ergibt sich die Forderung von direkter Präsenz am Flughafen, d. h. Seelsorgepersonal muss direkt vor Ort auf kurzem Weg zur Verfügung stehen und ihre Präsenz nicht aufwändig organisiert werden.

„Kirche muss präsent sein, damit meine ich ganz konkret am Flughafen, nicht irgendwo in der Prärie." (KN 23, zu Frage 3)

Ein anderer TN äußert zusätzlich den Wunsch nach einer Komm-Struktur von Seelsorge am Flughafen; dies würde ihm die Inanspruchnahme von Seelsorge an diesem Standort erleichtern.

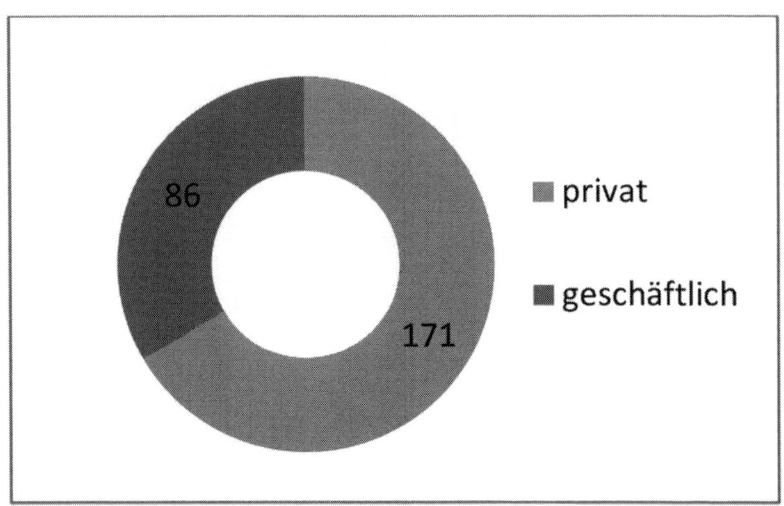

Abb. 17: Befragte Mitarbeiter/innen und Fluggäste: Reisebegründung privat vs. geschäftlich (Eigene Darstellung)

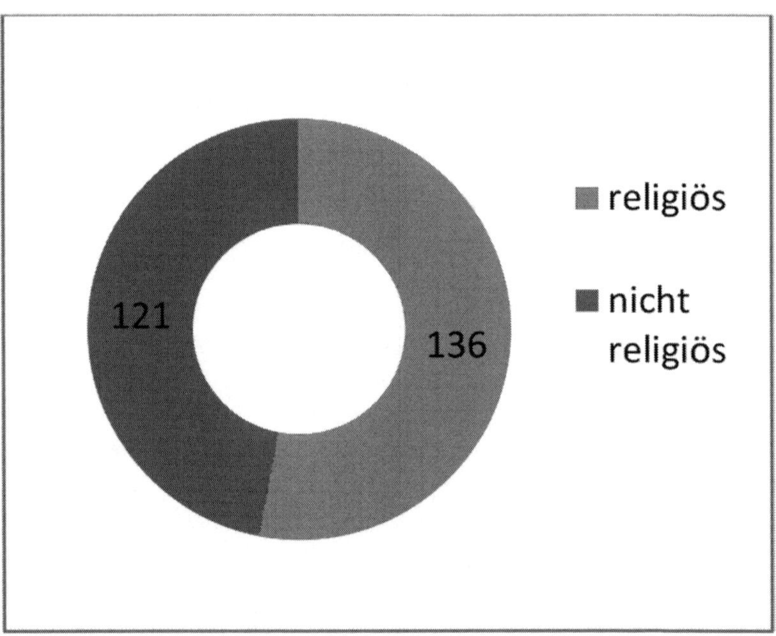

Abb. 18: Befragte Mitarbeiter/innen und Fluggäste: Religiosität (Eigene Darstellung)

„Ja, ich kann mir vorstellen eine Hilfe durch die Seelsorge in Anspruch zu nehmen, aber sie muss direkt vor Ort sein und aktiv auf mich zukommen." (KN 92, zu Frage 2.2)

In einem Not- und Krisenfall ist der Bedarf an schneller, unbürokratischer Anteilnahme und Gesprächsmöglichkeit besonders hoch. Rettungs- und Einsatzkräfte haben in akuten Not- und Unfällen meist keine Zeit für ausführliche Gespräche[865] und gerade die peritraumatische Intervention muss zeitnah an den Krisen- und Notfall anschließen. Hilflosigkeit, Ohnmacht und Entsetzen angesichts eines Notfalls müssen in der Situation aufgefangen werden.[866] Seelsorge muss direkt und unkompliziert möglich sein. Die Betroffenen müssen keine langen Anfahrtswege oder aufwändige Suche nach Notfallseelsorger/innen leisten.

5.7.2.2 Erwartungen an die zeitliche Präsenz/„sich Zeit nehmen"

Ein Flughafen ist eine Institution im Dauerbetrieb. Auch wenn es, wie z. B. am Frankfurter Flughafen, zeitweilig Phasen gibt, in denen nicht gestartet oder gelandet wird; Passagiere und Mitarbeiter/innen der Fluglinien und der FRAPORT AG sowie der ansässigen Unternehmen sind immer vor Ort.[867] Dies stellt die Kirche am Flughafen, insbesondere eine Notfallseelsorge, vor große Herausforderungen, den Anforderungen an eine durchgehende Präsenz und Dienstbereitschaft der Mitarbeiter/innen am Flughafen organisatorisch gerecht zu werden und diese personell und zeitlich zu gewährleisten.

Von den befragten Gästen und Flughafenmitarbeiter/innen wird die ständige zeitliche Präsenz über die üblichen Bürozeiten hinaus ausdrücklich gewünscht.

„Ich erwarte von Notfallseelsorge, das sie da ist. Das kann auch an Weihnachten oder nach 18 Uhr sein!" (KN 9, zu Frage 3)
„Notfallseelsorge muss da sein, wenn ein Mensch sie braucht. Es ist wichtig, dass immer jemand erreichbar ist." (KN 84, zu Frage 3)

Ein damit verbundenes Anliegen ist das Bedürfnis nach ausreichender Zeit für ein Gespräch über die persönlichen Anliegen: NFS ist dadurch gekennzeichnet, dass sich die Seelsorger/innen ausreichend und exklusiv Zeit

[865] Vgl. KLEY, 1998, S. 12.
[866] Vgl. MÜLLER-CYRAN, 2006, S. 50.
[867] Vgl. FRAPORT AG, 2013, S. 1–3.

im Rahmen von Einzelseelsorge[868] für ihre Gesprächspartner/innen nehmen können (und nicht durch andere Aufgaben begrenzt oder abgelenkt werden). Dies impliziert die Erwartung nach einer ausreichenden Personaldecke für die NFS.

> „Mir ist es besonders wichtig, dass sich jemand in den Momenten Zeit für mich und meine Anliegen nimmt." (KN 179, zu Frage 3)
> „Ich erwarte, dass die Betreuer Zeit haben, dass bedeutet natürlich, dass ggf. auch entsprechend viele zur Verfügung stehen müssen." (KN 192, zu Frage 3)

5.7.2.3 Erwartungen an den Ort/Raum

Die Erwartungen an den Ort/Raum, wo Notfallseelsorge geleistet werden soll, beantworten die Befragten inhaltlich unterschiedlich.

Die Gruppen der TN im Alter von 31 bis 55 Jahren (Gruppe 2) und 67 bis 81 Jahren (Gruppe 3) benennen konkret die Flughafenkapelle als geeigneten Raum/Ort der NFS und halten hierzu fest:

> „Ich erwarte, dass die Kapelle immer und für jeden zugänglich ist. Nur hier kann Seelsorge, also ein Gespräch mit Gott, stattfinden." (KN 203, zu Frage 3)
> „Notfallseelsorge soll in einem geeigneten Umfeld geleistet werden und nicht in einer anonymen Turnhalle oder zwischen Bänken im Terminal. Ich denke, die Kirche am Flughafen ist dafür ein geeigneter Ort." (KN 163, zu Frage 3)

Die Teilnehmer im Alter von 19 bis 29 Jahren (Gruppe 1) hingegen gehen auch auf die Ästhetik ein, die ein Raum für eine notfallseelsorgliches Gespräch vorweisen soll.

> „Die Location sollte entsprechend hergerichtet sein, Kerzen ansprechende helle Farben. Der Raum muss mich aus meinem Schmerz raus bringen und nicht in einen tieferen hineinversetzen." (KN 44, zu Frage 3)
> „Die Ästhetik ist für mich bei der Betreuung sehr entscheidend. Ich möchte nicht zwischen Koffern, auf der Straße oder mit 100 anderen gleichzeitig betreut werden. Für eine kirchliche Notfallseelsorge sollte auch ein kirchlicher Raum zu Verfügung stehen." (KN 33, zu Frage 3)

Entscheidend scheinen folgende Komponenten zu sein: eine Atmosphäre der Entspannung, der psychischen Entlastung und der persönlichen indi-

[868] Vgl. GOTTSCHLICH et al., 2009, S. 2.

viduellen Aufmerksamkeit im geschützten einzelseelsorgerlichen Setting (was Seelsorge mit Paaren oder Familien durchaus einschließt).[869] In diesem Augenblick benötigen Menschen in ihrer Not die volle Konzentration des Helfenden auf ihr spezielles Anliegen, ihre Gefühle und Empfindungen von Ohnmacht, Hilflosigkeit und Desorientierung.[870]

Damit verbindet sich die Erwartung an eine bestimmte Qualität der Betreuung, die sich aus räumlichen und betreuungsbezogenen Faktoren ergibt. Der Ort selbst muss ein ansprechendes Ambiente aufweisen; dies allein reicht aber nicht aus, gleichzeitig sollte eine fachliche und menschliche Betreuungsqualität gewährleistet sein.

> „Meine Erwartung ist eine fachlich qualifizierte, menschliche Betreuung, die an einem geeigneten Ort (z. B. Kirche, Kapelle) stattfindet." (KN 7, zu Frage 3)

Ein weiterer TN betont die Notwendigkeit der Ermöglichung von persönlichem Schutzempfinden in einer Notfallsituation.[871]

> „Ich erwarte einen kirchlichen Raum, in dem ich betreut werde. Ich muss mich in dieser Situation wohlfühlen, benötige Schutz. Das ist nur in einer angemessenen Umgebung zu realisieren." (KN 60, zu Frage 3)

Die Kapelle bzw. kirchliche Räume allgemein werden mit Begriffen der Angemessenheit, der Geeignetheit und als Raum, wo Menschen sich geschützt fühlen, identifiziert.

5.7.2.4 Erfahrungen/Kenntnisse zu den Aufgaben der Notfallseelsorge

Die Befragten haben Kenntnisse zu den Aufgaben der NFS. Sie assoziieren NFS als Hilfe durch Priester/Geistliche/Pfarrer/innen/ für Menschen nach einem Einzelunfall oder nach einer Großschadenslage unterschiedlicher Art. Dies entspricht weitestgehend dem Selbstverständnis der NFS: „Menschen in Notfallsituationen beizustehen, ist unverzichtbarer Bestandteil christlichen Glaubens. (…) Notfallseelsorge (…) wird konkret in der

[869] Vgl. GOTTSCHLICH et al., 2009, S. 2.
[870] Vgl. MÜLLER-CYRAN, 2006, S. 50.
[871] Diese Suche nach Schutz ist für eine natürliche Reaktion auf ein traumatogenes Ereignis. NFS als peritraumatische Intervention muss in einem geschützten Bereich geleistet werden.

Präsenz des Seelsorgers, der Seelsorgerin vor Ort und dem Angebot einer helfenden Begleitung in der Akutphase."[872]

> „In der Notfallseelsorge helfen Priester Menschen, denen es akut psychisch nicht gut geht, zum Beispiel bei dem Costa Unglück in Italien oder hier am Flughafen, wenn ein Flugzeug verunglückt." (KN 32, zu Frage 1.1)
> „Geistliche stehen Opfern von Katastrophen mit Rat und Tat zur Seite und begleiten sie durch ein geistliches Gespräch." (KN 162, zu Frage 1.1)
> „Notfallseelsorge ist, wenn Pfarrer mit Menschen sprechen und denjenigen helfen denen es aufgrund einer besonderen Situation (Flug-,Zug-, oder Schiffsunglück) psychisch nicht gut geht." (KN 85, zu Frage 1.1)
> „Pfarrer oder Pfarrerinnen sprechen mit Menschen nach einem Unfall und betreuen sie." (KN 12, zu Frage 1.1)

Deutlich wird allerdings, dass die NFS nicht direkt mit dem Glaubensaspekt, sondern mit dem spezifischen Personenmerkmal/Beruf des Geistlichen/des/der Pfarrer/in/Priesters verbunden wird. „Handlungskompetenz"[873] und beruflicher Status werden hier offensichtlich ineins gesehen. Hier wäre zu überlegen, ob die Befragten nur professionelle Geistliche für die NFS akzeptieren oder auch ein erweitertes Verständnis von Seelsorger/in, das auch erfahrene Laien einbezieht, damit verbunden ist.

5.7.2.5 Erwartungen an die fachliche Kompetenz

Gerade bei einer Begleitung im Notfall spielen die notfallseelsorglichen Kompetenzen und die Persönlichkeit des Seelsorgers/der Seelsorgerin eine entscheidende Rolle. Seine/ihre persönlichen Handlungskompetenzen zum Umgang mit traumatisierten oder psychisch aufgewühlten Menschen im Notfall tragen maßgeblich zur Wirksamkeit von NFS bei.

Die Befragten äußerten sich hinsichtlich der Kompetenz, die sie von einem Notfallseelsorger/einer Notfallseelsorgerin erwarten, sehr differenziert. Nachfolgend sollen die Einstellungen hinsichtlich der Faktoren: fachliche, soziale und interkulturelle, interreligiöse Kompetenz dargestellt werden.

Die Befragten fordern ausdrücklich eine hohe fachliche notfallseelsorgliche Kompetenz, die im Notfall handlungswirksam bzw. erfolgreich sein muss. Darüber hinaus wird eine spezifische und umfassende notfall-

[872] MÜLLER-LANGE, 2013a, S. 25. Vgl. EVANGELISCHE KIRCHE VON WESTFALEN – Das Landeskirchenamt, 2007a, S. 1.
[873] MÜLLER-CYRAN, 2006, S. 38.

seelsorgerliche Kompetenz mit einer entsprechenden Ausbildung verbunden:[874]

> „Der Pfarrer soll gut ausgebildet sein und wissen, was in so einer Situation zu tun ist. Ich will wissen, warum etwas geschehen ist und was ich von der Religion jetzt zu erwarten habe." (KN 3, zu Frage 3)
> „Eine profunde theologische Qualifikation ist unerlässlich, um eine geeignete Pastoral in der Notfallseelsorge betreiben zu können. Doch meine ich, muss hier ferner eine Sonderqualifizierung für eine spezielle Pastoral erfolgen. Ein Drei-Tage-Kurs, wie rede ich mit jemandem, halte ich hingegen für kontraproduktiv." (KN 192, zu Frage 3)
> „Ich möchte einen gut ausgebildeten Pfarrer, der mich auch theologisch abholen kann." (KN 14, zu Frage 3)

Eine kurze Schulung reicht dafür nicht aus. Dies entspricht u. a. auch den Forderungen den Hamburger Thesen der deutschen NFS.[875]

Bedeutsam für den Erfolg von NFS ist auch die Vertrautheit der Seelsorge/innen mit Organisation und Abläufen in der Institution Flughafen. Es ist anzunehmen, dass die TN vom Seelsorgepersonal erwarten, dass sie nicht orientierungslos am Flughafen agieren, sondern genau wissen, wie Abläufe am Flughafen organisiert sind und wo zentrale Räumlichkeiten, Equipment und Services/weitere Ansprechpartner/innen zu erreichen sind.

> „Die Ausbildung und Qualifikation von Hilfskräften ist ein entscheidendes Kriterium einer erfolgreichen Seelsorge. Ich erwarte konkret, dass die betreffenden Personen eine fundierte Ausbildung auf dem Gebiet der Notfallseelsorge haben und mit dem Flugverkehr vertraut sind." (KN 111, zu Frage 3)

5.7.2.6 Erwartungen an die soziale Kompetenz

Die (psycho-)soziale Kompetenz ist ein entscheidendes Merkmal notfallseelsorgerlichen Handelns. Die Aussagen der TN entsprechen allgemein den Anforderungen an Mitarbeiter/innen der PSNV.[876]

Der genutzte Kompetenzbegriff der TN bezieht sich vor allem auf den Umgang der Notfallseelsorger/innen mit Gefühlen von Betroffenen ange-

[874] Vgl. Ausbildungsinhalte des KIT-Grundkurses, in: MÜLLER-CYRAN, 2006, S. 16–18. Vgl. KLEY, 1999, S. 49. Vgl. MÜLLER-LANGE, 2013a, S. 26. Vgl. EVANGELISCHE KIRCHE VON WESTFALEN – Das Landeskirchenamt, 2007a, S. 2.
[875] Vgl. ebd.
[876] Vgl. MÜLLER-CYRAN, 2006, S. 161. Vgl. Kap. 3.4.1 dieser Arbeit.

sichts von Not- und Krisenfällen bzw. Katastrophen: „In der Begleitung gilt es, die Hoffnungen, Gedanken und Gefühle nicht zu bewerten, sondern sie zu hören und aufzunehmen."[877] Diese Kompetenz bewertet ein TN als bedeutsamer als die akademische Qualifikation des Helfenden:

> „Die soziale Kompetenz ist für mich entscheidend. Was hilft mir der qualifizierteste Akademiker, wenn er nicht in der Lage ist meine Gefühle anzunehmen und zu interagieren." (KN 91, zu Frage 3)

Der Begriff des Verständnisses für die Situation des Gesprächspartners lässt annehmen, dass es den TN vor allem um Empathie im Notfall gehen muss: Umgekehrt lässt sich ggf. daraus schließen, dass Unverständnis, mangelnde Empathie und Einfühlung in solchen Situationen als kontraproduktiv erlebt würden.

> „Der Seelsorger sollte einen liebevollen und verständnisvollen Umgang beweisen." (KN 38, zu Frage 3)
> „Ich wünsche mir einen Pfarrer/in, der Verständnis für meine Situation hat." (KN 171, zu Frage 3)

Ein weiterer TN betont die Erwartung auf personale Annahme durch den Gesprächspartner in der NFS: *Liebevoll* und *gütig* sind zwei Attribute, die für die Kommunikation des Seelsorgers/der Seelsorgerin offensichtlich in einer Krisen- und Notfallsituation für die Betroffenen bedeutsam sind. Soziale Kompetenz wird mit einer bestimmten Art von Kommunikation assoziiert.

> „Ich will auf einen gütigen Menschen treffen." (KN 169, zu Frage 3)

In den Antworten der Befragten kommt auch die spirituelle Dimension von NFS zu Ausdruck. So äußert ein TN die Hoffnung, im seelsorglichen Gespräch anlässlich eines Notfalls die personale Annahme durch den liebenden Gott zu erfahren. Die Annahme durch das Gegenüber des Helfers wird als Zeichen der Annahme durch Gott in der Krise und Not gedeutet:

> „Meine Hoffnung ist, dass ich in so einem Moment einem Menschen begegne, der mich annimmt. Wo ich mich fallen lassen kann und trotz der schwierigen Umstände feststelle Gott ist da, gerade jetzt und er liebt mich." (KN 227, zu Frage 3)

[877] MÜLLER-CYRAN, 2006, S. 177.

5.7.2.7 Erwartungen an interkulturelle und interreligiöse Kompetenz

In der NFS und speziell am Flughafen werden die Helfenden selbstverständlich mit Menschen unterschiedlicher Glaubensrichtungen konfrontiert. Deshalb besteht ein Bedarf an interkultureller/interreligiöser Kompetenz. Ein christlicher Seelsorger/in muss zumindest über die wesentlichen Grundlagen der anderen Weltreligionen informiert sein. „Bescheid wissen“ über eine andere Religion wird mit dieser Form von Kompetenz assoziiert.

> „Ich bin Muslim und hatte schon mal mit Notfallseelsorge zu tun. Als mein Cousin im Ausland gestorben ist, hatte ich ein paar Fragen und habe mich mit einem Pfarrer unterhalten. Der konnte mir aber nichts sagen. Es ist wichtig, dass die Pfarrer auch über den Islam Bescheid wissen.“ (KN 62, zu Frage 3)

Angesichts der globalen Ausrichtung von Verkehrsflughäfen und der Passagiere und Mitarbeiter/innen unterschiedlichster kultureller, ethnischer und religiöser Herkunft scheint sich die NFS auf die Vielfalt der Einstellungen, Erfahrungen und Bedürfnisse einstellen zu müssen. Es kann angenommen werden, dass Betroffene erwarten, dass die NFS sich entsprechende Wissensbestände aneignen, um auch ihrer internationaler Klientel helfen zu können. Interessant an dieser Aussage ist die Bereitschaft eines Muslims, sich mit religiösen Fragen auch an christliche ‚Religionsexperten‘ zu wenden.

Ein anderer TN folgert aus der Globalisierung und Internationalität eines Flughafens, eine Vielfalt an seelsorglichen und personalen Kompetenzen durch Einbezug von Mitarbeiter/innen unterschiedlicher Typen anzubieten. Es ist anzunehmen, dass damit Menschen mit unterschiedlichen ethnischen, kulturellen, biographischen und beruflichen Erfahrungen in den NFS-Teams arbeiten sollen.

> „Alles wird schneller, daher ist es wichtig, gerade an einem Flughafen, das sich Notfallseelsorge dieser Internationalität der Kulturen stellt. Mir scheint es wichtig, dass die Teams sich aus unterschiedlichsten Typen von Helfern zusammensetzen sollten: Alte, junge usw.“ (KN 94, zu Frage 3)

5.7.2.8 Erwartungen an psychosoziale Hilfen

Zusätzlich zu einer akuten seelsorglichen Betreuung wird der Wunsch nach weiterführender psychosozialer Hilfe durch die Befragten geäußert.

„Nach einem Unglück ist es wichtig, nicht allein gelassen zu werden. Nicht nur direkt nach dem Ereignis sollte man den Menschen helfen, sondern auch in der folgenden Zeit.“ (KN 180, zu Frage 3)

„Ich erwarte, dass Notfallseelsorge eine langfristige Perspektive aufzeigt und kein einmaliges Ereignis bleibt. So könnte man zum Beispiel nach Katastrophen in regelmäßigen Abständen Gedenkgottesdienst anbieten oder Treffen für Hinterbliebene organisieren, wie es auch in Überlingen geschieht.“ (KN 187, zu Frage 3)

Hier zeigt sich im Bedarf einzelner Befragten ein Interesse nicht nur an kurzfristiger Intervention im Krisen- und Notfall, sondern auch an langfristiger Begleitung. Menschen benötigen nach dieser Aussage nicht nur akute, sondern ggf. weitergehende Lebensbegleitung, um mit dem Notfallereignis umgehen zu können und dies zu bewältigen. Evtl. steht dahinter die Vorstellung, dass Seelsorge ein breiteres Spektrum an Hilfen anbieten kann, die als nachsorgende Hilfen zum eigentlichen Notfalleinsatz für die Betroffenen bedeutsam sein können.[878]

Es ist zu überlegen, ob hier ein spezifisches Merkmal von NFS anzusetzen ist. Während die PSNV z. B. nur peritraumatisch kurz im und nach dem Krisen- und Notfall einsetzt und auf diesen beschränkt bleibt[879], kann NFS in einer weitergehenden seelsorglichen Begleitung der Betroffenen fortgeführt werden.

5.7.2.9 Erwartungen an Beratungsleistung

NFS wird von den Befragten nicht auf Hilfen bei Unfällen, Todesfällen und anderen extremen Notlagen und bei Großschadenslagen begrenzt. Sie umfasst auch einfache psychosoziale und finanzielle Hilfeleistungen als Überbrückungsleistung, bis ein langfristiges Hilfesetting gefunden ist.[880] Der Begriff des Notfalls muss somit nach den Aussagen der TN eine Erweiterung auf Notfälle unterschiedlichster Ausprägung erfahren. Entscheidend ist dabei der Bedarf der Betroffenen.

Die beiden folgenden TN betonen, dass NFS nicht nur durch Präsenz aktiv ist, sondern auch durch einfache praktische Hilfeleistungen. NFS muss

[878] Vgl. MÜLLER-CYRAN, 2006, S. 122. „Immer wieder stellen wir fest, dass Betroffene nach sehr massiven Erfahrungen zunächst über Wochen nicht in der Lage sind, sich um eine strukturierte psychosoziale Unterstützung zu kümmern. Nachsorgende und nachgehende Angebote können jedoch nicht durch PSNV-Mitarbeiter ohne entsprechende berufliche Qualifizierung vorgehalten werden.“

[879] Vgl. MÜLLER-CYRAN, 2006, S. 113–122.

[880] Vgl. GASTEIGER, 1995, S. 1338, Sp. 2. Vgl. Kap. 3.4 dieser Arbeit.

offen angelegt sein und sich auf alle möglichen Notfälle einstellen können. ‚Notfall' ist somit ein subjektiver, offener Begriff, wie es dieser TN versteht: Der Begriff des Notfalls muss somit nach den Aussagen der TN eine Erweiterung auf Notfälle unterschiedlichster Ausprägung erfahren. Entscheidend ist dabei der Bedarf der Betroffenen.

> „Notfallseelsorge ist mehr als lediglich da zu sein. Man muss den Menschen direkt helfen. Manchmal stranden Leute hier am Flughafen und haben kein Geld, für etwas zu essen oder um zu telefonieren. Auch das ist für mich in diesem Moment Notfallseelsorge." (KN 77, zu Frage 3)

Ein anderer TN betont, dass NFS nicht nur Gesprächsbegleitung anbietet. Zusätzlich soll NFS auch weitergehende Hilfen vermitteln. Insofern soll sie eine Brückenfunktion zu anderen professionellen Hilfsorganisationen übernehmen.

> „Notfallseelsorge sollte ganzheitlich agieren. Ich denke, dass eine Gesprächsbegleitung im ersten Schritt sehr wichtig und richtig ist. Dennoch kann es dabei nicht bleiben. Man sollte auch die nächsten Schritte aufzeigen, was ist jetzt zu tun? An wen kann ich mich wenden?" (KN 80, zu Frage 3)

Diesen Erwartungen wird z. B. durch das Angebot des kirchlichen Sozialdienstes am Frankfurter Flughafen entsprochen.[881]

5.7.2.10 Erwartungen an Informationsfluss/ Kommunikationsfähigkeit

Die TN haben spezifische Erwartungen an die Kommunikation mit den Notfallseelsorger/innen während eines Notfalls. Diese beziehen sich auf unterschiedliche Akzente:

Auf der einen Seite wollen TN im Krisen- und Notfall mit den Realitäten (Tod, Verletzung, konkrete Situation) konfrontiert und nicht vertröstet werden. Wie Müller-Cyran betont, muss die Intervention im Notfall dahin gehen, dass der Betroffene die Wirklichkeit, z. B. den Tod eines Angehörigen, realisieren kann.[882] NFS muss authentisch bzw. ehrlich agieren und die Realität ansprechen, dies scheint dieser TN ausdrücken zu wollen:

---

[881] Vgl. FRAPORT AG SERVICECENTER SOZIALES (PSL-DS 1), 2011, S. 1: „Alle Nutzer des Flughafens können unabhängig ihrer eigenen Konfession das Angebot des Kirchlichen Sozialdienstes in Anspruch nehmen. Der kirchliche Sozialdienst ist für Sie da, wenn Sie sich in einer sozialen Notlage befinden, Orientierung suchen, wenn Sie Pass- oder Visa-Probleme haben oder in Ihr Heimatland zurückkehren müssen."

[882] Vgl. MÜLLER-CYRAN, 2009, S. 240. Vgl. MÜLLER-CYRAN, 2006, S. 53.

„Ich erwarte von Anfang an, ehrlich informiert zu werden." (KN 118, zu Frage 3)

Kommunikationskompetenz stellt sich als eine wesentliche Erwartung dieses TN an NFS dar: Diese Fähigkeit ist nicht dem Zufall zu überlassen, sondern muss durch Ausbildung gesteuert und sicher vorhanden sein.

„Die Notfallseelsorger sollten im Bereich der Kommunikation geschult sein. Es hilft mir nicht, wenn dort ein älterer Pfarrer sitzt und einfach nur vom lieben Gott erzählt." (KN 67, zu Frage 3)

Seelsorge bedeutet vor allem, sich auf die aktuelle Realität des anderen (Verlust, Tod, Desorientierung) einzustellen. Der TN betont hier, dass Seelsorger/innen im Notfall nicht den Betroffenen ihre subjektive religiöse Deutung der Situation überstülpen und damit die Realität eines extremen Ereignisses religiös verschleiern sollen. Dies deckt sich mit den Erkenntnissen der PSNV, dass im Notfall Hilfen zur Realisierung gegeben werden müssen, um ins Leben zurückzufinden und nicht in der traumatischen Situation fixiert zu bleiben. Religiöse Deutungen müssen immer zur Handlungsfähigkeit führen.[883] Der TN zeigt hier deutlich seine Ablehnung einer bloßen aufgesetzten religiösen Deutung der Krisenerfahrung. Ob eine religiöse Deutung der Situation ggf. möglich ist, lässt sich aus dieser Aussage nicht erkennen.

5.7.2.11 Erwartungen an sprachliche Kompetenz

Im Unterschied zu Kommunikation und Information wurde eigens die sprachliche Kompetenz erwähnt. 42 der 257 TN gaben an, dass es wichtig ist, dass der Seelsorger sie versteht, damit waren jedoch zwei unterschiedliche Aspekte gemeint:

> „Ich möchte mit jemandem sprechen, der mich versteht, der in einer ähnlichen Lage war oder ein ähnliches Alter hat." (KN 3, zu Frage 3)

Bei dieser Aussage geht es also nicht um das sprachliche Verstehen, vielmehr ein allgemeines Verständnis für die Lebenssituation des Betroffenen. Dies wird mit Vergleichbarkeit von Lebenserfahrungen assoziiert, die der Helfende aufweisen sollte. Offensichtlich meint dieser TN, dass die beste Hilfe durch Menschen vermittelt wird, die eine ähnliche biografische Konstellation aufweisen.

[883] Vgl. MÜLLER-CYRAN, 2006, S. 59.

Damit weist diese Aussage auf die Notwendigkeit von Ansprechpartner/innen mit unterschiedlichen Lebenserfahrungen hin, wie bereits oben geäußert wurde. Die NFS muss ggf. eine Teamzusammensetzung bereithalten, mit der auf die unterschiedlichen Altersgruppen und sozialen Differenzierungen von Betroffenen in Notfällen Rücksicht genommen werden kann. Damit verweist diese Aussage darauf, dass nicht jede Seelsorger/in für jede/n Klient/in in diesem Augenblick der Not geeignet ist.

Ein weiterer Punkt ist die Erwartung von TN, dass eine Mehrsprachigkeit der NFS am Flughafen gewährleistet ist.[884]

> „Es ist wichtig, dass die Seelsorger sprachlich gut qualifiziert sind. Es hilft meiner Meinung nach nichts, wenn dort ein Priester sitzt, der nichts versteht." (KN 222, zu Frage 3)

Ein nicht fremdsprachenkundiger Priester in der NFS wird als wirkungs- und hilflos erlebt. Seine Hilfsbereitschaft ist zwar vorhanden, aber der Betroffene erlebt sie als unsinnig. Die Erwartung richtet sich vermutlich darauf, dass der Priester bzw. jede/r Mitarbeiter/in der NFS mindestens eine Fremdsprache fließend beherrscht, um im Notfall tatsächlich behilflich zu sein oder die sprachliche Verständigung anderweitig organisieren kann. Fremdsprachenkenntnisse sind demnach unabdingbar. Dies impliziert, dass mehrsprachig ausgebildete Notfallseelsorger/innen zur Verfügung stehen. Aufgrund der Internationalität des Luftverkehrs ist davon auszugehen, dass während eines Notfalls, Notfallseelsorger/innen mit unterschiedlichen Sprachkenntnissen zum Einsatz kommen müssen.

Der Gebrauch der jeweiligen Muttersprache hat einen „großen pastoralen Nutzen"[885], da dadurch Kommunikationsstörungen vermieden werden.[886]

Auch die Körpersprache und die liturgische Sprache der Zeichen sind von großer Bedeutung. Durch die Außenwirkung, die z. B. ein Priester sendet, kann er dazu beitragen, Kommunikation zu ermöglichen, wo gegebenenfalls zuvor Kommunikationsstörungen bestanden. Durch ein angemessenes Verwenden liturgischer Zeichen, innerhalb der Büroräume oder des Flughafens und das Tragen einer Amtskleidung, kann Kommunikation und damit Sprache, also letztlich ein Dialog geschaffen werden. Wichtig ist es hierbei, ein Gespür dafür zu entwickeln, an welchen Orten und in welchen

---

884 Im Regelfall wird dies Englisch und Französisch sein. Sinnvoll ist der direkte Zugriff zu mit NFS vertrauten Personen, die Übersetzungshilfen leisten.

885 ADAM, 1985, S. 66.

886 Vgl. ebd.

Begegnungen es angemessen erscheint, Amtssymbole zu tragen und wo es gegebenenfalls im Dialog hinderlich ist.

5.7.2.12 Kenntnisse/Verständnis des Begriffs Notfallseelsorge

Fast alle (241 der 257) Befragten haben den Begriff Notfallseelsorge bereits gehört und ihn direkt mit dem Feld der Kirche in Verbindung gebracht. Die Mehrheit der Studienteilnehmer geht davon aus, dass Notfallseelsorge ein Dienst ist, der durch Geistliche respektive kirchlichen Mitarbeiter/innen ausgeübt wird.

Auf die Frage „Was meint der Begriff (Notfallseelsorge)?“ antworten TN:

> „Unter Notfallseelsorge verstehe ich ganz allgemein einen Priester oder einen anderen Geistlichen, der mir im Moment großer Not beisteht.“ (KN 107, zu Frage 3)
> „Notfallseelsorge ist ein Angebot der Kirche, die Menschen in extrem schwierigen Lebenssituationen zur Seite steht.“ (KN 202, zu Frage 3)

Zwei TN, die den Begriff der Notfallseelsorge bislang noch nicht gehört haben, antworteten auf die Frage: Können Sie sich vorstellen, was der Begriff meint?

> „Sicherlich hat es was mit Kirche zu tun. Ich denke es geht um Unfälle, wenn einer stirbt zum Beispiel kommt der Pfarrer und spricht mit den Angehörigen.“ (KN 12, zu Frage 3)
> „Ich glaube, es hat etwas mit der Flughafenkirche zu tun. Wenn es einen Unfall gibt, kommt der Pfarrer und spricht mit den Angehörigen.“ (KN 235, zu Frage 3)

Auch hier wird NFS mit Kirche und der Profession des Pfarrers assoziiert, der anlässlich eines Unfalls mit den Angehörigen spricht. Ausschließlich werden Pfarrer mit Notfallseelsorge in Verbindung gebracht werden. Die Möglichkeiten der ehrenamtlichen NFS bzw. durch andere hauptamtliche pastorale Mitarbeiter/innen sind diesen Befragten offensichtlich nicht bekannt oder präsent.

5.7.2.13 Erfahrungen mit der Inanspruchnahme von Notfallseelsorge

Nur ein sehr kleiner Teil der befragten TN (21 von 257 TN) hat bereits einmal Kontakt mit Notfallseelsorger/innen gehabt und diesen Dienst in

Anspruch genommen. 7 TN hatten nach einer Todesnachricht mit einem Geistlichen gesprochen.

13 TN berichteten, dass sie im Dezember 2004 nach der Tsunami-Katastrophe am Frankfurter Flughafen mitgeholfen und danach mit einem Pfarrer/Pfarrerin gesprochen hatten. 1 TN hatte selbst jemand bei der Tsunami-Katastrophe verloren und wurde dann von einem Priester am Flughafen betreut.

5.7.2.14 Offenheit für die Inanspruchnahme von Notfallseelsorge

187 der Befragten konnten sich vorstellen, notfallseelsorgliche Hilfe ggf. in Anspruch zu nehmen. Begründungen reichten von einer generellen Bereitschaft und Bedarf an Gesprächen mit Seelsorger/innen bis hin zu persönlichem Vertrauen in kirchliche Hilfen:

> „Warum nicht? Ich denke es ist gut mit jemandem zu sprechen." (KN 2, zu Frage 3)
> „Ich kann mir das sehr gut vorstellen, ich war immer kirchlich aktiv und habe ein großes Vertrauen. Außerdem gehört dieser Auftrag ja zur Kernkompetenz der Kirche." (KN 44, zu Frage 3)
> „Ich würde diese Hilfe in Anspruch nehmen. In bestimmten Momenten will man einfach nicht alleine sein." (KN 63, zu Frage 3)

35 Teilnehmer konnten sich nicht vorstellen, eine solche Hilfe in Anspruch zu nehmen. Hierbei wird diese Ablehnung z. B. mit schlechten Erfahrungen mit der Institution Kirche begründet: Oder die Hilfe der Kirche im Notfall wird grundsätzlich abgelehnt, weil sie nicht überzeugend wirkt.

> „Definitiv nicht. Die Kirche hat ihren Kredit verspielt. Erstmal sollten die bei sich selbst Ordnung machen, bevor Sie anderen helfen wollen." (KN 5, zu Frage 3)
> „Ich spreche da sicher nicht mit einem Priester drüber. Ich bin persönlich so enttäuscht über alles, was raus gekommen ist. Und außerdem bin ich vor kurzem aus der Kirche ausgetreten." (KN 202, zu Frage 3)

Andererseits halten einige der Befragten die Thematik/Situation angesichts eines Notfalls für zu persönlich, um sie einem/r fremden Mitarbeiter/in der NFS direkt zu besprechen. Hier ist anzunehmen, dass die Erfahrungen angesichts eines Notfalls als so persönlich erlebt werden könnten, dass sie nur in einem intimen Kreis vertrauter Personen ausgedrückt werden können.

„Nein, das ist mir zu persönlich.“ (KN 29, zu Frage 3)

„Nein. Das ist etwas Intimes, was ich mit meiner Familie oder Freunden besprechen möchte.“ (KN 36, zu Frage 3)

Die Antworten verweisen allgemein auf eine Bereitschaft zur Inanspruchnahme von NFS. Ob diese dann tatsächlich in Anspruch genommen wird, ist durch diese Befragung nicht zu erheben.

5.8 Ergebnisse der Experteninterviews (2. Teil der Studie) Einordnung der Interviewergebnisse in pastoraltheologische Konzepte von Notfallseelsorge

Bei der Auswertung wurden jene Aussagen, vergleichbar zu den Aussagen der Gäste und Mitarbeiter/innen zu Kategorien zusammengefasst: Mit den Interviewpartnern wurden die Ergebnisse der Interviews diskutiert, um ggf. Veränderungen in den Kategorien vorzunehmen. Im Sinne der „exemplarischen Verallgemeinerung“[887] gelten die Aussagen als repräsentativ, da sie mehrfach von unterschiedlichen Interviewpartnern genannt worden sind.

Einige Aussagen sollen mit den theoretischen Befunden (s. o.) verglichen werden. Hier in den Expertenaussagen lassen wichtige Hinweise für die Entwicklung von Notfallseelsorge m und im Flughafen eruieren.

5.8.1 Vorstellungen und Verständnis von Notfallseelsorge

In den Aussagen der Interviewpartner zeigen sich unterschiedliche Vorstellungen und Verständnis von NFS: deutlich wird, dass NFS nicht auf bestimmte Krisen- und Notfälle assoziiert wird, sondern Notfall wird verallgemeinert:

So assoziiert ein TN der Flughafenseelsorge den Einsatz von NFS mit Überforderung seelischer oder physischer Art von Menschen:

> „Notfallseelsorge hat im Grunde immer mit Menschen zu tun, die in Situationen kommen, wo Menschen überfordert sind. Sei es bei seelischen oder physischen Notfällen. Ganz allgemein.“ (IP 2)

Ein anderer TN der FRAPORT versteht NFS dagegen spezifisch auf die Situation „schwersten Leides“ und Konfrontation „mit dem Tod“ bezogen.

[887] WAHL et al., 1982, S. 206, zit. nach: BORTZ/DÖRING, 2006, S. 335.

> „Ich verstehe unter NFS ein seelsorgerisches Angebot der Kirche, die sich in Situationen schwersten Leides mit dem Tod konfrontiert sieht.“ (IP 6)

Alltagsvorstellungen von NFS beziehen sich bei diesem Befragten ebenfalls auf extreme Situationen:

> „Ich habe keine konkreten Erfahrungen. Ich kann mir nur grundsätzlich in meiner Phantasie vorstellen, das Notfallseelsorge am Frankfurter Flughafen dort stattfindet, wo Angehörige in Situationen begleitet werden, in denen sie auf einen Menschen warten, der mit dem Flieger ankommen soll, aber eben doch nicht mehr kommt.“ (IP 6)

Ein TN der FRAPORT äußert, dass sich sein Verständnis von NFS innerhalb einer Dekade auch durch eigene Erfahrungen mit diesem Angebot grundlegend geändert hat:

> „Erstmals habe ich den Begriff vor elf Jahren gehört. Notfälle passieren immer ad hoc, jetzt. Einer muss da sein, der nicht unmittelbar betroffen ist. Das war ganz lange meine Idee von Notfallseelsorge. Ich bin jetzt mal ganz ehrlich. Notfallseelsorge habe ich immer mit alten Menschen verbunden, die schon ganz lange Pfarrer sind und dann zu Betroffenen gehen und ihnen sagen, das alles schon besser wird. Aber meine Erfahrung hat gezeigt, dass sich in den letzten elf Jahren sehr viel auf diesem Gebiet getan und entwickelt hat. Die Welt und alle Menschen sind weitaus offener geworden. Der Mensch steht jetzt direkt im Vordergrund. Das ist es, was ich mit Notfallseelsorge verbinde.“ (IP 5)

NFS wird unmittelbar als Hilfe für den Menschen in einer Notfallsituation assoziiert und im Vergleich zu früheren Vorstellungen aufgewertet.

Ähnlich äußert sich ein anderer Interviewpartner der FRAPORT: NFS kommt zu den technischen Hilfen hinzu, kümmert sich um menschliche seelische Hilfen in einer Katastrophe: NFS wird mit „Präsenz“ und „situativem Handeln“ verbunden:

> „Ich verstehe darunter eine Funktion, die neben den technokratischen Dingen vorhanden ist und während eines Notfalls additiv die menschliche Seite, die Bewältigung der seelischen Probleme zum Inhalt hat und sich direkt und indirekt um Betroffene einer Katastrophe kümmert. Man kann es nicht präziser beschreiben. Es geht hierbei hauptsächlich um Präsenz und um situatives Handeln in entsprechenden Situationen.“ (IP 4)

Notfallseelsorge wird teilweise mit Kirche als Träger oder Anbieter in Verbindung gebracht wird. Auffallend ist die Gegenüberstellung von traditionellen meist negativen Vorstellungen von pastoraler Tätigkeit und heutiger Wahrnehmung. Es ist zu vermuten, dass TN erst aufgrund eigener persönlicher Kontakte mit NFS zu dieser veränderten Vorstellung kommen.

Interessant für die Fragestellung dieser Arbeit sind die Aussagen zur NFS in und am Flughafen: NFS wird von einem/r Flughafenseelsorger/in mit der Situation der Krise/des Notfalls verbunden, die z. B. bei Flugzeugcrews vorkommt:

> „Das würde ich in der zivilen Luftfahrt immer so deuten. Die Regelmäßigkeit des Lebens gerät außer Kontrolle. Ich denke an Notfallseelsorge bei Crews, bei Krisenintervention, wo der einzelne in eine Krise im weitesten Sinne des Wortes gerät." (IP 2)

So äußert ein TN der Flughafenseelsorge, dass Luftfahrt zwar eine Faszination auf Menschen ausübt, aber mit kritischen Phasen zu tun hat: Hier zeigt sich ein gewisses Risikopotenzial, dass die Luftfahrt kennzeichnet und sie von anderen Alltagssituationen unterscheidet: NFS agiert hier in einem Feld der potenziellen Risiken und wird deshalb geschätzt:

> „Ich denke besonders an zwei Phasen, die mir kritisch erscheinen. Zum Einen der Start und zum Anderen handelt es sich um die Landung. Diese verschiedenen Bewegungen und physikalischen Einflüsse führen oft dazu, dass es zu Herz-Kreislauf-Problemen kommt, die teilweise tödlich ausgehen. Aber auch die terroristische Gefahr ist heute nicht mehr zu unterschätzen. Fundamentalisten missbrauchen die zivile Luftfahrt für Ihre Zwecke. Deshalb ist es wichtig, dass es eine Notfallseelsorge an einem Flughafen gibt, meine ich." (IP 3)

Ein anderer TN der FRAPORT betont die ergänzende, aber obligatorische Funktion der NFS am Flughafen: Sie agiert nicht durch Präsenz und wird von Verantwortlichen bei Notfällen als Entlastung erlebt, weil sie für die menschliche Seite zuständig sind: Seelsorge wird mit Präsenz im Notfall assoziiert:

> „Ich verstehe darunter eine etablierte Regelorganisation, die begleitet und, wie gerade gesagt, ergänzt. Es geht vor allem um Präsenz. Präsenz einer seelsorgerischen Aufgabe personifiziert in Personen. Im laufenden Betrieb ist es für Verantwortliche, die Notfälle managen, beruhigend, diese Menschen an ihrer Seite zu wissen. Die jenseits der normalen Operations sich um

psychologische, seelische Probleme kümmern und sich von der technokratischen multi-funktionalen Managementseite absetzen und gezielt den Menschen im Fokus haben." (IP 4)

Ein weiterer Interviewpartner der FRAPORT betont die Selbstverständlichkeit der NFS als ergänzendes Angebot im Feld der Luftfahrt. Gleichzeitig wird NFS als kirchliches Angebot eindeutig identifiziert und wertgeschätzt:

> „Hängt immer mit der Kirche zusammen. Notfallseelsorge ist für mich Kirche. Ich erlebe es sehr unterschiedlich, dass Notfallseelsorge in der zivilen Luftfahrt zu einem Flughafen gehört, bzw. zu einer Airline. Es sagt heutzutage keiner mehr, dass er so etwas wie Notfallseelsorge nicht hat. Viele beschäftigen sich in externen Abteilungen mit Notfallseelsorge. Die Notfallseelsorge leistet das, was Airlines oder Airports nicht leisten können. Ich glaube, dass sich jeder freut, wenn er weiß, dass wir hier so etwas haben." (IP 5)

NFS wird von einem TN der FRAPORT als obligatorischen Teil der Flughafenseelsorge verstanden:

> „Notfallseelsorge ist dann, wenn vorhanden, Aufgabe einer Flughafenseelsorge." (IP 6)

Speziell für den Flughafen Frankfurt wird von einer Führungskraft der FRAPORT betont, dass NFS für sie hier ständig präsent ist und hierzu zahlreiche organisationale Verbindungen bestehen. NFS ergänzt die technische Steuerung bei Notfällen, sie hat eine wichtige „psychosoziale Funktion" am Frankfurter Flughafen:

> „Flughafenseelsorge begegnet mir an vielen Stellen im laufenden Routinebetrieb. Sie steht zur Verfügung für alle Fälle im dienstlichen Kontext. Ich pflege ständigen Kontakt zu den Flughafenseelsorgen, da es wichtig ist, im Ernstfall eine gute, verbindliche Kommunikation zu haben. Analog ist es für einen Flughafen wichtig, die Sicherheit und die Operations im Flugbetrieb während oder nach Störungen wieder herzustellen. Das kann im Einzelfall bedeuten, dass der einzelne Betroffene mit seinem Leid, seinen Problemen nicht ganzheitlich wahrgenommen wird, sondern eher von einem technischen Aspekt aus. Die Notfallseelsorge sehe ich hier in der Aufgabe, die nicht betriebliche funktionale Seite, sondern die menschliche Funktion wahrzunehmen, die sich Zeit nehmen kann und dem Menschen zuhört. So kann sich der Flugbetrieb und die Notfallseelsorge in der Wahrnehmung unter-

> schiedlicher Aufgaben unterstützen. Konkret denke ich an die Situation, als eine Ramp-Agentin auf dem Vorfeld von einem Schlepper tödlich erfasst wurde, oder an das ICE-Unglück in Eschede. Die Seelsorger hatten alle Hände voll zu tun. Nicht nur physisch, sondern auch psychisch waren sie gefordert ihre Fähigkeiten, also Hoffnung zu vermitteln, unter Beweis zu stellen. Die Notfallseelsorge ist also hier bei uns am Flughafen zuständig für Aufgaben, die technisch nicht zu bewältigen sind. Sie hat eine psychosoziale Funktion." (IP 4)

NFS in Frankfurt drückt sich für eine Führungskraft der Flughafenseelsorge in sehr unterschiedlichen Handlungsformen aus:

> „Sie ist so vielfältig wie die Menschen hier auch sind. Es gibt Notfälle bei Leuten, die hier arbeiten, zum Beispiel am Vorfeld auch mit tödlichem Ausgang. Drei Gruppen fallen mir da so ein: Wegfliegende, Umsteigende und Ankommende. Notfälle passieren aber öfters beim Umsteigen und Wegfliegen. Es gibt aber auch Notfälle, die nichts mit dem Tod zu tun haben. Hier geht es mehr um konkrete Hilfe. Manche haben kein Geld mehr, weil es gestohlen wurde und sie brauchen noch Geld für eine Umbuchung. Es geht also um praktische Nöte. Das ich einfach mal Geld brauche, um von A nach B zu kommen (...)." (IP 2)

Ein wesentlicher Aspekt der NFS und Flughafenseelsorge kommt in der folgenden Aussage eines Mitarbeiters der FRAPORT AG zum Ausdruck: Die Kooperation zwischen Kirche und Flughafenbetreiber führt zu persönlichen Verbindungen und gegenseitiger Akzeptanz:

> „Flughafenseelsorge und Frankfurter Flughafen. Damit verbinde ich Freundschaft. Wir wären aufgeschmissen ohne die Kirche hier. Es ist eine Abteilung, die uns unterstützt. Ich habe viele Erfahrungen mit der Notfallseelsorge am Flughafen gemacht (...). Es ist tatsächlich eine Verbundenheit, die ich sehr gut finde." (IP 5)

5.8.2 Organisationstruktur von NFS

NFS agiert in der Großorganisation Flughafen und hier in Frankfurt eines nationalen und internationalen Drehkreuzes. Deshalb muss sie selbst gezielt gesteuert und strukturiert werden. Darüber hinaus muss sie in den Gesamtablauf der Organisation des Flugbetriebs integriert werden.

In gewisser Weise wird die NFS von manchen Interviewpartnern als eine obligatorische Abteilung des Flughafens sui generis verstanden: Insbesondere betont ein TN, dass ihre Aufgaben vonseiten des Betreibers klar und fest integriert sein muss. Das impliziert umgekehrt, dass die NFS sich nicht um eine Funktion bei einem Notfall am Flughafen bemühen oder sie in jedem neuen Notfall unter Beweis stellen muss. So äußert eine Führungskraft der FRAPORT AG:

> „Die Organisation (damit ist NFS am Flughafen gemeint) muss etabliert werden. In die Aufgabenzuteilung fest integrieren."(IP 4)

Eine feste Integration in die Organisation bei Notfällen erscheint auch deshalb unabdingbar, um die Flight Operations nicht zu beeinträchtigen. Hier zeigt sich die schon angesprochene Notwendigkeit der Integration der NFS in die jeweilige Rettungskette. Dies gilt insbesondere für die Großorganisation Flughafen, die eine Vielzahl an Helfern in einer Großschadenslage bereitstellen muss.

> „Ich verstehe darunter (gemeint ist hier die Organisationsstruktur der NFS in der zivilen Luftfahrt) eine etablierte Regelorganisation, die begleitet und, wie gerade gesagt, ergänzt." (IP 4)
> „Notfallseelsorge muss regelmäßig geübt werden und die Prozesse der Flughafenseelsorge müssen in die Aufgaben des Flughafens integriert werden. Flughafenseelsorge soll sich nicht vordrängen, sondern die Begleitstruktur soll mit den Rettungskräften und Ärzten, der Polizei koordiniert werden." (IP 6)

Hier wird die besondere Position der NFS in der gesamten Organisationsstruktur des Flughafens deutlich: Einerseits soll NFS integrierter Bestandteil des Gesamtprozesses der Notfallrettung sein und in enger Kooperation mit anderen Kräften zusammen arbeiten, andererseits soll sie sich ggf. bei Bedarf herauslösen und ihr primäres soziales und humanes Teilziel realisieren, während parallel die technischen und organisatorischen Prozesse um einen geregelten Flugbetriebsablauf weiter laufen.

So äußert sich ein Interviewpartner der FRAPORT zur Funktion der NFS als ergänzende Organisation neben den obligatorischen Abläufen des Flugbetriebs:

> „die jenseits der normalen Operations sich um psychologische, seelische Probleme kümmert und sich von der technokratischen multi-funktionalen

> Managementseite absetzt und gezielt den Menschen im Fokus haben soll."(IP 4)

Es stellt sich dabei allerdings die Frage, wann beide Funktionen und Notwendigkeiten ggf. in Konflikt zueinander stehen und wie ein Konfliktmanagement im konkreten Fall umgesetzt wird. Deutlich wird das spezifische Dilemma einer Großorganisation, die unter wirtschaftlichen Erfolgsdruck steht und gleichzeitig Menschlichkeit und soziales Engagement zeigen will und muss, an dieser Aussage eines FRAPORT AG Mitarbeiters:

> „Gezielt in Frankfurt ist es sehr schwierig, alles unter einen Hut zu bekommen. Der Mensch hat im laufenden Betrieb manchmal einen anderen Fokus. Es ist schwierig, die Waage zu halten. Während der Flughafen zum Beispiel daran denkt, ein Problem schnellstmöglich zu beseitigen, wenn zum Beispiel eine Frau irgendwo im Terminal sitzt und weint, kommt die Notfallseelsorge und nimmt sich Zeit und kümmert sich um die Bedürfnisse des einzelnen Menschen. Da knallt es manchmal. Es müssen Dinge getan werden, die schwierig zu verstehen sind, aber der Betrieb muss weitergehen." (IP 4)

5.8.3 Präsenz

Die Bedeutung des Begriffs der Präsenz wird in den Aussagen unter zwei unterschiedlichen Aspekten deutlich. Zum einen geht es um eine allgemeine Präsenz. Kirche ist vor Ort. Es gibt Kapellen, Büros und Ansprechpartner. Dies wird als ein großer Mehrwert der Institution Notfallseelsorge gesehen. So äußert ein Mitarbeiter der FRAPORT:

> „Wir als Christen sind dazu berufen bereit zu sein, wenn etwas passiert. Da zu sein und die Mittel die uns zur Verfügung stehen zu nutzen um zu helfen. Notfallseelsorge ist die Vorbereitung. Hilfe gegen diese Überraschungen." (IP 5)
>
> „Erwartungen sind ein großes Wort. Präsenz, da zu sein. Uns die kleinen Fälle abnehmen. Das ist nicht böse gemeint, aber manchmal braucht es in überschaubaren Situationen kein ganzes Krisenmanagement." (IP 5)

Von Seite eines Mitarbeiters der FRAPORT AG wird Präsenz der NFS am Flughafen als sehr bedeutsam eingeschätzt:

> „Es geht hierbei hauptsächlich um Präsenz und um situatives Handeln in entsprechenden Situationen." (IP 4)

Zum anderen wird der Wunsch nach gegenseitigen Einblicken in die jeweilige Arbeit geäußert; so äußert sich entsprechend ein Mitarbeiter der FRAPORT:

> „Ich würde mich auch freuen, wenn ein gegenseitiger Besuch bei Schulungen oder Trainings stattfindet. Auch würde ich die Notfallseelsorger gerne mal einen Tag begleiten, um ein besseres Verständnis von ihrer Arbeit zu bekommen." (IP 5)

Die Statements verdeutlichen, dass Präsenz eine der ersten Grunderwartungen an NFS ist, wie es durch einige Aussagen von Mitarbeiter/innen und Gästen am Frankfurter Flughafen und von einem Experten für Krisenintervention und Notfallseelsorge am Frankfurter Flughafen formuliert wird. Dies deckt sich mit den Aussagen in der Pastoralkonstitution (GS 40), dass Kirche sich in die Welt integrieren muss und sich nicht distanzieren soll. Aus theologischer Perspektive gehören „Sammlung und Sendung zusammen"[888]. Angesichts des zunehmenden Mangels an Priestern bleibt allerdings unklar, ob und wie eine notfallseelsorgliche Präsenz in der gewünschten Form (der ständigen Ansprechbarkeit) von Kirche organisatorisch und personell gewährleistet werden kann.

Eine kirchliche, aber nicht ein konfessionelle Ausrichtung der NFS ist dabei nicht von Belang. Auch muss die NFS nicht an ordinierte Geistliche gebunden sein.

> „Ich glaube aber, dass es für Menschen die gläubig sind, schon von Bedeutung ist, Hilfe von Geistlichen zu erfahren. Ich persönlich wäre nicht davon abhängig, ob mir ein Seelsorger hilft oder eine normale Person. Aber wenn ich nochmal darüber nachdenke, sollten die Leute, die mit Notfallseelsorge beschäftigt sind, doch einen kirchlichen und damit meine ich, konkret in unserer Gesellschaft christlichen Background haben. Mir ist es aber nicht wichtig, ob der Seelsorger evangelisch oder katholisch ist. Als gläubiger Mensch denke ich, dass es eine intime Entscheidung ist." (IP 4)

---

[888] TEBARTZ-VAN ELST, 2008, S. 4. Tebartz-van Elst macht deutlich, dass es im kirchlichen Leben der letzten vier Jahrzehnte Veränderungen gab, die es notwendig machen, dass Priester und pastorale Dienste entlastet werden. Dies soll durch das Zusammenlegen von Gemeinden zu pastoralen Räumen erreicht werden.

5.8.4 Liturgie

Gottesdienste und andere Teilbereiche der Liturgie wie die Spendung von Sakramenten finden im Rahmen der Notfallseelsorge statt. Die Feier der Liturgie ist für die befragten Seelsorger/innen selbstverständlich wichtig.

> „Auch die Gedenkgottesdienste sind von zentraler Bedeutung.“ (IP 1)
> „Für die Kirche ist das Sakrament der Eucharistie die Hauptsache. Gott ist da. In Leib und Blut. Wir glauben an die Wirkung der Eucharistie hier am Flughafen.“ (IP 2)

Auffallend ist hier, dass die liturgischen Aufgaben immer hinter den pastoralen Aufgaben genannt werden und dass das Hauptaugenmerk der Interviewpartner im Kontext seelsorgerischer Arbeit, am Rhein-Main-Flughafen in Frankfurt, ein pastoral geprägter Kontext ist, der sich zwischen Präsenz und Dialog eröffnet wird.

Für das Seelsorgepersonal ist die Liturgie nicht ein Randphänomen der NFS, sondern deren spiritueller Mittelpunkt. Der Kommunikationsprozess zwischen dem/der Seelsorger/in als Sender und dem Gläubigen/Betroffenen als Empfänger spielt dabei eine entscheidende Rolle. Unter einem Kommunikationsprozess wird hier die „Vermittlung von Informationen (Sachverhalten, Appellen) durch einen Kommunikator (Sprecher, Sender) an die Kommunikanten (Hörer, Empfänger) mittels bestimmter Signale verbaler oder nichtverbaler Art“[889] verstanden.

Diese Einstellung zur Liturgie als Kern der NFS bestimmt sicherlich die seelsorgerliche Arbeitsweise und spirituelle Haltung zur NFS, ohne dass dies immer eigens präsent gemacht wird.

5.8.5 Kapelle

Auch die Kapelle wird von einem Experten der Flughafenseelsorge als bedeutsam wahrgenommen, und zwar hinsichtlich des räumlichen Angebotes für Segnungen und Gedenkgottesdienste nach Notfällen.

> „Zum Glück haben wir hier eine Kapelle vor Ort, sodass wir alle Segnungen anbieten können. Auch die Gedenkgottesdienste sind von zentraler Bedeutung.“ (IP 1)

[889] ADAM, 1985, S. 60.

Diese Aussage verdeutlicht, dass die Kapellen innerhalb der „Großstadt Frankfurter Flughafen“ eine besondere Stellung für diese Führungskraft der Seelsorge einnimmt. Sie wird als „geistliches Herz“[890] wahrgenommen.

Außerdem sind sie für Mitarbeiter/innen und Reisenden am Flughafen Frankfurt aufgrund ihrer jeweiligen zentralen Position innerhalb der Terminals, sowohl luft- als auch landseitig gut zugänglich. Dadurch bieten die beiden konfessionellen Flughafenseelsorge(n) ihre Kapellen als einen Ort der Ruhe und Begegnung mit Gott für alle Interessierten an, der barrierefrei besucht werden kann.

5.8.6 Besonderheit des Ortes

In allen Interviews wird die Besonderheit des Ortes Flughafen und die damit verbundene Eigendynamik einer notfallseelsorgerischen Arbeit spürbar. Diese Dynamik lässt sich einigen Fakten darstellen, denn „neben den 88 Läden [...] warten auch über 120 gastronomische Betriebe und Dienstleister der unterschiedlichsten Art auf Kunden und Gäste.“[891]

Die Arbeitswelt wird als eine ganz eigene, im Unterschied zur Alltagswelt außerhalb des Flughafens, schnellere und mit einer größeren Dynamik gesehen. Was die Ansprüche an die Mitarbeiter/innen im Unterschied zu einer Arbeit in der Gemeinde, zumindest in diesem Gesichtspunkt, deutlich erhöht.

> „Gezielt in Frankfurt ist es sehr schwierig, alles unter einen Hut zu bekommen. Der Mensch hat im laufenden Betrieb manchmal einen anderen Fokus. Es ist schwierig, die Waage zu halten. Während der Flughafen zum Beispiel daran denkt, ein Problem schnellstmöglich zu beseitigen, wenn zum Beispiel eine Frau irgendwo im Terminal sitzt und weint, kommt die Notfallseelsorge und nimmt sich Zeit und kümmert sich um die Bedürfnisse des einzelnen Menschen. Da knallt es manchmal. Es müssen Dinge getan werden, die schwierig zu verstehen sind, aber der Betrieb muss weitergehen.“ (IP 4)

---

[890] PÄPSTLICHER RAT DER SEELSORGE FÜR DIE MIGRANTEN UND MENSCHEN UNTERWEGS, 1995, Nr. 16.

[891] TRUNZ, 2008, S. 171.

5.8.7 Kommunikation und personales Angebot

Kommunikation wird von den befragten Experten als besonders bedeutsam benannt. Dies bezieht sich einerseits auf die Kommunikation zwischen den Institutionen am Flughafen Frankfurt, aber auch auf die Kommunikationskompetenz im Notfall:

Gerade an einem internationalen Verkehrsflughafen ist es dabei von großer Bedeutung, dass die Institutionen aktiv miteinander kommunizieren. Dies setzt voraus, dass entsprechende Strukturen und Instrumente der Kommunikation vorhanden sind und keine Barrieren zwischen den Akteuren bestehen. So äußern sich zwei FRAPORT Mitarbeiter.

> „Der Fokus muss hier auf einem Handlungskonzept liegen und die Kommunikation muss auf einer Schiene erfolgen." (IP 5)
> „Ich pflege ständigen Kontakt zu den Flughafenseelsorgen, da es wichtig ist, im Ernstfall eine gute, verbindliche Kommunikation zu haben." (IP 4)

Wie hoch der Aspekt eingeschätzt werden muss, zeigt sich in den Erwartungen eines Interviewpartners der FRAPORT, der Kooperation zwischen NFS und FRAPORT mit dem Begriff der Freundschaft verknüpft:

> „Eine Erwartung ist eine kooperative Zusammenarbeit. Gemeinsame Checklisten, gemeinsame Einsatzschemas. Miteinander, nicht gegeneinander. Ich würde mich auch freuen, wenn ein gegenseitiger Besuch bei Schulungen oder Trainings stattfindet. Auch würde ich die Notfallseelsorger gerne mal einen Tag begleiten, um ein besseres Verständnis von ihrer Arbeit zu bekommen. Es kann auch nicht sein, dass wir im Betreuungskreis der Einsatzleitungen verschiedene Einsatzleitungen nebenher laufen haben, die nicht miteinander kommunizieren. Der Fokus muss hier auf einem Handlungskonzept liegen und die Kommunikation muss auf einer Schiene erfolgen." (IP 5)

Zur Umsetzung einer kooperativen Zusammenarbeit am Frankfurter Flughafen fordert dieser Interviewpartner konkret regelmäßige Austauschtreffen und eine gemeinsame Ausbildung sowie gemeinsames Auftreten. Außerdem sollen Notfallseelsorger/innen über die formalen Rechte aufgeklärt sein:

> „Was ich wichtig finde, gerade bei dieser Arbeit ist Freundschaft. Regelmäßige Termine müssten ausgebaut werden, an denen die Entscheidungs-

träger sich austauschen. Mindestens einmal im Quartal. Einmal im Monat wäre besser. Es sollte auch eine gemeinsame Ausbildung stattfinden, dass alle auf dem gleichen Stand sind und nicht jeder etwas anderes macht, was ggf. kontraproduktiv sein könnte. Auch könnten gemeinsame Auftritte stattfinden. Ich finde es wichtig, dass die in der Seelsorge Aktiven auch über die formale Rechte und Pflichten aufgeklärt werden, die es in einem Betriebsbereich gibt." (IP 5)

Auf die Frage einer Nachteile einer konfessionellen NFS angesprochen, äußert ein Interviewpartner der FRAPORT AG:

> „Kann ich überhaupt nicht erkennen. Ich kann mir höchstens vorstellen, dass es individuelle Gründe hat, die dann in der Person des Seelsorgers zu finden sind. Wenn er zum Beispiel seinen missionarischen Eifer austrägt, wenn es um schwere Todesfälle oder Todesnachrichten geht. Es ist sehr situationsbedingt. In manchen Situationen wird kein Sprücheklopfer gebraucht, der seine Procedure-Karte aus der Tasche zieht und schaut: ‚Wir haben jetzt einen Todesfall, ich lese Psalm 22 vor.' Sondern, der sich situativ auf die Menschen und ihre Bedürfnisse einstellt. Das kann im Einzelfall auch heißen, einfach da zu sein und zu schweigen. Hier hat es meiner Ansicht mit der Qualität des Seelsorgers zu tun, der aufgrund seines fundierten Glaubens in der jeweiligen Situation ein Glaubenszeugnis geben soll. Der Mensch muss der Wert an sich sein." (IP 5)

Die Erwartung besteht, dass der Seelsorger/Seelsorgerin sich auf die Situation der Betroffenen einstellt und darauf angemessen und nicht schematisch reagiert. Eine formale Intervention im Todesfall wird als kontraproduktiv erlebt. Qualität wird interessanterweise nicht auf die Handlungen, sondern auf die Person des Seelsorgers und seinen „fundierten Glauben" und sein „Glaubenszeugnis" bezogen. Der Interviewpartner verbindet eine seelsorgerliche Intervention mit dem christlichen Glauben und geht davon aus, dass sein Glaubenszeugnis nicht nur hier eine Rolle spielt, sondern fundiert sein soll.

5.9 Einordnung der Ergebnisse in die Theorie der Notfallseelsorge

Wie in Kap. 3.4.1 dargelegt, versteht sich Notfallseelsorge als Beistand und Hilfe, der von kirchlichen Mitarbeiter/innen – haupt- bzw. ehrenamtlich – aus dem Glauben an die Frohbotschaft des Evangeliums und das österliche Mysterium von Tod und Auferstehung Jesu Christi geleistet wird. Sie richtet sich an Betroffene, Verwandte und Helfer einer plötzlichen Krisensituation und wird direkt und oder kurz nach dem Ereignis, in räumlicher Nähe zum Ort des Geschehens vollzogen, um so zeitnah eine Hilfestellung auf der Basis des christlichen Glaubens und seines Menschen- und Weltbildes geben zu können. Notfallseelsorge ist aufgrund der kirchlichen Rückbindung von psychosozialen Kriseninterventionen zu unterscheiden. Sie grenzt sich insofern von der säkularen Krisenintervention (KIT) aber, da sie von der Kirche angeboten vor einem christlichen Hintergrund praktiziert wird und einen diakonischen und missionarischen Dienst im Sinne eines Hingehens und Daseins für die Betroffenen darstellt.[892] Die Dokumente des Konzils und des kirchlichen Dikasteriums stellen den kirchenamtlichen Rahmen und Basis für die Flughafenseelsorge und damit auch für die NFS dar.

Aus der biblisch-theologischen Grundlegung der Notfallseelsorge an einem Flughafen lassen sich zentrale pastoraltheologische Konsequenzen ableiten (vgl. Kap. 3.3.1):

NFS arbeitet wegen der Verheißung und Zusage Gottes in Jesus Christus, als Wegbegleiter und Mitgehender des Menschen in der Not und Krise am Flughafen präsent zu sein (Bild des Unterwegsseins mit Gott) an den Knotenpunkten moderner Mobilität.

NFS stellt Gastfreundschaft an einem Ort dar, der von hoher Wirtschaftlichkeit, Internationalität aber auch Anonymität geprägt ist. Unterwegssein mit den Menschen kann als Gastfreundschaft gelebt und praktiziert werden (Bild der Gastfreundschaft).[893]

NFS im Flughafen basiert auf einem gläubigen Verständnis von Beziehung und Freundschaft zwischen Gott und Mensch, was sich in den Begegnungen und der Kommunikation des Alltags zwischen Menschen realisiert (Bild der Beziehung).[894]

Auf der Basis der Zusage Gottes ‚Ich bin der mit dir ist' vermittelt die NFS den christlichen Glauben an den Schutz, Solidarität und Trost Gottes mit den Menschen in ihren Nöten und Krisen im konkreten Handeln für und mit allen Menschen über ihren ethnischen, nationalen, kulturellen und religiösen Grenzen hinaus (Bild des Trostes). Dieser Glauben an den tröstenden Gott kann in den plötzlichen Krisen und Notfällen an anonym wirkenden und unübersichtlichen Einrichtungen der Flughäfen wirksam werden, wenn er authentisch und kongruent im Chaos der Not vermittelt wird.[895]

[892] Vgl. SLATOSCH, 2012, S. 23.
[893] Vgl. ZERFASS, 1986, S. 17–32.
[894] Vgl. WINTER, 2005, S. 211–213.
[895] Vgl. MÜLLER-CYRAN, 2009, S. 237–238.

NFS bietet Präsentsein ohne eigenen Anspruch und freie Zuwendung sowie Hilfsbereitschaft in der Orientierung an Jesus Christus in Krankheit, Sünde, Trauer und Tod; sie kann die Vorstellung von Heil und Heilung (in der Zukunft) angesichts des Schrecklichen vermitteln, auch wenn es den Betroffenen nicht möglich ist, dies anzunehmen (Bild der Heilung). NFS ist hingehende Seelsorge, die sich in den unübersichtlichen Räumen eines Großflughafens dem einzelnen Menschen zuwendet.[896] NFS an einem Flughafen praktiziert „Compassion"[897] im gemeinsamen Betroffensein mit den Leidenden und Gefährdeten unabhängig von religiöser oder politisch-sozialer Zuordnung und Herkunft (Bild der Barmherzigkeit und des Mitleidens) inmitten des internationalen Kontextes eines Flughafens.

Kreuzestod und Auferstehung Jesu Christi als österliches Mysterium ist das genuine christliche Modell für den Umgang mit bodenlosem und existenziellem Leid an der äußersten Grenze des Lebens und die Akzeptanz des fragmentierten menschlichen Lebens (Bild von Tod und Auferstehung). Notfallseelsorger/innen übernehmen die Aufgabe, den Tod zu verkündigen und begleiten Angehörige beim letzten Gang zum Toten (vgl. Mk 16,1 ff.).

In den Texten des Dikasteriums wird auch der missionarische und evangelisierende Dienst der Flughafenseelsorge angesprochen. Insofern soll sich in der NFS als Teil der Flughafenseelsorge gelebte christliche Nächstenliebe in einer säkularen Umwelt realisieren, die gleichzeitig an einem Dialog mit anderen Akteuren am Flughafen teilnimmt, um „in gemeinsamer Verantwortung vor Gott die Welt [zu] gestalten"[898]. „Notfallseelsorgliches Handeln ist eine kirchliche Kernaufgabe, die unter den besonderen Bedingungen moderner gesellschaftlicher Entwicklungen wahrgenommen wird."[899]

Vergleicht man die bisherigen Ansätze von NFS im und am Flughafen mit den Aussagen der TN dieser Studie, so ergeben sich zahlreiche Schnittstellen:

Zunächst und an vorderster Stelle wird deutlich, dass NFS von den Befragten zu weiten Teilen akzeptiert ist (auch wenn sie sie selbst vielleicht nicht in Anspruch nehmen wollen). Die Rolle der NFS ist „gesellschaftlich akzeptiert […] – auch von Meschen, die mit der Kirche nichts am Hut haben"[900].

Auf dieser Basis werden hier die Erwartungen an eine ständige örtliche und zeitliche Präsenz von NFS am (Frankfurter) Flughafen deutlich. So

[896] Vgl. MAADER, 1999, S. 354.
[897] NAGEL, 2012b, S. 20.
[898] SCHALÜCK, 2002, S. 80.
[899] WATERSTRAAT, 2008, S. 15.
[900] KURTZ, 2012, S. 2.

erwarten die befragten Mitarbeiter/innen und Flugreisenden, dass NFS nicht nur möglichst ständig und leicht zugänglich ist, sondern auch, dass sie aktiv auf Betroffene und Hilfsbedürftige zukommt. Die Erwartung geht tatsächlich an eine „aufsuchende Seelsorge“[901].

Damit unterscheidet sich NFS von anderen psychosozialen Einrichtungen (abgesehen von der PSNV), die in der Regel allein eine Komm-struktur anbieten. Schnelle unbürokratische und niedrigschwellige Hilfe wird mit der Arbeit der NFS verbunden. Dies entspricht einerseits den Erkenntnissen auch zur peritraumatischen Intervention, die schnell und zeitnah einsetzen muss.[902] Im Vordergrund steht aber der Bedarf an direkter, auf den einzelnen Menschen bezogener Aufmerksamkeit.

Der Topos des Sichzeitnehmens für Betroffene taucht sowohl in den Texten der Notfallseelsorge auf, wird aber auch von TN der Befragung bemüht. NFS wird mit größtmöglicher Aufmerksamkeit und Konzentration auf den Bedarf der Betroffenen im Augenblick der persönlichen Not assoziiert, der der ansonsten erfahrenen Anonymität ein Gegengewicht bietet. Im Gegensatz zu anderen Institutionen scheint NFS als stärker raumgebend, offen und nicht durch andere Erfordernisse begrenztes Angebot wahrgenommen und gewünscht zu werden. Der geeignete Raum für NFS wird mit der Flughafenkapelle oder einem anderen geschützten Raum assoziiert. Er soll eine entsprechende Ästhetik aufweisen, die die Betroffenen schützen soll, sie in der großen Anspannung einer Krise stabilisieren und entspannen lassen kann.

NFS wird vonseiten der Experten der FRAPORT AG z. B. auch mit hoher Aufmerksamkeit auf die menschlichen Belange bei einem Notfall verbunden; in den Aussagen der Interviewten scheint vor allem die Bedeutung der NFS als Entlastungsfaktor für die Organisation des Flughafenbetriebs und seine Abläufe durch. NFS soll am Flughafen die notwendigen Operations nicht nur nicht behindern, sondern dafür sorgen, dass sie möglichst ungehindert durchgeführt werden. Dies gilt insbesondere für individuelle Notfälle.

Die befragten TN als mögliche Klientel erwarten von der NFS eine bestimmte Qualität. Der Schwerpunkt liegt auf der fachlichen und menschlichen Betreuung in Krisen- und Notfällen. Sie wird als fachliche Kompetenz in Notfällen verstanden, als profunde theologische Kompetenz, als spezifische Kompetenz in Notfällen, die durch eine umfassende langfristige Ausbildung erworben ist, als Kompetenz in Gesprächsführung und Kommunikation näher bestimmt. Des Weiteren sollen Notfallseelsorger/innen sich

[901] MAADER, 1999, S. 354.
[902] Vgl. MÜLLER-CYRAN, 2006, S. 50.

einfach mehrsprachig verständigen können, d.h. eine Fremdsprache sprechen, und Kenntnisse zu anderen Religionen und Kulturen und deren Umgang bei Krisen und Notfällen vorweisen. Ein wesentlicher Punkt ist die räumliche und örtliche Orientierungsfähigkeit und das Verständnis für Betriebsabläufe am Großflughafen Frankfurt, die Notfallseelsorger/innen aufweisen müssen.

Insbesondere, und hier ergeben sich Ähnlichkeiten zwischen den Aussagen der befragten TN und der Führungskräfte im Krisen- und Notfallmanagement am Flughafen, wird Kompetenz auf den Umgang der Notfallseelsorger/innen mit Gefühlen von Betroffenen angesichts von Not- und Krisenfällen bzw. Katastrophen bezogen; diese Erwartung bzgl. sozialer Kompetenz bezieht sich nicht nur auf Gesprächsführungstechniken, sondern auf die Einstellung der NFS-Mitarbeiter/innen zu den Betroffenen eines Notfalls, die mit Empathie, Einfühlung und Authentizität beschrieben werden kann: Die Betroffenen sollen persönliche individuelle und humane Annahme ihrer selbst im Notfall erleben. Die spirituelle Deutung der notfallseelsorgerlichen Gespräche durch die Notfallbetroffenen ist individuell verschieden und kann nicht verallgemeinert werden.

Den Anforderungen der Internationalität eines Großflughafens muss die NFS durch das Angebot eines multiprofessionellen Teams mit Mitarbeiter/innen unterschiedlichen Alters begegnen.

Zusätzlich zu einer akuten seelsorglichen Betreuung wird der Wunsch nach weiterführender psychosozialer Hilfe durch die Befragten geäußert. Dies kann auch in eine längerfristige seelsorgliche Begleitung münden. Dieser Aspekt unterscheidet die NFS spezifisch von der Arbeit von KIT oder der PSNV, die auf die akute peritraumatische Intervention fokussiert ist. Ob eine Langfristbegleitung im Trauerfall organisatorisch zu bewältigen ist, weil einige der Betroffenen u.U. dafür sehr weite Anfahrtswege zum Flughafen Frankfurt in Kauf nehmen müssten, kann von hier aus nicht beantwortet werden.

Deutlich wird der Erhebung der Aussagen von beiden Probandengruppen, dass die NFS nicht auf Hilfen in extremen Notlagen, bei Unfällen, Todesfällen und Großschadenslagen begrenzt ist. In beiden Gruppen wird ein offenes Verständnis von Notfall und Notfallhilfe vertreten. Diese kann von einfachen Hilfeleistungen wie Orientierung am Flughafen, finanziellen Engpässen durch Diebstahl oder Verlust von Papieren und Geld bis hin zu individuellen Hilfen bei Verzweiflung wegen eines privaten Unglücks, bei Todesfällen und großen Unfällen reichen. Auch die Vermittlung von weitergehenden Hilfen ist damit verbunden, z.B. Weiterleitung an eine andere spezialisierte Hilfeinstitution (z.B. Caritas, Krankenhaus, Polizei etc.) Der Begriff des Notfalls muss somit sowohl aus der Perspektive der möglichen

Nutzer/innen wie der Führungskräfte am Flughafen eine Erweiterung auf Notfälle unterschiedlichster Ausprägung erfahren. NFS agiert dabei an einer Schnittstelle zwischen unterschiedlichen Institutionen und kann auf deren spezifische Kompetenzen weiterverweisen. Dies setzt umgekehrt für die Organisation NFS eine starke Vernetzung mit allen Hilfsinstitutionen vor Ort und in der Region voraus.

Kommunikation und Kooperation spielen vor allem auf organisatorischer Ebene im Kontext der Zusammenarbeit mit dem Flughafenbetreiber und den zahlreichen Unternehmen eine zentrale Rolle. Die TN haben dagegen spezifische Erwartungen an die Kommunikationskompetenz im individuellen Fall mit den Notfallseelsorger/innen. Der Begriff der Kommunikation, bezogen auf die organisationale Zusammenarbeit, bedeutet einerseits die schnelle und effiziente Verständigung mit allen Akteuren während der Notfallsituation selbst.[903]

In einzelnen Aussagen der befragten Führungskräfte kommt aber auch eine andere Dimension zum Ausdruck: NFS ist als Teil der Flughafenorganisation in eine ständige interne Kommunikation mit allen Stellen des Krisen- und Notfallmanagements des Flughafenbetreibers integriert. Es ist unverzichtbar, dass sich die Akteure der verschiedenen zuständigen Einrichtungen sich langfristig und regelmäßig austauschen. NFS agiert somit nicht völlig losgelöst und unabhängig von anderen Einrichtungen am Flughafen, sondern im ständigen Austausch und auf Basis gemeinsamer Absprachen. Die Integration in die Rettungskette bei Unfällen z. B. gründet in einer engen Kooperation zwischen allen Beteiligten. Daher ist eine offene und direkte Kommunikation im Sinne eines ständigen Informationsflusses und einer gegenseitigen Verständigung ausgesprochen notwendig.

Ein anderer Aspekt kommt sowohl in einzelnen Aussagen der der Mitarbeiter/innen und Reisenden wie der Experten zum Ausdruck: Es wird die Sorge bzw. Kritik an einer Seelsorge geäußert, die sich nicht empathisch auf die individuelle Realität des anderen und seine eigene Perspektive einstellen kann. Die Befürchtung besteht, dass Seelsorger/innen ihre christlichen Deutungsmuster auf die Betroffenen ungefragt anlegen und diese schematisch und stereotyp einsetzen. Dies wird ausdrücklich als kontraproduktiv erlebt und abgelehnt. NFS wird bejaht und ausdrücklich gewünscht, wenn die individuelle Not und Bedürfnisse des Einzelnen im Mittelpunkt stehen und sich dadurch eine Stabilisierung und Handlungsfähigkeit des Betroffenen ergeben. Religiöse Platitüden sind zu vermeiden. In diesem Zusammenhang lehnen manche befragten TN den Einsatz der NFS für sich ab, da ihnen das Vertrauen in kirchliche Hilfen bzw. in die

[903] Vgl. Kap. 3.5.2.

Institution Kirche fehlt. Auch möchten manche TN die Hilfen der NFS nicht nutzen, weil ihnen die Situation eines Notfalls als zu intim erscheint und sie keine fremden Personen involvieren wollen.

In beiden Probandengruppen wird NFS mit Hilfe durch kirchliche Mitarbeiter/innen bei Notfällen assoziiert. Diese Identifikation mit Kirche bzw. den beiden großen Kirchen ist offensichtlich verbreitet und bedarf keiner weiteren Information. NFS wird als kirchliches Angebot deutlich wahrgenommen. Dabei ergeben sich im Einzelfall unterschiedliche positive oder negative Wahrnehmungsmuster, die die Einstellung zu dieser Hilfe beeinflussen.

5.10 Zusammenfassung

Das fünfte Kapitel enthält Design und Auswertung einer durchgeführten, qualitativ-empirischen Studie zu Kenntnissen und Erwartungen an die NFS am Frankfurter Flughafen. In einem ersten Schritt wurden in zwei Phasen Mitarbeiter/innen und Reisende am Frankfurter Flughafen über Ihre Kenntnisse, Erfahrungen und Erwartungen an eine NFS in der zivilen Luftfahrt befragt. Im Anschluss wurden Interviews mit Experten und Verantwortlichen für Notfall- und Krisenmanagement der FRAPORT AG und Flughafenseelsorger/innen durchgeführt.

Der NFS am Flughafen wird ein hoher Stellenwert und Akzeptanz zugesprochen. Entscheidend ist dafür sowohl eine hohe fachliche und menschliche Qualität der Hilfeleistungen und Interventionen wie eine stabile Kooperation und Koordination mit den Einrichtungen des Krisen- und Notfallmanagements am Flughafen selbst. Die NFS ist innerkirchlich als Teil der Flughafenseelsorge verortet und extern als Kooperationspartner der Flughafenorganisation durch den Betreiber und im Notfall als Bestandteil der Rettungskette fest integriert.

Damit ergibt sich nicht die Frage nach der Legitimation von NFS am Flughafen, sondern nach der spezifischen Ausgestaltung ihres Handlungskonzeptes. Die Ergebnisse dieser Untersuchung können dafür Hinweise geben. Diese sollen im folgenden Kapitel weiter entfaltet werden.

6 Elemente eines Handlungskonzepts der Notfallseelsorge in der zivilen Luftfahrt

6.1 Einführung und kritische Fragen

Ausgehend von den bisherigen erhobenen Erfahrungen stellt sich der Einsatz von NFS am und im Flughafen als positiv dar. Das Angebot wird angenommen und hat sich seit Jahren als selbstverständlicher Teil des Notfall- und Krisenmanagements am Frankfurter Flughafen etabliert.

Für die Weiterentwicklung dieses kirchlichen Angebots stellen sich folgende kritische Fragen:

- Wie kann die Kooperation mit allen Akteuren in der Notfall- und Krisenbewältigung am Flughafen sichergestellt und weiterentwickelt werden?
- Wie ist die Qualität des Angebots der NFS zu erreichen und sicherzustellen? Wie gestaltet sich eine spezifische Ausbildung für Notfallseelsorger/innen am und im Flughafen?
- Die Anforderungen an ständige persönliche und zeitliche Präsenz muss durch die Bereitstellung einer entsprechenden Personaldecke entsprochen werden, die Mitarbeiter/innen verschiedener Professionen und Kompetenzen umfasst. Wie kann die finanzielle und personelle Ausstattung von den beteiligten Bistümern und der Flughafenseelsorge gewährleistet werden?
- Wie soll das Selbstverständnis von NFS am Flughafen im Spiegel der verschiedenen und umfassenden Einrichtungen der Notfallrettung weiter geschärft werden? NFS hat ihre Position sowohl als autonome kirchliche Einrichtung wie als Teil der Rettungskette und der Notfall- und Kriseninterventionen der FRAPORT AG. Sie ist gleichzeitig Bestandteil der Infrastruktur des Flughafens und andererseits mit einem dezidiert autonomen kirchlichen Auftrag versehen. Beide Positionen können ggf. in Konkurrenz zueinander treten und Konflikte auslösen. Wie kann ein gemeinsames Konfliktmanagement gestaltet werden?

6.2 Thesen

In Form von ausformulierten Thesen sollen wesentliche Elemente einer NFS für die zivile Luftfahrt zusammenfassen, bevor anschließend auf der Basis der beschriebenen, differenzierten Kategorien Elemente eines kooperativsystematischen Lösungsansatzes für eine NFS in der zivilen Luftfahrt beschrieben werden sollen.

1. NFS bedarf einer klaren Festlegung ihres Selbstverständnisses in und an der Großorganisation Flughafen. Davon leiten sich ihre Ziele, Aufgaben und Handlungsstrategien ab.
2. Es bedarf einer nachvollziehbaren Organisationsstruktur der NFS intern innerhalb der Flughafenseelsorge und im Gesamtgefüge des Flughafenbetriebes, in der die Kompetenzen der jeweiligen Akteure sowie deren Aufgaben eindeutig definiert werden. Ferner müssen die, durch die jeweilige Institution zu erreichenden Teilziele deutlich abgestimmt sein und das Gesamtziel einer NFS muss formuliert werden. Dieser Prozess kann das Ziel haben, eine Regelorganisation zu begründen und zu gestalten.
3. Nachdem die Regelorganisation geschaffen ist, muss eine entsprechende Kommunikationsstruktur aufgebaut werden, die sowohl vor, während und nach dem Notfall einen reibungslosen Austausch der Informationen zulässt und einen barrierefreien Dialog der Partner untereinander zulässt. Der geltende Datenschutz muss beachtet werden.
4. Regelorganisation bedeutet, dass feste Personen und verlässliche Strukturen der NFS vorhanden und kommuniziert werden. Alle mit Krisen- und Notfallen betrauten Personen am und im Flughafen (und das werden letztlich alle Mitarbeiter/innen sein) müssen über das Angebot der NFS informiert sein und verlässlich auf sie zurückgreifen können. Es muss ein übersichtlicher Notfallplan erstellt sein, in dem die ständige Rufbereitschaft und Präsenz der NFS am Flughafen geregelt wird, sodass alle Akteure wissen, wann, wo und wie schnell die NFS vor Ort im Notfall präsent ist.
5. Es bedarf ausreichender und geeigneter Ressourcen, sowohl im Kontext der eingesetzten Mitarbeiter/Innen und ggf. bei den Hilfsmitteln (z. B. Materialien und Räumen, die zur Verfügung gestellt werden müssen).
6. Die Ressourcen für die NFS müssen zeitgemäß und sachgemäß sein.
7. Um den zeit-und sachgemäßen Einsatz der Ressourcen evaluieren zu können, bedarf es in regelmäßigen Abständen eines Feedbackverfahrens respektive Qualitätsmanagements, durch das die Leistungsfähigkeit der NFS und die Ergebnisse der Arbeit aufgezeigt werden und auf Grundlage der Erkenntnisse Ableitungen hin zu Optimierungsmöglichkeiten geschaffen werden.

6.3 Ideen und Maßnahmen zum Aufbau von Notfallseelsorge an einem Flughafen

6.3.1 Ausführungen zu den Thesen

Nachfolgend möchte ich anhand der formulierten Thesen Lösungsvorschläge zur Initialisierung einer von der Kirche am Flughafen getragenen NFS unterbreiten. Die Maßnahmen ergeben sich aus den Ergebnissen der empirischen Studie.

Zu These 1:
Notfallseelsorge am Flughafen ist ein seelsorglicher Beistand, der von Kirchenmitarbeiter/innen – haupt- oder ehrenamtlich – geleistet wird. Sie richtet sich an Betroffene, Verwandte und Helfer einer Krisensituation und wird direkt und oder kurz nach dem Ereignis, in räumlicher Nähe zum Ort des Geschehens im Kontext des Flughafen vollzogen, um so zeitnah eine psychosoziale Hilfestellung geben zu können.

Notfallseelsorge ist aufgrund der kirchlichen Rückbindung von Krisenintervention (KIT) zu unterscheiden, aber Teil der gesamten psychosozialen Notfallversorgung (PSNV).[904] Sie findet als professionelle Seelsorge im intermediären Raum zwischen Zivilreligion, im Auftrag der Kirchen auf dem Markt an spirituellen und religiösen Angeboten und als öffentliches Christentum statt, das sich diakonisch, interkonfessionell und interreligiös präsentiert.[905] „Durch die Notfallseelsorge ist die Kirche in der Gesellschaft diakonisch präsent als Trost für Trauernde"[906] und Beistand für Menschen in Not und Leiden. Sie praktiziert den Dienst der Flughafenseelsorge und -gemeinde an den Trauernden und Leidenden im Lebensraum Flughafen und realisiert Compassion, Trost und Präsenz für und mit den Trauernden und Helfenden angesichts des plötzlichen unerwartbaren Notfalls und Todes im Rahmen der kirchlichen Lebensvollzüge und im Bewusstsein für die Pluralität moderner Gesellschaften und ihrer Weltanschauungen.[907]

Zu These 2 und These 3:
Hier muss eine Regelorganisation von NFS im jeweiligen Betriebsablauf z. B. an einem Verkehrsflughafen geschaffen werden. Dabei müssen Strukturen der ständigen Kooperation mit allen beteiligten Akteuren in der PSNV

904 Vgl. MÜLLER-CYRAN, 2006, S. 153. Vgl. MÜLLER-CYRAN, 2010, S. 236.
905 Vgl. HAUSCHILDT, 2013, S. 63.
906 MÜLLER-CYRAN, 2010, S. 236.
907 Vgl. SCHREIJÄCK, 2009, S. 9–10. Vgl. DITTSCHEIDT, 2014, S. 404.

festgelegt werden.[908] NFS am Flughafen bedarf einer klaren Positionsbeschreibung im Lebensraum Flughafen, d. h. ihre Rolle und Zuständigkeiten und Qualität[909] müssen im offenen Dialog mit allen Akteuren auf dem Flughafen, insbesondere des Flughafenbetreibers, und nach innen hin mit den Bistümern und anderen Kirchenverantwortlichen (z. B. delegierenden Orden, die hauptamtliches Personal abstellen) abgesprochen und verbindlich entwickelt werden.

Zu These 3 und These 5:
Um ausreichende und geeignete Ressourcen ermitteln zu können und die Ergebnisse einer NFS zu evaluieren, um so Handlungsoptimierungen ableiten zu können, bedarf es einer internen und externen Qualitätskontrolle und -sicherung.[910] Dies kann z. B. durch in regelmäßigen Abständen stattfindende systematische, wissenschaftlich fundierte Befragungen umgesetzt werden, zu denen z. B. soziologischer Fachleute und ihre methodischen Kompetenzen für empirische Untersuchungen genutzt werden sollten. Dafür muss vor allem geklärt sein, was qualitätsvolle NFS am Flughafen ist, d. h. wie sich geistlich-seelsorgliche, personale und kommunikativ-psychische sowie ethische Kompetenz im Feld der Rettungskette eines Flughafens definiert.[911]

Zu These 4:
Der Fortschritt gerade im Hinblick auf technische Mittel ist auch bei einer NFS zu beachten. So soll die Notfallseelsorge, analog zu Ärzten, mit zeitgemäßen Arbeitsmitteln ausgestattet werden (Handfunkgeräte, Mobiltelefone etc.). Insbesondere sind spezifische Einsatzmittel auf dem Flughafen kennenzulernen und zu nutzen (z. B. Instrumente des Flughafeninternen Notfallmanagements).[912] Doch wesentlich ist nicht das Equipment[913], sondern die individuelle Qualifikation der Notfallseelsorger/innen und ihre ständige Weiterbildungsbereitschaft für eine überzeugende und glaubwürdige NFS.[914]

Basis einer notfallseelsorgerischen Tätigkeit auf dem Flughafen ist neben dem christlichen Grundbekenntnis und der persönlichen Bereitschaft/Motivation für diesen Dienst eine spezifische Qualifikation und Ausbil-

[908] Vgl. Kap. 3.5.2.
[909] Vgl. HELMERICHS/BLANK-GORKI, 2013, S. 403–405.
[910] Vgl. RIESKE, 2013, S. 434.
[911] Vgl. HELMERICHS/BLANK-GORKI, 2013, S. 410–413.
[912] Vgl. FRAPORT AG, 2004–2013b.
[913] Vgl. RIESKE & TUTT, 2013, S. 473–475.
[914] Vgl. RIESKE, 2013, S. 430–433. Vgl. Kap. 6.3.2 dieser Arbeit.

dung, die berufsbegleitend durchgeführt werden kann.[915] NFS basiert auf dem Diskurs mit Human-, Natur- und Geisteswissenschaften" wie auf der Selbsterfahrung selbst glaubender Akteure im „kirchlich-beauftragten Dienst in der Gesellschaft"[916]. Ausbildung und Beauftragung unterstützen die Akteure, einen reflektiert-professionellen und gleichzeitig glaubenden kirchlich verankerten Zugang zu ihrer Tätigkeit zu erlangen. Abgesichert kann er durch eine Prüfung der Voraussetzungen persönlicher, formeller und fachlicher Art bei den Seelsorger/innen, und ihre ständige Überprüfung in regelmäßigen Abständen. Insbesondere müssen Inhalte der eigenen „Psychohygiene"[917] bearbeitet und vermittelt werden.

6.3.2 Ausbildung und -Fortbildung von Notfallseelsorger/innen im Kontext eines Flughafens

Von Wietersheim hat aufgrund langjähriger Erfahrungen und bestehender Konzepte für die Aus- und Fortbildung von Notfallseelsorger/innen ein modulares Ausbildungs- und Fortbildungskonzept entwickelt. Dieses Konzept wurde in eine gemeinsame Ausbildungsvereinbarung und ein -konzept der evangelischen und katholischen Notfallseelsorge und der Hilfsorganisationen aufgenommen.[918] Es wurde 2013 durch eine Rahmenvereinbarung zu den gemeinsamen Qualitätsstandards und Leitlinien zu Maßnahmen der PSNV zwischen Wohlfahrtsverbänden und den Bundesverbänden der evangelischen und katholischen NFS umfassend neu aufgestellt.[919]

Es ist selbstverständlich, dass Notfallseelsorger/innen regelmäßig und obligatorisch an Aus-, Fort- und Weiterbildungen teilnehmen.[920] Hier können neben den Grundlagen der PSNV und spezifischen Notfalllagen und ihrer Aufarbeitung auch Themen wie „Schuld und Schuldwahrnehmung"[921] in der NFS, Ritualkompetenz und Ritualtraining„[922], Umgang mit Großschadenslagen, mit Amokläufen und Gewalttaten, rechtliche Fragen, Kooperation mit den Akteuren auf dem Flughafen (Feuerwehr, Polizei, Zoll, Rettungsdienst, Fluglinien etc.) bearbeitet werden. Insbesondere sind ak-

[915] Vgl. RIESKE, 2013, S. 430–440. Hier die Ausbildungsübersicht für die theoretische Ausbildung im Bereich der Psychosozialen Akuthilfen, S. 438–440. Vgl. Anhang.
[916] DITTSCHEIDT, 2014, S. 404.
[917] RIESKE, 2013, S. 431.
[918] Vgl. WIETERSHEIM von, 2006, S. 348–366. Vgl. RIESKE, 2013, 432–440.
[919] Vgl. RIESKE, 2013, S. 434–440.
[920] Vgl. RIESKE, 2013, S. 431.
[921] RIESKE, 2013, S. 431.
[922] Ebd.

tuelles Wissen zur PSNV und Psychotraumatologie, Stressmanagement notwendig, um professionell agieren zu können.[923]

Das Konzept der Rahmenvereinbarung zu den gemeinsamen Qualitätsstandards und Leitlinien zu Maßnahmen der PSNV zwischen Wohlfahrtsverbänden und den Bundesverbänden der evangelischen und katholischen NFS besteht in seinen Kernelementen aus Vereinbarung der gemeinsamen Ziele und Zusammenarbeit sowie im Ausbildungs- und Fortbildungsteil aus der Vereinbarung zur Vermittlung von psychosozialen und psychotraumatologischen, stresspsychologischen, organisationsbezogenen und interreligiösen Kenntnissen bzw. Informationen zu Organisation und Handlungsweisen der Rettungs- und Einsatzkräfte. Ein wichtiges Kernelement ist ein Einsatzpraktikum der angehenden Kräfte bei Feuerwehr und Rettungsdiensten in einer Hospitation als Teil der Praxisphase.[924] Auch wird auf einzelne spezifische Notfälle und ihre Bedingungen, auf die Zusammenarbeit in der Rettungskette und rechtliche und formale Kontexte eingegangen. Von besonderer Bedeutung sind Möglichkeiten der eigenen Verarbeitung von belastenden Erlebnissen und die Hinweise auf ständige einsatzbegleitende Supervision.[925]

Die einzelnen Themen und Schwerpunkte sind umfassend im Anhang dargestellt. Sie machen deutlich, dass NFS als Teil der PSNV ein hoch spezialisiertes und professionelles Angebot sein muss, für das eine spezifische Ausbildung unabdingbar notwendig ist, da es sonst zu massiven Belastungen und Störungen bei den Opfern von Notfällen, der Einsatzkräfte und der eigenen Person kommen würde.[926] Es sollten aus Gründen der spezifischen Anforderung von Krisen- und Notfällen nur ausgebildete und fachlich qualifizierte Mitarbeiter/innen in der NFS am Flughafen tätig sein. Dies wird auch in den Aussagen der befragten Mitarbeiter/innen und Reisenden im 1. Teil der empirischen Studie deutlich. Wichtig ist auch die Möglichkeit, durch Supervision und Intervision, rechtzeitig Überbelastungen zu erkennen und zu bearbeiten.[927]

Für Theologen/innen, die als Priester bzw. pastorale Mitarbeiter/innen bereits für die pfarrgemeindliche Seelsorge ausgebildet sind, muss diese Ausbildung dennoch zusätzlich durchlaufen werden, wie es z. B. in der NFS der evangelischen Kirche gefordert ist: „Grundlage notfallseelsorglichen Handelns ist eine kirchlich verantwortete Seelsorgeausbildung, die durch

[923] Vgl. ebd.

[924] Vgl. ebd.

[925] Vgl. RIESKE, 2013, S. 439–440. Vgl. auch die Ausbildungsinhalte für KIT-Mitarbeiter/innen: MÜLLER-CYRAN, 2006, S. 16–18.

[926] Vgl. auch: MÜLLER-CYRAN, 2006, S. 188–189.

[927] Vgl. RIESKE, 2013, S. 432.

fachbezogene Fortbildungen ergänzt wird."[928] Die Kontexte der NFS sind hochspezifisch, sodass eine allgemeine seelsorgliche Ausbildung nicht ausreichend erscheint, um hier gezielt und professionell agieren zu können.[929]

Dies bedeutet nicht den Ausschluss von ehrenamtlichen Kräften aus der NFS: Denn viele Personen sind aufgrund ihrer Herkunftsberufe aus dem psychosozialen Bereich ausreichend kompetent, um auf der Basis einer zusätzlichen notfallseelsorglichen Zusatzausbildung/-Fortbildung ihre Fähigkeiten für die NFS einzusetzen. Insbesondere die geforderte Multiprofessionalität und gemischte Alterszusammensetzung kann mit dem Einsatz von ehrenamtlichen Mitarbeiter/innen erreicht werden. Auf der anderen Seite wird die katholische Kirche auf Dauer nicht in der Lage sein, ausreichend NFS am Flughafen ohne ehrenamtliche Kräfte anzubieten. Dies gilt besonders bei Großschadenslagen. Und schließlich ist auf der Basis des Selbstverständnisses von NFS jeder Christ/Christin dazu aufgerufen, im Notfall zu helfen.[930]

Für die NFS am und im Flughafen stellt sich die Frage, ob zu den Modulen, die z. B. von Wietersheim für eine Ausbildung ansetzt, noch weitere Inhalte und Themenschwerpunkte speziell für die Großorganisation Flughafen an Notfallseelsorger/innen in einer eigenen Seelsorgeausbildung vermittelt werden müssen.

Ergänzend sei deshalb auf folgende Elemente hingewiesen:

- Strukturen, Organisation und Abläufe eines zivilen Großflughafens
- Einrichtungen und Räumlichkeiten des Großflughafens
- Kooperation mit allen Akteuren der Krisen- und Notfallmanagements am Flughafen

und Ansprechpartner/innen für das Krisen- und Notfallmanagement der Flughafenbetreibergesellschaft und ihrer Kooperationspartner (z. B. THW, Polizei etc.).

- Spezifische Großschadenslagen im Flugverkehr
- Abläufe der Notfallrettung und Rettungskette bei einer Großschadenslage (z. B. Flugzeugabsturz am Flughafen)
- Seelsorgliche Betreuung von Menschen mit internationaler Herkunft und im interreligiösen Kontext
- Fremdsprachenkenntnisse und Übersetzungshilfen
- Spezifische liturgische Elemente für die Gestaltung von Gedenkgottesdiensten im Kontext Flughafen

[928] EVANGELISCHE KIRCHE VON WESTFALEN – Das Landeskirchenamt, 2007a, S. 2.
[929] Vgl. MÜLLER-LANGE, 2013, S. 421.
[930] Vgl. ebd. Vgl. RIESKE, 2013, S. 430–431.

- Einrichtung und Gestaltung von Räumen der Flughafenseelsorge für Gespräche und Liturgie
- Spezifische Aspekte des Schutzes, der Entlastung und des Trostes angesichts eines Krisen- und Notfalls, die z. B. räumlich umgesetzt werden können.
- Biblisch-theologische Aspekte von Notfalleinsätzen am und im Flughafen
- Impulse für die eigene Rolle als Seelsorger/in
- Teamarbeit in der NFS am Flughafen
- Zusammenarbeit mit Heimatpfarreien und anderen religiösen Einrichtungen (Moscheegemeinde, Synagoge etc.) der Betroffenen und Angehörigen eines Notfalls.[931]

Diese Hinweise beanspruchen keine Vollständigkeit. Sie sollen deutlich machen, dass NFS am Flughafen und als integrativer Bestandteil der Flughafenseelsorge auf eine spezifische Ausbildung und Qualifizierung der Mitarbeitenden wie eine Ausgestaltung innerhalb der Flughafenseelsorge nicht verzichten kann. Dazu gehört vor allem die Ausbildung und Entwicklung spezieller Kenntnisse und Kompetenzen, die der Internationalität und der Organisation eines zivilen Großflughafens Rechnung tragen.

6.3.3 Zu Selbstverständnis und Rolle der Notfallseelsorge am zivilen Verkehrsflughafen

Selbstverständnis und Rolle von NFS sind nicht für ihre kirchlichen Akteure und für ihre Kooperationspartner nicht immer eindeutig bestimmbar.[932] Dies ergibt sich einerseits aus der engen Zusammenarbeit mit anderen Einsatzkräften im Not- und Rettungsfall und ihrer Position als Teil der (säkularen) Rettungskette. Auf der anderen Seite sind notfallseelsorgerliche Einsätze und Interventionen der Kriseninterventionsteams relativ ähnlich gelagert. Zunächst einmal sind sie historisch zur gleichen Zeit entstanden.[933]

Sieht man von einfachen finanziellen oder organisatorischen Notfällen am Flughafen ab (Geldmangel, Verlust von Papieren) stellen psychosoziale Hilfen in extremen Notlagen das gemeinsame Aufgabengebiet von NFS und PSNV dar. „Beide Angebotsträger, die Krisenintervention wie die Notfall-

[931] Vgl. WIETERSHEIM von, 2006, S. 362–366.

[932] Vgl. KURZ, 2012, S. 1.

[933] Vgl. MÜLLER-CYRAN, 2006, S. 8. Vgl. RIESKE, 2013, S. 434–440. Siehe Anhang dieser Arbeit.

seelsorge, sind an der psychosozialen Notfallversorgung in Deutschland beteiligt.“[934] Beide können mithilfe von umfassenden psychotraumatologischen Kenntnissen im Not- und Krisenfall (Unfalltod, Tod durch Suizid etc.) peritraumatisch intervenieren.

Doch hat die NFS im Flughafen aufgrund ihres kirchlichen Auftrags und auf der Basis des christlichen Glaubens eine spirituelle Dimension, die sich in den vier Grundvollzügen kirchlichen Handelns differenziert gestalten lässt. Dazu gehören Diakonia – Dienst an den Menschen, Liturgia – Gottesdienste und Eucharistie, Martyria – Zeugnis und Verkündigung und Koinonia – Gemeinschaft.[935] Teilweise beschreibt die Pastoraltheologie Koinonia nicht als einen eigenständigen Grundvollzug, sondern sieht sie als Voraussetzung und Ziel der anderen drei Grundvollzüge.

Der diakonische Auftrag erschließt sich aus den biblischen Grundlagen des christlichen Glaubens, wie oben bereits aufgeführt wurde.[936] „Die Notfallseelsorge begleitet Menschen in ihrer Not unabhängig ihrer kulturell-religiösen Herkunft“[937], d. h. Diakonie in der NFS am Flughafen bezieht sich auf alle, die sich in Verlust, Verletzung, Not, Trauer und Schuld helfen lassen wollen. Diakonie realisiert sich in den oben dargestellten Einstellungen und aktivem Handeln der Gastfreundschaft, des Trostes und Compassion mit den Leidenden und Trauernden von Notfällen an und im Flughafen.[938] „Das Diakonische und darin die Handlung und Haltung der Compassion sind durch einen ethischen Aspekt als Handeln in die Welt hinein und durch einen theologisch-kenotischen Aspekt als christliches Handeln gekennzeichnet.“[939] Hierbei übernimmt der Seelsorger/in im Akutfall eine einseitige Verantwortung, indem er das Leid des anderen erkennt und aushält.[940]

Sie wird von allen, die zur NFS beauftragt sind, im Notfall in unterschiedlichen Handlungen umgesetzt. Insbesondere realisiert sie sich in Offenheit und Respekt vor dem Fremden und Andersdenkenden über nationale, sprachliche, kulturelle und religiöse Grenzen hinweg. Aufnahme der Fremden und Bedürftigen ist als „ein Wesensmerkmal biblischer Existenz“[941] von der NFS am Flughafen stets zu praktizieren.

---

[934] MÜLLER-CYRAN, 2006, S. 8.

[935] Vgl. VORGRIMLER, 2000, S. 128. Vgl. GÄRTNER, 2010, S. 75: „Die Rede von den Grundvollzügen der Kirche hat sich katholischerseits seit dem II. Vaticanum durchgesetzt, dürfte allerdings auf evangelische Theologen der 1930er-Jahre wie Oskar Planck zurückgehen.“

[936] Vgl. Kap. 3.3.1.

[937] KURZ, 2012, S. 3.

[938] Vgl. GÄRTNER, 2010, S. 80.

[939] DITTSCHEIDT, 2014, S. 402.

[940] Vgl. ebd.

[941] GÄRTNER, 2010, S. 82.

Nach Dittscheidt agiert NFS diakonisch-institutionell im Raum „zwischen“[942] Gemeinde und Caritas, denn vom Notfallseelsorgenden kann in den ersten Stunden nach dem Notfall (bei Bedarf) eine Überweisung in Facheinrichtungen, z. B. in caritativer Trägerschaft stattfinden.[943] NFS darf keine isolierte einzelne diakonische Hilfe sein, sondern muss in ein Netz auch von caritativ-diakonischen Hilfemöglichkeiten der Kirchen eingebunden sein. Sie ist eine professionelle diakonische Hilfe in dem Sinne, dass ihre Akteure für diesen Dienst kompetent ausgebildet sein müssen, weil sie sonst ihn nicht hilfreich leisten können. Aber sie ist mit Dittscheidt nicht „erschöpfend zu identifizieren ist mit den Diensten, die unter dem Weihemerkmal festgelegt sind“[944]; deshalb schließt sie Kleriker und Laien ausdrücklich ein. Müller-Cyran macht deutlich, dass der diakonische Auftrag der NFS besonders dort präsent ist, wo alle menschliche Hilfe versagt: im Teilen von Hilflosigkeit des traumatisierten und trauernden Menschen, aber auch der erschöpften Hilflosigkeit der Helfenden, die trotz aller Kompetenzen und Technik den Tod, besonders den Tod und Verletzung vieler in einer Katastrophe, nicht verhindern konnten.[945]

Der Auftrag der Verkündigung ist mit dem diakonischen Auftrag direkt verbunden: „Die Notfallseelsorgenden bringen ihre Deutungskompetenz ein, um die Betroffenen bei der Bewältigung der Notsituationen zu unterstützen.“[946] Diese Glaubensdeutung wird dem Menschen in Not- und Katastrophenfall ausschließlich angeboten und ihre Annahme wird ihm stets offen gelassen, in Freiheit mit dieser *„Option des sich zeigenden liebenden und Leben verheißenden Gottes“*[947] im je eigenen Tempo in Berührung zu kommen und sie in sein Sinnkonzept aufzunehmen, zu bestätigen oder abzulehnen. Diese Verkündigungskompetenz impliziert, dass Mitarbeiter/innen die Not des Einzelnen nicht für christlich-verkündigende Zwecke funktional missbrauchen, sondern die Ressourcen des christlichen Glaubens des Trostes, Zuspruches, des Mitleidens, der Heilung durch den Glauben an die Präsenz Gottes in der Not einbringen, indem sie das Subjekt der NFS in seinen Bedürfnissen und Anfragen respektieren und annehmen.[948] Verkündigung muss situational geschehen und kann nicht pauschal eingesetzt werden, wie TN in der empirischen Studie deutlich ausdrücken. Es bedarf

[942] DITTSCHEIDT, 2014, S. 306.
[943] Vgl. ebd.
[944] DITTSCHEIDT, 2014, S. 402.
[945] Vgl. MÜLLER-CYRAN, 2009, S. 238.
[946] KURZ , 2012, S. 4.
[947] DITTSCHEIDT, 2014, S. 402.
[948] Vgl. BOSCHKI, 2008, S. 20–24.

daher einer hohen Achtsamkeit, die reale Situation differenziert wahrzunehmen.[949]

Deshalb ist hier in der notfallseelsorgerlichen Situation eine anspruchsvolle Kompetenz der Deutung und Maieutik notwendig, die die Lage des anderen in der Not einfühlsam und prägnant in Worte und Gesten – auch im Schweigen – auffängt und begleitet. Diese „maieutische Kompetenz"[950] ist m. E. das Eigene des notfallseelsorgerlichen Dienstes, denn sie muss auf der Basis von theologischen, psychotraumatologischen und pastoralpsychologischen Kenntnissen und dem vertieften Wissen der PSNV die je eigene unverwechselbare Situation des leidenden und fragenden Anderen erfassen und angemessen zur Sprache bringen, ohne durch Platitüden die Not zu vertuschen, eingedenk des Bewusstseins für die Grenzen menschlichen Handelns und der Möglichkeiten Gottes. Der Notfallseelsorgende findet die Selbstvergewisserung seines Verkündigungsdienstes in dem Wissen, dass seine Präsenz und sein Mitaushalten der „Hilf- und Sprachlosigkeit der Trauernden"[951] genau das ist, was jetzt die Situation erfordert, und nichts mehr und nichts weniger ausdrücken soll als das in der Exoduserzählung tragende ‚Ich bin da' der Gottesrede.[952]

Dazu gehört, dass Verkündigung in einer Notfallsituation allein über die Person des Seelsorgers/der Seelsorgerin verläuft; in seinem Verhalten zum Betroffenen, in seiner Authentizität, wird Trost und Compassion des christlichen Glaubens sichtbar und bedarf keiner zusätzlichen Worte. Gleichwohl kann es bedeuten, dass NFS am Flughafen an Gottes Zusage im Wort der Bibel erinnern oder gemeinsam mit dem Leidenden danach suchen und die Erfahrung gemeinsam ausdeuten.[953] Verkündigung im Kontext der NFS am Flughafen bedeutet u. U. auch, den Tod eines Angehörigen den Hinterbliebenen ehrlich und direkt zu verkünden, um Hilfen zur Realisierung zu geben.[954]

Liturgisch bietet die Kirche seit jeher unterschiedliche Rituale und Gottesdienste mit ihren Symbolen und Gebeten an, um das Leben der Menschen im Licht des Glaubens auszudeuten. In der NFS am Flughafen kann diese Ressource genutzt werden, um Vergangenes in einen spirituellen Sinnzusammenhang zu bringen. Hier gilt es, die eigenständigen Möglichkeiten der kirchlichen Liturgie noch weiter auf die Situation am Flughafen und der modernen Mobilität hin zu verfeinern. Die Kapelle der Flugha-

[949] Vgl. FEESER-LICHTERFELD, 2005, S. 370.
[950] DITTSCHEIDT, 2014, S. 407.
[951] MÜLLER-CYRAN, 2009, S. 238.
[952] Vgl. ebd.
[953] Vgl. BOSCHKI, 2010, S. 204.
[954] Vgl. MÜLLER-CYRAN, 2009, S. 239–240.

fenseelsorge bietet hierfür einen geschützten und traditionell bekannten Raum an und kann bei Bedarf als Rückzugsort genutzt werden, um das Erlebte zu verarbeiten und rituell auszudeuten. Dabei ist aber zu beachten, dass kirchliche Liturgie immer Deutungsoffenheit anbietet. Die Kompetenz, schreckliche und extreme Notfälle so zu deuten, dass die Zuhörenden sich aufrichten können und (wieder) handlungsfähig werden, ist eine Kunst, die durch seelsorgliche Ausbildung und Erfahrung erlernt werden kann.[955] Es bedarf daher eines situativen Ansatzes, bei dem der Seelsorger/in in der Lage ist, auf die jeweiligen Bedarfe, Stimmungen und Emotionen angesichts eines Notfalls von Angehörigen oder Einsatzkräften einzugehen und diese im Licht des Glaubens auszudrücken. Dabei ist z. B. darauf zu achten, dass ein generalisierendes ‚wir' zugunsten eines persönlichen ‚ich' vermieden wird.[956] Die Palette unterschiedlicher Situationen, in denen Notfälle individueller Art oder bei Großschadenslagen für eine große Gruppe von Menschen rituell aufgefangen werden können, ist groß. Dabei ist allerdings auch wichtig, dass Liturgie nicht nur ein individuelles privates Ritual ist, sondern eingebunden, quasi aufgehängt bleibt in die Feier der Kirche, die sich hier anteilnehmend, hoffend und erinnernd als Gemeinschaft der Glaubenden realisiert.[957] Insofern ist die Kirche immer auch in der NFS und ihrem rituell-liturgischen Angebot präsent, durch den Seelsorger/in wie durch die Subjekte/Adressaten/innen der NFS am Flughafen.[958]

Koinonia ist der Grundvollzug der kirchlichen Gemeinschaft: NFS bietet direkt und unmittelbar den Betroffenen eines Notfalls die Gemeinschaft der Kirche – ohne Vorbedingungen – an (vgl. GS 1). Als pilgerndes Gottesvolk teilen die Akteure der NFS die Situation aller Menschen, die von Notfällen am Flughafen betroffen sind. Mit dem oder der Mitarbeiter/in der NFS am Flughafen wird kirchliche Gemeinschaft in der Not praktiziert. Dies gilt allen Beteiligten an einem Notfall, ungeachtet ihrer religiösen oder kulturellen Herkunft und Hintergrunds. Es ist Gemeinschaft im Horizont unterschiedlicher Religionen und Werthaltungen, im Kontext einer pluralen und stets mobilen Risikogesellschaft, die besonders am Flughafen sinnfällig zum Ausdruck kommt.[959] Wie ein TN äußert, ist ein wichtiges Bedürfnis das Nicht-allein-sein-wollen in der Not. Dies kann gerade am Flughafen in seiner Anonymität einer Großorganisation wichtig sein, in der allein aus betrieblichen Gründen schnell wieder zur Tagesordnung gefunden werden muss. Gleichzeitig wird für Christen/innen die von ihnen bewusste ge-

[955] Vgl. GEESE, 2013, S. 519–549.
[956] Vgl. GEESE, 2013, S. 519.
[957] Vgl. KEHL, 1992, S. 147.
[958] Vgl. KEHL, 1992, S. 152.
[959] Vgl. HERZ-JESU-PROVINZ DER PALLOTINER, 2014. Vgl. ZIPPERT, 2013b, S. 37.

wünschte Gemeinschaft mit Jesus Christus und seiner Kirche präsent. Beide Aspekte können in der NFS lebendig werden, wobei Nähe und Ferne zur Kirche von jedem selbst bestimmt werden können.[960]

Diese kirchlichen und religiösen Aspekte der NFS sind nicht immer den Subjekten der NFS ausdrücklich präsent und müssen auch nicht immer per se von Mitarbeitenden der NFS am Flughafen offengelegt werden. Sie können aber das Profil der NFS an den Schnittstellen zwischen christlichem Glauben, kirchlichen Auftrag und gesellschaftlicher Akzeptanz[961] im Rahmen der PSNV am und im Flughafen markieren.

[960] Vgl. KEHL, 1992, S. 415.

[961] Vgl. HAUSCHILDT, 2013, S. 63.

7 Fazit und Ausblick

„Bereitschaft zur Bewegung" – Dieser geflügelte Begriff ist wörtlich zu verstehen und bezieht sich auf die rasant zunehmende Mobilität der Menschen. Bis vor wenigen Jahrhunderten beschränkte sich der Lebensradius auf kaum mehr als 50 Kilometer. Heute dagegen sind es mehrere Tausend. Der technische Fortschritt ermöglicht den Lebensschwerpunkt von einem Ende an ein anderes Ende der Welt, mit all seinen Chancen und Risiken, zu verlagern. Ein Flughafen, mit seiner betriebsamen Hektik und Dynamik sowie vielgestaltigen Pluralität aus Menschen aller Nationen, Sprachen und Kulturen, stellt hierbei ein Sinnbild dieser modernen Gesellschaft dar. Da Menschen heute schneller und häufiger reisen und unterwegs sind, als in der gesamten Zeitgeschichte zuvor, kommt es aufgrund des höheren Verkehrsaufkommens zu einer Zunahme von Notfällen, Krisen, Unfällen und Katastrophen im Kontext des Reisens. Mit Blick auf die NFS für die zivile Luftfahrt fällt allerdings auf: Obgleich Seelsorge in Notsituationen im und am Flughafen selbstverständlich seit vielen Jahrzehnten praktiziert wird, existiert bis heute kein pastoraltheologisch systematisch fundiertes Handlungskonzept einer NFS für die zivile Luftfahrt.

Kirche als 'Dienst-Leister' vermag gerade an einem Flughafen Hilfe für die Seele durch ihre Präsenz zu bieten. Durch die Professionalisierung seelsorglicher Kategorien (z. B. NFS) kann der Spannungsbogen zwischen Angebot und Nachfrage (Präsenz und barmherziger Fürsorge) gelingen. Das Kernhandlungsfeld der Kirche (Spendung der Sakramente) bekommt somit eine Neuakzentuierung der Grundvollzüge kirchlichen Handels, besonders im Hinblick auf die Diakonie. Kirche am Flughafen realisiert sich in der persönlichen Bereitschaft dazu sein.

Auf der einen Seite muss NFS für die Gemeinschaft der Christen am Flughafen eindeutig identifizierbar sein und kann nicht als psychosoziale Einrichtung unter vielen (und ggf. als Ersatz für fehlende psychosoziale Versorgung), d. h. anonym agieren. NFS handelt im spezifischen pastoralen Auftrag der Kirche. Auf der anderen Seite wird sie als Teil des Krisen- und Notfallmanagements und PSNV wahrgenommen und hat hier eine deutlich entlastende Funktion für den Flughafenbetreiber. Dies ist zu begrüßen, da die Kirche somit ihren Auftrag des Unterwegsseins mit den Menschen auch auf organisationaler Ebene umsetzt. Zu Konflikten kann es dagegen kommen, wenn Kirche dadurch in ihrer Autonomie begrenzt und in ihren spezifischen Handlungsmöglichkeiten ständig funktionalisiert wird.

Organisatorisch soll eine Regelorganisation der NFS erfolgen, die sie in den täglichen operativen Betrieb des Flughafens einbindet und vernetzt. Ferner mögen Kooperationen geschaffen werden, um die maximale Leistungsfähigkeit aller Beteiligter innerhalb eines Schadens- und Großschadensereignisses zu nutzen. Angezielt werden muss ein kooperativer, systemischer Lösungsansatz, um eine effektive NFS in der zivilen Luftfahrt umzusetzen. Die theologische Sichtweise ist hierbei in den operativen Flugbetrieb mittels einer Regelorganisation (Aufbau- und Ablauforganisation) zu integriert, um eine effektive Funktionalität ('Dienst-Leister') einer NFS in der zivilen Luftfahrt erreichen zu können.

Die Prognosen sind eindeutig. Die Zahlen der Verkehrsteilnehmer am Flugverkehr werden in den nächsten Jahren weltweit weiter steigen. Damit ist zum einen die Zahl der Verkehrsträger als auch die Zahl der am Verkehr Beteiligten (Reisende und Beschäftigte) gemeint. Die Flughäfen expandieren und stellen sich ständig auf Veränderungen in der Luftfahrt ein. Alleine in Deutschland steht mit der Inbetriebnahme des neuen Flughafens Berlin-Brandenburg (Willy Brandt) ein solches verkehrspolitisches Großprojekt in den „Startlöchern". Weitere sind bereits in Planung. Kirche muss auf diese Veränderungen und Entwicklungen im zivilen Luftverkehr flexibel reagieren. So ist es heute zumindest an den meisten deutschen Verkehrsflughäfen Standard, dass eine Flughafenseelsorge präsent ist. Die wenigsten Einrichtungen können aber wie am Frankfurter Flughafen immer eine 7-tägige Rufbereitschaft sicherstellen. Auch eine differenzierte Wahrnehmung spezifischer Aufgaben liegt meist nicht vor. Kirche hat hier die Möglichkeit im Kontext einer NFS, eine spezifische Antwort auf die Frage nach kirchlichen Handlungsmöglichkeiten im Lichte des 21. Jahrhunderts zu liefern. Kirche soll vor Ort sein.

Aufgrund einer immer mehr voranschreitenden Professionalisierung von psychosozialen Hilfeleistungen wird es in Zukunft auch in der Kirche zu einer immer deutlicheren Spezialisierung einzelner kategorialer Bereiche, auch der NFS in der zivilen Luftfahrt kommen. Diese Entwicklung muss von Kirche wahrgenommen werden und zu innovativen pastoralen Seelsorgeformen führen. Dies setzt den Willen und die Bereitschaft bei kirchlichen Verantwortlichen voraus, diesen neuen Weg einzuschlagen.

Abkürzungsverzeichnis

AA	Apostolicam actuositatem
AG	Ad gentes
AGS	Arbeitsgemeinschaft Seelsorge in Feuerwehr und Rettungsdienst
Apg	Apostelgeschichte
AT	Altes Testament
BA-NOT	Betriebsanweisung für Notfälle gemäß der Flughafenbenutzungsordnung der Fraport AG
c.	Canon
CCACC	Catholic Civil Aviation Chaplans und Chaplancy
CD	Christus Dominus
CIC	Codex Iuris Canonici
CISM	Critical Incident Stress Management
DBK	Deutsche Bischofskonferenz
DSM	Diagnostic and Statistical Manual of Mental Disorders (Diagnostisches und Statistisches Handbuch Psychischer Störungen)
Dtn	Das Buch Deuteronomium
EKD	Evangelische Kirche in Deutschland
ERIC	Emergency Response and Information Center
Ex	Das Buch Exodus
FAFF	Forum Abschiebungsbeobachtung am Frankfurter Flughafen
FRA	IATA-Code des Flughafens Frankfurt/Main
FRACARE	Betreuungsdienst am Frankfurter Flughafen – FraCareServices GmbH
Gen	Das Buch Genesis
GS	Gaudium et Spes
Hi	Das Buch Hiob
IACAC	International Association of Civil Aviation Chaplain
IATA	International Air Transport Association
ICAO	International Civilization Organization
ICD	International Statistical Classification of Diseases (Internationale statistische Klassifikation der Krankheiten und verwandter Gesundheitsprobleme)
IM	Inter Mirifica
Joh	Das Evangelium nach Johannes
KDaF	Kirchlichen Dienst am Flughafen München
KEN	Konferenz der landeskirchlichen Beauftragten für die Notfallseelsorge
KIT	Krisen-Interventions-Team im Rettungsdienst
Kor	Brief an die Korinther

Lev	Das Buch Leviticus
Lk	Das Evangelium nach Lukas
LThK	Lexikon für Theologie und Kirche
Mk	Das Evangelium nach Markus
Mt	Das Evangelium nach Matthäus
NFS	Notfallseelsorge
NIZ	Notfallinformationszentrale
NOAH	Koordinierungsstelle Nachsorge, Opfer- und Angehörigenhilfe
NRW	Nordrhein-Westfalen
NT	Neues Testament
OE	Organisationsentwicklung
Phil	Der Brief an die Philliper
Ps	Das Buch der Psalmen
PSL-DS	Personalserviceleistungen Diversity und Services
PSNV	Psychosoziale Notfallversorgung in Deutschland
PTSD	Posttraumatische Belastungsstörung
RD	Rettungsdienst
RGG	Religion in Geschichte und Gegenwart
Röm	Brief an die Römer
SAC	Societas Apostolatus Catholici – Orden der Pallotiner
SAT	Special Assistance Team
SbE	Stressbearbeitung nach belastenden Ereignissen
Thess	Brief an die Thessalonicher
THW	Technisches Hilfswerk
Tob	Das Buch Tobit
TRE	Theologische Realenzyklopädie
UNHCR	United Nations High Commissioner for Refugees (Hoher Flüchtlingskommissar der Vereinten Nationen)

Literaturverzeichnis

Printliteratur

AD GENTES (AG). Das Dekret über die Missionstätigkeit der Kirche. In: RAHNER, Karl; VORGRIMLER, Herbert (Hg.): Kleines Konzilskompendium, Freiburg/Br., S. 607–654.

ADAM, Adolf: Grundriß Liturgie. Freiburg/Br. 1985, S. 60.

AMMICHT-QUINN, Regina: Wenn der Boden unter den Füßen schwankt. Die Theodizeefrage im Kontext von Katastrophen. In: Diakonia 42. Jg. Heft 4 (2011), S. 224–229.

APOSTOLICUM ACTUOSITATEM (AA). Dekret über das Laienapostolat. In: RAHNER, Karl; VORGRIM-LER, Herbert (Hg.): Kleines Konzilskompendium, Freiburg/Br. 352008, S. 389–422.

BARTON, John: Theodizee. II. Altes Testament, in: RGG Bd. 8 (42008), Sp. 225–227.

BAUMERT, Norbert: Dem Geist Jesu folgen, Münsterschwarzach 1988.

BECKERS, S.: Hygiene und Arbeitsschutz, in: BROKMANN, Jörg; ROISSANT, Rolf (Hg.): Repetitorium Notfallmedizin, Berlin/Heidelberg 22010b, S. 41–57.

BECKERS, S.: Organisation und Struktur, in: BROKMANN, Jörg; ROISSANT, Rolf (Hg.): Repetitorium Not-fallmedizin, Berlin/Heidelberg 22010a, S. 1–40.

BENGEL, Jürgen: Psychologie in Notfallmedizin und Rettungsdienst, Berlin/Heidelberg/New York 22004.

BEYER, Franz-Heinrich: Tod im häuslichen Bereich: Verabschiedung, rituelle Hilfen, in: BREITSAMETER, Christof (Hg.): Notfallseelsorge: Ein Handbuch, Münster 2012, S. 26–33.

BIESIADECKA, Gabriela Maria: Krisenpräventives Kommunikationsmanagement am Flughafen. Ein Modell der Public Relations für den erfolgreichen Umgang mit Krisen, Wiesbaden 2009.

BIESINGER, Albert: Wenn die Katastrophe nahe kommt. Als Notfallseelsorger beim Amoklauf in Winnenden. In: Diakonia 42. Jg. Heft 4 (2011), S. 230–223.

BÖHNKE, Michael / SCHÜLLER, Thomas: Zeitgemäße Nähe – Evaluation von Modellen pfarrgemeindli-cher Pastoral nach c. 517 § 2 CIC, Würzburg 2011.

BOHREN, Rudolf: Trost: Predigten, Neukirchen 1981.

BÖNTERT, Stefan: Rituale, Zeichen und Gebet im Dienst der Notfallseelsorge, in: BREITSAMETER, Christof (Hg.): Notfallseelsorge: Ein Handbuch, Münster 2012, S. 74–85.

BORTZ, Jürgen; DÖRING, Nicola: Forschungsmethoden und Evaluation für Human- und Sozialwissenschaft-ler, Heidelberg 42006.

BOSCHKI, Reinhold: „Beziehung" als Leitbegriff der Religionspädagogik: Grundlagen einer dialogisch-kreativen Religionsdidaktik: Grundlegung einer dialogisch-kreativen Religionsdidaktik, Ostfildern 2003.

BOSCHKI, Reinhold: Gott erinnern - eine praktisch-theologische Ausgabe, in: BOSCHKI, Reinhold; FABER, Eva-Maria; KRIEGER, Gerhard; KROCHMALNIK, David; MÄRZ, Claus-Peter: Gott nennen und erken-nen. Theologische und philosophische Einsichten, Freiburg/Basel/Wien 2010, S. 176–215 (= Theologische Module Band 10).

BOSCHKI, Reinhold: Subjekt- und Beziehungsorientierung, in: BOSCHKI, Reinhold; KIEßLING, Klaus; KOHLER-SPIEGEL, Helga; SCHEIDLER, Monika; SCHREIJÄCK, Thomas (Hg.): Religionspädagogische Grundoptionen. Elemente einer gelingenden Glaubenskommunikation, Freiburg/Basel/Wien 2008, S. 20–28.

BOSS, Dorothee: Glaube kompakt, Würzburg 2009.

BREITSAMETER, Christof (Hg.): Notfallseelsorge: Ein Handbuch, Münster 2012.

CHRISTUS DOMINUS (CD). Dekret über die Hirtenaufgabe der Bischöfe, in: RAHNER, Karl; VORGRIM-LER, Herbert (Hg.): Kleines Konzilskompendium, Freiburg/Basel/Wien 352008, S. 257–286.

CODEX JURIS CANONICI. Codex des kanonischen Rechts (CIC), lateinisch-deutsche Ausgabe, hrsg. im Auftrag der deutschen Bischofskonferenz, der Österreichischen Bischofskonferenz, der Schweizer Bischofskonferenz, der Erzbischöfe von Luxemburg und von Straßburg, der Bischöfe von Bozen-Brixen, von Lüttich und von Metz, Kevelaer 62009.

CRÜSEMANN, Frank: Die Außenwelt der Innenwelt. Die Seele in alttestamentlich-biblischer Sicht. In: zeitzei-chen. 7/12 (2006), S. 30–32.

DETAMBEL, Daniel: Verkündigung durch das Fernsehen. Möglichkeiten und Grenzen in einem sich verän-dernden Kontext. Frankfurt/Main 1998.

DIE BIBEL: Altes und Neues Testament. Einheitsübersetzung. Freiburg/Br. 2003.

DIERENBACH-KLÄUI, Miriam; FELDER, Michael: Im Interview: Bischof Dr. Gebhard Fürst. „Wir rechnen jetzt mehr mit dem Unvorhersehbaren". Der Amoklauf von Winnenden. In: Diakonia 42. Jg. Heft 4 (2011), S. 235–241.

DITTSCHEIDT, Gerhard; Menschen im Notfall helfen. Zur pastoralen Grundlegung der Notfallseelsorge in Kirche und Gesellschaft (= Studien zur Theologie und Praxis der Seelsorge; Bd. 91), Würzburg 2014.

DOBLER, Agnesita; MOSSES, Leo: Aufgabenfelder der Katholischen Flughafenseelsorge, in: MIEHLE, Wolf-gang (Hg.): Konferenz der katholischen Flughafenseelsorger im deutschsprachigen Raum, Bonn 2011.

EICHHORN, Siegfried: Integratives Qualitätsmanagement im Krankenhaus. Stuttgart 1997.

ENGLERT, Rudolf: „Gastfreundschaft" – eine Metapher mit großem Potential, in: Schmid, Hans; Verburg, Winfried (Hg.): Gastfreundschaft. Ein Modell für den konfessionellen Religionsunterricht der Zukunft, München 2010, S. 10–21.

FECHTNER, Kristian; KLIE, Thomas: Riskante Liturgien. Gottesdienste in der gesellschaftlichen Öffentlich-keit, Stuttgart 2011.

FEESER-LICHTERFELD, Ulrich: Berufung. Eine praktisch-theologische Studie zur Revitalisierung einer pas-toralen Grunddimension (= Theologie und Praxis Bd. 26), Münster 2005.

FISCHER, Urban: Art. Notfall. In: Hoffmann-LaRoche AG (Hg.): Roche Lexikon Medizin, München 41999, Sp. 485.

FISCHER, Gottfried; RIEDESSER, Peter: Lehrbuch der Psychotraumatologie, München 42009.

FLANAGEN, John C.: The critical incident technique, in: Psychological Bulletin 51 (1954), S. 327–358.

FRAPORT AG (Hg.): Fraport live: Die Zeitung für Mitarbeiterinnen und Mitarbeiter. Unternehmenskommuni-kation. Ausgabe vom 15. Juni 2011.

GAST, Ursula; MARKER, Elisabeth Christa; ONNASCH, Klaus; SCHOLLAS, Thomas: Trauma und Trauer: Impulse aus christlicher Spiritualität und Neurobiologie, Stuttgart 2009.

GASTEIGER, Franz: Flughafenseelsorge, in: LThK Bd. 3 (31995), Sp. 1338.

GAUDIUM ET SPES (GS): Die pastorale Konstitution über die Kirche in der Welt von heute. In: RAHNER, Karl; VORGRIMLER, Herbert (Hg.): Kleines Konzilskompendium, Freiburg/Basel/Wien S. 449–552.

GEESE, Claudia: Liturgische Vorlagen, in: MÜLLER-LANGE, Joachim (Hg.): Handbuch Notfallseelsorge. Edewecht/Wien 32013, S. 519–549.

GESTRICH, Christof: ‚Seele' – ein Begriff, der wieder gedacht werden kann. In: Wege zum Menschen 66. Jg. H. 2/2014, S. 155–168.

GLÄSER, Jochen; LAUDEL, Grit: Experteninterviews und qualitative Inhaltsanalyse als Instru-mente rekonstruierender Untersuchungen, Wiesbaden 42010.

GONDAN, Alexander: Diakone „in transit with you" auf Flughäfen. In: Diakonia 48 Jg. H. 1 (2013), S. 61–74.

HÄCKER, Joachim: Katastrophen und Großschadensereignisse im Rahmen der zivilen Gefahrenabwehr, in: MÜLLER-LANGE, Joachim; RIESKE, Uwe; UNRUH, Jutta (Hg.): Handbuch Notfallseelsorge, Ede-wecht/Wien3 2013, S. 266–295.

HÄFELE, Walter: Systemische Organisationsentwicklung – Eine evolutionäre Strategie für kleine und mittlere Unternehmen. Europäische Hochschulschriften. Bern et al. 1993.

HAHN, Judith: Kirchenrechtliche Anmerkungen zu Seelsorge und Sakramentenspendung im Notfall, in: BREITSAMETER, Christof (Hg.): Notfallseelsorge: Ein Handbuch, Münster 2012, S. 100–115.

HÄRLE, Wilfried: Dogmatik, Berlin/New York 22000.

HÄRLE, Wilfried: Theodizee, in: CHRISTOPHERSEN, Alf ; JORDAN, Stefan (Hg.): Lexikon Theologie. Hundert Grundbegriffe, Stuttgart 22010, S. 310.

HAUSCHILDT, Eberhard: Notfallseelsorge als Gestalt des Christentums – zwischen Zivilreligion und Auftrag der Kirche, in: MÜLLER-LANGE, Joachim; RIESKE, Uwe; UNRUH, Jutta (Hg.): Handbuch Notfallseel-sorge, Edewecht/Wien 32013, S. 60–67.

HAUSCHILDT, Eberhard: Seelsorge II. Praktisch Theologisch, in: MÜLLER, Gerhard (Hg.): TRE Bd. 31, Berlin/New York 2000, S. 31–54.

HAUSMANN, Clemens: Notfallpsychologie und Traumabewältigung: Ein Handbuch, Wien 2010.

HEGGER, Susanne: Warum lässt Gott das zu? Fragen der Theodizee, in: BREITSAMETER, Christof (Hg.): Notfallseelsorge: Ein Handbuch, Münster 2012, S. 116–126.

HEINZE, Thomas; THIEMANN, Friedrich: Kommunikative Validierung und das Problem der Geltungsbegrün-dung, in: Zeitschrift für Pädagogik 28 (1982), S. 635–642.

HELFFERICH, Cornelia: Die Qualität qualitativer Daten: Manual für die Durchführung qualitativer Interviews, Wiesbaden 42011.

HELMERISCH, Jutta; BLANK-GORKI, Verena: Bundeseinheitliche Qualitätsstandards in der psychosozialen Notfallversorgung (PSNV), in: MÜLLER-LANGE, Joachim; RIESKE, Uwe; UNRUH, Jutta (Hg.): Hand-buch Notfallseelsorge. Edewecht/Wien 32013, S. 398–413.

INTER MIRIFICA (IM). Das Dekret über die sozialen Kommunikationsmittel. In: RAHNER, Karl; VOR-GRIMLER, Herbert (Hg.): Kleines Konzilskompendium, Freiburg/Br. 352008., S. 91–104.

JÄHNICHEN, Traugott: Von Gott reden angesichts von Leiden und Tod, in: BREITSAMETER, Christof (Hg.): Notfallseelsorge: Ein Handbuch, Münster 2012, S. 127–139.

JANOWSKI, Gudrun: Frau Pfarrerin, ist das Gottes Wille? – Überlegungen zur Theodizee in Notfallsituationen, in: KREMER, Raimar; LUTZI, Jutta; NAGEL, Bernd (Hg.): Not-fallseelsorge: Theologische und psychologische Aspekte, Merching 2012, S. 26–37.

JOACHIM-STORCH, Doris: Einfach nur da sein – Andacht, in: KREMER, Raimar; LUTZI, Jutta; NAGEL, Bernd (Hg.): Notfallseelsorge: Theologische und psychologische Aspekte, Merching 2012, S. 235–236.

JOHANNES PAUL II. (Hg.)(2009): Codex Iuris Canonici. Codex des kanonischen Rechts (CIC), 6. Aufl., Kevelaer.

KASTNER, Michael; WIDMANN, Thomas: Führung im systemtheoretischen Bezugsrahmen – Eine einführen-de Betrachtung, in: KASTNER, Michael; GERSTENBERG, Bernd (Hg.): Personalmanagement – Denken und Handeln im System, München 1991, S. 21–35.

KEHL, Medard: Die Kirche. Eine katholische Ekklesiologie, Würzburg 1992.

KLAIBER, Walter: Theodizee. III. Neues Testament, in: RGG Bd. 8 (42008), Sp. 226.

KLESSMANN, Michael: Theodizee. VII. Praktisch-theologisch, in: RGG Bd. 8 (42008), Sp. 235–236.

KLIE, Thomas: Aufs Spiel gesetzt – Chancen und Gefahren von Gottesdiensten nach Unglücksfällen und Naturkatastrophen, in: zeitzeichen 3/2011, S. 38–40.

KNOBLOCH, Stefan: Frei-Zeichen: Anforderungen an eine zeitgemäß Freizeitpastoral, in: ISENBERG, W. (Hg.): Freizeit- und Tourismuspastoral in der Erlebnisgesellschaft, Bensberg 1999, S. 9–17.

KREMER, Raimar: Einbeziehung islamischer Seelsorgerinnen und Seelsorger in Notfallseel-sorge-Strukturen der Kirchen, in: KREMER, Raimar; LUTZI, Jutta; NAGEL, Bernd (Hg.): Notfallseelsorge: Theologische und psychologische Aspekte, Merching 2012, S. 50–56.

KREMER, Raimar; LUTZI, Jutta; NAGEL, Bernd (Hg.): Notfallseelsorge: Theologische und psychologische Aspekte, Merching 2012.

KRÜGER, Harald; PLAGGE, Ute: Aufbau und Ausbildung eines Kriseninterventionsteams, in: MARTENS, Erneli (Hg.): „Ans rettende Ufer“: Referateband des 5. Bundekongress für Notfallseelsorge & Kriseninter-vention. Frankfurt/Main 2003, S. 263–266.

KRUMPEN, Edgar: Hingehen – Dasein – Aushalten: Notfallseelsorge als zutiefst diakonische Aufgabe der Kirche. In: Diakonia 48 Jg. H. 2 (2013), S. 159–169.

KRÜSMANN, Marion; MÜLLER-CYRAN, Andreas: Trauma und frühe Interventionen. Möglichkeiten und Grenzen von Krisenintervention und Notfallpsychologie, Stuttgart 2005.

KULD, Lothar: Dimensionen der Compassion-Initiative, in: METZ, Johann Baptist; KULD, Lothar; WEIS-BROD, Adolf: Compassion – Weltprogramm des Christentums. Soziale Verantwortung lernen, Frei-burg/Basel/Wien 2000, S. 89–94.

KULD, Lothar; GÖNNHEIMER, Stefan: Compassion – Sozialverpflichtetes Lernen und Handeln, Stutt-gart/Berlin/Köln 2000.

LAMMER, Kerstin: Kalter Schweiß auf dem Rücken. Seelsorge nach traumatischen Ereignissen, in: KREMER, Raimar; LUTZI, Jutta; NAGEL, Bernd (Hg.): Notfallseelsorge: Theologische und psychologische Aspekte, Merching 2012, S. 211–223.

LAMMER, Kerstin: Trauer verstehen. Formen – Erklärungen – Hilfen, Neukirchen 32010.

LANGENHORST, Georg (Hg.): Hinführung: Hiob – ein Gegenmodell zur Theodizee, in: Ders. (Hg.): Hiobs Schrei in die Gegenwart. Ein literarisches Lesebuch zur Frage nach Gott im Leid, Mainz 1995, S. 11–27.

LANGENHORST, Georg: Trösten lernen? Profil, Geschichte und Praxis von Trost als diakonischer Lehr- und Lernprozeß, Ostfildern 2000 (= Glaubenskommunikation Reihe Zeitzeichen Bd. 7).

LORENZ, Guido; SCHOBEL, Paul: Laut sagen, was ist! Seelsorger im Industriebetrieb. Ostfildern 2001.

LORETAN-SALADIN, Franziska: Sprache finden in der Sprachlosigkeit. Verkündigung nach Katastrophen. In: Diakonia 42. Jg. Heft 4 (2011), S. 249–254.

LOURDUSAMY, D. Simon: Präsenz – Verkündigung – Bekehrung? In: RZEPKOWSKI, Horst (Hg.): Mission: Präsenz –Verkündigung – Bekehrung?, St. Augustin 1974, S. 9–18.

LUTZI, Jutta: Psychologie des Helfens, in: KREMER, Raimar; LUTZI, Jutta; NAGEL, Bernd (Hg.): Notfallseelsorge: Theologische und psychologische Aspekte, Merching 2012, S. 69–92.

MAADER, Walter: Flughafenseelsorge, in: Stimmen der Zeit 217 (1999), S. 353–354.

MAYRING, Philipp: Einführung in die qualitative Sozialforschung. Eine Anleitung zum qualitativen Denken, Weinheim/Basel 52002.

MAYRING, Philipp: Qualitative Inhaltsanalyse : Grundlagen und Techniken. Weinheim/Basel 112010.

METZ, Johann Baptist: Compassion. Zu einem Weltprogramm des Christentums im Zeitalter des Pluralismus der Religionen und Kulturen, in: METZ, Johann Baptist; KULD, Lothar; WEISBROD, Adolf: Compassion – Weltprogramm des Christentums. Soziale Verantwortung lernen, Freiburg/Basel/Wien 2000, S. 9–17.

METZ, Johann Baptist: Memoria Passionis. Ein provozierendes Gedächtnis in pluralistischer Gesellschaft, Freiburg/Basel/Wien 2006.

METZ, Johann Baptist; KULD, Lothar; WEISBROD, Adolf: Compassion – Weltprogramm des Christentums. Soziale Verantwortung lernen, Freiburg/Basel/Wien 2000.

MÜLLER, Michael: Christliche Theologie im Angesicht des Judentums: Bausteine einer Phänomenologie des Wartens, Stuttgart 2009.

MÜLLER-CYRAN, Andreas: Spiritual Care angesichts des plötzlichen Todes, in: FRICK, Eckhard; ROSER, Traugott (Hg.): Spiritualität und Medizin: Gemeinsame Sorge für den kranken Menschen, Stuttgart 2009, S. 237–243.

MÜLLER-CYRAN, Andreas; SCHMID, Thomas: Notfallseelsorge, in: LThK Bd. 7 (31998), Sp. 923.

MÜLLER-LANGE, Joachim (Hg.): Handbuch Notfallseelsorge. Edewecht/Wien 22006.

MÜLLER-LANGE, Joachim: Einführung in die Notfallseelsorge, in: Ders. (Hg.): Handbuch Notfallseelsorge. Edewecht/Wien 22006a, S. 17–24.

MÜLLER-LANGE, Joachim: Einführung in die Notfallseelsorge, in: MÜLLER-LANGE, Joachim; RIESKE, Uwe; UNRUH, Jutta (Hg.): Handbuch Notfallseelsorge. Edewecht/Wien 32013a, S. 19–28.

MÜLLER-LANGE, Joachim: Katastrophennachsorge: Mittel- und langfristige Nachsorge für Ofer und Angehörige nach einer Katastrophe, in: MÜLLER-

LANGE, Joachim; RIESKE, Uwe; UNRUH, Jutta (Hg.): Handbuch Notfallseelsorge. Edewecht/Wien 32013b, S. 313–315.

MÜLLER-LANGE, Joachim: Seelsorge in Extremsituationen. Einführung. In: Ders. (Hg.): Handbuch Not-fallseelsorge. Edewecht/Wien 22006b, S. 85–86.

MÜLLER-LANGE, Joachim: Seelsorge in Extremsituationen. Einführung, in: MÜLLER-LANGE, Joachim; RIESKE, Uwe; UNRUH, Jutta (Hg.): Handbuch Notfallseelsorge, Edewecht/Wien 32013c, S. 100–101.

MÜLLER-LANGE, Joachim: Seelsorge unter den Bedingungen einer Katastrophe, in: MÜLLER-LANGE, Joachim; RIESKE, Uwe; UNRUH, Jutta (Hg.): Handbuch Notfallseelsorge, Edewecht/Wien 32013d, S. 246–265.

MÜLLER-LANGE, Joachim: Verhalten von Menschen in Extremsituationen, in: MÜLLER-LANGE, Joachim; RIESKE, Uwe; UNRUH, Jutta (Hg.): Handbuch Notfallseelsorge, Edewecht/Wien 32013e, S. 73–98.

MÜLLER-LANGE, Joachim: Vom Umgang mit eigenen Belastungen, in: MÜLLER-LANGE, Joachim; RIES-KE, Uwe; UNRUH, Jutta (Hg.): Handbuch Notfallseelsorge, Edewecht/Wien 32013 f, S. 236–244.

MÜLLER-LANGE, Joachim; HÄCKER, Joachim; UNRUH, Jutta; DUVEN, Johannes: Organisation der Not-fallseelsorge im Großschadensfall – Funktionen und Einsatzabschnitte für Notfallseelsorger, in: MÜLLER-LANGE, Joachim; RIESKE, Uwe; UNRUH, Jutta (Hg.): Handbuch Notfallseelsorge, Edewecht/Wien 32013a, S. 296–312.

MÜLLER-LANGE, Joachim; LINDENSTROMBERG, Karsten Christoph: Einsatznachsorge, in: MÜLLER-LANGE, Joachim; RIESKE, Uwe; UNRUH, Jutta (Hg.): Handbuch Notfallseelsorge, Edewecht/Wien 32013b, S. 349–351.

MÜLLER-LANGE, Joachim; RIESKE, Uwe; UNRUH, Jutta (Hg.): Handbuch Notfallseelsorge, Ede-wecht/Wien 32013.

MÜLLER-LANGE, Joachim; RIESKE, Uwe; UNRUH, Jutta (Hg.): Vorwort zur 3. Auflage, in: Ders. (Hg.): Handbuch Notfallseelsorge, Edewecht/Wien 32013a, S. 15–16.

MÜLLER-LANGE, Joachim; UNRUH, Jutta: Konzeption für die Notfallseelsorge – exemplarisch für die Evan-gelische Kirche im Rheinland, in: MÜLLER-LANGE, Joachim; RIESKE, Uwe; UNRUH, Jutta (Hg.): Handbuch Notfallseelsorge, Edewecht/Wien 32013, S. 414–425.

NAGEL, Bernd: Rituale in der Notfallseelsorge, in: KREMER, Raimar; LUTZI, Jutta; NAGEL, Bernd (Hg.): Notfallseelsorge: Theologische und psychologische Aspekte, Merching 2012a, S. 38–41.

NAGEL, Bernd: Theologie des Helfens, in: KREMER, Raimar; LUTZI, Jutta; NAGEL, Bernd (Hg.): Notfallseelsorge: Theologische und psychologische Aspekte, Merching 2012b, S. 17–25.

NAGEL, Bernd: Was wirkt in der Seelsorge? In: KREMER, Raimar; LUTZI, Jutta; NAGEL, Bernd (Hg.): Not-fallseelsorge: Theologische und psychologische Aspekte, Merching 2012c, S. 207–210.

NAUER, Doris: Sorge um die Seele, Stuttgart 2007.

NECKER, Gerold: Seele. I. Religionswissenschaftlich, religionsgeschichtlich. 4. Judentum, in: RGG Bd. 7 (2008), Sp. 1094–1096.

PÄPSTLICHER RAT DER SEELSORGE FÜR DIE MIGRANTEN UND MENSCHEN UNTERWEGS (Hg.): Richtlinien für die katholische Seelsorge in der zivilen Luftfahrt, Vatikan 1995.

PÄPSTLICHER RAT DER SEELSORGE FÜR DIE MIGRANTEN UND MENSCHEN UNTERWEGS (Hg.): XII. Internationales Seminar der Katholischen Seelsorger und Seelsorgehelfer in der zivilen Luftfahrt: Schlussdokument, Vatikan 2005.

PÄPSTLICHER RAT DER SEELSORGE FÜR DIE MIGRANTEN UND MENSCHEN UNTERWEGS (Hg.): Airport chaplains and chaplaincy members admist a multi-religious milieu in a secular society, Vatikan 2008.

PLIETH, Martina: Kind und Tod. Zum Umgang mit kindlichen Schreckensvorstellungen und Hoffnungsbildern, Neukirchen 52009.

POHL-PATALONG, Uta: Seelsorge. III. Konzeptionen und Methoden, in: RGG Bd. 7 (42008), Sp. 1114–1116.

PUSCHMANN, Bernhard: Seelsorge am Menschen unterwegs, in: LISTL, Joseph; MÜLLER, Hubert; SCHMITZ, Heribert (Hg.): Handbuch des katholischen Kirchenrechts, Regensburg 1983, S. 437–441.

RAHNER, Karl: Grundkurs des Glaubens: Einführung in den Begriff des Christentums, Frei-burg/Basel/Wien 31984.

RAHNER, Karl; VORGRIMLER, Herbert: Kleines theologisches Wörterbuch. Freiburg/Br. 1961.

RIES, Reinhard: Krisenmanagement und Zusammenarbeit am Frankfurter Flughafen, in: Zeitschrift Notfallvorsorge Heft 03/2009: Reisen in ferne Länder – Wer hilft im Notfall? Regensburg 2009, S. 23–24.

RIESKE, Uwe: Empfehlungen zu Aus-, Fort- und Weiterbildung (KEN) und Themen für örtliche Fortbildungen, in: MÜLLER-LANGE, Joachim; RIESKE, Uwe; UNRUH, Jutta (Hg.): Handbuch Notfallseelsorge, Ede-wecht/Wien 32013, S. 430–440.

RIESKE, Uwe; TUTT, Lars: Ausstattungsbedarf für die Notfallseelsorge, in: MÜLLER-LANGE, Joachim; RIESKE, Uwe; UNRUH, Jutta (Hg.): Handbuch Notfallseelsorge, Edewecht/Wien 32013, S. 473–475.

RILKE, Reiner Maria: Herbst, in: Ders.: Die Gedichte, Frankfurt/Main 1987, S. 346.

RITTER, Werner H.; HANISCH, Helmut; NESTLER, Erich; GRAMZOW, Christoph: Leid und Gott. Aus der Perspektive von Kindern und Jugendlichen, Göttingen 2006.

ROSER, Traugott: Innovation Spiritual Care. Eine praktisch-theologische Perspektive, in: FRICK, Eckhard; ROSER, Traugott (Hg.): Spiritualität und Medizin: Gemeinsame Sorge für den kranken Menschen, Stuttgart 2009, S. 45–55.

RUH, Kurt: Meister Eckhart: Theologe, Prediger, Mystiker, 2. Aufl., München: C.H.Beck 1998.

RUMSTADT, Almut: Die Hoffnung nicht verlieren. In: Diakonia 42. Jg. Heft 4 (2011), S. 218–223.

SAMMER, Ulrike: Verlust, Trauer und neue Freude: Wie Abschiednehmen gelingt, Stuttgart 2010.

SAROT, Marcel: Theodizee. IV. Religionsphilosophisch, in: RGG Bd. 8 (42008), Sp. 227–228.

SCHALÜCK, Hermann: Am Anfang war die Beziehung: Über das Verhältnis von missionarischer Spiritualität und Dialog, in: VELLGUTH, Klaus (Hg.): Missionarisch Kirche sein: Erfahrungen und Visionen. Frei-burg/Br. u. a. 2002, S. 79–86.

SCHIBILSKY, Michael: Trauerwege: Beratung für helfende Berufe, Düsseldorf 1989.

SCHIERSMANN, Christiane; THIEL, Hans-Ulrich: Organisationsentwicklung: Prinzipien und Strategien von Veränderungsprozessen, Wiesbaden 32011.

SCHNEIDER, Thomas; WOLCKE, Benno; BÖHMER, Roman (Hg.): Taschenatlas Notfall & Rettungsmedizin: Kompendium für den Notarzt, Berlin/Heidelberg 32006.

SCHNURR, Günther: Krise, in: TRE Bd. 20 (2000), S. 61–63.

SCHREIJÄCK, Thomas: Christin- und Christwerden im Kulturwandel. Religionspädagogische und praktisch-theologische Ansätze im Horizont globaler Entwicklungen. Eine interdisziplinäre, ökumenische, interuniver-sitäre und internationale Forschungskooperation in interkultureller Perspektive, in: Ders. (Hg.): Christwerden im Kulturwandel. Analysen, Themen und Optionen für Religionspädagogik und praktische Theologie. Ein Handbuch, Freiburg/Basel/Wien 2001, S. 9–17.

SCHREIJÄCK, Thomas: Religionsdialog im Kulturwandel. Interkulturelle und interreligiöse Kommunikations- und Handlungskompetenzen auf dem Weg in die Weltgesellschaft, in: Ders. (Hg.): Religion im Dialog der Kulturen. Kontextuelle religiöse Bildung und interkulturelle Kompetenz, Münster 2000 (= Forum Religions-pädagogik interkulturell Bd. 2), S. 9–11.

SCHULZ, Axel; BAUMANN, Susanne; WIEDENMANN, Simone: Flughafen Management, München 2010.

SCORALICK, Ruth: Barmherzigkeit. I. Altes Testament, in: RGG Bd. 1 (42008), Sp. 1116–1117.

SEBASS, Horst: Seele. I. Religionswissenschaftlich, religionsgeschichtlich. 2. Alter Orient und Altes Testament. In. RGG Bd. 7 (42008), Sp. 1091–1092.

SIEVERNICH, Michael: Die Christliche Mission: Geschichte und Gegenwart, Darmstadt 2009.

SIEVERNICH, Michael: Stadt ohne Gott? Die Kirche vor der urbanen Herausforderung. Festvortrag zum 100. Kirchweihjubiläum St. Marien Hambuurg-Mitte am 28. Juni 1993, in: Domgemeinde St. Marien Hamburg (Hg.): Nachlese '96, Hamburg 1996, S. 3–26.

SLATOSCH, Ulrich: Notfallseelsorge: Entwicklungen – Gegenwart – Offene Zukunft, in: BREITSAMETER, Christof (Hg.): Notfallseelsorge: Ein Handbuch, Münster 2012, S. 11–25.

SPARN, Walter: Theodizee. V. Dogmengeschichtlich, in: RGG Bd. 8 (42008a), Sp. 228–231.

SPARN, Walter: Theodizee. VI. Dogmatisch, in: RGG Bd. 8 (42008b), Sp. 231–235.

SPIEGEL, Yorick: Der Prozess des Trauerns. Analyse und Beratung, München 61986.

STEINMEIER, Anne M.: Figuralität der Seele. Von Sinnen und Künsten der Seelsorge. In: Wege zum Men-schen 66. Jg. H. 2/2014, S. 169–193.

TEBARTZ-VAN ELST, Franz-Peter: Bereitschaft zur Bewegung: Perspektiven für die Seelsorge im Bistum Limburg. Hirtenbrief, Limburg 2008.

TRUMPFHELLER, Michael: Strategisches Flughafenmanagement. Positionierung und Wertschöpfung von Flughafentypen, Wiesbaden 2006.

TRUNZ, Helmut: Flughafen Frankfurt: Drehkreuz Europas. Stuttgart 2008.

VOGD, Werner: Seele, Sorge, Seelsorge. Soziologische und anthropologische Überlegungen zur Seinsverges-senheit in unserer Gesellschaft. In: Wege zum Menschen 66. Jg. H. 2/2014, S. 141–154.

VORGRIMLER, Herbert: Neues theologisches Wörterbuch, Freiburg/Basel/Wien 2000.

VOS, Christiane de: Klage als Gotteslob aus der Tiefe. Der Mensch vor Gott in den individuellen Klagepsalmen, Tübingen 2005.

WAHL, Klaus; HONIG, Michael-Sebastian; GRAVENHORST, Lerke: Wissenschaftlichkeit und Interessen – Zur Herstellung subjektivitätsorientierter Sozialforschung, Frankfurt/Main 1982.

WATERSTRAAT, Frank: Erfolglose Reanimation, in: MÜLLER-LANGE, Joachim (Hg.): Handbuch Not-fallseelsorge, Edewecht/Wien 32013a, S. 86–93.

WATERSTRAAT, Frank: Vom Umgang mit den toten Menschen, in: MÜLLER-LANGE, Joachim (Hg.): Handbuch Notfallseelsorge, Edewecht/Wien 32013b, S. 218–227.

WATERSTRAAT, Frank: Wenn plötzlich alles anders ist: Notfallseelsorge im Einsatz. Ein Leitfaden für die Praxis, Hannover 2008.

WEDER, Hans: Barmherzigkeit. III. Neues Testament, in: RGG Bd. 1 (42008), Sp. 1118–1119.

WEẞLER, Heinz Werner: Theodizee. I. Religionswissenschaftlich, in: RGG Bd. 8 (42008), Sp. 224–225.

WIETERSHEIM von, Hanjo: Fortbildung in der Notfallseelsorge, in: MÜLLER-LANGE, Joachim: Seelsorge unter den Bedingungen einer Katastrophe/eines Großschadensereignisses. Einführung, in: Ders. (Hg.): Handbuch Notfallseelsorge, Edewecht/Wien 22006, S. 348–366.

WIETERSHEIM von, Hanjo: Notfallseelsorge. Die besondere Chance des Seelsorgers vor Ort, in: FERTIG, Bernd; WIETERSHEIM von, Hanjo (Hg.): Menschliche Begleitung und Krisenintervention im Rettungs-dienst, Edewecht/Wien 1997, S. 151–155.

WINKLER, Klaus: Seelsorge, 2. Aufl., Berlin New York: de Gruyter 22000.

WORDEN, William R. (2011): Beratung und Therapie in Trauerfällen. Ein Handbuch, Bern, Göttingen, Toron-to, Seattle: 42011.

ZERFASS, Rolf: Menschliche Seelsorge. Für eine Spiritualität von Priestern und Laien im Gemeindedienst, Freiburg/Basel/Wien 1986.

ZIEGENFUẞ, Thomas: Notfallmedizin, Heidelberg 52011.

ZIEMER, Jürgen: Seelsorge I. Zum Begriff, in: RGG Bd. 7 (42008a), Sp. 1110–1111.

ZIEMER, Jürgen: Seelsorge II. Geschichtlich, in: RGG Bd. 7 (42008b), Sp. 1111–1114.

ZIEMER, Jürgen: Seelsorgelehre. Eine Einführung für Studium und Praxis, Stuttgart 32005.

ZIPPERT, Thomas: Notfallseelsorge: Grundlegungen – Orientierungen – Erfahrungen, Heidelberg 2006.

ZIPPERT, Thomas: Zur Theologie der Notfallseelsorge. Möglichkeiten des theologischen Umgangs – Meditati-on der Vaterunsers, in: MÜLLER-LANGE, Joachim (Hg.): Handbuch Notfallseelsorge, Edewecht/Wien 32013a, S. 37–57.

ZIPPERT, Thomas: Zur Theologie der Notfallseelsorge. Notfallseelsorge als kirchliche Aufgabe, in: MÜLLER-LANGE, Joachim (Hg.): Handbuch Notfallseelsorge, Edewecht/Wien 32013b, S. 29–37.

ZIPPERT, Thomas: Zur Theologie der Notfallseelsorge. Zur Pastoraltheologie der Notfallseelsorge, in: MÜL-LER-LANGE, Joachim (Hg.): Handbuch Notfallseelsorge, Edewecht/Wien 32013c, S. 58–59.

ZUMSTEIN, Jean: Seele. III. Christentum. 1. Neues Testament, in: RGG Bd. 7 (42008), Sp. 1100–1101.

Internetliteratur

ANGEL, Hans-Gerd: Notfallseelsorge, in: APG – Allgemeine gemeinnützige Programmgesellschaft mbH (Hg.): Internetportal katholisch.de, Bonn 2012, URL = http://www.katholisch.de/de/katholisch/beratung/seelsorge_a_bis_z_1/seelsorge_a_bis_z_notfallseelsorge.php. Download vom 5. Mai 2014.

ARBEITER-SAMARITER-BUND – Regionalverband München-Oberbayern (Hg.): Krisenintervention München, München 2012, URL = http://www.kriseninter-vention-muenchen.de/bedeutung.htm. Download vom 23. April 2012.

BANFIELD, Michael: Einführung in die Flughafenseelsorge, 2007, übersetzt von Stephan Johanus, URL = www.airportchapel.de/download/german/Einfueh-rung-FHS.pdf. Download vom 23. Mai 2013.

BECK, James R.: Self and Soul: Exploring the Boundary between Psychotherapy and Spiritual Formation. In: Journal of Psychology and Theology, Vol. 31, No. 1, pp. 24–36. http://www.questia.com/library/journal/1G1-100230875/self-and-soul-exploring-the-boundary-between-psychotherapy. Download vom 23. Mai 2014.

BISTUM LIMBURG – Generalvikar Dr. Günther Geis (Hg.): Richtlinien für die Notfallseelsorge im Bistum Limburg. 15. August 2003 Az.: 220G/03/02/2, in: Amtsblatt des Bistums Limburg Nr. 1/2003, S. 179–181, URL = www.bistum-limburg.de/mediathek/mediathek-amtsblatt.html. Dmov daolnwo 7. Juni 2013.

BISTUM LIMBURG (Hg.): Bistum Limburg auf Twitter, Limburg 2012, URL = https://twitter.com/BistumLimburg. Download vom 5. Juni 2012.

BOOS, Anne: Beschreibung posttraumatischer Störungen, in: Dies.: Kognitive Verhaltenstherapie nach chronischer Traumatisierung. Ein Therapiemanual, Göttingen et al. 2005, S. 19–24. URL = http://www.hogrefe.de/programm/media/catalog/Book/978-3-8017-1791-9_lese.pdf. Download vom 22. Juni 2013.

BRANDSCHEIDT, Renate: Kain und Abel, Stuttgart 2010. URL = https://www.bibelwissenschaft.de/wibilex/das-bibellexikon/lexikon/sachwort/anzeigen/details/kain-und-abel-3/ch/c300b7132dbdf137433475a7d828782a/. Download vom 9. Mai 2013.

BUNDESAMT FÜR BEVÖLKERUNGSSCHUTZ UND KATASTROPHENHILFE (BBK) (Hg.): Qualitätsstandards und Leitlinien Teil I und I Psychosoziale Notfallversorgung, Bonn 2012, URL = http://nfs-bw.de/templates/notfallseelsorge_bw/dokumente/Qualitaetsstandards-PSNV.pdf. Download vom 24. Mai 2014.

DIAKONIE HESSEN-NASSAU (Hg.): Forum Abschiebungsbeobachtung am Flughafen Frankfurt am Main (FAFF): Jahresbericht 2010/2011 (01.07.2010–31.12.2011), Frankfurt/Main 2012, URL = http://diakonie-hessen-nassau.de/fileadmin/Dateien/Presse/Publikationen/FAFF_5._Jahresbericht_2010–2011.pdf. Download vom 29. April 2013.

DIAKONISCHES WERK FRANKFURT (Hg.): Notfallseelsorge Ausbildung, Frankfurt/Main 2013, URL = http://www.diakonischeswerk-frankfurt.de/rathilfe/notfallseelsorge/ausbildung/. Download vom 18. Mai 2013.

DIE AKADEMIE BRUDERHILFE – PAX – FAMILIENFÜRSORGE in Zusammenarbeit mit der Konferenz Evangelischen Notfallseelsorge in der EKD und der Zusammenkunft der Diözesanbeauftragten für Notfallseelsorge (Hg.): Notfallseelsorge. Von der Initiative zur Institution, Unna 2009, URL = http://www.notfallseelsorge.de/Infos/info.pdf. Download vom 1. April 2012.

ENGL-SCHWEIGER, Barbara (Hg.): 25.11.2013 – Neuer Rektor im Pallotti Haus, Freising 2014. URL = http://www.pallottiner-freising.de/v2/news/index.php?id=136. Download vom 23. Mai 2014.

ERZBISTUM KÖLN (Hg.): Sonderseelsorge – Kategoriale Seelsorge, Köln 2012, URL = http://www.erzbistum-koeln.de/erzbistum/zukunftheute/generalvikar/kategorialeseelsorge.html. Download vom 5. Mai 2014.

EVANGELISCHE KIRCHE VON WESTFALEN – Das Landeskirchenamt (Hg.): „Hamburger Thesen" zu den Grundlagen der Notfallseelsorge. Eine Aktualisierung der „Kasseler Thesen", Endfassung, Münster 2007a, URL = http://www.notfallseelsorge-ekvw.de/Downloads%20PDF/Hamburger%20Thesen%20Endfassung12092007.pdf. Download vom 3. März 2012.

EVANGELISCHE KIRCHE VON WESTFALEN – Das Landeskirchenamt (Hg.): Hamburger Thesen 2007. Evangelische Notfallseelsorge in Deutschland. Aktualisierung der Kasseler Thesen von 1997, Langfassung, Münster 2007b, URL = http://notfallseelsorge.ekvw.net/fileadmin/mcs/notfallseelsorge/Hamburger_Thesen_Langfassung12092007_01.pdf. Download vom 23. April 2013.

FRAPORT AG (Hg.): Frankfurt Airport City: Deutschlands Tor zur Welt. Frankfurt/Main 2013, URL = https://www.yumpu.com/de/document/view/22457843/frankfurt-airport-city-deutschlands-tor-zur-welt-fraport-ag. Download vom 31. Mai 2014.

FRAPORT AG (Hg.): Fraport auf einen Blick, Frankfurt/Main 2004–2013a, URL = http://www.fraport.de/content/fraport/de/konzern/ueber-uns/fraport-auf-einen-blick.html. Download vom 23. April 2013.

FRAPORT AG (Hg.): Notfall- und Krisenmanagement, Frankfurt/Main 2004–2013b, URL = http://www.fraport.de/content/fraport/de/kompetenzen/aviation-services/sicherheitsleistungen.html. Download vom 20. September 2013.

FRAPORT AG (Hg.): Sicherheitsleistungen. Flughafen- und Luftsicherheit sind unsere obersten Gebote, Frankfurt/Main 2004–2013c, URL = http://www.fraport.de/content/fraport/de/kompetenzen/aviation-services/sicherheitsleistungen.html. Download vom 28. Mai 2012.

FRAPORT AG (Hg.): Unternehmenssicherheit, Frankfurt/Main o. J., URL = http://www.fraport.de/content/fraport/de/kompetenzen/aviation-services/sicherheitsleistungen.html#_kompetenzen_aviation-services_sicherheitsleistungen__content__anchor_headline_0. Download vom 12. September 2013.

FRAPORT AG SERVICECENTER SOZIALES (PSL-DS 1) (Hg.): Frankfurt Flughafen – Gebetsräume/Prayer Rooms neu, Frankfurt/Main 2012, URL = http://www.frankfurt-airport.de/content/frankfurt_airport/de/misc/container/flyer_gebetsraeume/jcr:content.file/FRA_Gebetsr%C3%A4ume_NEU.pdf. Download vom 29. April 2013.

FREY-ANTUNES, Henrike: Krankheit und Heilung (AT), Stuttgart 2007. URL = http://www.bibelwissenschaft.de/wibilex/das-bibellexikon/lexikon/sachwort/anzeigen/details/krankheit-und-heilung-at-3/ch/0d5e0b001b5d6912907975d969c5ccf5/?tx_buhbibelmodul_dictionary[tx_buhbibelmodul_dictionary][article]=8147#h4. Download vom 29. April 2013.

FUCHS, Ottmar (2009): Schulpastoral als lebensraumorientierte Seelsorge. Versuch einer pastoraltheologischen Grundlegung. In: BISCHÖFLICHES ORDINARIAT DER DIÖZESE ROTTENBURG-STUTTGART (Hg.): Kirche und Schule in Kontakt – eine Handreichung, Rottenburg am Neckar, S. 9–20. Internet: http://www.bdkj.info/fileadmin/BDKJ/Fachstelle_Jugendarbeit_Schule/Download-Dateien/HandreichungKircheundSchule2.pdf. Download vom 5. Mai 2014.

GABEL, Andreas: Evakuierungsoperation in Asien. Luftbrücke für die Flutopfer – Erfahrungsbericht deutscher Notärzte: Der hohe persönliche Einsatz aller beteiligten Rettungskräfte dominiert das Resümee; der Katastrophenschutz in Deutschland bedarf jedoch einer verbesserten Rahmenplanung, in: Deutsches Ärzteblatt Jg. 102 Heft 3, 21. Januar 2005, S. A 97-A 100. URL = http://www.aerzteblatt.de/pdf/102/3/a97.pdf. Download vom 2. Mai 2013.

GABLER, Walter: „Disaster Management" am Flughafen Frankfurt (Fraport). Strategien und Konzepte bei einem Massenanfall von Verletzten bei einem Flugzeug-Crash, Frankfurt/Main, in: Hessisches Ärzteblatt 6/2002, S. 343–346, URL = http://www.laekh.de/upload/Hess._Aerzteblatt/2002/2002_06/2002_06_09.pdf. Download vom 2. Mai 2013.

GÄRTNER, Rolf: Seid jederzeit gastfreundlich (Röm 12,13) – Ein Leitbild für heutige Gemeindepastoral. Inauguraldissertation zur Erlangung des Dr. phil. an der Fakultät Humanwissenschaften und Theologie an der Technischen Universität Dortmund, Mainz 2010. URL = https://eldorado.tu-dortmund.de/handle/2003/28919. Download vom 31. Mai 2014.

GENGENBACH, Oliver: Beraten, begleiten, bezeugen, beten. Der Auftrag der Seelsorge in der Notfallsituation, Iphoven 1997, URL = http://www.notfallseelsorge.de/Materialien/vortr01.htm. Download vom 5. Mai 2013.

GENGENBACH, Oliver: Einführung: Notfallseelsorge in Deutschland. In: Evangelisch-katholische Aktionsgemeinschaft für Verkehrssicherheit gemeinsam mit der Akademie Bruderhilfe – Familienfürsorge (Hg.): Texte + Materialien für Gottesdienst und Gemeindearbeit zum Thema Strassenverkehr, Sonderheft „Notfallseelsorge". Eine Handreichung: Grundlegendes – Modelle – Fortbildung – Erfahrungen, 1999, S. 4–7. URL = http://www.nfs-mkk.de/Informationen-Standards/Bruderhilfe-Texte-Materialien_1999.pdf. Download vom 23. Mai 2014.

GOTTSCHLICH, Matthias; KELLER, Ulrich; MÜLLER-CYRAN, Andreas; PIETRUSCHKA, Ludger; SLATOSCH, Ulrich: BOTSCHAFTER DES LEBENS AN DER GRENZE DES TODES. Zum theologischen Selbstverständnis der katholischen Notfallseelsorge, München 2008, URL = http://www.notfallseelsorge-muenchen.de/sites/default/files/filefield/Endfassung_Botschafter_des_Lebens_an_der_Grenze_des_Todes.pdf. Download vom 3. März 2012.

GRÜTZNER, Kurt (Hg.): Kasseler Thesen, Kassel o. J., URL = http://www.ekkw.de/polizeiseelsorge/index.php?option=com_content&view=article&id=36%3Anotfallseelsorge-kasseler-thesen&catid=4&Itemid=40. Download vom 23. April 2013.

HEILEN, Silke: Theologische Deutungen der Tsunami-Katastrophe vom 26. 12. 2004 in ausgewählter Publizistik und Predigt. Hausarbeit im Rahmen der Ersten Staatsprüfung für das Lehramt an Gymnasien, Osnabrück 2005, URL = http://www.ev-theologie.uni-osnabrueck.de/pub/uploads/Main/heilen_tsunami.pdf. Download vom 2. Mai 2013.

HEINECKE, Jochen M.: Theologische Überlegungen zur Seelsorge in der akuten Notfallsituation, Iphoven 1997, URL = http://www.notfallseelsorge.de/Materialien/theolnfs.htm. Download vom 4. Mai 2013.

HERZ-JESU-PROVINZ DER PALLOTINER (Hg.): Kategoriale Seelsorge, Friedberg o. J.a., URL = http://www.pallottiner.org/was-wir-machen/seelsorge/kategoriale-seelsorge/. Download vom 18. Mai 2013.

HERZ-JESU-PROVINZ DER PALLOTINER (Hg.): Katholische Flughafenseelsorge Frankfurt/Main, Friedberg o. J.b, URL = http://www.pallottiner.org/wo-wir-sind/14/Katholische-Flughafenseelsorge-FrankfurtMain/. Download vom 1. Juli 2011.

HERZ-JESU-PROVINZ DER PALLOTINER (Hg.): Katholische Flughafenseelsorge Frankfurt/Main, Friedberg 2014, URL = http://www.pallottiner.org/wo-wir-sind/14/Katholische-Flughafenseelsorge-FrankfurtMain/. Download vom 26. Mai 2014.

HOSPIZGRUPPE SCHOPFHEIM (Hg.): Michael Ende: Das Lied von der Anderwelt, Schopfheim o. J., URL = http://www.hospizgruppeschopfheim.de/hospiz-schopfheim-texte47-ende.pdf. Download vom 10. Oktober 2013.

I.G.T. Informationsgesellschaft Technik mbH (Hg.): Krisenmanagement auf Flughäfen: Biotop für Krisen, in: PROTECTOR 10/2009, S. 12–13, URL = http://www.sicherheit.info/SI/cms.nsf/si.ArticlesByDocID/1106836?Open. Download vom 12. September 2013.

INTERNATIONAL ASSOCIATION OF CIVIL AVIATION CHAPLAINS (IACAC) (Hg.): About. Revised by Mary Holloway/Michael Banfield, February 2012, URL = http://www.iacac.info/index.php/iacac/about-iacac/103-about. Download vom 5. Mai 2014.

INTERNATIONAL ASSOCIATION OF CIVIL AVIATION CHAPLAINS (IACAC) (Hg.): Category Europe, 2014a, URL = http://www.iacac.info/index.php/news/chaplaincies-in-europe. Download vom 29. Mai 2014.

INTERNATIONAL ASSOCIATION OF CIVIL AVIATION CHAPLAINS (IACAC) (Hg.): Home, April 2014b, URL = http://www.iacac.info/. Download vom 29. Mai 2014.

KATHOLISCHE FLUGHAFENSEELSORGE AM FLUGHAFEN FRANKFURT AM MAIN (Hg.): Unser Anliegen, Frankfurt/Main o.J.f., URL = http://www.flughafenseelsorge.de/anliegen.htm. Download vom 23. Mai 2014.

KATHOLISCHE FLUGHAFENSEELSORGE FRANKFURT AM MAIN (Hg.): Abschiebebeobachtung, Frankfurt/Main o.J.a., URL = http://www.flughafenseelsorge.de/abschiebebeobachtg.htm. Download vom 27. April 2013.

KATHOLISCHE FLUGHAFENSEELSORGE FRANKFURT AM MAIN (Hg.): Aktuelles, Frankfurt/Main o.J.b., URL = http://www.flughafenseelsorge.de/aktuelles.htm. Download vom 27. April 2013.

KATHOLISCHE FLUGHAFENSEELSORGE FRANKFURT AM MAIN (Hg.): Das Team, Frankfurt/Main o.J.c., URL = http://www.flughafenseelsorge.de/team.htm. Download vom 27. April 2013.

KATHOLISCHE FLUGHAFENSEELSORGE FRANKFURT AM MAIN (Hg.): Unser Anliegen, Frankfurt/Main o.J.d., URL = http://www.flughafenseelsorge.de/index.htm. http://www.flughafenseelsorge.de/anliegen.htm. Download vom 1. April 2012.

KATHOLISCHE FLUGHAFENSEELSORGE FRANKFURT AM MAIN (Hg.): Unser Anliegen, Stand 2014, Frankfurt/Main 2014, URL = http://www.flughafenseelsorge.de/anliegen.htm. Download vom 22. Mai 2014.

KATHOLISCHE FLUGHAFENSEELSORGE FRANKFURT AM MAIN (Hg.): Wo Sie uns finden, Frankfurt/Main o.J.e., URL = http://www.flughafenseelsorge.de/wo.htm. Download vom 27. April 2013.

KLEY, Oliver: Das Proprium kirchlicher Notfallseelsorge im Kontext rettungsdienstlicher Krisenintervention. Als wissenschaftliche Arbeit zur Zulassung zur Diplomhauptprüfung, Paderborn 1998, URL = http://www.notfallseelsorge.de/Materialien/Diplom%20Kley.pdf. Download vom 2. Mai 2013.

KUNZ, Ralf: Die Rolle des Notfallseelsorgers in der psychosozialen Nothilfe, in: NFS-NEWS 02/2012, 9. Februar 2012, URL = http://www.notfallseelsorge.de/Materialien/2012_Kunz_Schweiz_Rolle%20NFS. Download vom 5. Mai 2013.

LEUENBERGER, Martin: Königtum Gottes (AT), Stuttgart 2012, URL = http://www.bibelwissenschaft.de/wibilex/das-bibellexikon/lexikon/sachwort/anzeigen/details/koenigtum-gottes-at-1/ch/14579296fc2809afcea2df1ba0745f17/?tx_buhbibelmodul_dictionary[tx_buhbibelmodul_dictionary][article]=8132#h16. Download vom 5. Mai 2013.

LUDWIG-MAXIMILIANS-UNIVERSITÄT MÜNCHEN (Hg.): Ersthelfer – ein wichtiges Glied in der Rettungskette, München o.J., URL = http://www.sicherheitswesen.verwaltung.uni-muenchen.de/arbeitssicherheit/ersthelfer/index.html. Download vom 26.6.2013.

MEDIZINISCHE HOCHSCHULE HANNOVER (Hg.): Airport Hannover: Notfall- und Krisenmanagement am Flughafen Hannover, Hannover 2010, URL = http://www.mh-hannover.de/fileadmin/organisation/ressort_krankenversorgung/downloads/risikomanagement/RMAktuellerStand/2010/7-Pundschuss-SicherheitFlughafenHannover-2010.pdf. Download vom 12. September 2013.

MICHEL, Andreas: Meerwundererzählung, Stuttgart 2008, URL = http://www.bibelwissenschaft.de/wibilex/das-bibellexikon/lexikon/sachwort/anzeigen/details/meerwundererzaehlung-3/ch/47baac7fa7c393473ee4b5c778527119/?tx_buhbibelmodul_dictionary[tx_buhbibelmodul_dictionary][article]=8258. Download vom 9. Mai 2013.

MÜLLER, Janina: Ein offenes Ohr für Menschen. Ein Interview mit Pfarrer Wolfgang Miehle zur Arbeit der Flughafenseelsorge, in: WELT ONLINE 06.05.2006, URL = http://www.welt.de/print-welt/article214764/Ein-offenes-Ohr-fuer-Menschen.html. Download vom 29. April 2013.

MÜLLER-CYRAN, Andreas: Die peritraumatische Intervention: Eine deskriptive Darstellung der psychosozialen Notfallversorgung. Inaugural-Dissertation zur Erlangung des Doktorgrades der Philosophie an der Ludwig-Maximilians-Universität, München 2006, URL = http://edoc.ub.uni-muenchen.de/5641/1/Mueller-Cyran_Andreas.pdf. Download am 4. Mai 2013.

NICKLAS, Tobias: Tobit / Tobitbuch, Stuttgart 2005,URL = http://www.bibelwissenschaft.de/wibilex/das-bibellexikon/lexikon/sachwort/anzeigen/details/tobit-tobitbuch-3/ch/40b11b98d4318e24a1ca54e4662ea5d2/. Download vom 9. Mai 2013.

NOTFALLSEELSORGE AACHEN (Hg.): Sie haben Interesse an einer Mitarbeit?, Aachen 2012, URL = http://notfallseelsorge-aachen.de/mitarbeiten.html. Download am 7. Juni 2013.

NOTFALLSEELSORGE WETTERAU (Hg.): Rahmenordnung für die Notfallseelsorge im Bistum Mainz, Mainz 2003, URL = http://www.notfallseelsorge-wetterau.de/fileadmin/user_upload/Rahmenordnung_MZ_2003.pdf. Download vom 7. Juni 2013.

ÖKUMENISCHE KONFERENZ FLUGHAFENSEELSORGE IN DEUTSCHLAND (OEKOF) c/o Flughafenseelsorge Dresden (Hg.): Flughafenseelsorge Airplan Chaiplancy, Flughafen München, Dresden 2014, URL = http://www.airport-chapel.de/index.php?content=home&lang=de. Download vom 29. Mai 2014.

PÄPSTLICHER RAT DER SEELSORGE FÜR DIE MIGRANTEN UND MENSCHEN UNTERWEGS (Hg.): Zivile Luftfahrt, Vatikan 1995, URL = http://www.vatican.va/roman_curia/pontifical_councils/migrants/s_index_civilaviation/rc_pc_migrants_sectioncivilaviation_ge.htm. Download vom 1. April 2012.

PÄPSTLICHER RAT DER SEELSORGE FÜR DIE MIGRANTEN UND MENSCHEN UNTERWEGS – Archbishop Agostino MARCHETTO (Hg.): People on the Move. Airport chaplains and chaplaincy members amidst a multi-religious milieu in a secular society, N° 106, Vatikan April 2008, URL = http://www.vatican.va/roman_curia/pontifical_councils/migrants/pom2008_106/rc_pc_migrants_pom106_airport-chapl-marchetto.html. Download vom 1. April 2012.

PÄPSTLICHER RAT DER SEELSORGE FÜR DIE MIGRANTEN UND MENSCHEN UNTERWEGS (Hg.): XII. Internationales Seminar der Katholischen Seelsorger und Seelsorgehelfer in der zivilen Luftfahrt : Schlussdokument. SACROFANO (ROM), ITALIE, VATIKAN 19. – 24. APRIL 2005, URL = http://www.vatican.va/roman_curia/pontifical_councils/migrants/documents_1/rc_pc_migrants_doc_19240405_XIIsem-av-findoc_ge.html. Download vom 4. Mai 2013.

PÄPSTLICHER RAT DER SEELSORGE FÜR DIE MIGRANTEN UND MENSCHEN UNTERWEGS: (Hg.): People on the Move N° 101. V. European seminar of catholic civil aviation chaplains and chaplaincy members: Final document. Vatikan, Wrocław (Poland), 22–25 May 2006, URL = http://www.vatican.va/roman_curia/pontifical_councils/migrants/pom2006_101/rc_pc_migrants_pom101_V-european.html. Download vom 4. Mai 2013.

RADIO VATICAN (Hg.): URL = Päpstlicher Rat der Seelsorge für die Migranten und Menschen unterwegs – Organisation, Vatikan o. J., URL = http://www.radiovaticana.va/tedesco/Vatikanlexikon/curia/consiglio/consiglio_migranti.htm. Download vom 4. Mai 2013.

RADIO VATIKAN (Hg.): Italien: Der Missionsgeist weht, Vatikan 2010, URL = http://de.radiovaticana.va/storico/2010/04/08/italien:_der_missionsgeist_weht/ted-370568. Download vom 18. Mai 2013.

REUTER, Markus: Tröste, ja tröste mein Volk (Jes 40,1). Notfallseelsorge – Eine pastorale Feldstudie über die Arbeits- und Organisationsformen der Notfallseelsorge, Diplomarbeit, Mainz 2002, URL = http://www.notfallseelsorge.de/Materialien/diplreuter.pdf. Download am 10. April 2013.

ROOSE, Hanna: Heilung (NT), Stuttgart 2010, URL = http://www.bibelwissenschaft.de/wibilex/das-bibellexikon/lexikon/sachwort/anzeigen/details/heilung-nt-3/ch/5dae326e40d8828491381be113d65226/. Download vom 18. Mai 2013.

RÜTTEN, Christoph: Erste Hilfe für die Seele. Kirchliche Notfallseelsorge im Rettungs-dienst. Abschlußarbeit für die Diplomprüfung im Fachbereich Theologie an der Katholischen Fachhochschule NW Abt. Paderborn, Paderborn 1999, URL = http://www.notfallseelsorge.de/Materialien/diplruetten.pdf. Download vom 2. Mai 2013.

SADOWSKI, Sigurd: Warum arbeiten Theologen in der Notfallseelsorge? in: Rettungsdienst 6/2000 23. Jg.,S. 534–538. URL = www.notfallseelsorge.de/Materialien/rd60014.pdf. Download vom 22. Juni 2013.

SCHÜTZ, Jens Michael; METZ, Heiko: Notfallseelsorge als diakonische Aufgabe? Diplomarbeit CTL 3000, Theologisches Seminar Tabor 2006, URL = http://

www.notfallseelsorge.de/Materialien/dipl%20nfs%20als%20diakonische%20Aufgabe.pdf. Download vom 2. Mai 2013.

SEKRETARIAT DER DEUTSCHEN BISCHOFSKONFERENZ (DBK)(Hg.): „Zeit zur Aussaat". Missionarisch Kirche sein (= Die Deutschen Bischöfe Nr. 68), Bonn 2000. URL = http://www.dbk.de/fileadmin/redaktion/veroeffentlichungen/deutsche-bischoefe/Db68.pdf. Download vom 31. Mai 2014.

SEKRETARIAT DER DEUTSCHEN BISCHOFSKONFERENZ (DBK)(Hg.): Arbeitsstellen. Folgende Arbeitsstellen der Deutschen Bischofskonferenz sind dem Bereich Pastoral zugeordnet, Bonn 2012, URL = http://www.dbk.de/ueber-uns/sekretariat/pastoral/arbeitsstellen-pastoral/. Download vom 2. Mai 2013.

SEKRETARIAT DER DEUTSCHEN BISCHOFSKONFERENZ (DBK)(Hg.): Katholische Kirche in Deutschland: Zahlen und Fakten 2010/2011, Arbeitshilfe Nr. 249, Bonn 2011. URL = http://www.dbk.de/zahlen-fakten/kirchliche-statistik/. Download vom 23. Mai 2014.

SEKRETARIAT DER DEUTSCHEN BISCHOFSKONFERENZ (Hg.): Freizeit & Tourismus. Angebote der katholischen Kirche, Bonn 2012, URL = http://www.dbk.de/fileadmin/redaktion/diverse_downloads/Dossiers/Katholische_Kirche_Freizeit_und_Tourismus.pdf. Download vom 27. April 2013.

SPRECHERGRUPPE DER KATHOLISCHEN KONFERERNZ DER DIÖZESANBEAUFTRAGTEN FÜR DIE NOTFALLSEELSORGE & KONFERENZ EVANGELISCHE NOTFALLSEELSORGE IN DER EKD; Sprecher: MÜLLER-CYRAN, Andreas; RADIX, Ralf: BUNDESAMT FÜR BEVÖLKERUNGSSCHUTZ UND KATASTROPHENHILFE (BBK) (Hg.): Qualitätsstandards und Leitlinien Teil I und I Psychosoziale Notfallversorgung, Bonn 2012, S. 85. URL = http://nfs-bw.de/templates/notfallseelsorge_bw/dokumente/Qualitaetsstandards-PSNV.pdf. Download vom 24. Mai 2014.

UNIVERSITY OF BIELEFELD – Faculty of technology (Hg.): Bericht der Direccion General de Aeronautica Civil der Dominikanischen Republik über die Untersuchung des Unfalles mit dem Flugzeug Boeing B-757 am 06. Februar 1996 bei Puerto Plata, Bielefeld 1999, URL = http://www.rvs.uni-bielefeld.de/publications/Incidents/DOCS/ComAndRep/PuertoPlata/bericht.html. Download vom 27. Mai 2013.

WANKE, Joachim: Zukunft der (Pfarr)Seelsorge. Referat beim Studienhalbtag der Deutschen Bischofskonferenz am 7. März 2001 in Augsburg. Pressemeldung 07.03.2001 – Nr. 0, URL = http://www.dbk.de/presse/details/?presseid=1085&cHash=95b0cc47da5c5857b335dc0c5d3629b6. Download vom 4. Oktober 2013.

WEHNERT, Jürgen: Gericht Gottes (NT), Stuttgart 2011, URL = http://www.bibelwissenschaft.de/wibilex/das-bibellexikon/lexikon/sachwort/anzeigen/details/gericht-gottes-nt/ch/54c621cea428101cd9b89f1b9ef148f1/. Download vom 9. Mai 2013.

WIETERSHEIM von, Hanjo (Hg.): Allgemeine Informationen, Iphofen o. J.a., URL = http://www.notfallseelsorge.de/Infos/allginfos.htm. Download vom 23. April 2012.

WIETERSHEIM von, Hanjo (Hg.): Das Logo der Notfallseelsorge, Iphofen 2012, URL = http://www.notfallseelsorge.de/Infos/logob.htm. Download vom 1. April 2012.

WIETERSHEIM von, Hanjo (Hg.): Das Zugunglück von Eschede. Portrait eines Einsatzes, erstellt vom Landesverband Niedersachsen, Iphofen 1999, eingestellt 2008, URL = www.notfallseelsorge.de/Besondere%20Einsaetze/eschdrkzusfas.pdf. Download vom 5. Mai 2014.

WIETERSHEIM von, Hanjo (Hg.): Die Geschichte der Notfallseelsorge, Iphofen 2002, URL = http://www.notfallseelsorge.de/Infos/nfs-geschichte.htm. Download vom 25. April 2012.

WIETERSHEIM von, Hanjo (Hg.): Leitlinien für die Notfallseelsorge im Erzbistum Bamberg, Iphofen 2011, URL = http://www.notfallseelsorge.de/Infos/Leitlinien_Dioezese_Bamberg_NFS_2011.pdf. Download vom 18. Mai 2013.

WIETERSHEIM von, Hanjo (Hg.): Leitlinien für die Notfallseelsorge im Erzbistum Würzburg, Iphofen o. J.b., URL = http://www.notfallseelsorge.de/Infos/Rahmenordnung-NFS-Letzfassung.pdf. Download vom 3. März 2012.

WIETERSHEIM von, Hanjo (Hg.): Literatur, Iphofen 2013a, URL = http://www.notfallseelsorge.de/literatur.htm. Download vom 24. Mai 2014.

WIETERSHEIM von, Hanjo (Hg.): Systeme der Psychosozialen Notfallversorgung (PSNV) in Deutschland, Iphofen 2013b, URL = http://www.notfallseelsorge.de/systeme.htm. Download vom 7. Juni 2013.

WIETERSHEIM von, Hanjo (Hg.): Thesenreihe zur Notfallseelsorge (Kasseler Thesen), Iphofen 2000, URL = http://www.notfallseelsorge.de/Infos/thesen.htm. Download vom 3. Mai 2012.

WIETERSHEIM von, Hanjo (Hg.): Wissenschaftliche Arbeiten /Diplomarbeiten, Iphofen o. J.c., URL = http://www.notfallseelsorge.de/diplomundvortraege.htm. Download vom 7. Juni 2013.

WINTER, Urs Christian: „Der liebe Gott hat es so gewollt". Die Rolle der Religiosität bei der Bewältigung kritischer Lebensereignisse sowie Impulse für eine pastorale Krisenintervention – eine pastoralpsychologische Studie, Dissertation zur Erlangung des Doktortitels an der Theologischen Fakultät der Universität Freiburg/Schweiz 2005, URL = http://www.notfallseelsorge.de/Materialien/urswinter.pdf. Download vom 5. Mai 2013.

WITTE, Markus: Hiob / Hiobbuch. Andere Schreibweise: Ijob / Iob / Job, Stuttgart 2005, URL = http://www.bibelwissenschaft.de/wibilex/das-bibellexikon/lexikon/sachwStort/anzeigen/details/hiob-hiobbuch-3/ch/cad3cfdcd-beac5d65a068fd566c6f4ac/. Download vom 9. Mai 2013.

ZIPPERT, Thomas: Der Mensch in Not(fallseelsorge) und Krise(nintervention) – Welches Menschenbild ist notwendig für Notfallseelsorge und Krisenintervention? Vortrag beim 8. Hessischen Fachtag für Notfallseelsorge und Krisenintervention am 8.4.2006 in Gladenbach, in: WIETERSHEIM von, Hanjo (Hg.): www.notfallseelsorge.de, Iphoven 2006b, URL = http://www.notfallseelsorge.de/Materialien/Menschenbilder%20in%20NFS%20und%20Krisenintervention.pdf. Download vom 19. September 2013.

ZOLLITSCH, Robert: Zukunft der Kirche – Kirche für die Zukunft. Plädoyer für eine pilgernde, hörende und dienende Kirche. Impulsreferat des Vorsitzenden der Deutschen Bischofskonferenz, Erzbischof Dr. Robert Zollitsch, zur Eröffnung der Herbst-Vollversammlung der Deutschen Bischofskonferenz in Fulda am 20. September 2010, hrsg. v. Deutschen Bischofskonferenz. Pressemitteilungen der Deutschen Bischofskonferenz 20.9.2010. URL = http://www.dbk.de/fileadmin/redaktion/diverse_downloads/presse/2010–144-Eroeffnungsreferat.pdf. Download vom 31. Mai 2014.

Anhang

Abbildungsverzeichnis

Botschafter des Lebens an der Grenze des Todes – Zur theologischen Orientierung der katholischen Notfallseelsorge[962]
Anliegen dieses Textes ist es, das Proprium der Notfallseelsorge als kirchliches Angebot innerhalb der anderen pastoralen Tätigkeitsfelder für die verschiedenen Diskursebenen innerhalb und außerhalb der Kirche zu formulieren.

Das dient zum einen der theologischen Begründung und Darstellung dieses pastoralen Feldes ebenso wie der Orientierung der Mitarbeitenden in diesem kirchlichen Angebot. Zum anderen soll es außerhalb des kirchlichen Rahmens das Selbstverständnis der Notfallseelsorge für Kooperationspartner im Bereich der psychosozialen Unterstützungssysteme erkennbar und verlässlich machen.

Notfallseelsorge ist Seelsorge angesichts der Konfrontation mit dem plötzlichen Tod

[962] GOTTSCHLICH et al., 2008.

Notfallseelsorge ist ein seelsorgliches Angebot für Menschen, die in Momenten schwersten Leids und existentieller Krisen mit dem nahen und plötzlichen Tod konfrontiert sind.

Kirche möchte in der Notfallseelsorge den Menschen in diesen extremen Lebenssituationen beistehen: Ihre Notfallseelsorger[963] sind bei den Menschen in ihrer Not und ihrem Unglück, im Moment der Todesahnung und wenn der Tod noch nahe ist. Sie halten mit den Menschen das Schweigen aus, wenn angesichts von Leid, Schuld und Ohnmacht jedes Wort versagt. Und sie versuchen, Trost und Hoffnung über den Moment des Leids und des Schmerzes hinaus zu geben und so Perspektiven für den Weg zurück in den Alltag zu eröffnen.

In ihrem Bemühen, in der extremen Situation des nahen und plötzlichen Todes „Botschafter des Lebens an der Grenze des Todes" zu sein, sind die Notfallseelsorger getragen und motiviert vom österlichen Mysterium:

> c. von Jesu Leiden, in dem er bis zum Äußersten geht und sein Leben in die Hände Gottes legt,
> ci. von seinem Tod am Kreuz, der die Einsamkeit, Hoffnungslosigkeit und Gottverlassenheit jedes Todes radikal spürbar macht,
> cii. von Christi Auferstehung, in der er durch Gottes Macht von den Toten erweckt und in Gottes Herrlichkeit erhöht wird
> ciii. und von der Zusage seiner bleibenden Nähe.

Ohnmacht, Schmerz und Leere des Todes haben nicht das letzte Wort, sondern Gott will das Leben. Notfallseelsorge will dies in der konkreten Situation präsent machen. Jesus Christus hat durch seinen Tod am Kreuz jeden Tod überwunden und in der Auferstehung das Leben für alle wieder hergestellt. Gegen Katastrophen, Leid und Tragödien im Leben der Menschen geben Notfallseelsorger der Hoffnung Raum, dass die Liebe Gottes den Tod ein für allemal besiegt hat und dass das Leben der Menschen nicht in der Hoffnungs- und Aussichtslosigkeit des Todes endet.

Notfallseelsorge als Einzelseelsorge

1. Notfallseelsorge geschieht primär mit Einzelnen.
Sie ist ebenso integraler Bestandteil von Trauerpastoral. In ihr verdichten sich die Dimensionen kirchlichen Handelns örtlich und zeitlich, weil sie

[963] Der Text verwendet der besseren Lesbarkeit wegen durchgehend nur die männliche Form der Bezeichnungen. Die weibliche Bezeichnung ist ausdrücklich mit eingeschlossen.

zugleich immer Diakonia, Martyria und Koinonia ist und dies in vielen Fällen auch im Ritual als Liturgia darstellt.
Dort, wo Notfallseelsorge nicht kategorial organisiert ist, ist die Gemeindeseelsorge die Trägerin der Notfallseelsorge.

2. Notfallseelsorge ist ein zeitlich abgegrenzter Dienst in einer Krisensituation angesichts des plötzlichen Todes oder seiner realen Möglichkeit.
Ihre diakonale Dimension zeigt sich zunächst in der Präsenz und je nach Wunsch der Betroffenen auch in der Integration in die Strukturen der Gemeindeseelsorge und anderer nachsorgender Beratungs- und Hilfsangebote kirchlicher und nichtkirchlicher Träger.

3. In der Notfallseelsorge ist Kirche in Gesellschaft präsent.
Als Angebot an alle Menschen muss das Handeln bei und für Menschen, die vom plötzlichen Tod betroffen sind, humanwissenschaftlich verantwortbar sein. Deshalb werden die Schnittstellen zu den Strukturen von Notfalldiensten in der Gesellschaft (z. B. zu Rettungsdienst, Feuerwehr und Polizei) gepflegt.

Bestandteil des Selbstverständnisses von Notfallseelsorge ist ihre Verlässlichkeit. Weil die Kirche Menschen angesichts des plötzlichen Todes Nähe und Trost anbietet, ist sie rund um die Uhr zuverlässig erreichbar. Die Anforderung dieses kirchlichen Dienstes erfolgt über die örtlichen Notfallsysteme (Polizei, Feuerwehr, Rettungsdienst o. ä.).

Alle in der Pastoral hauptamtlich Tätigen haben die Kompetenz und die grundsätzliche Verpflichtung zur Betreuung von Menschen angesichts des plötzlichen Todes.

Für die regelmäßige Bereitschaft und in besonderen Situationen wie z. B. bei Katastrophen und Großschadenslagen unterstützen speziell ausgebildete und beauftragte Notfallseelsorger dieses Netz kompetenter Hilfe.

4. Notfallseelsorge geschieht im Auftrag des Bischofs.
Dieses seelsorgliche Angebot wendet sich an alle Menschen.

Notfallseelsorge als Organisationsform dieses Angebotes wird in der Regel gemeinsam mit den Kirchen der ACK verantwortet und durchgeführt. Diese Praxis konfessioneller Zusammenarbeit hat sich bewährt.

Im Kontext der Psychosozialen Notfallversorgung (PSNV) vernetzt sich Notfallseelsorge mit den Strukturen der Gefahrenabwehr.

Notfallseelsorge bei größeren Schadenslagen

5. Kirche lässt sich über die Notfallseelsorge in Katastrophen und anderen Schadenslagen in die bestehenden Konzepte der allgemeinen Gefahrenabwehr einbinden. Dies gilt auch für Ausbildungen und Übungen.

6. Andere Systeme der Psychosozialen Notfallversorgung werden von der Notfallseelsorge fachlich geachtet.
Die Kirche legt jedoch Wert auf die Möglichkeit, ihren Auftrag in dieser Form des Dienstes den Menschen anzubieten.

Notfallseelsorge und Seelsorge für Einsatzkräfte

7. Die Notfallseelsorge betreut Überlebende, Augenzeugen und Hinterbliebene.
Für die Betreuung und Nachsorge der Einsatzkräfte ist je nach Konzeption die entsprechende (kategoriale) Fachseelsorge zuständig (z.B. Seelsorge in Feuerwehr, Rettungsdienst, Katastrophenschutz und Polizeiseelsorge).

07.01.2009
Matthias Gottschlich
P. Ulrich Keller OPraem
Andreas Müller-Cyran
Ludger Pietruschka
Ulrich Slatosch[964]

Notfallseelsorge „Kasseler Thesen"[965]

Vertreter von Notfallseelsorgediensten aus verschiedenen Landeskirchen und Bistümern haben die „Kasseler Thesen" auf einer Tagung der Akademie Bruderhilfe – Familienfürsorge in Kassel am 5. Februar 1997 verabschiedet. Die Thesen beschreiben die von allen getragenen gemeinsamen Grundlagen der unterschiedlich organisierten und geprägten Notfallseelsorgedienste.

Notfallseelsorge ist „Erste Hilfe für die Seele" in Notfällen und Krisensituationen. Notfallseelsorge ist damit ein Grundbestandteil des Seelsorgeauftrages der Kirche. Sie sieht den Menschen in Not und Bedürftigkeit, in Schwäche und Schuld als ein von Gott getragenes, geliebtes und auf Hoffnung hin versöhntes und erlöstes Geschöpf.

Notfallseelsorge wendet sich in ökumenischer Weite und Offenheit an primär Geschädigte, andere Betroffene und an Einsatzkräfte.

---

964 Gottschlich et al., 2008.
965 WIETERSHEIM von, 2000. Vgl. MÜLLER-LANGE, 2013a.

Seelsorge in Notfallsituationen nimmt ernst, daß bei den Menschen in existentiellen Extremsituationen die faktisch wirksamen religiösen und weltanschaulichen Prägungen offenbar werden. Notfallsituationen sind Schnittstellen des Lebens, an denen Sinn- und Wertfragen aufbrechen, der eigene Lebensentwurf und seine schlagartige Veränderung besonders bewußt werden, Schuld- und Theodizeefrage die Gegenwart überschatten und die Lebenskraft absorbieren.

Seelsorge für Einsatzkräfte begleitet die Einsatzkräfte in ihrer Arbeit, vor allem bei einer besonderen Belastungssituation, die einhergeht mit Gefühlen von Versagen und Hilflosigkeit, Ohnmacht und ggf. Angst und hilft im Anschluß an das Einsatzgeschehen belastende Eindrücke, die sich in die Seele eingebrannt haben, zu verarbeiten.

Die Arbeit der Notfallseelsorge geschieht im Wesentlichen durch Beziehung und Kommunikation, seelsorgerliches Gespräch und Präsenz des Seelsorgers, der Seelsorgerin vor Ort.

Konkrete Tätigkeiten des Notfallseelsorgers vor Ort können sein:

- Begleitung von unverletzten Beteiligten
- Begleitung von Verletzten während der Rettung und in Wartezeiten Begleitung von Angehörigen, die am Einsatzort sind oder dahin kommen – Fürsorge für erschöpfte Einsatzkräfte
- auf Wunsch Spende der Sakramente und Gebet für Sterbende und Tote –
- Überbringung von Todesnachrichten gemeinsam mit der Polizei

Mitarbeiterinnen und Mitarbeiter in der Notfallseelsorge professionalisieren ihre seelsorgerliche Kompetenz in extremen Arbeitsfeldern, um Einsatzkräfte an den Einsatzstellen unterstützen zu können bzw. die seelsorgliche Begleitung nach dem Abrücken der Einsatzkräfte weiterfahren zu können, vor allem bei folgenden (häufigeren) Einsatzindikationen:

erfolglose Reanimation
Tod von Kindern
Suizidabsicht/Suizid – schweres Einsatzbild

Mitarbeiterinnen und Mitarbeitern in der Notfallseelsorge erwerben sich seelsorgliche und theologische Kompetenz und insbesondere Kenntnisse und Fähigkeiten über

Reaktionsformen von Menschen in Not- und Extremsituationen und das mögliche Eingehen darauf Gefahren an der Einsatzstelle (Erkennbarkeit, Selbstschutz, Schutzausrüstung) organisationsübergreifende Zusammenarbeit (Arbeitsweisen und Zusammenwirken von allen am Einsatz beteiligten Organisationseinheiten und die eigene Mitwirkung).

Mitarbeiterinnen und Mitarbeiter in der Notfallseelsorge halten engen Kontakt zueinander und reflektieren ihre Erfahrungen regelmäßig in Fortbildungen der Notfallseelsorge. Für den Dienst ist Supervision unabdingbare Voraussetzung.

Die Notfallseelsorge entwickelt regional Strukturen, die mit den Gegebenheiten von Kommune und Kirche kompatibel sind.

Die beteiligten Kirchen sprechen geeignete Beauftragungen aus auf den Ebenen der Kirchenkreise, Dekanate und Landeskirchen, Bistümer und kommen für die Personalkosten auf.

Die Notfallseelsorger organisieren sich auf Bundesebene in einer Konferenz.

„Hamburger Thesen" zu den Grundlagen der Notfallseelsorge[966]

Eine Aktualisierung der „Kasseler Thesen"

Selbstverständnis

Menschen in Notfallsituationen beizustehen, ist unverzichtbarer Bestandteil christlichen Glaubens. Notfallseelsorge ist eine Form dieses Beistands. Sie ist damit ein Grundbestandteil des Seelsorgeauftrages der Kirchen und ist in ihrem Grundsatz ökumenisch ausgerichtet.

Notfallseelsorge richtet sich an alle Menschen und achtet das Recht auf Selbstbestimmung und die religiöse und weltanschauliche Orientierung der Betroffenen.

Auftrag

A. Handlungsraum

Notfallseelsorge ist Zuspruch der Zuwendung Gottes an den Menschen in Not. Sie wird konkret in der Präsenz des Seelsorgers, der Seelsorgerin vor Ort und dem Angebot einer helfenden Begleitung in der Akutphase.

B. Anlässe

Indikationen für die Begleitung Betroffener durch die Notfallseelsorge sind in erster Linie:

Tod im häuslichen Bereich

Überbringen von Todesnachrichten

[966] EVANGELISCHE KIRCHE VON WESTFALEN – Das Landeskirchenamt, 2007a. Vgl. MÜLLER-LANGE, 2013a.

Tod und schwere Verletzungen von Kindern
Unfälle Brände Suizid
Gewaltverbrechen
Besondere Arbeitsfelder

C. Notfallseelsorge in besonderen Lagen
Bei größeren Schadenslagen bis hin zu Katastrophen im In- und Ausland kann sich Notfallseelsorge an der Begleitung Betroffener beteiligen und lässt sich dabei in die örtlichen Konzepte zur Bewältigung der Schadenslage einbinden.

D. Seelsorge in Feuerwehr, Rettungsdienst und Katastrophenschutz
Aus der seelsorglichen Begleitung bei Notfällen ergibt sich auch die seelsorgliche Begleitung der Einsatzkräfte in Feuerwehr, Rettungsdienst und Katastrophenschutz.

Rahmenbedingungen

E. Organisation der Notfallseelsorge
Die Notfallseelsorge ist in örtlichen Rufbereitschaften organisiert und in die örtliche Alarmierungsstruktur der Feuerwehren und Hilfsorganisationen eingebunden. Sie wird üblicherweise über deren zuständige Leitstellen alarmiert.

F. Qualifikation
Grundlage notfallseelsorglichen Handelns ist eine kirchlich verantwortete Seelsorgeausbildung, die durch fachbezogene Fortbildungen ergänzt wird.
Hamburg, den 12. September 2007

Leitlinien für die Notfallseelsorge im Erzbistum Bamberg[967]

1. Grundsätzliches
Notfallseelsorge ist Grundbestandteil des Seelsorgeauftrags der Kirche. Sie orientiert sich am Handeln Jesu, der an der Not der Menschen nicht vorüberging, sondern sich von ihr ansprechen ließ. Im Beispiel des barmherzigen Samariters (Lk 10,25–37) verweist Jesus Christus selbst auf Wesentliches von Seelsorge.

Notfallseelsorge beruht auf dem christlichen Gottes- und Menschenbild. Sie wird tätig für Menschen, die unerwartet und plötzlich mit Tod und der

[967] WIETERSHEIM von, 2011.

Möglichkeit des Todes konfrontiert werden, unabhängig von ihrer Konfession oder Religion. Sie ist unverzichtbarer Teil der Gemeindepastoral.

Notfallseelsorge ist in der Regel ökumenisch ausgestaltet und wird gemeinsam von Evangelischer und Katholischer Kirche getragen.

Notfallseelsorge arbeitet in den Arbeitsgemeinschaften für Psychosoziale Notfallversorgung (PSNV) der jeweiligen Landkreise und kreisfreien Städte eng mit Rettungsdienst, Polizei und Feuerwehr zusammen, bei Bedarf auch mit Kriseninterventionsteams (KIT) und Krisenseelsorge im Schulbereich (KiS).

Sie sucht den Kontakt zu Vertretern anderer religiöser Vereinigungen ebenso wie zu Beratungsdiensten und Hilfseinrichtungen.

2. Mitarbeitende in der Notfallseelsorge

Notfallseelsorge ist für alle Priester, Diakone, Pastoralreferentinnen und Pastoralreferenten, Gemeindereferentinnen und Gemeindereferenten im Gemeindedienst verbindlich. Eine Befreiung von dieser Aufgabe kann vom Leiter der Hauptabteilung Pastorales Personal im Erzbischöflichen Ordinariat in Rücksprache mit dem Leiter der Hauptabteilung Seelsorge im Erzbischöflichen Ordinariat und dem zuständigen Dekan bei Vorliegen eines gewichtigen Grundes, z. B. Krankheit, fehlende Qualifizierung bzw. Einführung in die Notfallseelsorge, ausgesprochen werden.

Priestern, Diakonen und pastoralen Mitarbeiterinnen und Mitarbeitern im kategorialen/diözesanen Dienst wird die Mitwirkung beim Dienst in der Notfallseelsorge im Rahmen ihrer Möglichkeiten dringend empfohlen.

Religionslehrerinnen und Religionslehrer mit Zusatzausbildung (wie sie z. B. im Rahmen der „Krisenseelsorge im Schulbereich" (KiS), im „Kriseninterventionsteam" (KIT) im BRK oder MHD tätig sind) sind eingeladen, in der Notfallseelsorge mitzuarbeiten.

Ehrenamtliche Frauen und Männer mit einer entsprechenden Ausbildung können in Absprache mit dem Diözesanbeauftragten für Notfallseelsorge im Einzelfall für die Notfallseelsorge beauftragt werden.

3. Alarmierung der Notfallseelsorge

Notfallseelsorge wird von den integrierten Leitstellen (ILS) und – soweit solche noch nicht eingerichtet sind – weiterhin von Rettungsdienst, Feuerwehr oder Polizei alarmiert. Notfallseelsorgerinnen und Notfallseelsorger arbeiten mit den Einsatzkräften zusammen und werden unmittelbar in das Einsatzgeschehen eingebunden.

4. Strukturen

Zielsetzung der Notfallseelsorgestruktur ist es, in der Erzdiözese die personellen, technischen und organisatorischen Voraussetzungen für die Sicherstellung von Notfallseelsorgediensten zu schaffen. Notfallseelsorge ist der Hauptabteilung Seelsorge im Erzbischöflichen Ordinariat zugeordnet.

4.1 Diözesanbeauftragte/r

Aufgaben der/des Diözesanbeauftragten sind:
Anregung und Unterstützung beim Aufbau von Notfallseelsorgesystemen
Mitsorge für die Aus- und Fortbildung für die Seelsorge in Notfällen auf diözesaner Ebene für alle Berufsgruppen
Vernetzung mit anderen pastoralen Angeboten auf diözesaner und überdiözesaner Ebene
Unterstützung und Kooperation mit der Krisenseelsorge im Schulbereich
Mitarbeit in der Konferenz der Diözesanbeauftragten für die Notfallseelsorge in den bayerischen Bistümern
Sorge um die ökumenische Zusammenarbeit
Zusammenarbeit mit der Seelsorge in Feuerwehr und Rettungsdienst und säkularen Kriseninterventionsorganisationen
Einsatzleitung für die Notfallseelsorge bei Großschadensereignissen in Absprache mit den Dekanats- bzw. Landkreisbeauftragten und dem evangelischen Pendant
Sorge um die Reflexions- bzw. Supervisionsmöglichkeit von Notfallseelsorgerinnen und Notfallseelsorgern Öffentlichkeitsarbeit

4.2 Beauftragte in den Dekanaten/Regionen bzw. Landkreisen

Aufgabe der/des Dekanats-/Regional- bzw. Landkreisbeauftragten ist die Information, Koordination und Repräsentation der Notfallseelsorge im Dekanat bzw. im Landkreis. Die Befähigung zu diesem Dienst erwirbt sie/er durch eine fachspezifische Fortbildung. Die Beauftragung geschieht durch den Leiter der Hauptabteilung Seelsorge in Rücksprache mit der/dem Diözesanbeauftragten.
Aufgaben sind:
Gewährleistung der ökumenischen Zusammenarbeit
Sorge um die Dienstplanerstellung im zuständigen Bereich
Sorge um die Fort- und Weiterbildung der Notfallseelsorgerinnen und Notfallseelsorger
Aufbau und Pflege von Kontakten zu den verschiedenen Einsatzkräften
Zusammenarbeit mit der/dem Diözesanbeauftragten
Verständigung der/des Diözesanbeauftragten bei Großschadensereignissen und Zusammenarbeit mit ihr/ihm
Kooperation mit der Krisenseelsorge im Schulbereich

Sorge um die Verarbeitung von Einsatzbelastungen bei Notfallseelsorgerinnen und Notfallseelsorgern
Angebot und Organisation von liturgischen Feiern
Öffentlichkeits- und Pressearbeit

4.3 Die Notfallseelsorgerin/der Notfallseelsorger
Ihre/seine Aufgaben sind:
Betreuung von akut psychisch traumatisierten und trauernden Menschen, zeitnah nach dem Eintritt des Ereignisses
Betreuung bei innerhäuslichen Einsätzen, z. B. nach vergeblicher Reanimation, beim Tod eines Kindes, nach Suizid eines Angehörigen, bei der Überbringung von Todesnachrichten
Betreuung bei außerhäuslichen Einsätzen, z. B. nach Verkehrsunfall, Betriebsunfall mit Todesfolge
Betreuung beim Verlust der Existenzgrundlage, z. B. nach Brand, Hochwasser
Betreuung bei Großschadenslagen
Brückenfunktion zur Ortsgemeinde und psychosozialen Einrichtungen
Brückenfunktion zur Seelsorge in Feuerwehr und Rettungsdienst bzw. Polizeiseelsorge

5. Qualifizierung
Grundkenntnisse der Seelsorge und damit auch der Notfallseelsorge sind Bestandteil der Ausbildung aller pastoralen Berufe. In speziellen Fortbildungsangeboten werden weiterführende Qualifikationen der Notfallseelsorge vermittelt (z. B. Kenntnisse der Psychotraumatologie, Umgang mit konkreten Einsatz- und Betreuungssituationen, theologische Reflexion der Seelsorge in Notfällen, Umgang mit Ritualen in Notfall-Situationen …).

Notfallseelsorgerinnen und Notfallseelsorger können hinsichtlich ihrer Tätigkeit in der Notfallseelsorge bei Bedarf Supervision in Anspruch nehmen. Anträge sind

an die Hauptabteilung Pastorales Personal zu richten. Die Kosten hierfür trägt der Dienstgeber.

6. Technische und finanzielle Ausstattung
Der Notfallkoffer/Notfallrucksack beinhaltet u. a. Piepser und/oder Handy zur Alarmierung, aktuelles Kartenmaterial und/oder Navigationsgerät, Notfallseelsorger-weste, Adressenlisten der Pfarrämter aus dem Einsatzbereich, Telefonlisten notfallrelevanter Einrichtungen. Die Kosten für diesbezüglich notwendige Anschaffungen werden nach Prüfung durch die/den Diözesanbeauftragte/n von der Hauptabteilung Seelsorge getragen.

Die Erstattung der Fahrtkosten bestimmt sich nach der Reisekostenordnung für die Bayerischen (Erz-)Diözesen ABD Teil D, 9.

7. Arbeitsrechtliche Fragen

Bei Beschäftigten gelten für die arbeitsrechtliche Behandlung der Notfallseelsorge die Bestimmungen des Arbeitsvertragsrechts der bayerischen (Erz-)Diözesen (ABD). Auf die „Arbeitsrechtlichen Hinweise zum Dienst von Mitarbeiterinnen und Mitarbeitern in der Notfallseelsorge" (Anlage zu den Leitlinien) wird ergänzend hingewiesen.

8. Versicherungsschutz

Wer mit der Notfallseelsorge beauftragt wird, übt diese Aufgabe als Dienst im Dienst aus. In diesem Rahmen besteht Versicherungsschutz für die pastoralen Mitarbeiter/innen im Dienst ebenso wie für die Kraftfahrzeuge, die dienstlich ge- nutzt werden. Dies gilt auch für überdiözesane Einsätze, wenn ein entsprechen- der Auftrag der/des Diözesanbeauftragten vorliegt.

Diese Leitlinien treten in der Erzdiözese Bamberg mit Wirkung vom 1. September 2011 in Kraft.

Bamberg, den 20. Juli 2011
Dr. Ludwig Schick
Erzbischof von Bamberg

Arbeitsrechtliche Hinweise zum Dienst von Mitarbeiterinnen und Mitarbeitern in der Notfallseelsorge

Notfallseelsorge – Aufgabe der Pastoralen Mitarbeiterinnen und Mitarbeiter im Gemeindedienst

Notfallseelsorge ist Bestandteil der Aufgaben der pastoralen Mitarbeiterinnen und Mitarbeiter – Pastoralreferentinnen und Pastoralreferenten, Gemeindereferentinnen und Gemeindereferenten – im Gemeindedienst. Eine Befreiung vom Dienst in der Notfallseelsorge ist gemäß Ziffer 2 der „Leitlinien für die Notfallseelsorge im Erzbistum Bamberg" nur bei Vorliegen eines gewichtigen Grundes möglich.

Notfallseelsorge während der regulären bzw. dienstplanmäßigen Arbeit szeit

Wird eine/ein Beschäftigte/r während ihrer/seiner regulären bzw. dienstplanmäßigen Arbeitszeit zur Notfallseelsorge eingeteilt und zu einem Notfallseelsorgeeinsatz herangezogen, werden das Bereithalten für einen Einsatz und der Einsatz selbst als reguläre bzw. dienstplanmäßige Arbeitszeit behandelt und nicht als Rufbereitschaft.

Notfallseelsorge außerhalb der regulären bzw. dienstplanmäßigen Arbeitszeit

Notfallseelsorge außerhalb der regulären bzw. dienstplanmäßigen Arbeitszeit erfolgt im Rahmen von Rufbereitschaft.

Rufbereitschaft leisten Beschäftigte, die sich auf Anordnung des Arbeitgebers außerhalb der regelmäßigen Arbeitszeit an einer dem Arbeitgeber anzuzeigenden Stelle aufhalten, um auf Abruf die Arbeit aufzunehmen.

Rufbereitschaft ist keine Arbeitszeit:
Rufbereitschaft wird zur Ruhezeit gerechnet.

Verpflichtung zur Rufbereitschaft

Vollzeitbeschäftigte sind bei einer entsprechenden Anordnung des Arbeitgebers zur Rufbereitschaft verpflichtet (§ 6 Abs. 5 ABD Allg. Teil). Teilzeitbeschäftigte können nur aufgrund arbeitsvertraglicher Regelung oder mit ihrer Zustimmung zur Rufbereitschaft herangezogen werden (§ 6 Abs. 5 ABD Allg. Teil).

Ausgleich der Rufbereitschaft
Der Ausgleich der Rufbereitschaft ist in § 8 Abs. 3 ABD Allgemeiner Teil 2 geregelt, der sowohl Zahlung als auch Freizeitausgleich vorsieht. Entsprechend der Praxis in der Vergangenheit legt der Arbeitgeber Wert darauf, Rufbereitschaft durch Freizeitausgleich abzugelten.

Festlegung der Zeiten der Rufbereitschaft
Die Mitarbeiterin/der Mitarbeiter legt im Voraus mit ihrem/seinem unmittelbaren Dienstvorgesetzten fest, an welchen Tagen und zu welchen Zeiten Notfallseelsorge im Rahmen der Rufbereitschaft erbracht wird.

Religionslehrkräfte i. K.
Religionslehrkräfte können mit ihrer Zustimmung während der Schulferien Dienste in der Notfallseelsorge leisten. Bei Religionslehrkräften beträgt der Erholungsurlaub wie bei anderen Beschäftigten je nach Alter 26, 29 oder 30 Arbeitstage. Dieser Erholungsurlaub einschließlich eines Zusatzurlaubs ist durch die Schulferien abgegolten. Leistet die/der Religionslehrer/in in den Schulferien Notfallseelsorgedienst, erfolgt kein gesonderter Ausgleich für den Dienst in der Notfallseelsorge, wenn die Anzahl der dienstfreien Ferientage nicht hinter der Zahl der zustehenden Urlaubstage zurückbleibt.

Ruhezeit / Vertretung
Das Arbeitszeitgesetz gibt vor, dass zur Sicherheit und zum Gesundheitsschutz von Beschäftigten Ruhezeiten einzuhalten sind. Die Ruhezeit nach Beendigung der täglichen Arbeit beträgt mindestens 11 Stunden. Zeiten der Rufbereitschaft zählen nicht zur Arbeitszeit. Hieraus ergibt sich, dass Zeiten der Rufbereitschaft, ohne dass es zu einem tatsächlichen Einsatz der/des Beschäftigten kommt, in die Ruhezeit fallen dürfen. Hat der Dienstgeber die/den Beschäftigte/n während des Mindestruhezeitraums zur Arbeitsleistung herangezogen, so muss er die volle Ruhezeit im Anschluss an die Unterbrechung neu gewähren.
2 § 8 Abs. 3 ABD Allg. Teil: Für die Rufbereitschaft wird eine tägliche Pauschale je Entgeltgruppe bezahlt. Sie beträgt für die Tage Montag bis Freitag das Zweifache, für Samstag, Sonntag sowie für Feiertage das Vierfache des Stundenentgelts nach Maßgabe der Entgelttabelle. Maßgebend für die Bemessung der Pauschale nach Satz 2 ist der Tag, an dem die Rufbereitschaft beginnt. Für die Arbeitsleistung innerhalb der Rufbereitschaft außerhalb des Aufenthaltsortes im Sinne des § 7 Abs. 4 wird die Zeit jeder einzelnen Inanspruchnahme einschließlich der hierfür erforderlichen Wegezeiten jeweils auf eine volle Stunde gerundet und mit dem Entgelt für Überstunden sowie mit etwaigen Zeitzuschlägen nach Absatz 1 bezahlt. Die

nach Satz 4 errechnete Arbeitszeit kann stattdessen bis zum Ende des 3. Kalendermonats auch durch entsprechende Freizeit abgegolten werden (Freizeitausgleich). Für die Zeit des Freizeitausgleichs werden das Tabellenentgelt (§ 15) und die in Monatsbeträgen festgelegten Zulagen fortgezahlt. Wird die Arbeitsleistung innerhalb der Rufbereitschaft am Aufenthaltsort im Sinne des § 7 Abs. 4 telefonisch (z. B. in Form einer Auskunft) oder mittels technischer Einrichtungen erbracht, wird abweichend von Satz 4 die Summe dieser Arbeitsleistungen auf die nächste volle Stunde gerundet und mit dem Entgelt für Überstunden sowie mit etwaigen Zeitzuschlägen nach Absatz 1 bezahlt. Absatz1 Satz 4 gilt entsprechend, soweit die Buchung auf das Arbeitszeitkonto nach § 10 Abs. 3 Satz 2 zulässig ist. Satz 1 gilt nicht im Falle einer stundenweisen Rufbereitschaft. Eine Rufbereitschaft im Sinne von Satz 9 liegt bei einer ununterbrochenen Rufbereitschaft von weniger als zwölf Stunden vor. In diesem Fall wird abweichend von den Sätzen 2 und 3 für jede Stunde der Rufbereitschaft 12,5 v.H. des Stundenentgelts nach Maßgabe der Entgelttabelle gezahlt. Auf Antrag der/des Beschäftigten kann eine Nebenabrede vereinbart werden, dass die nach Satz 1 bis 3 bzw. Satz 10 bis 11 errechnete Pauschale auch durch entsprechende Freizeit abgegolten wird; diese Nebenabrede kann jeweils zum Ende des folgenden Kalenderjahres gekündigt werden.
Anmerkung zu Absatz 3:
Zur Ermittlung der Tage einer Rufbereitschaft, für die eine Pauschale gezahlt wird, ist auf den Tag des Beginns der Rufbereitschaft abzustellen.

Leitlinien für die Notfallseelsorge in der Diözese Würzburg[968]

1. Begriffsdefinition der Notfallseelsorge

Notfallseelsorge gibt es, seit es Seelsorge gibt! Mit dieser Feststellung wird deutlich, dass sich die Notfallseelsorge an der Botschaft und am Handeln Jesu orientiert, der an der Not der Menschen nicht vorüber ging, sondern sich von ihr ansprechen ließ. Die Notfallseelsorge beruht auf dem christlichen Gottes- und Menschenbild. Sie will mit modernen Kommunikationsmitteln und in Zusammenarbeit mit den Rettungsorganisationen Kirche erreichbar halten.

Sie wird tätig für Menschen, die unerwartet und plötzlich mit dem Tod oder der

Möglichkeit des Todes konfrontiert wurden.

[968] WIETERSHEIM von, o. J.c.

Die Notfallseelsorge ist von ihrem Verständnis und der Tradition her Teil der Gemeindepastoral und des seelsorglichen Selbstverständnisses (Berufsethos) der in der Pastoral Tätigen, und daher keine Kategorialseelsorge. Im Besonderen ist sie ein Teil der Trauerpastoral. Zudem möchte sie alle Priester, Diakone, Religionslehrerinnen und Religionslehrer sowie alle pastoralen Mitarbeiterinnen und Mitarbeiter für die Seelsorge in Notfällen fachlich beraten und unterstützen.

Mitarbeitende in der Notfallseelsorge
Die Notfallseelsorge arbeitet von ihrem Selbstverständnis her ökumenisch. Von Seiten der katholischen Kirche werden überwiegend Seelsorgerinnen und Seelsorger sowie Mitarbeiterinnen und Mitarbeiter in der Seelsorge tätig, die im Dienst der Diözese stehen. Die Notfallseelsorge versteht sich als Teilbereich der Seelsorgearbeit.

Gelegentlich können auch ehrenamtliche Mitarbeiterinnen und Mitarbeiter in der Notfallseelsorge mitwirken, wenn sie eine entsprechende Ausbildung durchlaufen haben, vom Diözesanbeauftragten empfohlen werden und mit einem Dienstausweis sichtbar beauftragt wurden.

Alarmierung der Notfallseelsorge
Die Notfallseelsorge wird bei Vorliegen einer Einsatzindikation durch die Einsatzkräfte in der Regel im Auftrag von Betroffenen alarmiert.

Seelsorgerinnen und Seelsorger sowie Mitarbeiter und Mitarbeiterinnen in der

Seelsorge arbeiten mit den Einsatzkräften zusammen und werden unmittelbar in das Einsatzgeschehen eingebunden. Auf Wunsch der Betroffenen stehen die Priester der Notfallseelsorge, die erreichbar sind, zur Sakramentenspendung zur Verfügung.

Arbeitsweise der Notfallseelsorge
Die Notfallseelsorge entfaltet sich in:

Strukturelle und inhaltliche Vorbereitung:
Ausbildung und Begleitung der pastoralen Dienste in der und für die Notfallseelsorge
Aufbau von Kontakten zu Feuerwehr, Rettungsdienst, Polizei und psychosozialen Einrichtungen
Aufbau einer Nachsorgestruktur für Notfallseelsorgerinnen und Notfallseelsorger
Punktuelle Mitarbeit in der Aus- und Fortbildung des Einsatzpersonals, Informationsarbeit nach innen, Öffentlichkeitsarbeit nach außen Zusam-

menarbeit mit der Krisenseelsorge im Schulbereich (KIS), Zusammenarbeit mit anderen pastoralen Diensten auf diözesaner und überdiözesaner Ebene

b) Begleitung durch pastorale Dienste in Notfällen

Betreuung von akut psychisch traumatisierten und trauernden Menschen, zeitnah nachdem Eintritt des Ereignisses

Betreuung bei innerhäuslichen Einsätzen, z. B. frustrane Reanimation, beim Tod eines Kindes, nach Suizid eines Angehörigen, bei der Überbringung von Todesnachrichten.

Betreuung bei ausserhäuslichen Einsätzen, z. B. Verkehrsunfall, Betriebsunfall mit Todesfolge

Verlust der Existenzgrundlage z. B. Brand, Hochwasser

Betreuung bei Großschadenslagen

Brückenfunktion zur Ortsgemeinde und weiteren psychosozialen Einrichtungen

Brückenfunktion zur Seelsorge in Feuerwehr und Rettungsdienst bzw. Polizeiseelsorge

c) Miteinbezug bzw. Weitergabe an die pastoralen Dienste vor Ort

Von pastoralen Diensten vor Ort wird eine Mitarbeit in der Notfallseelsorge erwartet. (vgl. 1. und 1.1)

Pastorale Dienste vor Ort gehen den Betroffenen nach, insofern sie in ihrer parochialen Zuständigkeit sind und übernehmen auf Wunsch der Betroffenen die weitere Betreuung im Kontext der kirchlichen
Trauerbegleitung bzw. der Psychosozialen Notfallversorgung.

d) Nachsorge für Seelsorger/Innen

Angebot der Reflexion und Supervision

Brückenfunktion zu psychosozialen Einrichtungen

2. Strukturen

Zielsetzung der Notfallseelsorgestruktur ist es, in der Diözese personelle, technische und organisatorische Voraussetzungen für die Sicherstellung von Notfall-seelsorgediensten zu schaffen.

2.1 Diözesanbeauftragte/r

Die Fachaufsicht für die Notfallseelsorge in der Diözese obliegt dem Leiter der Hauptabteilung Seelsorge. Diese delegiert er in der Regel an den/ die Diözesanbeauftragte/n.

Seine Aufgaben sind:
Unterstützung beim Aufbau von Notfallseelsorgesystemen
Mitsorge für die Aus- und Fortbildung für die Seelsorge in Notfällen auf diözesaner Ebene für alle Berufsgruppen
Vernetzung mit anderen pastoralen Angeboten auf diözesaner und überdiözesaner Ebene
Unterstützung und Kooperation der Krisenseelsorge im Schulbereich Mitarbeit in der Konferenz der Diözesanbeauftragten für die Notfallseelsorge in den bayerischen Bistümern
Sorge um die ökumenische Zusammenarbeit
Zusammenarbeit mit der Seelsorge in Feuerwehr und Rettungsdienst und anderen Organisationen der Psychosozialen Notfallversorgung
Einsatzleitung für die Notfallseelsorge bei Großschadensereignissen in Absprache mit den Beauftragten der Region und dem evangelischen Pendant
Sorge um die Reflexions- bzw. Supervisionsmöglichkeit von Seelsorgerinnen und Seelsorgern Öffentlichkeitsarbeit

Beauftragte in den Dekanaten
Aufgabe ist die Information über Fragen der Notfallseelsorge, so wie deren Koordination und Repräsentation im Dekanat. Die Befähigung zu diesem Dienst erwerben sie sich durch fachspezifische Fortbildungen. Die Beauftragung geschieht in Absprache mit dem/der Diözesanbeauftragten.

Aufgaben sind:
Sorge um die Fort- und Weiterbildung der Seelsorgerinnen und Seelsorger im Dekanat
Aufbau und Pflege von Kontakten zu den verschiedenen Einsatzkräften
Zusammenarbeit mit dem/der Diözesanbeauftragten
Verständigung der/des Diözesanbeauftragten bei Großschadensereignissen und Zusammenarbeit mit ihr/ihm
Mitsorge um die Erstellung der Einsatzpläne
Kooperation mit der Krisenseelsorge im Schulbereich (KIS)
Gewährleistung der ökumenischen Zusammenarbeit
Sorge um die Verarbeitung von Einsatzbelastungen bei Notfallseelsorgerinnen und Notfallseelsorgern
Angebot und Organisation von liturgischen Feiern
Öffentlichkeits- und Pressearbeit
Zusammenarbeit mit örtlichen Organisationen der Psychosozialen Notfallversorgung (PSNV)

Der Notfallseelsorger/die Notfallseelsorgerin
Da sich die Notfallseelsorge als Teil der Gemeindepastoral versteht, gehört die Bereitschaft zur aktiven Mitarbeit bei der Seelsorge in Notfällen zum Berufsethos jedes Seelsorgers und jeder Seelsorgerin sowie jeder Mitarbeiterin und jeden Mitarbeiters in der Seelsorge. Es geht dabei auch um die Solidarität in der Pfarreien-gemeinschaft und im Dekanat. Außergewöhnliche Belastungen im tatsächlichen Einsatz erkennt die Diözese ausdrücklich an. Eine Anerkennung kann in persönlicher Freizeit oder in Form von Fortbildungsangeboten geschehen.

Aus-, Fort- und Weiterbildung
In der Ausbildung der verschiedenen pastoralen Berufsgruppen wird die Seel- sorge in Notfällen angemessen berücksichtigt.

Damit die Notfallseelsorgerinnen und Notfallseelsorger für ihre Aufgabe vorbereitet sind, werden auf diözesaner und überdiözesaner Ebene Fortbildungskurse angeboten. Die Teilnahme an diesen Kursen wird ausdrücklich empfohlen und im Rahmen diözesaner Regelungen bezuschusst.

Versicherungsschutz
Wer in der Notfallseelsorge mitarbeitet genießt in diesem Rahmen Versicherungsschutz. Dieser gilt ebenso für die Kraftfahrzeuge, die in der Notfallseelsorge genutzt werden. Nach Rücksprache mit den verantwortlichen Stellen ist diese Regelung auch auf überdiözesane Einsätze übertragbar.

Segenstext
Gott segnet dich und behütet dich.
Gott behütet deine Seele.
Gott behütet deinen Ausgang und deinen Eingang
von nun an bis in Ewigkeit. Amen.
Gott segnet dich und behütet dich.
Gott lässt sein Angesicht leuchten über dir
und ist dir gnädig.
Gott erhebt sein Angesicht auf dich
und schenkt dir seinen Frieden. Amen.
Es segne dich Gott,
er nehme dich in seine bergenden Arme,
er schenke dir ein neues Zuhause. Amen.[969]

Psalmen
Psalm 22
Mein Gott, mein Gott, warum hast du mich verlassen,
bist fern meinen Schreien, den Worten meiner Klage?
Mein Gott, ich rufe bei Tag, doch du gibst keine Antwort;
ich rufe bei Nacht und finde doch keine Ruhe.
Aber du bist heilig,
du thronst über dem Lobpreis Israels.
Dir haben unsre Väter vertraut,
sie haben vertraut, und du hast sie gerettet.
Zu dir riefen sie und wurden befreit,
dir vertrauten sie und wurden nicht zuschanden.
Sei mir nicht fern, denn die Not ist nahe,
und niemand ist da, der hilft.
Viele Stiere umgeben mich,
Büffel von Baschan umringen mich.
Sie sperren gegen mich ihren Rachen auf,
reißende, brüllende Löwen.
Ich bin hingeschüttet wie Wasser,
gelöst haben sich all meine Glieder.
Mein Herz ist in meinem Leib wie zerschmolzenes Wachs.
Meine Kehle ist trocken wie eine Scherbe,
die Zunge klebt mir am Gaumen,

[969] GEESE, 2013.

du legst mich in den Staub des Todes.
Viele Hunde umlagern mich,
eine Rotte von Bösen umkreist mich.
Sie durchbohren mir Hände und Füße.
Man kann all meine Knochen zählen;
sie gaffen und weiden sich an mir.
Sie verteilen unter sich meine Kleider
und werfen das Los um mein Gewand.
Du aber Herr, halte dich nicht fern!
Du, meine Stärke, eil mir zu Hilfe!
Entreiße mein Leben dem Schwert,
mein einziges Gut aus der Gewalt der Hunde!
Rette mich vor dem Rachen des Löwen,
vor den Hörnern der Büffel rette mich Armen!
Ich will deinen Namen meinen Brüdern verkünden,
inmitten der Gemeinde dich preisen.
Die ihr den Herrn fürchtet, preist ihn,
ihr alle vom Stamm Jakobs, rühmt ihn;
erschauert alle vor ihm, ihr Nachkommen Israels!
Denn er hat nicht verachtet,
nicht verabscheut das Elend des Armen.
Er verbirgt sein Gesicht nicht vor ihm;
er hat auf sein Schreien gehört.
Deine Treue preise ich in großer Gemeinde;
ich erfülle meine Gelübde vor denen, die Gott fürchten.
Die Armen sollen essen und sich sättigen;
den Herrn sollen preisen, die ihn suchen.
Aufleben soll euer Herz für immer.
Alle Enden der Erde sollen daran denken
und werden umkehren zum Herrn:
Vor ihm werfen sich alle Stämme der Völker nieder.
Denn der Herr regiert als König;
er herrscht über die Völker.
Vor ihm allein sollen niederfallen die Mächtigen der Erde,
vor ihm sich alle niederwerfen, die in der Erde ruhen.
(Meine Seele, sie lebt für ihn; mein Stamm wird ihm dienen.)
Vom Herrn wird man dem künftigen Geschlecht erzählen,
seine Heilstat verkündet man dem kommenden Volk;
denn er hat das Werk getan.[970]

[970] Einheitsübersetzung.

Psalmparaphrase

Nach Psalm 22 (in Auszügen)
Mein Gott, mein Gott,
warum hast du mich verlassen?
Ich schreie, aber meine Hilfe ist ferne.
Mein Gott, des Tages rufe ich,
doch du antwortest nicht,
und des Nachts finde ich keine Ruhe.
Unsere Vorfahren hofften auf dich,
und da sie hofften, halfst du ihnen heraus.
Zu dir schrien sie und wurden errettet,
sie hofften auf dich und wurden nicht zuschanden.
Sei nicht ferne von mir, denn Angst ist nahe.
Niemand sonst hilft mir hier.
Ich bin ausgeschüttet wie Wasser,
alle meine Knochen haben sich voneinander gelöst;
Mein Herr ist in meinem Leib
wie zerschmolzenes Wachs.
Aber du, Gott, sei nicht ferne;
meine Stärke, eile, mir zu helfen.
Denn du hast nicht verachtet
noch verschmäht das Elend der Armen
und dein Antlitz nicht vor Ihnen verborgen;
und als sie zu dir schrien, hörtest du‘s.
Hanne Köhler[971]

Psalm 23
Der Herr ist mein Hirte;
mir wird nichts mangeln.
Er weidet mich auf einer grünen Aue und führet mich zum frischen Wasser.
Er erquicket meine Seele.
Er führet mich auf rechter Straße um seines Namens willen.
Und ob ich schon wanderte im finstern Tal, fürchte ich kein Unglück;
denn du bist bei mir,
dein Stecken und Stab trösten mich.
Du bereitest vor mir einen Tisch im Angesicht meiner Feinde. Du salbest mein Haupt mit Öl und schenkst mir voll ein.
Gutes und Barmherzigkeit werden mir folgen mein Leben lang,

[971] GEESE, 2013.

und ich werde bleiben im Hause des Herrn immerdar.[972]

Nichtreligiös geprägte Texte

Herbst

Die Blätter fallen, fallen wie von weit,
als welkten in den Himmeln ferne Gärten;
sie fallen mit verneinender Gebärde.
Und in den Nächten fällt die schwere Erde
aus allen Sternen in die Einsamkeit.
Und alle fallen. Diese Hand da fäält.
Und sieh dir andere an: Es ist in allen.
Und doch ist Einer, welcher dieses Fallen
unendlich sanft in seinen Händen hält.
Rainer Maria Rilke[973]

Das Lied von der Anderwelt

Es gibt einen See in der Anderwelt,
drin sind alle Tränen vereint,
die irgend jemand hätt' weinen sollen
und hat sie nicht geweint.
Es gibt ein Tal in der Anderwelt,
da gehen die Gelächter um,
die irgend jemand hätt' lachen sollen
und blieb statt dessen stumm.
Es gibt ein Haus in der Anderwelt,
da wohnen Kinder beinand'
Gedanken, die wir hätten denken sollen
und waren's nicht imstand.
Und Blumen blühn in der Anderwelt,
die sind aus Liebe gemacht,
die wir uns hätten geben sollen
und habend's nicht vollbracht.
Und kommen wir einst in die Anderwelt,
die sind aus der Liebe gemacht,
die wir uns hätten geben sollen
und haben's nicht vollbracht.
Und kommen wir einst in die Anderwelt,
viel Dunkles wird sonnenklar,

972 Einheitsübersetzung.
973 RILKE, 1987.

denn alles wartet dort auf uns,
was hier nicht möglich war.
Michael Ende[974]

[974] HOSPIZGRUPPE SCHOPFHEIM, o. J.

Fragebogen zum 1. Teil der Studie

Jürgen C. Reck | Johann Wolfgang Goethe-Universität Frankfurt am Main | Fachbereich Katholische Theologie

Fragebogen zur qualitativ-empirischen Studie
„Kirche als Helferin in der Not- Konzeption einer Notfallseelsorge für die zivile Luftfahrt am Beispiel der Katholischen Flughafenseelsorge in Frankfurt am Main "

Die nachfolgende empirische Erhebung untersucht die Wichtigkeit einer konfessionsgebundenen Notfallseelsorge am Beispiel der Katholischen Flughafenseelsorge in Frankfurt am Main.

Passagiere und Mitarbeiter sollen Ihre Erfahrungen und Erwartungen an eine optimale seelsorgerische Begleitung während der Zeit einer Krise auf einem Flughafen beschreiben.

Diese Faktoren werden im Anschluss analysiert und einer Rangfolge nach Wichtigkeit zugeteilt. Aufgrund dieser Rangfolge entsteht zum Abschluss der Dissertation ein pastoraltheologisches Handlungskonzept, wie eine zeitnahe, aktuell gestaltete Notfallseelsorge in der zivilen Luftfahrt initialisiert werden kann.

Zusätzlich zu der qualitativen Studie findet parallel eine quantitative Studie in Form von Interviews statt.

Für die Krisenintervention verantwortliche Entscheidungsträger am Frankfurter Flughafen werden nach den gegenwärtigen Konzepten befragt.

Diese Ergebnisse der qualitativen Studie werden den Ergebnissen der quantitativen Studie gegenübergestellt.

Für Ihre Bereitschaft an der Erhebung teilzunehmen bedanke ich mich vorab herzlich.

Hinweise zum Fragebogen:
Der Fragebogen ist formal in zwei Teile untergliedert:

1. Personalisierungsfragen
2. Kenntnisse und Erwartungen an eine Notfallseelsorge

I. Fragen zur Person

1. Geschlecht:
weiblich □ männlich □

Ich bin:
Mitarbeiter am Frankfurter Flughafen □ Passagier □

3. Alter:______________

4. derzeitiger Berufsstatus:________________
Schüler/Student/in □
Ausbildung □
Berufstätig □
Arbeitssuchend □
Rentner □
Sonstiges □

5. Höchster Bildungsabschluss:
Hauptschulabschluss □
Mittlere Reife □
(Fach)Hochschulreife/ Abitur □
Hochschulabschluss/ Universitätsabschluss □

6. Lebenssituation:
Alleinstehend □
Verheiratet □
in Partnerschaft lebend □
geschieden/getrennt lebend □
sonstiges □

7. Wie oft reisen Sie pro Jahr mit dem Flugzeug?
ca. 1 mal pro Jahr □
ca. 2–5 mal pro Jahr □
Mehr als 5 mal pro Jahr □

8. Was ist der Grund Ihrer Reise?
Meistens privat □
Meistens geschäftlich □
Sonstiges □

II. Kenntnisse und Erwartungen an eine Notfallseelsorge

1. Haben Sie den Begriff Notfallseelsorge bereits gehört?
Ja □ Nein □
Wenn Ja: Was meint der Begriff?

Wenn Nein: Können Sie sich vorstellen, was der Begriff meint?

2. Haben Sie bereits eine notfallseelsorgliche Hilfe in Anspruch genommen?
Ja □ Nein □
Wenn Ja: In welcher Situation?
Wenn Nein: Könnten Sie sich vorstellen, eine solche Hilfe in Anspruch zu nehmen?

Welche Erwartungen haben Sie an eine Notfallseelsorge?

Interviewleitfaden und Interview-Transkripte

Interviewleitfaden

Was verstehen Sie unter Notfallseelsorge?

1. Wie beschreiben Sie die Situation einer Notfallseelsorge in der zivilen Luftfahrt allgemein?
2. Konkret am Frankfurter Flughafen?
3. Sehen Sie Vorteile einer konfessionellen Notfallseelsorge?
4. Was sind die Nachteile?
5. Was sind Ihre Erwartungen an eine Notfallseelsorge in der zivilen Luftfahrt und konkret am Beispiel Flughafen Frankfurt?
6. Wie würden Sie Ihre Vorschläge umsetzen?

Erstes Interview (IP 1)

Das Interview mit Person 1 wurde am 20. März 2012 fernmündlich durchgeführt.

1) Was verstehen Sie unter Notfallseelsorge?
„Was Notfallseelsorge ist, ist klar definiert. Wir hier am Flughafen verwenden den Begriff Notfallseelsorge nicht, da unsrerseits eine entsprechende Qualifikation als Notfallseelsorger benötigt wird, um diesen Titel tragen zu können. Der Begriff ist geschützt. Wir agieren mehr im Kontext einer Krisenintervention. Wir sind da. Wir sind vor Ort, wenn wir gebraucht werden und stehen den Organisationen und Fluggesellschaften zur Verfügung.“

2) Wie beschreiben Sie die Situation einer Notfallseelsorge in der zivilen Luftfahrt allgemein?

„Bei uns arbeiten ordinierte, aber auch nicht ordinierte dennoch seelsorglich ausgebildete Personen in der Krisenintervention. Wir als Kirchen Evangelisch und Katholisch bieten der Fraport AG eine 24-stündige Rufbereitschaft. Wir sind zum Beispiel in Todesfällen über die Sicherheitsleitstelle der Fraport zu erreichen und kommen dann zu Gesprächen oder um mit Hinterbliebenen zu trauern. Sollten Großschadensereignisse auftreten agieren wir gemäß der BA-Not und unterstellen uns dem Flughafen. Wir haben dann keine eigene Befehlsgewalt, sondern sind Teil eines ganzen Teams. Im Rahmen des Notfallmanagement arbeiten wir dann mit speziell ausgebildeten Kollegen anderer Abteilungen, Check-In oder Bodenverkehrsdienst, zusammen. Wir sind eigentlich keine eigenständige Einrichtung in der Krisenintervention."

3) Konkret am Frankfurter Flughafen?

„Wie bereits gesagt, verwenden wir den Begriff Notfallseelsorge nicht, da eine bestimmte Ausbildung absolviert werden muss. Wir arbeiten in der Krisenintervention neben anderen Einrichtungen zum Beispiel von der Lufthansa oder CISM."

4) Sehen Sie Vorteile einer konfessionellen Notfallseelsorge?

„Es gibt ganz unterschiedliche Ausprägungen von Notfallseelsorge an Flughäfen. Hier ist es schwer, eine pauschale Antwort zu finden. Es lässt sich allerdings festhalten, dass die Idee von christlicher Seite kam. Aber auch die Muslime und Juden versuchen das diakonal-pastorale Handeln in ihr Wirken zu integrieren und schaffen Dienste ähnlich unserer Notfallseelsorge.
Pastoral ist Teil der eigenen Identität, des eigenen Selbstverständnisses. Diesen spezifischen Begriff führen nur wir, die Christen. Das heißt nicht, dass ein Rabbiner nicht seelsorgerisch handelt, aber es gehört zu unserer Identität. Aufgrund dieses speziellen Verständnisses kann ich ganz anders handeln. Zum Beispiel durch christliche Reden zum Abschied. Ich kann Gebete sprechen, die anderen nicht möglich sind. Wir stellen aufgrund unserer Ausbildung und Erfahrung eine Schnittstelle zwischen Leben und Tod dar. Anders als Mediziner habe ich keinen Aufgabenkatalog, den ich abarbeiten muss. Ich muss nicht behandeln. Ich kann mich den existenziellen Fragen des Lebens widmen und ihnen Raum öffnen. Ich denke konkret an den Fall, als Frau (…) tödlich am Vorfeld verunglückt ist (…). Die Menschen standen vor Ort an der Unglücksstelle in einem Kreis und wollten, dass man was macht. Man konnte aber kein Verabschiedungsritual oder eine Aussegnung vornehmen, da keine Leiche mehr vorhanden war. Dort zwischen den Geräuschen der Turbinen habe ich das erste Mal gemerkt, dass man den Psalm 22 nur einmal schreien

kann. Dieser Psalm ist stark, wofür wir stehen. Wenn wir als (...) gerufen werden, geht es nicht darum zu zeigen, dass ich einer von euch bin. Es gibt konkrete Erwartungen, die ich aufgrund der Identität in der Pastoral erfüllen kann."

5) Was sind die Nachteile?

„Als Nachteil sehe ich es, wenn man den Glauben jemandem überstülpen möchte. Wenn mich zum Beispiel die Klinik zu einem Fall ruft, muss ich erstmals klären, ob der Betroffene meine Hilfe wünscht. Manchmal werde ich einfach durch die Klinik als Hilfe hinzugezogen, ohne dass die Angehörigen davon wissen. Religion ist etwas sehr Persönliches, mit dem man Menschen auch verletzen kann. Deshalb ist es wichtig, eben diese Grenzen zu erfragen. Und wo es nicht gewünscht wird, trete ich auch nicht als (...) auf. Man darf nicht zwangssegnen."

6) Was sind Ihre Erwartungen an eine Notfallseelsorge in der zivilen Luftfahrt und konkret am Beispiel Flughafen Frankfurt?

„Die verschiedenen Module, die seitens des Flughafens angeboten sind, sind angemessen. Es ist wichtig, dass wir hier ökumenisch und kooperativ zusammenarbeiten. Wir stehen hier zwischen Psychologie, Seelsorge und Intervention. Zum Glück haben wir hier eine Kapelle vor Ort, sodass wir alle Segnungen anbieten können. Auch die Gedenkgottesdienste sind von zentraler Bedeutung. Aufgrund des Mix von Leuten ist es dennoch wichtig, dass ich vorher thematisiere, dass ich nur einen (...) Gottesdienst halten kann, kein Potpourri. Ich sage den Leuten, dass sie sich für die Zeit des Gottesdienstes unsere Sprache ausleihen können, wenn sie wollen. Viele sind mit unserer liturgischen Sprache und den Bildern nicht vertraut. Ich traf vor kurzem auf dem Gang einen Mitarbeiter des Reinigungspersonals, dessen Sohn krank ist. Als ich ihn fragte, wie es ihm geht, antwortete mir der Mitarbeiter: „Besser, er küsst ihnen die Hand." In der türkischen Sprache ist das ein gängiger Ausdruck, um älteren Menschen Respekt gegenüber zubringen. Ein ganz spannendes und schönes Bild. So etwas haben wir auch. Ich denke da zum Beispiel an Gruß Gott, das klingt doch gleich ganz anders als Hallo und öffnet andere Bilder. Das andere sind Texte, Lieder Texte und Bibeltexte die wir ebenfalls sehr gut verwenden können, um im Gottesdienst Bilder auszudrücken."

7) Wie würden Sie Ihre Vorschläge umsetzen?

„Bei uns hier am Flughafen ist, wie Sie wissen, alles sehr praktisch. Wir haben zum Beispiel die Gedenktafel für unsere Verstorbenen und die Rufbereitschaft."

Zweites Interview (IP 2)

Das Interview wurde am 24. März 2012 persönlich am Frankfurter Flughafen durchgeführt.

1) Was verstehen Sie unter Notfallseelsorge?
„Notfallseelsorge hat im Grunde immer mit Menschen zu tun, die in Situationen kommen, wo Menschen überfordert sind. Sei es bei seelischen oder physischen Notfällen. Ganz allgemein."

2) Wie beschreiben Sie die Situation einer Notfallseelsorge in der zivilen Luftfahrt allgemein?
„Das würde ich in der zivilen Luftfahrt immer so deuten. Die Regelmäßigkeit des Lebens gerät außer Kontrolle. Ich denke an Notfallseelsorge bei Crews, bei Krisenintervention, wo der einzelne in eine Krise im weitesten Sinne des Wortes gerät."

3) Konkret am Frankfurter Flughafen?
„Sie ist so vielfältig wie die Menschen hier auch sind. Es gibt Notfälle bei Leuten, die hier arbeiten, zum Beispiel am Vorfeld auch mit tödlichem Ausgang. Drei Gruppen fallen mir da so ein:
Wegfliegende, Umsteigende und Ankommende. Notfälle passieren aber öfters beim Um-steigen und Wegfliegen. Es gibt aber auch Notfälle, die nichts mit dem Tod zu tun haben. Hier geht es mehr um konkrete Hilfe. Manche haben kein Geld mehr, weil es gestohlen wurde und sie brauchen noch Geld für eine Umbuchung. Es geht also um praktische Nöte. Das ich einfach mal Geld brauche, um von A nach B zu kommen (...). Bei Notfällen werden Menschen halt grundsätzlich aus der Struktur ihres Lebens gerissen. Was ich bei der (...) Konferenz rausbekomme, ist so in ähnlicher Weise. Im Vergleich zum Fraport findet Notfallseelsorge nicht überall so differenziert statt. Frankfurt hat sich sehr stark entwickelt. Es gibt verschiedene Einrichtungen FRACARE, Sozialdienst und eben Notfallseelsorge."

4) Sehen sie Vorteile einer konfessionellen Notfallseelsorge?
„Schwer zu sagen. Wenn es um Menschen geht, die der gleichen Konfession angehören, kann eher schnell ein Begleitungsprozess erreicht werden. Dies geht schneller und einfacher als bei Nicht-Christen. Hier stößt man schnell an seine Grenzen. Ich denke da ganz konkret an die Eltern eines muslimischen Jungen, der bei einem Autounfall in den USA ums Leben gekommen ist. Bei dem Erstkontakt, Erstgespräch konnte ich helfen, aber als es dann um kon-

krete Fragen ging, wie zum Beispiel: „Wo sollen wir unseren Sohn beisetzen? Stimmt es, dass die Seele erst zur Ruhe kommt, wenn er bestattet wurde", musste ich ehrlicher Weise auf die unterschiedlichen theologischen Ansichten der Religionen hinweisen und auf einen muslimischen Geistlichen verweisen. Ich denke also, dass konfessionelle Notfallseelsorge kompetent für Fragen ist, die sich aus der eigenen Religion ergeben. Was die Struktur eines Seelsorgegesprächs im Defusingbereich angeht, ist es meiner Meinung nach unerheblich. Da geht es nur darum, das Gespräch gut zu strukturieren."

5) Was sind Nachteile?
„Es kann teilweise vorkommen, dass Menschen bewusst keine konfessionelle Seelsorge wünschen, weil sie schlechte Erfahrungen mit Kirche oder Religion allgemein gemacht haben. Sie haben manchmal Aversionen."

6) Was sind Ihre Erwartungen an eine Notfallseelsorge in der zivilen Luftfahrt konkret am Beispiel Flughafen Frankfurt?
„Notfallseelsorge soll gewährleisten, dass der Mensch, der aus der Struktur geraten ist, selber wieder in die Struktur findet. Das ist für mich das Entscheidende bei der Notfallseelsorge."

7) Wie würden Sie Ihre Vorschläge umsetzen?
„Ich begleite da nur und aktiviere den Menschen, dass er eben wieder selber fähig wird."

Drittes Interview (IP 3)

Das Interview mit Person 3 wurde am 07. April 2012 in den Büroräumen der Katholischen Flughafenseelsorge durchgeführt.

1) Was verstehen Sie unter Notfallseelsorge?
„Also. Es gibt einige Situationen im Leben, die plötzlich auftreten und wenn man nicht vorbereitet ist, können sie einen überraschen. Wir als Christen sind dazu berufen, bereit zu sein, wenn etwas passiert. Da zu sein und die Mittel die uns zur Verfügung stehen zu nutzen, um zu helfen. Notfallseelsorge ist die Vorbereitung. Hilfe gegen diese Überraschungen. Es gibt keine Sicherheit im Leben. Alles kommt plötzlich. Das kann ein Unfall sein, eine Krankheit oder etwas anderes oder der Tod. Das ist immer etwas besonderes, etwas Ungewöhnliches, was kommt. Für mich sind zwei Faktoren wichtig, die eine Notfallseelsorge auszeichnen. Zum einen das Mittel der Verfügbarkeit. Man muss da sein, wenn man gebraucht wird. Zum anderen der unbedingte Wille.

Nur wenn man tatsächlich will, kann man helfen, nicht etwa weil man gerade Dienst hat oder durch ein Amt dazu gezwungen wird. Notfallseelsorge braucht also Spezialisten, die für diese besondere Form der Seelsorge ausgebildet sind. So verstehe ich Seelsorge.“

2) Wie beschreiben Sie die Situation einer Notfallseelsorge in der zivilen Luftfahrt allgemein?
„Also. Die Luftfahrt ist seit jeher etwas besonders und hat eine große Faszination auf die Menschen. Es gibt Reisende die nie Probleme haben und Menschen die oft in problematische Situationen geraten. Ich denke besonders an zwei Phasen, die mir kritisch erscheinen. Zum Einen der Start und zum Anderen handelt es sich um die Landung. Diese verschiedenen Bewegungen und physikalischen Einflüsse führen oft dazu, dass es zu Herz-Kreislauf-Problemen kommt, die teilweise tödlich ausgehen. Aber auch die terroristische Gefahr ist heute nicht mehr zu unterschätzen. Fundamentalisten missbrauchen die zivile Luftfahrt für Ihre Zwecke. Deshalb ist es wichtig, dass es eine Notfallseelsorge an einem Flughafen gibt, meine ich.“

3) Konkret am Frankfurter Flughafen?
„Es gibt die Kirche, die vor Ort viel macht. Sowohl die Katholische und die Evangelische Kirche. Es gibt aber auch die anderen Konfessionen, die sich hier am Flughafen engagieren. Ich weiß aber nicht genau, wie die das machen. Die Katholische Kirche stellt zwei Priester für die Notfallseelsorge am Flughafen in Frankfurt zur Verfügung. Für die Kirche ist das Sakrament der Eucharistie die Hauptsache. Gott ist da. In Leib und Blut. Wir glauben an die Wirkung der Eucharistie hier am Flughafen. Die Notfallseelsorge ist auch für Menschen da, die andere Formen von Hilfe brauchen, wie etwa das Gespräch, Visum und Geld.“

4) Sehen Sie Vorteile einer konfessionellen Notfallseelsorge?
„Es geht nicht um eine Konfession. Es geht um das Gespräch mit Gott. Das kann bei einem Priester, einer evangelischen Pfarrerin, einem Rabbi oder sonst einem Gläubigen sein. Es geht um die Ruhe des Herzens. Dennoch ist jede religiöse Organisation, wie eine Gemeinschaft, die genau weiß, was ihre Mitglieder wollen und brauchen. Deshalb ist es schon wichtig, eine konfessionelle Notfallseelsorge zu haben. Dieses ist aber der zweite Schritt. Zuerst kommt das Gespräch als Quelle der Kraft.“

5) Was sind die Nachteile?
„Ich glaube es gibt wenig. Von Nachteil ist es meiner Meinung, wenn die Leute keinen Wert mehr auf ihre eigene Religion legen und damit eine Chance verpassen."

6) Was sind Ihre Erwartungen an eine Notfallseelsorge in der zivilen Luftfahrt und konkret am Flughafen Frankfurt?
„Meine Erwartung ist, dass den Menschen geholfen wird, wenn sie sich in einer schwierigen Situation befinden. Das ist das erste. Ich erwarte, dass der Notfallseelsorger Instrument zwischen Gott und den Menschen ist."

7) Wie würden Sie Ihre Vorschläge umsetzen?
„Das ist immer schwierig. Man muss zu den Menschen gehen. Da sein für die Menschen. Egal welche Nationalität oder Ethik sie haben. Die Menschen müssen durch den Notfallseelsorger Gott begegnen können."

Viertes Interview (IP 4)

Das Interview mit Person 4 wurde am 11. April 2012 in Büroräumen der Flughafenbetreibergesellschaft Fraport AG durchgeführt.

1) Was verstehen Sie unter Notfallseelsorge?
„Ich verstehe darunter eine Funktion, die neben den technokratischen Dingen vorhanden ist und während eines Notfalls additiv die menschliche Seite, die Bewältigung der seelischen Probleme zum Inhalt hat und sich direkt und indirekt um Betroffene einer Katastrophe kümmert. Man kann es nicht präziser beschreiben. Es geht hierbei hauptsächlich um Präsenz und um situatives Handeln in entsprechenden Situationen."

2) Wie beschreiben Sie die Situation einer Notfallseelsorge in der zivilen Luftfahrt allgemein?
„Ich verstehe darunter eine etablierte Regelorganisation, die begleitet und, wie gerade gesagt, ergänzt. Es geht vor allem um Präsenz. Präsenz einer seelsorgerischen Aufgabe personifiziert in Personen. Im laufenden Betrieb ist es für Verantwortliche, die Notfälle managen, beruhigend, diese Menschen an ihrer Seite zu wissen. Die jenseits der normalen Operations sich um psychologische, seelische Probleme kümmern und sich von der technokratischen multifunktionalen Managementseite absetzen und gezielt den Menschen im Fokus haben."

3) Konkret am Frankfurter Flughafen?

„Flughafenseelsorge begegnet mir an vielen Stellen im laufenden Routinebetrieb. Sie steht zur Verfügung für alle Fälle im dienstlichen Kontext. Ich pflege ständigen Kontakt zu den Flughafenseelsorgen, da es wichtig ist, im Ernstfall eine gute, verbindliche Kommunikation zu haben. Analog ist es für einen Flughafen wichtig, die Sicherheit und die Operations im Flugbetrieb während oder nach Störungen wieder herzustellen. Das kann im Einzellfall bedeuten, dass der einzelne Betroffene mit seinem Leid, seinen Problemen nicht ganzheitlich wahrgenommen wird, sondern eher von einem technischen Aspekt aus. Die Notfallseelsorge sehe ich hier in der Aufgabe, die nicht betriebliche funktionale Seite, sondern die menschliche Funktion wahrzunehmen, die sich Zeit nehmen kann und dem Menschen zuhört. So kann sich der Flugbetrieb und die Notfallseelsorge in der Wahrnehmung unterschiedlicher Aufgaben unterstützen. Konkret denke ich an die Situation, als eine Ramp-Agentin auf dem Vorfeld von einem Schlepper tödlich erfasst wurde, oder an das ICE-Unglück in Eschede. Die Seelsorger hatten alle Hände voll zu tun. Nicht nur physisch, sondern auch psychisch waren sie gefordert ihre Fähigkeiten, also Hoffnung zu vermitteln, unter Beweis zu stellen. Die Notfallseelsorge ist also hier bei uns am Flughafen zuständig für Aufgaben, die technisch nicht zu bewältigen sind. Sie hat eine psychosoziale Funktion."

4) Sehen Sie Vorteile einer konfessionellen Notfallseelsorge?

„Hmm? Gute Frage. Darüber habe ich so noch nicht nachgedacht. Auf den ersten Blick sehe ich keine. Ich glaube aber, dass es für Menschen die gläubig sind, schon von Bedeutung ist, Hilfe von Geistlichen zu erfahren. Ich persönlich wäre nicht davon abhängig, ob mir ein Seelsorger hilft oder eine normale Person. Aber wenn ich nochmal darüber nachdenke, sollten die Leute, die mit Notfallseelsorge beschäftigt sind, doch einen kirchlichen und damit meine ich, konkret in unserer Gesellschaft christlichen Background haben. Mir ist es aber nicht wichtig, ob der Seelsorger evangelisch oder katholisch ist. Als gläubiger Mensch denke ich, dass es eine intime Entscheidung ist."

5) Was sind die Nachteile?

„Kann ich überhaupt nicht erkennen. Ich kann mir höchstens vorstellen, dass es individuelle Gründe hat, die dann in der Person des Seelsorgers zu finden sind. Wenn er zum Beispiel seinen missionarischen Eifer austrägt, wenn es um schwere Todesfälle oder Todesnachrichten geht. Es ist sehr situationsbedingt. In manchen Situationen wird kein Sprücheklopfer gebraucht, der seine Procedure-Karte aus der Tasche zieht und schaut: ‚Wir haben jetzt einen Todesfall, ich lese Psalm 22 vor.' Sondern, der sich situativ auf die Menschen und

ihre Bedürfnisse einstellt. Das kann im Einzelfall auch heißen, einfach da zu sein und zu schweigen. Hier hat es meiner Ansicht mit der Qualität des Seelsorgers zu tun, der aufgrund seines fundierten Glaubens in der jeweiligen Situation ein Glaubenszeugnis geben soll. Der Mensch muss der Wert an sich sein."

6) Was sind Ihre Erwartungen an eine Notfallseelsorge in der zivilen Luftfahrt und konkret am Flughafen Frankfurt?
„Im laufenden Betrieb sich aktiv einbringen. Da sein. Ein konkretes Verständnis haben, wie funktioniert Flughafen. Wie funktionieren die Prozesse. Im laufenden Betrieb präsent sein, nicht nur wenn Notfälle eintreten. Flughafenseelsorge muss integraler Bestandteil des Flughafens sein, da man etwas für das jenseitige von Procedures braucht. Meine Kollegen sehen das manchmal nicht so. Für mich ist es wichtig, die Beziehung aufrecht zu erhalten."

7) Wie würden Sie Ihre Vorschläge umsetzen?
„Die Organisation muss etabliert werden. In die Aufgabenzuteilung fest integrieren. Auch in den Procedures fest integrieren. Gegebenenfalls auch Teilnahme am ERIC im Katastrophenfall. Ständige Integration in den Betrieb. Finanzielle Budgetierung für die Wahrnehmung der Aufgaben. Es ist nicht nur Angelegenheit der Kirche, denn für den Flughafen ist es neben der ärztlichen Seite wichtig, auch die seelische ebenso im Blick zu haben. Denn wir haben es hier nicht mit Aufgaben im Promille Bereich zu tun, die hier durch die Kirche wahrgenommen werden."

Fünftes Interview (IP 5)

Das Interview mit Person 5 wurde ebenfalls am 11. April 2012 in Büroräumen der Flug-hafenbetreibergesellschaft Fraport AG durchgeführt.

1) Was verstehen Sie unter Notfallseelsorge?
„Erstmals habe ich den Begriff vor elf Jahren gehört. Notfälle passieren immer ad hoc, jetzt. Einer muss da sein, der nicht unmittelbar betroffen ist. Das war ganz lange meine Idee von Notfallseelsorge. Ich bin jetzt mal ganz ehrlich. Notfallseelsorge habe ich immer mit alten Menschen verbunden, die schon ganz lange Pfarrer sind und dann zu Betroffenen gehen und ihnen sagen, das alles schon besser wird. Aber meine Erfahrung hat gezeigt, dass sich in den letzten elf Jahren sehr viel auf diesem Gebiet getan und entwickelt hat. Die

Welt und alle Menschen sind weitaus offener geworden. Der Mensch steht jetzt direkt im Vordergrund. Das ist es, was ich mit Notfallseelsorge verbinde."

2) Wie beschreiben Sie die Situation einer Notfallseelsorge in der zivilen Luftfahrt allgemein?
„Hängt immer mit der Kirche zusammen. Notfallseelsorge ist für mich Kirche. Ich erlebe es sehr unterschiedlich, dass Notfallseelsorge in der zivilen Luftfahrt zu einem Flug-hafen gehört, bzw. zu einer Airline. Es sagt heutzutage keiner mehr, dass er so etwas wie Notfallseelsorge nicht hat. Viele beschäftigen sich in externen Abteilungen mit Notfallseelsorge. Die Notfallseelsorge leistet das, was Airlines oder Airports nicht leisten können. Ich glaube, dass sich jeder freut, wenn er weiß, dass wir hier so etwas haben."

3) Konkret am Frankfurter Flughafen?
„Flughafenseelsorge und Frankfurter Flughafen. Damit verbinde ich Freundschaft. Wir wären aufgeschmissen ohne die Kirche hier. Es ist eine Abteilung, die uns unterstützt. Ich habe viele Erfahrungen mit der Notfallseelsorge am Flughafen gemacht und eine Einstellung, die ich zuvor mal hatte, die evangelisch und katholisch unterschied, hat sich inzwischen aufgelöst. Es ist tatsächlich eine Verbundenheit, die ich sehr gut finde. Gezielt in Frankfurt ist es sehr schwierig, alles unter einen Hut zu bekommen. Der Mensch hat im laufenden Betrieb manchmal einen anderen Fokus. Es ist schwierig, die Waage zu halten. Während der Flughafen zum Beispiel daran denkt, ein Problem schnellstmöglich zu beseitigen, wenn zum Beispiel eine Frau irgendwo im Terminal sitzt und weint, kommt die Notfallseelsorge und nimmt sich Zeit und kümmert sich um die Bedürfnisse des einzelnen Menschen. Da knallt es manchmal. Es müssen Dinge getan werden, die schwierig zu verstehen sind, aber der Betrieb muss weitergehen."

4) Sehen Sie Vorteile einer konfessionellen Notfallseelsorge?
„Das ist eine sehr gute Frage. Darüber habe ich mir noch nie Gedanken gemacht. Ich glaube, es macht keinen Unterschied. Ich sehe weder Vor- noch Nachteile."

5) Was sind die Nachteile?
„Obwohl, vielleicht sehe ich doch einen Nachteil, wenn ich einen Pfarrer sehe, verbinde ich das automatisch mit Tod."

6) Was sind Ihre Erwartungen an eine Notfallseelsorge in der zivilen Luftfahrt und konkret am Flughafen Frankfurt?
„Erwartungen sind ein großes Wort. Präsenz, da zu sein. Uns die kleinen Fälle abnehmen. Das ist nicht böse gemeint, aber manchmal braucht es in überschaubaren Situationen kein ganzes Krisenmanagement. Eine Erwartung ist eine kooperative Zusammenarbeit. Gemeinsame Checklisten, gemeinsame Einsatzschemas. Miteinander, nicht gegeneinander. Ich würde mich auch freuen, wenn ein gegenseitiger Besuch bei Schulungen oder Trainings stattfindet. Auch würde ich die Notfallseelsorger gerne mal einen Tag begleiten, um ein besseres Verständnis von ihrer Arbeit zu bekommen. Es kann auch nicht sein, dass wir im Betreuungskreis der Einsatzleitungen verschiedene Einsatzleitungen nebenher laufen haben, die nicht miteinander kommunizieren. Der Fokus muss hier auf einem Handlungskonzept liegen und die Kommunikation muss auf einer Schiene erfolgen.“

7) Wie würden Sie Ihre Vorschläge umsetzen?
„Was ich wichtig finde, gerade bei dieser Arbeit ist Freundschaft. Regelmäßige Termine müssten ausgebaut werden, an denen die Entscheidungsträger sich austauschen. Mindestens einmal im Quartal. Einmal im Monat wäre besser. Es sollte auch eine gemeinsame Ausbildung stattfinden, dass alle auf dem gleichen Stand sind und nicht jeder etwas anderes macht, was ggf. kontraproduktiv sein könnte. Auch könnten gemeinsame Auftritte stattfinden. Ich finde es wichtig, dass die in der Seelsorge Aktiven auch über die formale Rechte und Pflichten aufgeklärt werden, die es in einem Betriebsbereich gibt.“

Sechstes Interview (IP 6)

Das Interview mit Person 6 wurde am 23. April 2012 telefonisch durchgeführt.

1) Was verstehen Sie unter Notfallseelsorge?
„Ich verstehe unter Notfallseelsorge ein seelsorgerisches Angebot der Kirche, die sich in Situationen schwersten Leides mit dem Tod konfrontiert sieht. Es handelt sich also, wie schon gesagt, um eine Konfrontation mit der Todesgefahr.“

2) Wie beschreiben Sie die Situation einer Notfallseelsorge in der zivilen Luftfahrt allgemein?
„Ich muss hier nochmal auf meine Erste Antwort zurückgreifen. Notfallseelsorge ist im Grunde Teil jeglicher gemeindlich, pfarreilicher Seelsorge. In

der zivilen Luftfahrt sehe ich eine Beziehung in den Situationen, wie ich sie bereits beschrieben habe. Notfallseelsorge ist dann, wenn vorhanden, Aufgabe einer Flughafenseelsorge. Ich bin der Meinung, dass es aber nicht unbedingt ein Priester sein muss, der Notfallseelsorge spendet. Jeder getaufte und gefirmte Christ hat die Aufgabe, Notfallseelsorge zu spenden.“

3) Konkret am Frankfurter Flughafen?
„Ich habe keine konkreten Erfahrungen. Ich kann mir nur grundsätzlich in meiner Phantasie vorstellen, das Notfallseelsorge am Frankfurter Flughafen dort stattfindet, wo Angehörige in Situationen begleitet werden, in denen sie auf einen Menschen warten, der mit dem Flieger ankommen soll, aber eben doch nicht mehr kommt. Notfallseelsorge muss regelmäßig geübt werden und die Prozesse der Flughafenseelsorge müssen in die Aufgaben des Flughafens integriert werden. Flughafenseelsorge soll sich nicht vordrängen, sondern die Begleitstruktur soll mit den Rettungskräften und Ärzten, der Polizei koordiniert werden.“

4) Sehen Sie Vorteile einer konfessionellen Notfallseelsorge?
„So wie die Situation in Deutschland ist, ist Notfallseelsorge ein organisierter Bereit-schaftsdienst der Kirchen. Es kommt nicht auf Konfessionalität an. Jeder Couleur kann Notfallseelsorge geleistet werden, die redlich ist. Aber es ist klar, dass wenn von Not-fallseelsorge geredet wird, sie immer kirchlich gemeint ist, da Seelsorge ureigenste Aufgabe der Kirche ist. Im Islam gibt es so etwas zum Beispiel nicht. Wenn es also keine christliche Rückbindung hat, müsste man von Notfallbegleitung sprechen um hier die Begriffe klar voneinander abzugrenzen.“

5) Was sind die Nachteile?
„Hmm? Nein, ich kann mir keinen Nachteil vorstellen.“

6) Was sind Ihre Erwartungen an eine Notfallseelsorge in der zivilen Luftfahrt und konkret am Flughafen Frankfurt?
„Generell lässt sich festhalten, dass Notfallseelsorge wie die normale Seelsorge, also überhaupt Einzelseelsorge, die Fähigkeit des Gesprächs, der Begleitung in den Vordergrund stellt. Die Seelsorger müssen sich zurücknehmen können und zuhören. Sie müssen nach gemeinsamen Interventionen schauen. Nähe, Präsenz zeigen. Obdach für die Seele spenden. Sie sollen in Situationen des plötzlichen Todes da sein. Notfallseelsorger müssen sich selbst reflektieren und um ihre eigenen Grenzen wissen. Notfallseelsorge muss gut in die Rettungsdienste eingebunden sein.“

7) Wie würden Sie Ihre Vorschläge umsetzen?
„Am Anfang jeder Notfallseelsorge steht die einzelne Gemeinde beziehungsweise die Diözese, die örtlich und überörtlich Rahmenbedingungen schaffen muss. Es bedarf wegen der Notwendigkeit einer Zusatzqualifikation für eine Notfallseelsorge an einem Flughafen. Aber ich glaube, die hat jeder der dort arbeitet. Zu Beginn muss immer auch eine Selbstverständnisklärung stattfinden. Die örtliche Ebene muss mit der Bistumsleitung kooperieren."

Gesprächsnotizen

Gesprächsnotiz zum Interview mit Flughafenseelsorger P. Rolf Fuchs SAC

Das Interview wurde persönlich vom Verfasser am 7. Mai 2011, Frankfurt am Main, durchgeführt. P. Fuchs war bis Ende 2012 Leiter der Flughafenseelsorge Frankfurt/Main.
Seit 1972 Pallottinerpatres priesterliche Leiter der Flughafenseelsorge Frankfurt Main im Auftrag des Bischofs von Limburg und delegiert durch ihren Oberen der Pallottiner

- Dienst- und Fachaufsicht für die haupt- und ehrenamtlichen Mitarbeiter/innen der Katholischen Flughafenseelsorge inkl. Flüchtlingsseelsorge/ Abschiebebeobachtung
- Eigene Fachaufsicht durch das Bistum Limburg.
- Kosten für die Flughafenseelsorge hälftig zwischen Bistum Mainz und Limburg aufgeteilt.
- Priester der Katholischen Flughafenseelsorge: Mitglieder des Kriseninterventionsteams der Fraport AG. 24-stündiger Bereitschaftsdienst: abwechselnd von Kath. u. evang. Flughafenseelsorge
- Flüchtlingsseelsorge für noch nicht eingereiste Personen und Stelle für Abschiebebeobachtung. Personal begleitet den Prozess der Rückführung ins Herkunftsland. Zwei Mitarbeiter: Finanzierung hälftig durch Bistum Limburg und Diakonie des Regionalverbandes der Evangelischen Kirche von Hessen-Nassau. Kath. Flughafenpfarrer: Dienst- und Fachaufsicht für die Mitarbeiter/innen der Abschiebebeobachtung. Ergebnisse der Beobachtung der Abschiebeprozesse an (FAFF).

Kirchlicher Sozialdienst:
Wochenende – Feiertage: Katholische Flughafenseelsorge Vertretung des kirchlichen Sozialdienstes für Passagiere.

Klienten/innen:
Flugreisende mit Pass-, Ticket-, Visa-Problemen oder mit Verpassen von Flügen: Zusammenarbeit mit Fluggesellschaften und Bundesbehörden.
Mittellose einreisende rückkehrende deutsche Staatsbürger/innen: Kontakherstellung mit Familienangehörigen und Freunden oder Weiterleitung an Sozialnotstelle, ggf. finanzielle Soforthilfe.
Abholer nach Verwandten und Freunden: Seelsorgliche Beratung
Mitarbeiter/innen in persönlicher schwieriger Situation: seelsorgliche Beratung.
Besucher der Kapelle und des Seelsorgeteams.
Leistungen der Katholischen Flughafenseelsorge in Vertretung des kirchlichen Sozialdienstes:
Beratungsgespräche, Analyse der Problemsituation und Suche nach Hilfen.
Begleitung von Passagieren in Klinik, zur Polizei oder Fluggesellschaft als Übersetzer oder persönliche Stütze.
Persönlich oder telefonisch: Herstellung von Kontakten zu sozialen Einrichtungen und Institutionen bzw. Behörden mittels Telefon
Nach Einzelfallprüfung: Vergabe von Gutscheinen für eine Zugfahrt für mittellose Passagiere. Verrechnung durch Deutsche Bahn mit Sozialamt Stadt Frankfurt am Main.
Nach Einzelfallprüfung: Geldspende an Hilfesuchende. ‚Gestrandete' Personen im Transitbereich: Versorgung mit Lebensmitteln.
Ständige intensive Kooperation mit der Flughafenbetreibergesellschaft Fraport AG und Behörden wie Polizei, Bundespolizei etc.: Mitarbeiter/innen der Fraport AG sind informiert; verweisen gezielt hilfesuchende Menschen in die Seelsorgestelle. Infoflyer der FRAPORT AG für Fluggäste und Mitarbeiter/innen, Hinweisschilder, Ausrufe der Gebetszeiten und Gottesdienste auf Deutsch und Englisch
Kath. Flughafenseelsorge ständige Gäste im Forum Abschiebungsbeobachtung am Flughafen Frankfurt/ Main (FAFF). Zahlreiche Kontakte zwischen den katholischen Flughafenpfarrern und Vorstandsmitgliedern, leitende Angestellten der FRAPORT AG.
Intensive Kooperation im Sozialbereich (Flüchtlingsarbeit, Abschiebebeobachtung), intensive ökumenische Zusammenarbeit zwischen der Kath. u. ev. Flughafenseelsorge:
regelmäßige Dienstgespräche
Interreligiöse Zusammenarbeit der kath. u. ev. Flughafenseelsorge: gute Zusammenarbeit mit Vertretern der Muslime im Flughafen und der jüdischen Gemeinde in Frankfurt. Seit 11. September 1x Jahr Friedensgebet der Religionen mit christlichen, jüdischen und muslimischen Geistlichen am Frankfurter Flughafen (Religionen reichen sich die Hand)

Gesprächsnotiz zum Telefoninterview mit P. Walter Maader SAC

Das Interview wurde telefonisch vom Verfasser am 20. März 2012 geführt. P. Maader war von 1985 bis 2003 Flughafenseelsorger am Flughafen Frankfurt/ Main.

P. Maader: Bericht zum Flugzeugunglück der Birgenair am 6. Februar 1996:

- Flug von Puerto Plata (Dominikanische Republik) nach Berlin und Frankfurt/ Main.
- Nach Start technische Mängel und menschliche Fehlentscheidungen: Flugzeugunglück ohne Überlebende.
- In Frankfurt keine handlungsfähige Notfallkonzeption: viele Angehörige als Abholer im Terminal in Frankfurt: schnelle Entscheidung: P. Maader suchte Unterstützung von Priestern und Priesteramtskandidaten an der nahegelegenen Philosophisch-Theologischen Hochschule Sankt Georgen.
- Junge Männer waren vielfach überfordert. Wissenschaftliche Qualifikation reicht nicht aus für Einsatz in NFS.

Entwicklung eines differenzierten Krisenmanagementsystems: spezifische Teams bei Krisen- und Großschadensereignissen: führend in der zivilen Luftfahrt

Zahlreiche regelmäßige Konferenzen der Flughafenseelsorger auf nationaler und internationaler Ebene: Inhalte: neueste Entwicklungen an den Flughäfen; Herausforderungen und Probleme der Flughafenseelsorge, Pastoralkonzepte. An den meisten großen internationalen Verkehrsflughäfen Flughafenseelsorgeeinrichtungen unterschiedlicher religiöser Bekenntnisse, meist als intensive ökumenische Zusammenarbeit angelegt

Gesprächsnotiz zum Interview mit P. Dr. Aloyse Essono SAC

Das Interview wurde vom Verfasser mit P. Essono am 7. April 2012 in Frankfurt am Main geführt. P. Essono ist aktuell Flughafenseelsorger am Flughafen Frankfurt/Main.

Zahlen und Daten: Kath. Flughafenseelsorge Frankfurt am Main **2011:** Betreuung ca. **357** hilfesuchende Menschen durch kirchliche Sozialarbeit an Wochenenden: 52 % Männer, 36,7 % Frauen und 11,3 % Kinder

Alter: 11,1 %: 0–9 Jahre alt; 7,6 %: 10–19 Jahre, 22,75 %: 20–29 Jahre alt, 17,97 %: 30–39 Jahre alt; 19,1 %: 40–49 Jahre alt; 14,85 %: 50–59 Jahre alt; 5,27 %: 60–69 Jahre alt; 1,36 %: 70–79 Jahre alt.

Herkunft aus: 45,99 %: Europa; 16,75 %: Asien und Arabischer Raum; 11,63 %: Unbekannt; 11,15 %: Afrika; 7,95 %: Kanada und USA; 5,8 %: Mittel- und Südamerika; 0,43 %: Australien; 0,3 %: Staatenlos.

Gemeinsame Qualitätsstandards und Leitlinien zu Maßnahmen der Psychosozialen Notfallversorgung für Überlebende, Angehörige, Hinterbliebene, Zeugen und/oder Vermissende im Bereich der Psychosozialen Akuthilfen (Stand: 21. 2. 2013)[975]

ASB
Arbeiter-Samariter-Bund

Notfallseelsorge

Deutsches Rotes Kreuz

DIE JOHANNITER
Aus Liebe zum Leben

Malteser
...weil Nähe zählt.

Gemeinsame
Qualitätsstandards und Leitlinien
zu Maßnahmen der Psychosozialen Notfallversorgung
für Überlebende, Angehörige, Hinterbliebene,
Zeugen und/oder Vermissende
im Bereich der Psychosozialen Akuthilfen

des Arbeiter-Samariter-Bundes Deutschland e.V.
des Deutschen Roten Kreuzes e.V.
der Johanniter-Unfall-Hilfe e.V
der Konferenz Evangelische Notfallseelsorge in der EKD
der Konferenz der Diözesanbeauftragten für die Katholische Notfallseelsorge
des Malteser Hilfsdienstes e.V.

[975] RIESKE, 2013.

Präambel

Die Notfallseelsorge in den evangelischen Landeskirchen und katholischen Bistümern in Deutschland hält, entsprechend der Beschlüsse des Konsensusprozesses[1] mit den Hilfsorganisationen, dem Arbeiter Samariter Bund e.V. (ASB), dem Deutschen Roten Kreuz e.V. (DRK), der Johanniter-Unfall-Hilfe e.V. (JUH) und dem Malteser Hilfsdienst e.V. (MHD) in der Bundesrepublik Deutschland ein flächendeckendes Angebot an Psychosozialen Akuthilfen für Überlebende, Hinterbliebene, Angehörige, Zeugen und/oder Vermissende im Kontext von belastenden Notfällen vor.

Die Kirchen leisten diesen Dienst am Nächsten aufgrund des biblischen Verständnisses christlicher Nächstenliebe, die Hilfsorganisationen aufgrund satzungsgemäßer Aufgaben zum Wohle des Nächsten. Die Leistung wird unabhängig von Herkunft, Geschlecht, Religion oder sonstigen Merkmalen für die in Not geratenen Menschen geleistet.

Die Kirchen und Hilfsorganisationen verfügen über langjährige Praxiserfahrungen in den Psychosozialen Akuthilfen und sichern ihre Qualität z.B. durch fundierte Aus- und Fortbildung sowie durch Supervision ab.

Sie stellen die Leistungsfähigkeit dieses Angebotes durch eigene Mittel, Spenden oder Zuwendungen sicher, erbringen diese Leistungen freiwillig und für die betroffenen Menschen unentgeltlich.

1. Zusammenarbeit

Die Kirchen und Hilfsorganisationen in Deutschland erklären, dass zur Sicherstellung einer flächendeckenden Versorgung der Bevölkerung mit Angeboten der psychosozialen Akuthilfen eine enge partnerschaftliche Zusammenarbeit erfolgt. Die Koordination dieser Zusammenarbeit übernehmen die jeweiligen Bundesebenen der Hilfsorganisationen bzw. die Konferenzen für Notfallseelsorge der evangelischen und der katholischen Kirche.

2. Zielsetzung

Diese Qualitätsstandards und Leitlinien dienen dem Ziel, auf Basis der Ergebnisse und Forderungen des Konsensusprozesses[2] die Qualität in den Psychosozialen Akuthilfen zu sichern. Hierzu werden gemeinsame Mindeststandards zu Fragen der Aus- und Fortbildung, der gegenseitigen Anerkennung von Leistungen bzw. Ausbildungen sowie zu Fragen der Zusammenarbeit formuliert und weiterentwickelt.

3. Qualität

Zur Sicherung der Qualität der Leistung erklären die Partner, dass sie die beschlossenen Qualitätsstandards und Leitlinien anerkennen und innerhalb ihrer Institutionen, Organisationen und Verbände vermitteln und umsetzen.

4. Weiterentwicklung

Die Partner treffen sich in regelmäßigen Abständen zur Abstimmung offener Fragen und Probleme. Diese Treffen sollen dazu dienen, in der Praxis auftretende Probleme oder Fragestellungen gemeinsam zu lösen.

Innerhalb von zwei Jahren soll es mindestens ein Treffen eines entsprechenden Fachgremiums geben. Die Treffen finden rollierend bei den Partnern statt.

Das Gremium soll insbesondere den wissenschaftlichen Diskurs im Fachgebiet befördern und entwickeln.

1 Psychosoziale Notfallversorgung: Qualitätsstandards und Leitlinien Teil I und II. Herausgeber: Bundesamt für Bevölkerungsschutz und Katastrophenhilfe (BBK), Bonn 2011, S. 37.

2 Psychosoziale Notfallversorgung: Qualitätsstandards und Leitlinien Teil I und II. Herausgeber: Bundesamt für Bevölkerungsschutz und Katastrophenhilfe (BBK), Bonn 2011.

Grundlagen im Bereich der Psychosozialen Akuthilfen (Teil 1)
(Stand: 21.02.2013)

1. Indikationskatalog

a. Zielgruppe

Die Leistungen der Psychosozialen Akuthilfen werden für Betroffene im Sinne von Überlebenden, Hinterbliebenen, Angehörigen, Zeugen und/oder Vermissenden im Kontext von belastenden Notfällen erbracht.

b. Indikationsstellung

Die Psychosozialen Akuthilfen sind ein freiwilliges Angebot für die unter a. genannte Zielgruppe nach belastenden Notfällen. Diese stehen häufig im Zusammenhang mit Tod und Sterben.

In der Regel werden die Leistungserbringer durch Behörden und Organisationen mit Sicherheitsaufgaben (BOS) eingesetzt.

c. Ausschlusskriterien/-fälle der Hilfeleistung

Folgende Indikationen sind von den Psychosozialen Akuthilfen ausgeschlossen:

- akutpsychiatrische Krisen
- akuter Suchtmittelmissbrauch
- pflegerische Notstände
- suizidale Krisen/akute Suizidalität (Talk down)
- Deeskalation im Rahmen polizeilicher Maßnahmen.

Angebote der Psychosozialen Akuthilfen sind immer freiwillige Angebote, die von Seiten der Betroffenen abgelehnt werden können. Sie können nicht verordnet werden. Psychosoziale Akuthilfen stellen keine psychotherapeutischen Leistungen und kein heilkundliches Handeln dar.

2. Regelungen zur Qualität

a. Supervision

Das Personal im Bereich der Psychosozialen Akuthilfen hat einen Anspruch auf regelmäßige, bedarfsgerechte Supervision. Die Fachlichen Leitungen (siehe 3.) sichern dieses Angebot für ihren Zuständigkeitsbereich.

b. Qualitätssicherung

Die Partner verpflichten sich zu Maßnahmen der Qualitätssicherung in ihrem Zuständigkeitsbereich und auf einen regelmäßigen Austausch. Sie stehen dem interdisziplinären wissenschaftlichen Diskurs positiv gegenüber und unterstützen entsprechende Maßnahmen und Projekte nach ihren fachlichen und wirtschaftlichen Möglichkeiten.

c. Dokumentationssystem

Die Partner begrüßen die Entwicklung und Umsetzung einer einheitlichen organisationsübergreifenden Einsatz-Dokumentation.

d. Einbindung in die Alarm- und Ausrückeordnungen (AAO) der Kommunen und Landkreise

Die Partner befürworten eine Einbindung der Psychosozialen Akuthilfen in die Strukturen und Alarmierungswege der Alarm- und Ausrückeordnungen (AAO) der Kommunen und Landkreise. Sie stellen im Bedarfsfall sicher, dass die Anforderungen an die AAO und Führungsstrukturen erfüllt werden.

3. Regelungen zur Fachlichen Leitung

Die Partner berufen Fachliche Leitungen für ihre Organisationsform der Psychosozialen Akuthilfen in ihren Strukturen. Die Fachlichen Leitungen sind verantwortlich insbesondere für die Einhaltung der Standards der Psychosozialen Akuthilfen, für Fragen der Aus- und Fortbildung und für die Beratung der Organisationseinheiten der Partner. Die Partner regeln die Struktur nach ihrer jeweiligen Organisationsform.

4. Voraussetzung zur Mitwirkung in der Psychosozialen Akuthilfe

Die Mitwirkung im Bereich der Psychosozialen Akuthilfen erfordert den Nachweis von spezifischen Voraussetzungen:

a. formelle Voraussetzungen

- Beauftragung zur Mitwirkung im Bereich der Psychosozialen Akuthilfen der Organisation/Institution
- Bekenntnis zur demokratischen Grundordnung
- Verpflichtung zur Einhaltung der Schweigepflicht
- Nachweis der Teilnahme mindestens an einem aktuellen Erste-Hilfe Kurs oder einer höherwertigen Ausbildung
- Verpflichtung zur Bereitschaft der Teilnahme an den Fort- und Weiterbildungen
- Verpflichtung zur Teilnahme an den angebotenen Supervisionsmaßnahmen
- Erklärung zur längerfristigen Mitwirkung im Bereich der Psychosozialen Akuthilfen
- bei den Hilfsorganisationen der Nachweis der Teilnahme an den jeweiligen organisationsspezifischen Grundlagenkursen

b. persönliche/soziale Voraussetzungen

- Teamfähigkeit
- soziale Kompetenz
- physische und psychische Belastbarkeit
- Offenheit und Achtung anderer Weltanschauungen oder Glaubenswerte
- persönliche Reife
- Fähigkeit zur Selbst- und Fremdwahrnehmung
- Beherrschung der deutschen Sprache in Wort und Schrift
- Vollendung des 23. Lebensjahres zum Zeitpunkt der aktiven Wahrnehmung des Dienstes

c. fachliche Voraussetzungen

- erfolgreich absolvierte Ausbildung im Bereiche der Psychosozialen Akuthilfen.

Jeder Partner behält sich weitere, ergänzende Kriterien gemäß den jeweils maßgeblichen Regelwerken der Dienstgeber (z.B. Polizeiliches Führungszeugnis, Extremismuserklärung, etc.) vor.
Mit der Interessentin/dem Interessenten werden die Voraussetzungen und Bedingungen in einem persönlichen Auswahlgespräch besprochen und geklärt.

5. Vereinbarung zur Aus- und Fortbildung

a. Ausbildung

Die Partner betonen, dass eine gemeinsame Rahmenempfehlung zur Aus- und Fortbildung die Qualität der Leistung und die Zusammenarbeit verbessern kann. Auf Basis der bewährten Curricula der Vereinbarungspartner und unter Berücksichtigung der Praxiserfahrung sowie anhand wissenschaftlicher Expertise vereinbaren sie eine »Ausbildungsübersicht für die theoretische Ausbildung im Bereich der Psychosozialen Akuthilfen« (Teil 3).

Die Ausbildung im Bereich der Psychosozialen Akuthilfen gliedert sich in eine theoretische Ausbildung mit praktischen Übungen und in eine Hospitationsphase.

Im Anschluss an die theoretische Grundausbildung erfolgt eine angemessene Praxisbegleitung (Hospitation) der Anwärterinnen und Anwärter. Die Art und der Umfang werden von den jeweiligen lokalen Gliederungen festgelegt und können aufgrund der unterschiedlichen örtlichen Gegebenheiten voneinander abweichen. Dabei wird der Selbstreflexion ein besonderer Stellenwert beigemessen.

Die theoretische und praktische Ausbildung soll nach 3 Jahren abgeschlossen sein.

b. Fortbildung

Die Partner stimmen darin überein, dass zur Sicherung der Qualität der Aufgaben im Bereich der Psychosozialen Akuthilfen als auch zur Psychohygiene der eingesetzten Einsatzkräfte eine Fortbildungsverpflichtung unerlässlich ist. Näheres regelt die »Ausbildungsübersicht für die theoretische Ausbildung im Bereich der Psychosozialen Akuthilfen« (Teil 3).

c. Psychohygiene

Die Partner stimmen darin überein, dass für die aktiven Einsatzkräfte eine Verpflichtung zur regelmäßigen bedarfsgerechten Einsatzreflexion und Supervision besteht.

Aus- und Fortbildung im Bereich der Psychosozialen Akuthilfen (Teil 2)

(Stand: 21.02.2013)

1. Name des Ausbildungsganges

Die Partner sind in der Wahl des Namens des Ausbildungsganges frei. Der jeweilige Name schließt aber stets mit der Formulierung

[spez. Name der Organisation] für die Qualifizierung zur Mitarbeit im Bereich der Psychosozialen Akuthilfen.[1]

2. Dauer und Umfang der Ausbildung

Die Ausbildung zur Mitarbeit im Bereich der Psychosozialen Akuthilfen umfasst mindestens 80 Unterrichtseinheiten der theoretischen Schulung (inkl. der praktischen Übungen).

3. Inhalt der Ausbildung

Die Ausbildung umfasst mindestens die in Teil 3 festgelegten Lerninhalte.
Die Partner können darüber hinaus besondere Schwerpunkte legen.

4. Praxisphase – Hospitation

Eine Hospitationsphase schließt sich zwingend an die theoretische Schulung an.
Die Praxisanleiterin/der Praxisanleiter ist in diesen Einsätzen die/der verantwortlich Durchführende der Betreuung.
Die Hospitationseinsätze sind vom Praktikanten zu protokollieren. Diese Protokolle sind Grundlage für die Nachbesprechungen.

5. Vereinbarungen zur Praxisbegleitung

Die Partner stellen sicher, dass nur geeignete Praxisanleiter eingesetzt werden. Diese Personen müssen über langjährige Erfahrungen in der Psychosozialen Akuthilfe verfügen.

6. Fortbildung

Die Partner vereinbaren eine Fortbildungsverpflichtung für das aktive Personal in Höhe von mindestens 16 Unterrichtseinheiten innerhalb von 24 Monaten.

7. Ausbilderqualifikation

Diese Anforderungen gelten für Lehrkräfte/Dozenten, die für die Aus- und Fortbildung im Bereich der Psychosozialen Akuthilfen eingesetzt werden.

a. Persönliche Voraussetzungen

- Mindestalter: 25 Jahre
- Beherrschung der deutschen Sprache in Schrift und Wort
- zwingend eigene und langjährige Erfahrungen im Arbeitsfeld der psychosozialen Hilfe
- Für einige Themen, die mit * in Teil 3 Ausbildungsübersicht gekennzeichnet sind, können externe Lehrkräfte/Dozenten ohne PSNV-Hintergrundkenntnisse herangezogen werden.

1 z.B. Notfallseelsorgerin mit Qualifizierung zur Mitarbeit in den Psychosozialen Akuthilfen, Kriseninterventionshelferin mit Qualifizierung zur Mitarbeit in den Psychosozialen Akuthilfen.

b. Fachliche Qualifikationen

- Ausbildung und/oder Weiterbildung im zu unterrichtenden Fachthema.
- Die Lehrkräfte/Dozenten müssen von dem PSNV-Anbieter beauftragt werden.

Ausbildungsübersicht für die theoretische Ausbildung im Bereich der Psychosozialen Akuthilfen (Teil 3)

(Stand: 11.05.2012)

Das vorliegende Papier beschreibt den Mindeststandard der theoretischen Ausbildung im Bereich der Psychosozialen Akuthilfen in Deutschland.
Der Lehrgang muss mindestens 80 Unterrichtseinheiten (UE) umfassen.
Alle anderen Angaben sind Richtwerte. 1 UE entspricht 45 Minuten.
Für Themen, die mit * gekennzeichnet sind, können externe Lehrkräfte/Dozenten ohne PSNV-Hintergrundkenntnisse herangezogen werden.

Nr.	Ausbildungsabschnitt	Ausbildungsumfang	Inhalte und Lernziele
1.	Einführung in den Lehrgang	3 UE	• Lehrgangsorganisation (Struktur und Darstellung der Ausbildung, Termine und Erholungszeiten) • Vorstellung der Dozenten; Vereinbarung zur Verschwiegenheit • Kennenlernen in der Gruppe • Kurzbiografie der Teilnehmenden mit - Beweggründen zur Ausbildungsteilnahme - beruflicher Tätigkeit und ehrenamtlichem Engagement
2.	Einführung in die Grundlagen der Psychologie	8 UE*	• Geschichte und Entwicklung der Stresstheorie sowie der Grundlagen der Psychotraumatologie • Einführung in die Terminologie • Einführung in die Peritraumatologie • Krise und Krisenverlauf • Definition von Stress, ABR, Trauerreaktion und Traumafolgestörungen • Möglichkeiten und Grenzen der psychosozialen Akutbetreuung
3.	Organisationsstrukturen der PSNV und der BOS	8 UE	• Organisationsstrukturen der psychosozialen Akutbetreuung • Strukturen der und Zusammenarbeit mit der polizeilichen und nicht-polizeilichen Gefahrenabwehr • Psychosoziale Einrichtungen der Regelversorgung • Einsatztechnik, Einsatztaktik und Einsatzabläufe • Strukturen und Grundlagen der Psychosozialen Notfallversorgung für Einsatzkräfte

4.	Kultur und Religion	6 UE	• Weltreligionen und andere Glaubensgemeinschaften • Soziologische Aspekte der Gesellschaft • Sterben, Tod und Trauer, Trauerarbeit
5.	Suizid	5 UE*	• Reflexion der eigenen Haltung • Einführung der Suizidologie • Umgang mit Suizidalität
6.	Psychiatrie und Psychotherapie	4 UE*	• Darstellung des Fachgebietes • Überblick über Psychotherapieverfahren/ Psychotraumafolgetherapien • Der psychiatrische Befund • Abgrenzung zum psychiatrischen Notfall, einschließlich zur akuten Suizidalität
7.	Kommunikation	8 UE	• Einführung in die Kommunikationstheorie • Rollenverständnis des/der Mitarbeiters/in in der psychosozialen Akutbetreuung • Gesprächsführung im Einzel- und Gruppensetting • Mögliche Probleme in der Kommunikation
8.	Besondere Zielgruppen	4 UE*	• Kinder und Jugendliche • Senioren • Krisensituationen in Bildungs- und Betreuungseinrichtungen • Menschen mit Behinderungen
9a. 9b.	Struktur einer Intervention Einsatzindikationen	23 UE*	• Gestaltung des Settings • Beginn der Akutbetreuung • Einbindung der sozialen Ressourcen und ggf. der psychosozialen Regelversorgung • Umgang mit schwierigen Situationen bei verschiedenen Indikationen (langes Schweigen, Aggressivität, Ablehnung, Abgrenzung bei Anklammern) • Abschluss der Intervention ***Methodik:*** ***Neben der theoretischen Einführung werden die Einsatzindikationen im Rollenspiel eingeübt.*** • Todesfall im häuslichen Bereich • Todesfall im öffentlichen Bereich • Todesfall im Arbeitsumfeld • Todesfall bei Sport- und Freizeitaktivitäten • Unfälle im Straßen- und Schienenverkehr • Angehörige nach Suizid und Suizidversuch (siehe dazu Punkt 5) • Überbringen einer Todesnachricht • Angehörige nach Tod eines Kindes • Gewalterfahrung in Form von - Misshandlung/Missbrauch, Vergewaltigung - Geiselnahme; Amoklauf; Tötung • Betreuung von Vermissenden • Großschadenslagen, koordinationsbedürftige Lagen

10.	Psychohygiene	5 UE	• Selbstwahrnehmung • Motivation, Burnout • Entspannungstechniken • Fallbesprechungen, Supervision*, Intervision
11.	Recht und Verwaltung	4 UE*	• Schweigepflicht und Zeugnisverweigerungsrecht • Rechtfertigender Notstand • Gesetzliche Unterbringungen • Gewaltschutzgesetz • Opferschutzgesetz • Leichenschau und Bedeutung der Rechtsmedizin • Bestattungsrecht, Friedhofssatzungen • Unterstützung/Dienstbarkeiten öffentlich-rechtlicher Stellen • Nachlassgesetz • Organisations- und Übernahmeverschulden
12.	Abschlussgespräch	2 UE	• Lehrgangsreflexion, persönliche Bilanz • Offene Fragen, Ausblick und Verabschiedung
Summe: mind. 80 UE			